科学实验室良好装备体系发展报告

亚太建设科技信息研究院有限公司　组织编写

中国建设科技出版社

北　京

图书在版编目（CIP）数据

科学实验室良好装备体系发展报告/亚太建设科技信息研究院有限公司组织编写． --北京：中国建设科技出版社，2024.9. -- ISBN 978-7-5160-4277-9

Ⅰ．TB4

中国国家版本馆 CIP 数据核字第 2024HJ9354 号

科学实验室良好装备体系发展报告
KEXUE SHIYANSHI LIANGHAO ZHUANGBEI TIXI FAZHAN BAOGAO
亚太建设科技信息研究院有限公司　组织编写

出版发行：	中国建设科技出版社
地　　址：	北京市西城区白纸坊东街 2 号院 6 号楼
邮　　编：	100054
经　　销：	全国各地新华书店
印　　刷：	北京雁林吉兆印刷有限公司
开　　本：	889mm×1194mm　1/16
印　　张：	17.25
字　　数：	450 千字
版　　次：	2024 年 9 月第 1 版
印　　次：	2024 年 9 月第 1 次
定　　价：	**68.00 元**

本社网址：www.jccbs.com，微信公众号：zgjcgycbs
请选用正版图书，采购、销售盗版图书属违法行为
版权专有，盗版必究。本社法律顾问：北京天驰君泰律师事务所，张杰律师
举报信箱：zhangjie@tiantailaw.com　　举报电话：（010）63567684
本书如有印装质量问题，由我社事业发展中心负责调换，联系电话：（010）63567692

顾 问 委 员 会

主　　任：谢景欣　江苏省疾病预防控制中心，研究员
副 主 任：邢云梁　深圳市建筑工务署设计管理中心，教授级高级工程师
　　　　　王元占　南方医科大学南方医院实验动物中心，教授
　　　　　赵四清　军事科学院军事医学研究院，正高级实验师
　　　　　赵　侠　中国中元国际工程有限公司建筑三院，顾问总工
　　　　　陈洪岩　中国农业科学院哈尔滨兽医研究所，博士生导师/实验动物中心主任
　　　　　张　杰　亚太建设科技信息研究院有限公司《暖通空调》杂志社，社长

审 查 委 员 会

主　　任：吴东来　中国农业科学院哈尔滨兽医研究所，博士生导师/研究员
副 主 任：吕　京　（原）中国合格评定国家认可中心，研究员
　　　　　陆　兵　军事科学院军事医学研究院，研究员
　　　　　宋冬林　中国科学院武汉病毒研究所，研究员
　　　　　方　松　中国农业科学院发展建设局，副研究员/处长
　　　　　成　玲　中国中医科学院中医药信息研究所，副所长/高级工程师
　　　　　刘　东　同济大学，研究员
　　　　　丁力行　仲恺农业工程学院机电工程学院，院长/教授
　　　　　严向炜　中国中元国际工程有限公司，正高级工程师
　　　　　童　骄　中国科学院武汉病毒研究所，正高级工程师
　　　　　张亦静　中国中元国际工程有限公司，公司专业总工程师/正高级工程师
　　　　　王金生　深圳医学科学院，机电工程师
　　　　　刘承军　亚太建设科技信息研究院有限公司《暖通空调》杂志社，主编

编 写 委 员 会

主　　编：祁建城　军事科学院系统工程研究院国家生物防护装备工程技术研究中心，研究员/主任
执行主编：胡竹萍　亚太建设科技信息研究院有限公司《暖通空调》杂志社，副主编
　　　　　刘培源　中国电子系统工程第四建设有限公司，生命科学第一事业部副总经理，实验室医疗设计中心总经理
副 主 编：王　荣　中国合格评定国家认可中心，研究员
　　　　　刘　军　军事科学院军事医学研究院军事兽医研究所，研究员
　　　　　李晓斌　中国农业科学院兰州兽医研究所生物安全三级实验室副主任，高级工程师
　　　　　孔宇飞　昌平国家实验室，高级工程师
　　　　　林静雯　四川大学华西医院，博士生导师/筹备办主任

宋国亮	普莱柯生物工程股份有限公司，总工程师/高级兽医师
曹国庆	中国建筑科学研究院有限公司，博士生导师/副主任
梁　磊	建科环能科技有限公司净化中心，副主任
王　栋	天津昌特净化科技有限公司，总经理
张宗兴	军事科学院系统工程研究院国家生物防护装备工程技术研究中心，高级工程师
吴金辉	军事科学院系统工程研究院国家生物防护装备工程技术研究中心，正高级工程师
衣　颖	军事科学院系统工程研究院国家生物防护装备工程技术研究中心，高级工程师
李　顺	中电系统建设工程有限公司，总经理助理
高腾飞	中国电子系统工程第四建设有限公司，生命科学技术研究中心副总经理，高级工程师
杨九祥	中国电子系统工程第四建设有限公司，副总工程师/正高级工程师
霍金鹏	中国电子系统工程第三建设有限公司，副总工程师/技术与产品中心总经理
高　鹏	中国建筑标准设计院有限公司建筑产品应用技术研究院，院长

主 编 单 位

亚太建设科技信息研究院有限公司
中国电子系统工程第四建设有限公司

联 合 主 编 单 位

中国电子系统工程第二建设有限公司
中国电子系统工程第三建设有限公司
中电系统建设工程有限公司

编 写 分 工

第1章　概述

主 笔 人：胡竹萍　亚太建设科技信息研究院有限公司《暖通空调》杂志社，副主编
　　　　　刘培源　中国电子系统工程第四建设有限公司，生命科学第一事业部副总经理，实验室医疗设计中心总经理
审　　核：祁建城　军事科学院系统工程研究院国家生物防护装备工程技术研究中心，研究员/主任
　　　　　王　荣　中国合格评定国家认可中心，研究员

第2章　化学实验室及通用装（设）备

2.1　通风柜

负 责 人：谢景欣　江苏省疾病预防控制中心，研究员
执　　笔：江逸凡　深圳市沃尔莱博科技有限公司，总经理

　　　　　　阮红正　倚世节能科技（上海）有限公司，董事长
　　　　　　张　涛　深圳市沃尔莱博科技有限公司，研发部经理
　　　　　　卢丙利　倚世节能科技（上海）有限公司，研发副总
　　　　　　曾高峰　倚世节能科技（上海）有限公司，技术总监
　　　　　　庞家玭　昆山依拉勃无管过滤系统有限公司，实验室安全顾问
审　　核：霍金鹏　中国电子系统工程第三建设有限公司，副总工程师/技术与产品中心总经理

2.2　试剂柜
负 责 人：林静雯　四川大学华西医院，博士生导师/筹备办主任
执　　笔：王　斌　四川大学华西医院，P3实验室设施设备管理员
审　　核：方　松　中国农业科学院发展建设局，副研究员/处长

2.3　万向抽气罩
负 责 人：谢景欣　江苏省疾病预防控制中心，研究员
执　　笔：张　达　河北润旺达洁具制造有限公司，总经理

2.4　废气处理装置
负 责 人：谢景欣　江苏省疾病预防控制中心，研究员
执　　笔：霍金鹏　中国电子系统工程第三建设有限公司，副总工程师/技术与产品中心总经理
　　　　　　刘　毅　西安富康空气净化设备工程有限公司，首席专家
　　　　　　夏本明　上海埃松气流控制技术有限公司，技术总监

2.5　射流风机
负 责 人：刘培源　中国电子系统工程第四建设有限公司，生命科学第一事业部副总经理，实验室医疗设计中心总经理
执　　笔：唐　瑶　中国电子系统工程第四建设有限公司，主任设计师/高级工程师
　　　　　　高　鸿　中国电子系统工程第四建设有限公司，工程师
　　　　　　刘　毅　西安富康空气净化设备工程有限公司，首席专家
审　　核：赵　侠　中国中元国际工程有限公司建筑三院，顾问总工

2.6　废水处理设备
负 责 人：谢景欣　江苏省疾病预防控制中心，研究员
执　　笔：邓　妍　湖南沃恩环境工程有限公司，总经理
审　　核：张亦静　中国中元国际工程有限公司，公司专业总工程师/正高级工程师

2.7　风量控制阀
负 责 人：刘培源　中国电子系统工程第四建设有限公司，生命科学第一事业部副总经理，实验室医疗设计中心总经理
　　　　　　李　顺　中电系统建设工程有限公司，总经理助理
审　　核：刘　东　同济大学，研究员

2.7.1　文丘里定（变）风量阀门
执　　笔：唐　瑶　中国电子系统工程第四建设有限公司，主任设计师/高级工程师
　　　　　　陈金进　广州奥斯曼自动化技术有限公司，总经理
　　　　　　陈　超　上海标工自动化科技有限公司，技术总监
　　　　　　褚　芳　上海埃松气流控制技术有限公司，技术副总监

2.7.2 风量控制阀（蝶阀）
执　　笔：章　鹏　中电系统建设工程有限公司，高级技术工程师
　　　　　高　鸿　中国电子系统工程第四建设有限公司，工程师
　　　　　李云鹏　上海埃松气流控制技术有限公司，暖通负责人

2.8 热回收系统
负责人：梁　磊　建科环能科技有限公司净化中心，副主任
执　　笔：朱冬生　中国科学院广州能源研究所，教授
　　　　　徐方敏　博纳环境设备（太仓）有限公司，中国区销售副总
　　　　　张振天　konvekta AG 中国公司，中国区首席代表
　　　　　马国理　江苏牵牛实验科技有限公司，研发总监

2.9 净化空调机组
负责人：胡竹萍　亚太建设科技信息研究院有限公司《暖通空调》杂志社，副主编
　　　　杨九祥　中国电子系统工程第四建设有限公司，副总工程师/正高级工程师
执　　笔：魏鹏峰　妥思空调设备（苏州）有限公司，AHU BD 负责人
　　　　　朱启明　妥思空调设备（苏州）有限公司，实验室科技事业部负责人
审　　核：王金生　深圳医学科学院，机电工程师

第3章　实验动物设施装（设）备
3.1 独立通风笼具
负责人：李昌文　中国农业科学院哈尔滨兽医研究所，硕士生导师/国家禽类实验动物资源库常务副主任
执　　笔：王　栋　天津昌特净化科技有限公司，总经理
审　　核：陈洪岩　中国农业科学院哈尔滨兽医研究所，博士生导师/实验动物中心主任

3.2 传递窗
负责人：曹国庆　中国建筑科学研究院有限公司，博士生导师/副主任
执　　笔：张铭健　建科环能科技有限公司净化中心，检测主管/工程师
审　　核：成　玲　中国中医科学院中医药信息研究所，副所长/高级工程师

3.3 洗笼机
负责人：刘　军　军事科学院军事医学研究院军事兽医研究所，研究员

3.4 动物负压解剖台（柜）
负责人：祁建城　军事科学院系统工程研究院国家生物防护装备工程技术研究中心，研究员/主任
执　　笔：鲍昀利　天津昌特净化科技有限公司，副总经理

3.5 垫料收集台（普通型、生物安全型）
负责人：林静雯　四川大学华西医院，博士生导师/筹备办主任
执　　笔：张贤宇　四川大学华西医院，实验师

第4章　生物安全实验室装（设）备
4.1 生物安全柜
负责人：陆　兵　军事科学院军事医学研究院，研究员
执　　笔：陈旭东　苏州安泰空气技术有限公司，所长/高级工程师

张　静　亚太建设科技信息研究院有限公司，编辑

4.2　生物安全型压力蒸汽灭菌器
负 责 人：赵四清　军事科学院军事医学研究院，正高级实验师
执　　笔：蒋境邦　山东新华医疗器械股份有限公司，高级工程师
审　　核：童　骄　中国科学院武汉病毒研究所，正高级工程师

4.3　气（汽）体消毒装置
负 责 人：陆　兵　军事科学院军事医学研究院，研究员
执　　笔：韩　阔　全思美特（北京）科技有限公司，产品经理
　　　　　李　英　北京克力爱尔生物实验室工程有限公司，市场部经理
　　　　　闪万军　北京万杰朗医疗技术有限公司，总经理
审　　核：梁　磊　建科环能科技有限公司净化中心，副主任

4.4　活毒污水处理装置
负 责 人：赵四清　军事科学院军事医学研究院，正高级实验师
执　　笔：严　慷　北京中数图科技有限责任公司，副总经理
　　　　　蒋境邦　山东新华医疗器械股份有限公司，高级工程师

4.5　管线穿墙密封系统
负 责 人：高腾飞　中国电子系统工程第四建设有限公司，生命科学技术研究中心副总经理，高级工程师
执　　笔：任彦准　中国电子系统工程第四建设有限公司，生命科学技术研究中心主任工程师，工程师

4.6　生物安全型排风高效空气过滤装置
负 责 人：孔宇飞　昌平国家实验室，高级工程师
　　　　　王　栋　天津昌特净化科技有限公司，总经理
执　　笔：李竹琳　深圳市建筑工务署工程设计管理中心，设计一部负责人/高级工程师

4.7　生物安全型气密门
负 责 人：宋国亮　普莱柯生物工程股份有限公司，总工程师/高级兽医师
执 笔 人：鲍昀利　天津昌特净化科技有限公司，副总经理
　　　　　伍国梁　北京中数图科技有限责任公司，总经理

4.8　正压生物防护头罩熏蒸消毒舱
负 责 人：张宗兴　军事科学院系统工程研究院国家生物防护装备工程技术研究中心，高级工程师

4.9　化学淋浴消毒装置
负 责 人：王　荣　中国合格评定国家认可中心，研究员
执　　笔：田曙光　北京易安亚太生物科技有限公司，高级工程师
　　　　　王　栋　天津昌特净化科技有限公司，总经理
审　　核：梁　磊　建科环能科技有限公司净化中心，副主任

4.10　生命支持系统
负 责 人：衣　颖　军事科学院系统工程研究院国家生物防护装备工程技术研究中心，高级工程师
审　　核：宋冬林　中国科学院武汉病毒研究所，研究员

4.11　正压生物防护服
负 责 人：吴金辉　军事科学院系统工程研究院国家生物防护装备工程技术研究中心，正高级工程师

执　　笔：李竹琳　深圳市建筑工务署工程设计管理中心，设计一部负责人/高级工程师

4.12　动物残体处理系统
负 责 人：李晓斌　中国农业科学院兰州兽医研究所生物安全三级实验室副主任，高级工程师
　　　　　梁　磊　建科环能科技有限公司净化中心，副主任
执　　笔：陈　鑫　中国农业科学院兰州兽医研究所生物安全三级实验室，设施设备负责人/助理研究员
　　　　　谭海波　金宇保灵生物药品有限公司，P3实验室副主任
　　　　　李佩儒　中国农业科学院兰州兽医研究所生物安全三级实验室，研究实习员
　　　　　张志伟　中国农业科学院兰州兽医研究所生物安全三级实验室，研究实习员
　　　　　张　维　青岛丞拾实验室技术有限公司，总经理
审　　核：严向炜　中国中元国际工程有限公司，正高级工程师

4.13　生物安全型口鼻暴露和传播感染系统
负 责 人：谢景欣　江苏省疾病预防控制中心，研究员
执　　笔：鹿建春　北京慧荣和科技有限公司，首席科学家/高级工程师

4.14　渡槽
负 责 人：曹国庆　中国建筑科学研究院有限公司，博士生导师/副主任
执　　笔：高　鹏　建科环能科技有限公司净化中心，检测主管/工程师
审　　核：成　玲　中国中医科学院中医药信息研究所，副所长/高级工程师

4.15　深低温自动化生物样本存储系统
负 责 人：谢景欣　江苏省疾病预防控制中心，研究员
执　　笔：王建信　上海原能细胞生物低温设备有限公司，联席总裁/高级工程师

第5章　结语与展望
执　　笔：胡竹萍　亚太建设科技信息研究院有限公司《暖通空调》杂志社，副主编
　　　　　刘培源　中国电子系统工程第四建设有限公司，生命科学第一事业部副总经理，实验室医疗设计中心总经理
审　　核：谢景欣　江苏省疾病预防控制中心，研究员
　　　　　王　荣　中国合格评定国家认可中心，研究员

附录
负 责 人：张　静　亚太建设科技信息研究院有限公司《暖通空调》杂志社，编辑
执　　笔：陶柏成　亚太建设科技信息研究院有限公司，《暖通空调》杂志社
　　　　　梁　楠　亚太建设科技信息研究院有限公司，《暖通空调》杂志社

序

信息化和数字化的迅猛发展，推动着科技进步和社会发展。科技革命进入新一轮发展阶段，未来科技竞争离不开科学实验室，科学实验室是科技发展的保障，是打造国之重器的平台，是大国科技博弈的核心和关键。对于科技工作者，科学实验室是个人成长成才的基地，是事业发展的平台，更是自我价值实现的舞台。

科技兴则民族兴，科技强则国家强。党的十八大以来，以习近平同志为核心的党中央深入实施创新驱动发展战略，坚持科技是第一生产力、人才是第一资源、创新是第一动力，提出加快建设创新型国家的战略任务，走出一条从人才强、科技强，到产业强、经济强、国家强的中国特色自主创新道路。

2018年12月召开的中央经济工作会议明确提出，"抓紧布局国家实验室，重组国家重点实验室体系"。2022年1月1日起施行的《中华人民共和国科学技术进步法》第四十八条提出"建立健全以国家实验室为引领、全国重点实验室为支撑的实验室体系，完善稳定支持机制"。国家实验室体系建设在政策的支持下取得了重大成效。科学实验室是科技革命的主战场，是连接产学研一体化的重要纽带，是国家重大科学设施得以实施的基本条件。

生物类实验室建设是提高传染病防控水平、保障人民生命健康的重大科技支撑。《科学实验室良好装备体系发展报告》内容紧跟时代步伐，以生物类实验室建设为核心，内容涵盖了化学实验室及通用装（设）备、实验动物设施装（设）备、生物安全实验室装（设）备，共34个产品类别。从概述、分类、结构、工作原理，标准规范依据，主要性能指标及评价，质量控制，选型指南，建设和使用过程中的风险控制，技术发展等多个方面呈现设施（设备）的知识体系。为实验室设施（设备）的标准化和规范化提供技术和数据的支持，通过制定相对准确和客观的技术规格书，为业主采购、设计选型提供参考，对促进科学实验室发展将会起到有力的推动作用。

在科技革命的新时期，我国实验室发展已步入现代化、国际化和标准化的发展新阶段，是实施科创兴国的关键时期，期待该书为我国科学实验室行业提供参考和指导，在助力科技强国建设中发挥重要作用！

曲凤宏
十三届全国政协副秘书长
中国药学会副理事长

前　　言

科学实验室是科学家从事科学实验研究和科技创新的平台。在全球新一轮科技革命和产业变革与中国建设创新型国家的历史交汇期，科学实验室在探索未知世界和解决社会重大需求方面发挥着至关重要的作用。

科学实验室类型多，涵盖工程、生物、地学、信息、医学、化学、材料、数理等多个领域。实验室配备的装备或防护设备的性能和质量直接影响了实验室建设质量和高效安全运行，良好装备体系是实验室科学合理建设及安全高效运行的重要支撑。实验室建设具有特异性和复杂性，在建设初期就需要论证相关实验室装备的规格、型号、性能、验证等技术问题。长期以来，我国存在"重科学研究，轻实验室建设"的问题，缺乏相关专业技术人员和实验室建设的专业书籍，负责实验室建设人员迫切需要掌握实验室关键装（设）备的相关知识，以为实验室装备的采购、设计、施工、运行提供技术依据。

暖通空调是通过对热、湿、污（固+气）三类负荷的响应与控制，以营造安全、舒适、高效的实验室环境。科学实验室配备的装备或防护设备与暖通空调息息相关，科学实验室装备体系受到《暖通空调》杂志社高度重视。亚太建设科技信息研究院有限公司和中国电子系统工程第四建设有限公司专门开展了"科学实验室良好装备体系发展报告"课题研究，研究周期为2023年5月至2024年8月。本书内容主要依托该课题研究成果，受课题研究时间限制，本书第1版重点关注化学实验室及通用装（设）备、实验动物设施装（设）备、生物安全实验室装（设）备，产品类别包括34个，从概述、分类、结构、工作原理、标准规范依据、主要性能指标及评价、质量控制、选型指南、建设和使用过程中的风险控制，技术发展8个方面呈现三型科学实验室设施（设备）的知识体系。

本书由从事科学实验室设计、建造、管理及实验室设施设备研发、生产、检测等工作的科技工作者共同编著，60余家实验室设备生产企业与供应商提供了宝贵的支持和帮助。受课题研究时间和书稿编写时间限制，书中难免有疏漏与错误之处，期待相关专家和广大读者提出宝贵意见和建议，共同促进科学实验室装备的发展。

祁建城
2024年8月

目　　录

第 1 章　概述 ··· 001

    1.1　实验室建设是科技创新和高质量发展时代背景的重大需求 ··· 001

    1.2　良好装备体系是实验室科学合理建设及安全高效运行的重要支撑 ··· 002

    1.3　实验室防护装备体系研究及本书内容介绍 ··· 002

第 2 章　化学实验室及通用装（设）备 ··· 004

    2.1　通风柜 ··· 004

    2.2　试剂柜 ··· 026

    2.3　万向抽气罩 ··· 038

    2.4　废气处理装置 ··· 042

    2.5　射流风机 ··· 049

    2.6　废水处理设备 ··· 054

    2.7　风量控制阀 ··· 058

    2.8　热回收系统 ··· 079

    2.9　净化空调机组 ··· 092

第 3 章　实验动物设施装（设）备 ··· 097

    3.1　独立通风笼具 ··· 097

    3.2　传递窗 ··· 102

    3.3　洗笼机 ··· 110

    3.4　动物负压解剖台（柜） ··· 118

    3.5　垫料收集台（普通型、生物安全型） ··· 122

第 4 章　生物安全实验室装（设）备 ··· 129

    4.1　生物安全柜 ··· 129

    4.2　生物安全型压力蒸汽灭菌器 ··· 144

4.3　气（汽）体消毒设备 ……………………………………………………………… 152
4.4　活毒污水处理装置 …………………………………………………………………… 170
4.5　管线穿墙密封系统 …………………………………………………………………… 178
4.6　生物安全型排风高效过滤装置 ……………………………………………………… 182
4.7　生物安全型气密门 …………………………………………………………………… 188
4.8　正压生物防护头罩熏蒸消毒舱 ……………………………………………………… 195
4.9　化学淋浴消毒装置 …………………………………………………………………… 201
4.10　生命支持系统 ………………………………………………………………………… 211
4.11　正压生物防护服 ……………………………………………………………………… 216
4.12　动物残体处理系统 …………………………………………………………………… 224
4.13　生物安全型口鼻暴露和传播感染系统 ……………………………………………… 233
4.14　渡槽 …………………………………………………………………………………… 241
4.15　深低温自动化生物样本存储系统 …………………………………………………… 245

第 5 章　结语与展望 ……………………………………………………………………… 255

附录 …………………………………………………………………………………………… 256

附录 1　科学实验室装备的参考规范 ………………………………………………………… 256
附录 2　科学实验室良好装备体系申报单位 ………………………………………………… 259

第 1 章 概 述

1.1 实验室建设是科技创新和高质量发展时代背景的重大需求

中国特色社会主义进入新时代以来,我国的社会和经济发展已经到了新的高度和阶段。为实现伟大民族复兴,满足我国社会、经济发展的新要求,各行各业都以推动高质量发展为目标开展科技创新工作,而实验室是科研、教学、检验检疫、产品质检、医学检验等领域不可或缺的支撑与保障。近些年,国家布局了一批国家重点实验室,旨在为孕育重大原始创新、推动学科发展和解决国家战略重大科学技术问题提供基础设施条件,因此,满足使用需求的高质量的、现代化的实验室建设是时代发展的重大需求,是发展新质生产力的重要技术手段。

1.1.1 实验室建设是服务国家战略的需求

"坚持面向世界科技前沿、面向经济主战场、面向国家重大需求、面向人民生命健康,不断向科学技术广度和深度进军",习近平总书记2020年9月11日主持召开科学家座谈会,把脉我国发展面临的内外环境,着眼"十四五"时期加快科技创新的迫切要求,以"四个面向"指明科技创新方向,希望广大科学家和科技工作者肩负起历史责任。科技是国家强盛之基,创新是民族进步之魂。科技创新为我国发展注入强劲动力,为人民健康保驾护航。

而实验室建设正是聚焦"四个面向",实现国家重大战略目标的重要保障条件之一:实验室建设是科技工作者将我国科技水平推向世界前沿的主战场;实验室建设是连接产学研一体化的重要纽带;实验室建设是国家重大科学设施得以实施的基本条件;生物类实验室建设是提高传染病防控水平、保障人民生命健康的重大科技支撑。

1.1.2 构建以国家重点实验室为引领的实验室体系

国家"十四五"规划提出"重组国家重点实验室,形成结构合理、运行高效的实验室体系",未来我国将建立以国家实验室为引领、全国重点实验室为支撑的实验室体系。国家实验室立足大科研领域,国家重点实验室专注分支学科。重组后的全国重点实验室是国家战略科技力量的重要组成部分,其特点是汇聚领域内顶级科学家和优质科研条件,承担内容和战略目标明确的重大任务。

国家重点实验室的类型可分为学科型、企业型、特色型、特区型和试点型。根据统计,全国共计建设国家重点实验室542个,其中,学科国家重点实验室占比超过一半,企业国家重点实验室占比为32.84%,二者合计占比超过83%。

在领域分布方面，学科国家重点实验室涵盖工程、生物、地学、信息、医学、化学、材料、数理和其他9个领域，其中工程类46个（16.85%），生物类43个（15.75%），地学类43个（15.75%），其余占比小于15%。企业国家重点实验室可划分为材料、交通、矿产、能源、农业、信息、医药、制造和其他共9个领域。

区域方面，国家重点实验室大多集中在北上广深等一线城市和经济发达地区，其中，仅北京和上海的国家重点实验室就占了全国总数的三分之一。由此也可以看出，国家重点实验室的数量，与经济发展紧密相关，随着我国经济发展进入新的阶段，国家重点实验室的建设也将迎来新的发展和建设机遇。

1.1.3 各行业积极推进实验室建设，提高科研创新能力

围绕"四个面向"战略，在国家重点实验室规划的引领下，各个行业都努力在科技创新和高质量发展方面实现突破，对实验室建设的需求也达到了前所未有的高度。多个省市将科技园区作为重要的发展方向，吸引孵化型企业入驻，寻找新的经济增长点；科研机构、高等院校、疾控系统、检验检疫机构、质检机构、医疗机构等，为满足国家科技创新的要求，纷纷积极筹建新的或重建科研建筑集群，建设功能完备、规模较大的专业科研实验室，以提高科研创新能力，培养科技人才，打造领域科研新高地。

1.2 良好装备体系是实验室科学合理建设及安全高效运行的重要支撑

由于各行业实验室需求不同，实验室类型多、工艺要求差异大、施工工艺复杂，因此实验室的建设具有特异性和复杂性，对建设流程、设计方法、施工工序、材料设备等提出了更高的要求，对从事民用建筑为主的设计施工企业具有一定的挑战性。为满足不同工艺需求或防护要求，实验室中通常需要配备不同类型的装备或防护设备，其性能和质量直接影响实验室建设质量和高效安全运行。因此在实验室建设初期就需要论证相关实验室装备的规格、型号、性能、验证等技术问题，这给实验室建设过程带来了较大的困扰。

有关实验室建设的基本要求和知识，《暖通空调》杂志社已出版了《生物安全实验室建设与发展报告》《化学实验室建设与发展报告》等。为了推动实验室高质量建设，本书聚焦实验室装备体系，通过构建实验室关键装（设）备的知识体系，推进实验室关键装（设）备的国产化应用，完善关键装（设）备的性能评价机制，优化装（设）备招标规格书的撰写，希望可为实验室装备的采购、设计、施工、运行提供技术依据，为实验室科学合理建设及安全高效运行提供重要支撑。

1.3 实验室防护装备体系研究及本书内容介绍

本书内容依托亚太建设科技信息研究院有限公司和中国电子系统工程第四建设有限公司设立的"科学实验室良好装备体系发展报告"课题研究，研究周期为2023年5月至2024年8月。课题组开展

实验室防护装备系统研究，构建实验室防护装备数据库，研究梳理防护装备技术体系，为实验室设施/设备的标准化和规范化提供技术和数据的支持；通过制定相对准确和客观的技术规格书，为业主采购、设计选型提供参考，输出客观的产品知识体系，促进行业发展。课题成果包括三部分：设施/设备知识体系；设施/设备行业数据平台；《实验室建筑产品技术规格书》应用软件。本书为课题成果的第1部分，从概述，分类、结构、工作原理，标准规范依据，主要性能指标及评价，质量控制，选型指南，建设和使用过程中的风险控制，技术发展8个方面呈现设施/设备的知识体系。

受课题研究时间限制，本书第1版重点关注：化学实验室及通用装（设）备；实验动物设施装（设）备；生物安全实验室装（设）备。产品类别如下：全排风型通风柜、补风型通风柜、无管道型通风柜、试剂柜、试剂台、万向抽气罩、废气处理装置、射流风机、废水处理设备、文丘里定（变）风量阀门、风量控制阀（蝶阀）、热回收系统、净化空调机组；独立通风笼具、传递窗、洗笼机、负压解剖台、垫料收集装置；生物安全柜、压力蒸汽灭菌器、气（汽）体消毒设备、活毒污水处理装置、管线穿墙密封装置、袋进袋出高效过滤装置、风口式高效过滤装置、气密门、正压头罩熏蒸舱、化学淋浴装置、生命支持系统、正压生物防护服、动物残体处理设备、生物安全型气溶胶暴露系统、渡槽、智能化样本库。

第 2 章 化学实验室及通用装（设）备

2.1 通风柜

2.1.1 全排风型通风柜

1. 概述

通风柜的发展已有近 230 年的历史，最早在化学实验研究初期，实验室中就有通风的需求。使用局部烟囱排出有害气体是解决此问题的首要方法，并已经在实验室中使用了多年。

一些历史学家将第一个通风柜归功于托马斯·杰斐逊（Thomas Jefferson）或后来的托马斯·爱迪生（Thomas Edison），据说这两个人都使用了壁炉的自然通风和烟道来排除实验中不需要的蒸气。约瑟夫·普里斯特利（Joseph Priestly）于 1790 年创建了第一个实验室化学排气罩。随着电气电力工程的引入，第一台鼓风机电动机的发明为今天的通风柜铺平了道路。1923 年，英国利兹大学安装了第一台管道通风柜。

托马斯·爱迪生（Thomas Edison）是最早关注实验室通风的科学家之一。爱迪生在他的实验室中使用壁炉烟囱将实验中产生的有毒烟雾和气味排放到加热的橡胶混合物中，利用烟囱的自然气流排出气体。如图 2-1-1 所示。

1943 年，小约翰·韦伯（John Weber Jr）提出了恒定面风速、可变排气流量通风柜控制的概念，此设计应用于垂直上拉门式通风柜。该概念最终成为当时原子实验室中许多通风柜所采用的标准功能，在通风柜内的通风控制上起到至关重要的作用。大约在同一时期，韦伯还认识到，当开发出通风柜的紧急快速关闭功能时，其最佳密闭性是通过最小的拉门开启来实现的。

图 2-1-1 托马斯·爱迪生实验室通风柜

1951 年，H W Johnson Service Co.（现为 Johnson Controls Inc）首席现场工程师 Alyea 意识到，在不使用通风柜的情况下，尽可能保持通风柜的门关闭，可以节省大量的空气，并节省了大量能源。

1968 年，弗朗索瓦·皮埃尔·豪维尔（Francois-Pierre Hauville）创立了 Erlab 公司，并于同年开始销售第一台 Captair 无管通风柜。

20 世纪 70 年代，科研人员开始尝试开发了补风型的通风柜，该补风型通风柜通过引入外部空气来节省能源。这种类型的通风柜需要使用两个风道和鼓风机系统。一个著名的项目是 1995 年劳伦斯·伯克利国家实验室（Lawrence Berkeley National Laboratory）申请并进行的，称为伯克利通风柜（The Berkeley Hood），该项目于 2002 年结束，在商业上并未获得成功。

2. 结构、工作原理

2.1 结构

实验室排风柜是一种专门设计的安全装置，用于与正确设计的实验室通风系统连接时，将不需要的废气（在排风柜内进行实验操作过程产生）带离实验室，并排出建筑物。实验室排风柜主要由防火材料制成，包括顶部、三个固定侧面和一个单面开口。面向脸部开口配有视窗。排风柜由上柜部分、台面部分、底柜部分和附属配件组成。排风柜上柜中有导流板、顶部有排风集气罩，补风板（气翼），变风量控制系统、电源插座，水气考克，拉门等。拉门采用安全玻璃，可上下移动，供人员操作。下柜采用实验边台样式，上面有台面、下面是柜体。

为了减少实验所产生的气体、烟雾及粉尘等有害物质对人体的伤害，通风系统是化学实验室不可或缺的组成部分。通风系统中常见的设备是排风柜，它是化学实验室中最常用的一种安全处理有害、有毒气体或蒸气的局部排风设备，其种类繁多，由于结构不同，使用的条件不同，排风控制效果也不尽相同。

2.2 工作原理

全排风式排风柜是指将室内新风吸入柜内后，经排风管排到室外的方式，该类排风柜一直被广泛应用于主要的化学实验室中。随着科技不断进步，又融入了变风量控制系统，演变形成变风量排风柜。变风量排风柜可以通过操作视窗上的位移传感器来检测操作视窗开启高度，从而改变排风量实现恒定面风速的功能，达到一定的节能效果。通常分为定风量排风柜和变风量排风柜，具体工作原理分别如下。

2.2.1 定风量排风柜（见图 2-1-2）

（1）风机与管道系统

定风量排风柜的核心组件是风机与管道系统。风机负责产生稳定的气流，通过管道系统将气流输送到通风柜内部，并将柜内有害气体吸走，实现通风换气的功能。管道系统则负责将气流引导至指定排放口，确保气流流通顺畅。

（2）恒定风量控制

定风量排风柜通过采用特定的风量控制装置，如风量调节阀，实现恒定风量的控制。这一系统可以根据柜内作业的需要，自动或手动调节风机的转速和风量，以保证在柜门开启或关闭、实验器材进出等情况下，通风柜内的风量始终保持恒定。

（3）气体吸入与排放

通风柜的主要功能之一是吸入并排放有害气体。在通风柜工作时，风机产生的气流将柜内的有害气体吸入，并通过管道系统排放至室外。这一过程确保了实验室内空气的清新和实验人员的安全。

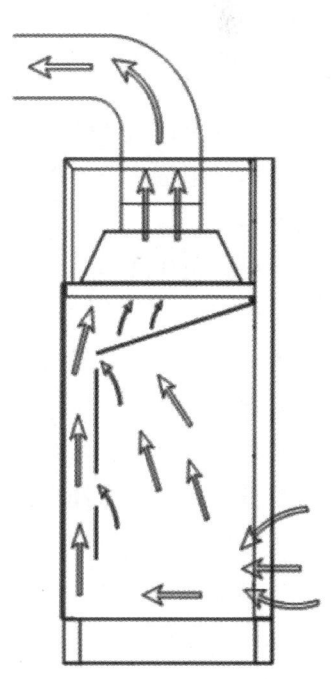

图 2-1-2 定风量排风柜工作原理

(4) 密闭性防止外泄

通风柜的设计注重密闭性，以防止有害气体外泄。柜体采用密封性能良好的材料制成，配合专门的密封条，能够有效阻止有害气体从柜体缝隙中逸出。同时，通风柜还配备了自动关闭装置，确保在无人操作时柜门能够自动关闭，进一步提高密闭性。

(5) 风速可调设计

虽然定风量型通风柜主要保持风量恒定，但为了满足不同实验对风速的不同要求，一些先进型号的通风柜也具备了风速可调的功能。用户可以根据实验需求，手动或自动调节风速，以满足特定的实验条件。

2.2.2 变风量排风柜（见图2-1-3）

(1) 环境实时检测

通风柜内置的环境检测模块能够实时监测实验室内的空气质量，包括温度、相对湿度、有害气体浓度等关键参数。通过高精度传感器，系统能够迅速捕捉到空气质量的变化，为后续的风量调节提供准确的数据支持。

(2) 风量智能调节

基于环境实时检测的数据，通风柜控制系统会自动分析当前实验室环境的需求，并智能调节送风和排风的风量。当有害气体浓度升高或室内温度异常时，系统会自动增加排风量，确保有害物质及时排出，同时调节送风量以保持室内环境的舒适度。

(3) 送风系统工作

送风系统主要负责将新鲜空气引入实验室，并通过通风柜的送风口均匀分布到工作区域。送风系统的风量可以根据需要进行智能调节，以满足实验室内不同区域的通风需求。

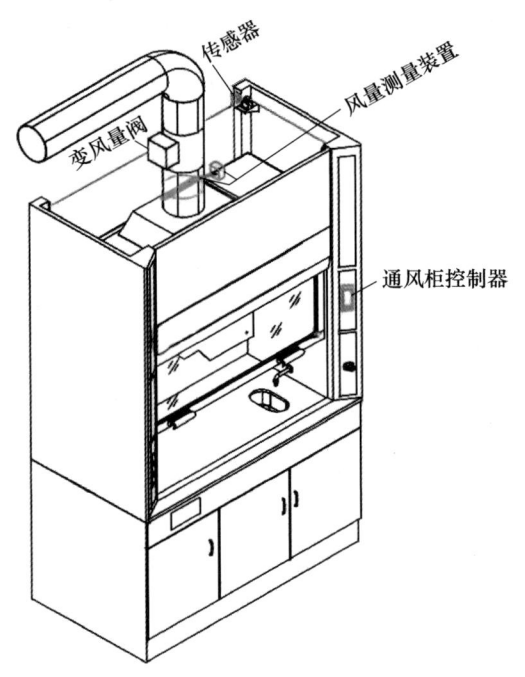

图2-1-3 变风量排风柜原理图

(4) 排风系统运作

排风系统是通风柜的核心部分，主要负责将有害气体和污染物排出实验室。通过智能风量调节，排风系统能够根据实验室内的空气质量状况，自动调节排风量，确保有害物质有效排出，同时减少能源的浪费。

(5) 维持负压环境

为了确保实验室内的有害物质不会逸出到外部环境，通风柜在工作时需要维持一定的负压环境。这意味着通风柜内的空气压力要略低于外部环境，从而确保有害气体和污染物有效地吸入并排出。

(6) 保障操作安全

通风柜的设计充分考虑了实验室操作的安全性。通过智能风量调节和负压环境的维持，通风柜能够有效降低有害气体对操作人员的危害。同时，通风柜还配备了安全防护装置，如紧急停止按钮、气体泄漏报警装置等，以应对突发情况。

(7) 精准风量控制

通风柜通过精准的风量控制，能够实现高效且节能的通风效果。比如说设置面风速为0.3m/s，通风柜上的VAV（变风量）自控系统可以保证移门视窗的高度，到达指定的300或500mm时，面风速会自动调整为0.3m/s，从而保证科研实验的高质量进行，智能控制系统能够根据实验室内的实际需求，精确调节送风和排风的风量，确保实验室内的空气质量始终保持在安全水平。

3. 标准规范

（1）JB/T 6412—1999《排风柜》

我国在1999年推出行业标准JB/T 6412—1999《排风柜》，其测试方法部分主要引用当时的美国标准ASHRAE 110-1995。该标准规定了排风柜的型式、基本参数和尺寸，技术要求、试验方法和检验规则及标志、包装、贮存。

（2）QB/T 5589—2021《实验室家具 通风柜》

该标准规定了实验室通风柜的术语和定义、分类、要求、试验方法、检验规则、标志、使用说明、包装、运输和贮存。

（3）EN 14175-3：2019

该标准规定了连接到排气系统的通风柜的安全性和性能评估的型式试验方法。相关要求在EN 14175-2中有规定。

（4）ASHRAE 110-2016

ASHRAE 110是世界上第一个排风柜试验方法标准。它的第一个版本诞生于1985年，第二个版本更新于1995年，目前最新版本是2016年版。经过几十年的实践，ASHRAE 110试验方法趋于完善，主要包括干扰流、烟雾可视化试验、面风速试验、VAV面风速控制、VAV稳定性试验、SF_6示踪气体试验。ASHRAE 110在排风柜管理周期上，也给出详细的阐述，将排风柜整个运行周期划分为AM、AI、AU。这一创造性的划分，为排风柜的管理提供了很好的思路和依据。该标准提供了一种考虑到影响实验室通风柜性能的各种因素的测试，文件中详细描述了实验室通风柜的性能测试方法，包括气流均匀性、面速度和排气流量等方面的测试。

（5）SEFA 1-2010

SEFA 1是在ASHRAE 110和ANSI/ASSP Z9.5的基础上进行了扩写，增加了更加详细的排风柜分类、结构要求等内容。特别是特殊型排风柜，给出了详细和系统的描述（如高氯酸用排风柜、放射性同位素用排风柜、CAV排风柜要求等）。该标准主要涉及实验室通风柜的设计、安装、操作和性能验证等方面的建议实践。

（6）UL1805-1999

该标准除了通风柜流体性能外，还涉及到实验室无管通风柜火灾、电气等其他危险，在美国销售通风柜，通风柜必须经过UL1805认证。

（7）ANSI/AIHA Z9.5

ANSI/AIHA Z9.5试验方法参照了ASHRAE 110的要求，并在其中规定了面风速范围（0.4～0.6m/s）、烟雾可视化的要求（目视无泄漏）、SF_6浓度要求（不大于0.05×10^{-6}）、VAV响应时间不高于5 s等要求。对排风柜的不同类型进行了系统和详细的描述，其中包括VAV排风柜，旁通型排风柜、CAV（定风量）排风柜、落地式排风柜、补风型排风柜等。

（8）BSI标准

BSI的试验方法分为：气流试验（面风速试验、内平面试验、外平面试验、抗干扰试验、空气交换效率试验、压损试验）、拉门试验、气流指示器试验、结构和材料试验及照明试验五大部分。与ASHRAE 110比较，增加了抗干扰试验和空气交换效率试验。抗干扰试验模拟人在排风柜前面走动对排风柜污染物控制性能的影响。通过示踪气体来定量在干扰情况下排风柜的泄漏。抗干扰试验可以很好体现排风柜在正常使用状态下的污染物控制性能。空气交换效率试验是为了量化排风柜排出污染物的效率。在第 7 部分——高热和酸负荷排风柜，给出了一些特殊排风柜的要求，包括酸消解排风柜、高氯酸排风柜、氢氟酸排风柜的要求。

另外，我国 2007 年出台了实验室变风量排风柜行业标准 JG/T 222—2007《实验室变风量排风柜》。

4. 技术难点及关键性能指标

排风柜的性能主要取决于通过排风柜空气的速度。影响排风柜操作面风速和空气运动的因素有操作开口的形状、柜内的散热量、排风孔设计、阻碍物和涡流等。也会与排风柜的防火能力、耐腐蚀性、是否便于清洗以及污染物进入排风系统前收集某些污染物的能力等性能有关。一般认为，实验室中的排风柜应能适应易燃的液体和气体，且结构材料应具有相应的耐火能力，以保持排风柜的完整性和及时将火封熄。

4.1 技术难点

（1）导流系统设计：通过通风柜内部导流板、补风翼的导流结构设计，再使用 CFD 流体仿真软件模拟，使得在实验时产生的有毒有害废气可以顺利地排出，避免对实验人员造成伤害。

（2）通风柜通过精准的风量控制，能够实现高效且节能的通风效果。比如说设置面风速为 0.3m/s，通风柜上的 VAV 自控系统可以确保：移门视窗的高度到达指定的 300mm 或 500mm 时，面风速自动调整为 0.3m/s，从而保证科研实验的高质量进行，智能控制系统能够根据实验室内的实际需求，精确调节送风和排风的风量，确保实验室内的空气质量始终保持在安全水平。

4.2 关键性能指标

通风柜通常是为了将实验环境或将生产环境产生的有毒、有害气体或颗粒物排出并过滤回收处理，因此，对于通风柜的性能指标，应从以下几点去关注。

（1）气流性能

① 面风速：通风柜内的气体流速通常以面速度表示，从而确保有效地控制有害物质的扩散。值得注意的是，通风柜并不是面风速越大功能越佳，不必要的高风速一方面可能引发紊流、乱流、逆流，造成有毒气体的泄漏；另一方面，高风速可能造成的另一弊端便是室内能量的流失，增加不必要的能源费用。通风柜柜门半开至全开时，面风速要求一般为 0.4～0.5m/s，并且分布均匀，其最大值、最小值与算术平均值的偏差应小于 15%。

在保证泄漏率符合标准、不对实验人员造成危害的前提下，面风速越低，代表通风柜的性能越优良。

② 气流均匀性：气流均匀性与通风柜多方面有关，可能是不适合的面速度，可能是不恰当的气流通道设计，也可能是不合理的位置布局，对于通风柜的气流控制性能判定，比较权威的测试方法见 ASHRAE 110，该标准是目前世界上最流行的通风柜性能测试标准之一。

（2）结构和材料

① 耐腐蚀材料：对于化学通风柜，使用耐腐蚀材料如不锈钢或特殊塑料。

② 易清洁表面：表面设计易于清洁，以防止生物通风柜内的生物污染。

（3）排风系统

① 排风通道：确保通风柜的排风通道通畅，防止气体积聚和影响通风效果。

② 排风风量：提供足够的排风风量，以满足处理有害物质的需求。

4.3 安装技术要求

（1）空间选择

在安装实验室通风柜之前，需要选择一个合适的空间。通风柜应放置在离墙壁和其他设备至少20cm的位置，以确保通风的良好效果。此外，还需要考虑通风柜的大小和放置方式，以适应实验室的空间布局。

（2）安装位置

通风柜的安装位置应远离人流通道和易受污染的区域，以降低外部颗粒物和有害气体的进入。通风柜也应尽量避免靠近热源和震源，以免影响通风效果和稳定性。

（3）通风系统

安装通风柜时，除了考虑通风柜本身的通风设计外，还需要确保实验室的整体通风系统能够与通风柜协调工作。通风柜的排风管道应连接到实验室的主排风系统，并采取必要的措施，如安装排风风机和调节阀门，以保证通风柜的负压运行和排风风量的调控。

（4）电气连接

安装通风柜时，要确保其电气连接正确无误。通风柜应与实验室的电源系统连接，并配备必要的电气保护装置，如漏电保护器和断路器。在进行电气连接时，应遵循相关的安全规范和操作步骤，以确保通风柜的安全可靠运行。

（5）调试和验收

安装完成后，还需要进行通风柜的调试和验收工作。调试包括通风柜的风速检测、排风效果测试等，以确保通风柜满足相关的技术指标和标准要求。验收则包括工程质量检查和文件资料的整理归档等步骤，以确保安装工作的可持续性和管理规范。

5. 质量控制

5.1 设计要求

通风柜设计均应符合国家安全标准和行业规范，确保实验人员的安全。设计需考虑实验室的具体需求，如化学品种类、实验类型等，以提供合适的防护措施。通风柜应具有合理的气流组织和排风方式，确保有害气体和微粒的有效排出。国外通风柜的设计理念更注重人性化、智能化和环保化，并提供多元化的功能和选项，这是国内通风柜企业应思考和探索的方向。

5.2 材料要求

通风柜的材料应耐腐蚀、强度高、防火性能好，如不锈钢、抗化学腐蚀的涂层钢板等。台面材料应耐酸碱、耐高温、易清洁，以满足实验室的多种需求。通风柜的门板、观察窗等应具有良好的密封性和透光性。材料方面，国内通风柜多采用钢材、玻璃、塑料等常见材料，成本相对较低，但可能在耐腐蚀性、抗冲击性等方面有所不足。国外通风柜则更倾向于使用高性能材料，如不锈钢、特种玻璃、高分子复合材料等，以提高通风柜的使用寿命和安全性。

5.3 制造工艺

制造过程应严格按照工艺要求进行，确保产品质量和性能。焊接、组装等工艺应确保无缺陷、无缝隙，以保证通风柜的密封性和结构强度。在制造工艺方面，国外更注意细节的深度把控，将美学和产品融合在一起。

5.4 性能测试

通风柜应进行空气流量、气密性、噪声、防爆性能等多项测试，确保其性能满足要求。测试结果应详细记录并存档，以便后续追踪和评估。

性能测试是评估通风柜性能的重要手段。国内外在通风柜性能测试方法上存在一定的差异。国外则更加注重实际使用性能的测试，如采用烟雾示踪法、气体浓度监测法等方法来评估通风柜的实际效果。此外，国外还普遍采用第三方认证机构进行性能测试和评估，以确保测试结果的公正性和准确性。

目前国内通风柜检测基本兼容国标、美标、欧标几种常用标准的测试，比如在面风速标准测试方面，国外通常为 0.35～0.5m/s，这主要是基于国外实验室对风速控制的精准要求和节能减排的考虑，目前国内的认证机构也达到此测试要求，国内通风柜厂家也有可以做到 0.3m/s 的面风速，烟雾示踪法、气体浓度监测法为零泄漏的指标，与国外通风柜的差距也在逐渐缩小。

6. 选型指南

（1）实验类型：不同的实验对通风柜的要求不同。例如，处理有害化学品的实验可能需要化学通风柜，而处理生物材料的实验可能需要生物安全柜。确定实验类型将有助于确定所需的通风柜类型。

（2）安全标准和法规：遵循适用的安全标准和法规，确保选择的通风柜符合相关的安全要求。这可能包括国家、地区或行业内的标准。

（3）通风柜类型：通风柜从结构上可分为落地式通风柜、台式通风柜、步入式通风柜等。

（4）面风速和气流性能：确保通风柜的面风速和气流性能满足实验要求，例如对有害气体或微生物的控制。

（5）尺寸和工作空间：选择通风柜的尺寸要适应实验室的空间，并确保提供足够的工作区域以容纳实验需求。

（6）能效：考虑通风柜的能效，以减少运行成本和环境影响。

（7）使用者操作：考虑通风柜的使用者操作界面，确保易于操作，提供必要的控制和监测功能。

（8）维护和清洁：考虑通风柜的维护和清洁要求，以确保长期的有效性和性能。

（9）制造商信誉：选择信誉良好、经验丰富的通风柜制造商，他们提供高质量的产品和售后服务。

在进行通风柜选型时，通常需要与实验室用户、安全官员、设备供应商和工程师合作，以确保选择的通风柜满足实验室的具体需求和符合所有相关的法规和标准。

7. 建设和使用过程中的风险控制

7.1 建设过程风险控制

7.1.1 通风系统

（1）设计和安装风险

① 设计不合理：通风系统的设计若不合理，可能导致通风不足或通风过量，影响实验室环境的稳定性和安全性。

② 安装不规范：通风柜的安装若不规范，可能影响其正常运行和使用寿命，增加后期维护成本。

(2) 设备和材料风险

① 设备故障：通风系统设备如风机、风门、风管等若出现故障，可能导致通风系统瘫痪或局部失效，影响实验室环境的控制。

② 材料质量：通风系统使用的材料若质量不合格，可能影响系统的稳定性和耐用性，甚至引发安全事故。

(3) 监测和控制风险

① 监测系统不完善：缺乏有效的监测手段，无法实时掌握通风系统内的气体浓度、风速等参数，可能导致问题不能及时发现和处理。

② 控制系统失灵：通风系统的控制系统若出现故障或失灵，可能导致通风系统无法按照预设参数运行，影响实验室环境的控制。

(4) 操作和维护风险

① 操作不当：通风柜的使用人员若操作不当，可能导致通风系统损坏或实验室环境污染。

② 维护不到位：通风系统的定期维护若不到位，可能导致设备老化、性能下降，增加安全事故的风险。

(5) 经济风险

① 投资成本：通风系统的建设和运行需要一定的投资，若投资不足或不合理，可能导致系统性能不达标或后期运行成本过高。

② 经济效益：通风系统的建设和运行若不能带来预期的经济效益，可能导致项目失败或亏损。

7.1.2 自控系统

(1) 系统软件风险

① 安全防护措施缺失：如果自控系统没有安装杀毒软件、防火墙等相关的防护软件，或者没有采取必要的安全防护措施，可能会导致系统遭受病毒、黑客攻击等安全风险。

② 数据信息安全风险：如果系统没有对重要的数据信息做加密处理，或者没有进行重要数据的保存备份，可能会导致数据泄露或被篡改，给实验室工作带来严重影响。

③ 访问权限控制不严：如果系统没有对访问权限进行严格控制，可能会导致非法获取和使用数据的行为，进而对系统安全造成威胁。

(2) 硬件或环境因素风险

① 设备故障：自控系统的设备，如传感器、控制器等出现故障，可能会导致系统无法正常工作。例如，烟雾传感器失灵可能会导致通风机无法及时启动，进而影响到通风柜的排风效果。

② 环境因素：环境因素也可能对自控系统造成风险。例如，温度过高或过低、湿度过大或过小等都可能影响自控系统的正常运行。

7.1.3 风机选型

(1) 风量风压不匹配的风险

① 风险描述：若所选风机的风量、风压与通风柜的实际需求不匹配，可能导致通风效果不佳或风机过载运行。

② 风险影响：通风效果不佳会影响实验环境，而过载运行则可能缩短风机寿命，甚至引发安全事故。

③ 应对措施：在选型前，应准确计算通风柜的风量、风压需求，并根据计算结果选择合适的风机

型号。

(2) 工况适应性差的风险

① 风险描述：通风柜的使用环境可能涉及腐蚀性气体、高温、高湿等特殊工况，若风机选型不适应这些工况，将导致风机性能下降或风机损坏。

② 风险影响：风机性能下降会影响通风效果，而风机损坏则可能导致系统瘫痪，影响实验进度。

③ 应对措施：在选型时，应充分考虑通风柜的使用环境和工况条件，选择具有耐腐蚀、耐高温、耐高湿等性能的风机。

(3) 防爆要求不达标的风险

① 风险描述：对于涉及易燃易爆物质的实验环境，若所选风机不具备相应的防爆性能，将存在严重的安全隐患。

② 风险影响：一旦发生爆炸事故，将造成人员伤亡和财产损失。

③ 应对措施：在选型时，应严格按照实验室的防爆要求选择具有防爆认证的风机，并确保风机安装和使用符合相关规范。

(4) 安装位置不当的风险

① 风险描述：风机的安装位置对其运行效果和使用寿命有重要影响，若安装位置不当，可能导致风机性能下降或风机损坏。

② 风险影响：风机性能下降会影响通风效果，而风机损坏则可能导致系统瘫痪，影响实验进度。

③ 应对措施：在安装风机前，应充分考虑通风柜的布局和气流组织，选择合适的安装位置，并确保安装过程符合相关规范和标准。

7.2 使用过程风险控制

(1) 自控系统

① 操作错误：操作人员的操作错误可能导致自控系统无法正常运行，或者运行出错，进而影响到通风柜的使用效果。例如，操作人员可能误操作导致通风机转速过快或过慢，影响到通风柜的排风效果。

② 管理疏忽：管理疏忽也是导致人为操作风险的重要因素。例如，如果管理人员没有定期对自控系统进行检查和维护，可能会导致系统出现故障而未能及时发现和处理。

(2) 风机系统

① 风险描述：风机在使用过程中需要定期进行维护保养，若维护保养不足，将导致风机性能下降或风机损坏。

② 风险影响：风机性能下降会影响通风效果，而风机损坏则可能导致系统瘫痪，影响实验进度。

③ 应对措施：应建立风机维护保养制度，定期对风机进行检查、清洗、润滑和更换易损件等维护保养工作，确保风机始终处于良好的运行状态。

8. 技术发展

随着科学技术的快速发展，通风柜作为实验室、医药制造、化学工业等领域不可或缺的设备，其智能化、智慧化的发展成为必然趋势。

8.1 智能化控制系统

通风柜的智能化控制系统是实现智慧化管理的核心。未来，通风柜的控制系统将更加智能化，能够根据实验室环境、实验操作等因素自动调节风速、风量等参数，实现自动调节、自动监测和自动报警。同时，通过物联网技术实现远程监控与控制，使实验操作更加便捷、安全。

8.2 数据分析与优化

在通风柜的运行过程中，会产生大量的数据。通过对这些数据进行收集、分析，可以更加精确地了解通风柜的运行状态，为优化操作提供有力支持。未来，通风柜将采用更先进的数据分析技术，如机器学习、人工智能等，对运行数据进行深度挖掘，实现通风柜的智能优化，提高运行效率。

8.3 节能环保技术

随着全球对节能环保的日益重视，通风柜的节能环保技术也将不断发展。未来，通风柜将采用更高效的电动机、风机等组件，减少能耗；同时，通过优化通风系统设计，提高通风效率、减少能源消耗。此外，还将积极探索新型节能材料、节能技术，为实验室、医药制造等领域的绿色发展贡献力量。

8.4 安全性与可靠性

通风柜的安全性与可靠性是其最基本的要求。未来，通风柜将在材料选择、结构设计、生产工艺等方面持续优化，提高产品的安全性能。同时，通过智能化监测系统实时监测通风柜的运行状态，及时发现并处理安全隐患，确保通风柜的可靠性。此外，通风柜还将加强防火、防爆等安全性能的设计，为用户提供更加安全可靠的实验环境。

8.5 多功能组合趋势

随着实验室等场所需求的多样化，通风柜将呈现多功能组合的趋势。未来，通风柜将不仅仅局限于通风排气的功能，还将融合多种功能，如空气净化、噪声控制、温度调节等，为用户提供更加全面、便捷的解决方案。同时，通过模块化设计，实现不同功能模块的灵活组合，满足不同场所、不同用户的需求。

8.6 国际竞争力

面对全球市场竞争的激烈挑战，通风柜企业应不断提升自身实力，增强国际竞争力。未来，通风柜企业应注重品牌建设和技术创新，打造具有国际影响力的知名品牌。同时，加强国际合作与交流，学习借鉴国际先进技术和管理经验，提高产品质量和服务水平。此外，通风柜企业还应积极拓展国际市场，参与国际竞争与合作，为提升我国通风柜产业的国际地位作出贡献。

2.1.2 补风型排风柜

1. 概述

排风柜是一种能够将产生空气污染的污染源包围起来，只留一个可调节开度的操作口（操作视窗），以达到控制与排走空气污染物目的的柜状结构体。补风型排风柜是利用外置风机将室外空气由操作视窗内侧的补风口送至柜内的排风柜。主要用于控制与排走排风柜内实验产生的污染物，并大幅度减少从实验室抽取的空调风量。其基本原理为空气置换原理，即通过风机运行时产生的负压将柜内实验产生的污染物排出实验室。

2. 标准

2.1 国际标准

(1) ASHRAE 110-2016（美国标准）

① 主编单位：美国国家标准学会/美国供暖、制冷与空调工程师学会。

② 主要内容和特点：是目前世界上适用范围最广的排风柜标准，其目的是提供定量和定性的测试方法来评估实验室排风柜对于污染物的控制能力。定量的测试方法是面风速测试和污染物控制浓度测试，而定性的方法是流动显示测试。

(2) EN 14175-3：2019（欧洲标准）

① 主编单位：英国标准协会。

② 主要内容与特点：

在目前所有排风柜标准中最为详细，共有 6 个部分，分别是：术语、安全规范和运行要求、规范测试方法、现场测试方法、安装和维护建议及变风量排风柜。规范测试方法中详细描述了在检测室进行排风柜检测的测试方法，共分为气流测试、拉门测试、气流指示器测试、结构和材料测试及照明测试五大部分，其中气流测试部分与 ASHRAE 110 相比，略去了流动显示测试，增加了抗干扰测试、换气效率测试和压差测试等相关内容，旨在用定量的方法更加精确和全面地反映排风柜性能。

抗干扰测试的目的是考察如果有操作人员在柜前走动是否会对排风柜的污染物控制能力产生影响。测试中，用一块平板来回移动来模拟操作人员在柜前进行操作时可能对排风柜运行造成的影响，然后记录下该移动过程中，操作面上示踪气体浓度的变化。

换气效率测试的目的是考察在实验室内正常通风的情况下，排风柜将柜内污染物完全排出所需要的时间，即在柜内没有污染物发生时，柜内外污染物浓度的衰减情况。

2.2 国内标准

(1) JB/T 6412—1999《排风柜》（机械行业标准）

① 主编单位：国家机械工业局。

② 主要内容和特点：

JB/T 6412—1999 中规定了排风柜的型式、基本参数和尺寸、技术要求、测试方法和检验规则以及标志、包装贮存。其中测试方法部分除了引用 ASHRAE 110 的测试内容外，还增加了阻力测试一项。阻力测试的目的是测量排风柜的阻力，该指标可以从另外一个侧面间接反映排风柜的设计是否合理，气流流动是否平缓顺畅。

其测量原理是利用毕托管测出排风管道内的全压值和动压值，再由动压值算出管道内的风速，然后根据风速算出各接头的局部阻力和管道内的沿程阻力。用开始测出的全压值减去动压、局部阻力和沿程阻力后剩下的就是排风柜阻力。

(2) T/NAHIEM 64—2022《工作台面前沿柜内补风型排风柜技术标准》

① 主编单位：全国卫生产业企业管理协会实验室建设发展分会、倚世节能科技（上海）有限公司。

② 主要内容和特点：T/NAHIEM 64—2022《工作台面前沿柜内补风型排风柜技术标准》中规定了工作台面前沿柜内补风型排风柜（即内补风型排风柜）的标记、技术要求、质量检验、检验规则及标志、包装、贮存和运输的要求，适用于内补风型排风柜的生产与检验。

3. 关键性能指标

3.1 补风型排风柜技术要求

（1）排风柜阻力不应大于 70Pa。

（2）排风柜的排/补风量偏差不应大于 10%。

（3）在操作视窗最大工作开度（457mm）下，所测排风柜补风量和排风量的比值应为 50%～70%。

（4）排风柜补风口风速偏差不应大于 30%。

（5）排风柜面风速偏差不应大于 30%。

（6）排风柜示踪气体泄漏浓度平均值不应大于 $0.05mL/m^3$，峰值不应大于 $0.5mL/m^3$。

（7）排风柜 VAV 响应时间不应大于 3s。

（8）当排风柜工作视窗位置在 457mm 操作高度时，排风柜的有害气体泄漏率应控制在 $0.05×10^{-6}$ 以内，以有效地控制排风柜内有害物质溢出并保持操作区域清洁安全。

3.2 低流量排风柜技术要求（见表 2-1-1）

表 2-1-1 低流量排风柜技术要求

	型号	FGB-120T-L01	FGB-150T-L01	FGB-180T-L01
	标准尺寸（宽×高×深）(mm×mm×mm)	1200×2365×1000	1500×2365×1000	1800×2365×1000
移门开启高度 457mm（工作高度）	排风量/静压力	$670m^3/h$，30Pa	$840m^3/h$，40Pa	$1000m^3/h$，70Pa
	最低排风量（m^3/h）	260	300	360
	排风口数量	1	1	1
	排风口直径	250mm（9.9″）		
	照明设备	台面任何位置大于 500lx（顶灯采用 LED 照明，为完全防水防腐结构，功率 40W）		
	示踪气体泄漏测试	美标 ASHRAE 110 检测报告（泄漏率不高于 $0.05×10^{-6}$）		
	噪声	在排风柜正常工作的情况下，在玻璃移门前 30cm、离地 1.5m 左右，噪声等级在 55dB 以下		
	机型	非活动式底柜，上柜放置于底柜上		
上柜结构材料	柜体	柜体为铝型材+抗倍特板结构，耐腐蚀，耐高温。铝型材表面采用特级耐腐粉末喷涂，涂层厚度不小于 80μm。排风柜边框厚度不超过 50mm，有效增加内部操作空间。排风柜两侧侧板采用 12.7mm 厚抗倍特板		
	下导流翼	下导流翼底部安装小风扇，主动送风用于清扫台面，减少台面上污染物的沉积		
	内衬	5mm 厚耐腐蚀、耐高温国产抗倍特板		
	导流板	通过 CFD 模拟操作区气流组织，使上、中、下导流板按比例排风，确保不同密度气体均能有效排出		
	台面	20mm 厚陶瓷板，四周带阻水边，阻水边高度 5mm，总厚度 25mm		
可选配件	水槽	PP 耐酸碱一体成型水槽，附存水防臭防堵装置		
	水/氮气/真空管道	氮气输送管为 8mm PU 管；上水为不锈钢纺织管；真空连接管为不锈钢波纹管（4 分内丝接头）		
	水阀/气阀/真空阀	遥控水阀水嘴、遥控气阀气嘴最多可选配 6 组		
视窗移门	视窗材质	6mm 钢化玻璃，移门框料采用铝合金型材，表面用特级耐腐粉末喷涂		
	视窗的形式	手动上下移门；视窗可停留在任意高度；视窗最大开度 750mm；配有缓冲装置		
	传动结构	传动系统由同步带、同步轮、同步轴组成，平衡系统可以防止移门倾斜，可以单手操控		

续表

用电规格	总电源	施耐德1P+N断路器20A 2组（标准配置不带漏电保护）；内/外插座分开控制
	线缆	RVV3×2.5m² 软线缆
	插座	4组国标小五孔防水插座（内置）+4组86型插座（外置）
	功率	总功率不超过3300W
底柜	材质	外观1mm厚冷轧钢板；框架采用1.2~2mm厚冷轧钢板，表面用特级耐腐粉末喷涂
	结构	底柜由铰链、门、可调隔板、可拆后挡板、可调地脚等组成；后挡板可全拆装，易于维护；底柜后部设有排风口，可将柜内污染物通过排风柜排风口排走
	铰链	不锈钢合页
自动视窗系统（选配）		自动视窗系统由电动升降电动机、LCD触控屏、人体红外扫描传感器、红外对射传感器、自动门控制器、位移传感器等组成，具有视窗防夹功能
伯努利变风量系统（选配）		变风量系统由伯努利变风量排风阀、LCD触控屏、人体红外扫描传感器、变风量控制器、位移传感器等组成；变风量系统根据视窗移门高度自动调整排风量；配有自动门变风量系统的排风柜，当柜前无人时，视窗自动关闭，排风量降到最小值，从而达到节能效果

4. 选型指南

4.1 应用场景

一般应用场景为化学实验室。

4.2 注意事项

（1）做好相关防护

只有在移门完全关闭的情况下，通风柜才能用于控制高速微粒污染物的释放。但即使在移门完全关闭的情况下，通风柜对爆炸也不完全具备防护能力。如果存在潜在的爆炸可能性，通风柜操作者必须提供足够的安全防护以控制爆炸的发生。

（2）评估实验物质的危险性

普通型的通风柜不能用于高氯酸和放射性物质的实验。高氯酸蒸气可以在管道内结晶，从而导致高铝酸盐的汇集。高铝酸盐可以在表面聚集，进而引发爆炸，对实验室研究人员和维护人员造成严重的伤害。专门的高氯酸型通风柜由不锈钢制作而成并配有专门的喷淋清洗系统。放射性通风柜务必避免放射物质在通风柜内的汇集，且便于清洁。

（3）补风翼

任何物体均不能放置在补风翼上，放置在补风翼上的容器散发出的气体不能完全被捕获。另外，在补风翼上放置物体可能导致在紧急状况下不能快速完全地关闭通风柜的移门。

（4）其他

除在安装和拆卸设备时外，其他任何时刻不要将头部伸入通风柜内。考虑到节能的重要性，通风柜在不使用的情况下，请保持其移门关闭。通风柜内应避免放置过多物品、器材，以免干扰空气的正常流动。

4.3 常见问题

（1）排风效率低，室内有味道

检查工作管道的各个连接处是否有缝隙漏风，排风量是否达到额定风量。

(2) 柜内被腐蚀

检查柜内实验是否为强腐蚀的、不适宜的实验。

(3) 柜内温湿度失控

在外界有极端天气情况下,柜内补风如果没有预处理,会造成柜内温湿度失控的情况。如果在外界没有极端天气的区域,并且柜内对温湿度没有特定控制需求,直接引入室外新风进行补风将是一种高效节能的选择。如果在一些外界有极端天气区域,并且柜内对温湿度有明确要求,则需要在补风风机箱内增设预处理装置,相比直接将空调新风引入室内,将预处理补风补入排风柜内将更有效地控制室内温湿度,同时也能减少室内新风空调能耗,因为补入排风柜内部的空气温湿度的处理要求比直接送入室内的温湿度要求更低。

(4) 排风柜面风速的定义

排风柜的泄漏率是作为评价排风柜安全性的一个重要指标,美标 ASHRAE 110 和欧盟标准 EN 14175 和中国 JB/T 6412—1999,要求排风柜泄漏率不高于 0.05×10^{-6}。面风速只是作为建议值,并且面风速的指标与排风柜安全性并无直接关联,所以建议关注排风柜泄漏率指标,面风速可以作为日常评估排风柜性能的一个参考。

4.4 安装与调试验证

(1) 排风柜前宜设置防干扰区。

(2) 两台排风柜相对放置时,间距不宜小于 3m,排风柜与中央台间距不宜小于 1.8m,排风柜与对面墙的间距不宜小于 1.8m。

(3) 排风柜侧面与墙内侧的间距宜不小于 0.3m,排风柜侧面与实验室门的间距不应小于 1m,排风柜正对实验室门摆放时,间距宜不小于 1.8m,人背对实验室门操作时排风柜与门的间距宜不小于 1.5m。

(4) 排风柜并排放置时,两相邻上柜内侧边间距小于 100mm 时,宜配置宽度不小于 100mm 的挡板或采取保证排风柜内气体不泄漏的措施。

5. 质量控制

5.1 企业内部质控

(1) 设计与研发阶段:企业内部应建立严格的设计评审制度,确保补风型排风柜的设计符合国家安全标准、行业标准及客户需求。设计过程中需充分考虑气流动力学原理,确保有害气体的有效排除与新鲜空气的补充。同时,材料选择需符合环保、耐腐蚀、易清洁等要求。

(2) 生产制造过程:实施严格的工艺流程控制,包括原材料检验、部件加工精度、组装调试等环节。采用先进的生产设备和检测技术,如激光切割、风量平衡测试等,确保每一台排风柜的制造质量。此外,还应建立可追溯的质量管理体系,记录生产过程中的关键参数和测试结果。

(3) 出厂检验与测试:每台补风型排风柜在出厂前均须经过全面的性能检测,包括但不限于风速均匀性测试、泄漏率测试、噪声测试及安全性能检查等。确保通风柜的各项性能指标均达到设计要求和国家相关标准。

5.2 国内质控要求

在国内,补风型排风柜的生产和销售需遵循《实验室家具通用技术条件》《通风柜》《工作台面前沿柜内补风型排风柜技术标准》等。这些标准对排风柜的结构设计、材料选用、性能指标、安全性能等方面提出了明确要求。例如，规定了排风柜的排风量、补风比例、变风量响应时间等关键指标，以确保排风柜在实际使用中的有效性和安全性。

5.3 国际质控要求

国际上，不同国家和地区制定了各自的标准和法规，如美国的 ASHRAE 110-2016《实验室用通风柜标准》、欧洲的 EN 14175《通风柜性能要求》等。这些国际标准通常对通风柜的设计、制造、测试及认证等方面提出了更为严格和全面的要求。例如，强调通风柜的气流控制效率、泄漏率、操作灵活性、用户舒适度及能源效率等。

补风型排风柜的质量控制是一个涉及设计、生产、检测及认证等多个环节的复杂过程。企业需建立健全的内部质控体系，同时遵循国内外相关标准和法规要求，确保排风柜的质量和安全性能达到高水平，为实验室工作人员提供一个安全、高效的工作环境。

6. 建设和使用过程中的风险控制

6.1 建设过程中的风险控制

（1）设计与选型
① 风险评估：在建设初期，应对实验室的潜在危险进行全面评估，确定所需排风柜的类型、规格和数量。
② 专业设计：选择具有专业资质的设计单位，根据实验室的具体需求和风险评估结果，设计合理的补风型排风柜系统。
③ 设备选型：选择高质量、性能稳定的补风型排风柜及其配套设备，确保设备符合国家和行业标准。
（2）安装与调试
① 专业安装：由具有专业资质的安装团队进行安装，确保排风柜的安装位置、高度、角度等符合设计要求。
② 严格调试：安装完成后，进行严格的调试工作，包括风量、风速、压差等参数的检测和调整，确保排风柜的性能达到设计要求。

6.2 使用过程中的风险控制

① 日常操作规程：制定详细的操作规程，明确排风柜的使用方法和注意事项，对实验室工作人员进行排风柜使用和维护的培训，提高其对设备性能和操作规范的认识。
② 定期检查：定期对排风柜系统进行检查和维护，包括检查风阀、风机、管道等部件的运行状态，及时更换损坏或老化的部件。
③ 补风型排风柜在建设和使用过程中的风险控制是一个涉及多个方面的综合性工作。通过科学的设计、严格的安装与调试、规范的日常操作、有效的安全管理和环境监测以及完善的应急处理措施，可以最大限度地降低风险的发生概率和后果的严重程度，确保实验室的安全和实验人员的健康。

7. 技术发展

7.1 安全性

1990年美国职业安全与卫生管理局（OSHA）的调查及随后多国流行病学研究深刻揭示了实验室

环境中空气污染对工作人员健康安全的严重威胁，强调了实验室建设过程中必须将安全置于首要地位。这些研究不仅指出了实验室空气污染的潜在危害，还明确了其与操作人员健康风险之间的紧密联系，促使我们重新审视并加强实验室的安全标准与措施。

在国内实验室的发展历程中，早期阶段往往侧重于功能性的满足，而忽视了安全性的全面考量。然而，随着"以人为本"发展理念的深入人心，以及科技进步带来的安全健康意识的普遍提升，实验室安全已成为不可忽视的关键环节。特别是排风柜作为实验室的核心安全设备，其重要性不言而喻。它不仅负责将实验过程中产生的有害气体迅速排出，减少操作人员暴露于有害环境中的风险，还是维护实验室整体空气质量、保障人员健康安全的关键屏障。

因此，提升排风柜的安全标准，确保其性能达到甚至超越国际先进水平，是保障实验室安全的重要一步。美国现行的排风柜标准，如示踪有害气体 SF6 泄漏不超过 0.05×10^{-6} 的严格要求，为我们树立了标杆。国内实验室在引进或升级排风柜时，应以此为参照，确保设备在设计、制造、安装及运维各环节均能满足高标准的安全要求。

此外，从更全面的安全技术视角出发，实验室还应配备先进的灭火系统作为安全防线的补充。灭火系统应根据实验室的具体布局、潜在火灾风险等特性进行定制化设计，确保在火灾发生时能够迅速、有效地控制火势，减少损失。

实验室安全建设是一个系统工程，需要从多个维度出发，综合运用各种安全技术措施，通过这些努力，可以为实验室工作人员营造一个更加安全、健康的工作环境。

7.2 节能性

在实验室建设的实践中，节能性已成为一个核心考量因素，尤其在全球能源需求日益增长与资源日益紧张的背景下更显重要。当前，国内实验室普遍采用全新风空调系统以保障室内环境的舒适度，然而，这一模式显著增加了能耗，特别是排风柜的新风空调系统，其能耗占比高达实验楼总能耗的一半左右，凸显了严重的能源浪费问题。

针对实验室排风柜高能耗的顽疾，全球范围内展开了多种探索。欧洲部分国家采取的策略是减少排风量，以此作为降低能耗的初步尝试。而中国与美国则更为前瞻地引入了变风量系统（VAV），通过智能调节风量来适应不同工况下的需求，从而有效节省能源。尽管如此，这些方法在应对复杂多变的实验室环境时仍显不足，未能完全破解高能耗难题。

在中国，补风型节能排风柜技术已取得显著进展。在无须严格控制柜内温湿度的应用场景中，该技术节能率高达 $60\%\sim70\%$，为实验室节能领域开创了新的技术方向。然而，当柜内需要满足特定的温湿度要求时，补风型排风柜便需要对补风进行预处理，这在一定程度上会削弱其节能效果，但是仍然比传统直排式更加节能，且降低了室内送风对排风柜的干扰，降低了室内送风断面流速，人员舒适度大幅提高。

7.3 智能化、智慧化

随着科学技术的日新月异，传感器技术作为现代科技的基石之一，在实验室排风柜的开发与应用中将扮演着越来越关键的角色。这些高精度、高灵敏度的传感器不仅能够实时监测实验室环境中的多种参数，如温度、湿度、有害气体浓度等，还能根据预设的安全阈值迅速作出反应，有效保障实验人员的健康安全及实验设备的正常运行。

此外，智能化的排风柜还将具备强大的数据收集与分析能力，能够实时记录实验室环境参数的变化情况，为实验室管理提供科学依据。通过数据分析，管理人员可以更加准确地评估实验室的安全状况，及时发现潜在的安全隐患，并采取相应的预防措施。同时，这些数据也为排风柜的进一步优化升级提供了宝贵的信息支持，推动实验室安全与节能技术的不断进步。

7.4 人性化

在未来实验室的建设发展中，排风柜的人性化设计也将成为提升操作人员安全性与工作效率的关键要素。鉴于实验室工作的特殊性，操作人员往往需要在排风柜前进行长时间、高强度的实验操作，这一过程中，不仅要求高度的专注力，还伴随着不可避免的体力与心理疲惫。因此，设计一款既符合安全标准又兼顾人性化的排风柜，对于保障操作人员的身心健康、预防因疲惫导致的安全隐患也同样至关重要。

2.1.3 无管道净气型通风柜

1. 概述

无管道过滤技术源于1968年法国依拉勃，创始人 François Pierre Hauville 发现实验室台面上多数化学品操作都是在没有防护的情况下进行的，日积月累化学师吸入挥发的化学气体危及健康。在与军事研究所人员探讨后发明了无管道净气型通风柜，从源头净化空气污染。这项伟大的发明不仅使实验人员拥有了安全、灵活的防护设备，而且解决了传统外排通风柜向环境中直排化学污染物质和大量消耗实验室新风问题。无管道过滤技术让实验室同时兼顾安全、灵活、节能环保成为可能。在欧美市场，开始广泛应用于高校、科研单位的教学类化学实验室以及各个行业（如制药、化工、食品、水处理等）的检测化学实验室，后来广泛应用于实验室改造、设备添加以及新建实验室大楼项目，成功助力"零能耗"实验室建设，并得到实验人员的一致好评。

2004年无管道过滤技术进入中国市场，目前已普遍地应用于高校、科研和政府检验检测实验室，企业单位（如制药、食品、化工、材料、水处理等）检测化学实验室也逐渐普及。2012年，组织推动无风管行业标准颁布实施，带领和规范行业高质量发展。各类企事业单位的应用范围逐渐扩大，且逐步向新能源、新材料、医疗等高新技术领域扩展。发展至今，除实验室改造、现有实验室设备扩充和添加业务外，新建实验室大楼也逐步开始增加设计无风管技术，有效优化楼宇能耗运行及设备设施灵活布局的设计，确保安全的同时显著降低能耗，保护环境实现可持续发展。

2. 工作原理、结构

无管道净气型排风设备，主要通过柜体顶部配备无刷风机搭载过滤系统（分子、粒子、混合类），通过风机运转，创造由下而上的相对负压，负压气流将挥发的有毒有害气体分子均衡带入柜体顶部过滤系统中。过滤后的安全洁净空气可直接释放回房间，空气排放指标安全控制低于PC-TWA 1‰。实现了无须传统外排管道即可有效处理有毒有害气体，为实验人员提供健康安全的实验环境。

无管道净气型通风柜（见图2-1-4）用于对实验操作过程中产生的有害化学物质过滤，为实验人员提供安全防护。可针对液体、粉尘、液体与粉尘混合进行处理，可配置单层活性炭、双层活性炭及活性炭与HEPA组合型过滤器，从化学品操作源头进行安全防护，为实验人员创造健康安全的实环境。

高效能净气型通风柜结构组成见图2-1-5。

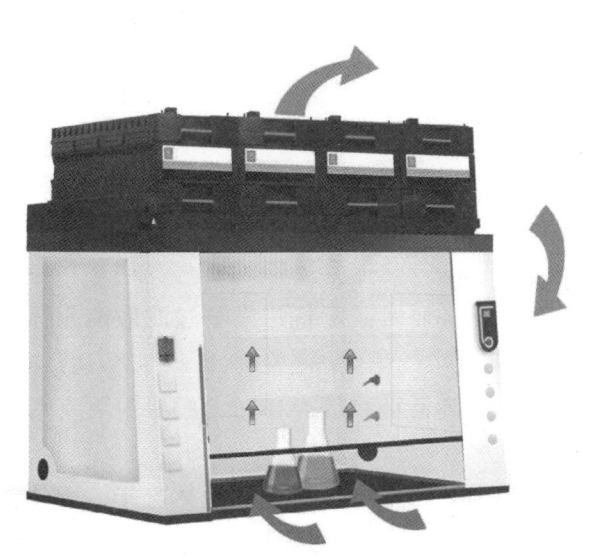

图 2-1-4　无管道净气型通风柜

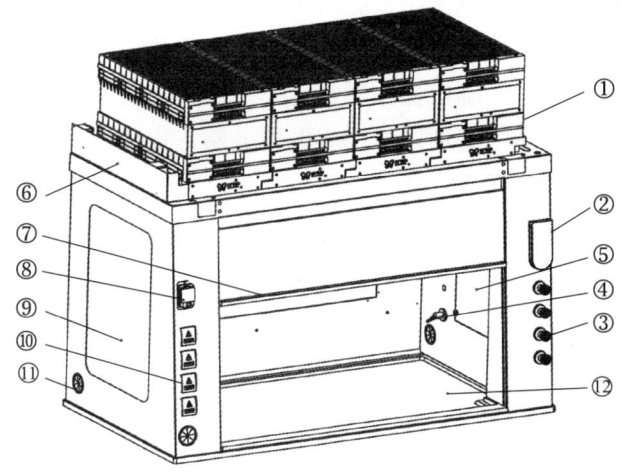

①过滤模组；②控制装置；③遥控水/气阀；④水/气嘴；⑤检修窗；
⑥外接电源盒；⑦升降门；⑧急停开关；⑨左视窗；⑩电源插座；
⑪预留管/线路通道；⑫理化板工作台面。

图 2-1-5　高效能净气型通风柜

过滤模组见图2-1-6。

模块化过滤系统可灵活组合模块和过滤装置（活性炭过滤器和HEPA粒子过滤器），甚至包含能够自动识别并记录历史信息的智能过滤器。以此来满足实验室内各种化学实验的不同需求，提升用户安全水平。活性炭过滤器衍生于军事防毒面具技术，用于过滤化学品操作及存储过程中产生的有害气体，HEPA粒子过滤器用于过滤固体试剂。

过滤模组中关键的活性炭过滤技术面临以下挑战：可吸附的化学品种类有限；吸附量有限；增加吸附量的同时难以100％避免脱附风险；过滤器寿命影响因素复杂且每个实验室的状况不同，无法形成通用的过滤器寿命，较难评估过滤器寿命。

无管道净气型通风柜结构组成见图2-1-7。

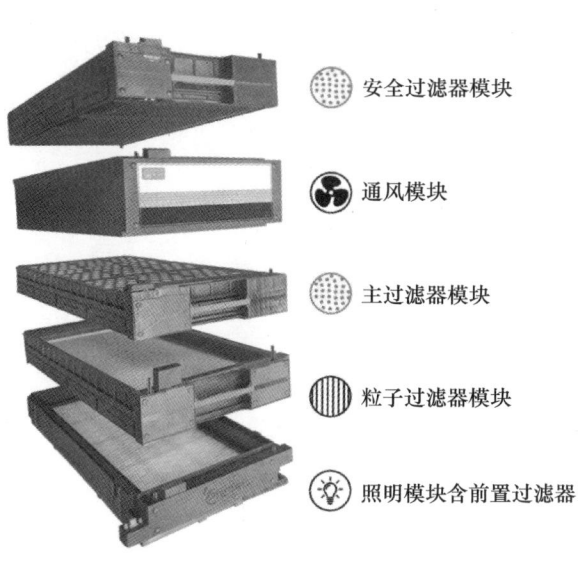

图 2-1-6　过滤模组

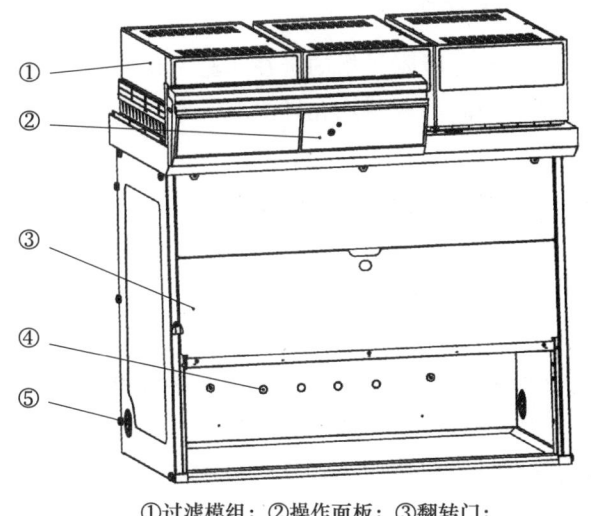

①过滤模组；②操作面板；③翻转门；
④预留水/气嘴安装孔；⑤预留管/线路接口。

图 2-1-7　无管道净气型通风柜

结构部分功能要求：

（1）净气型通风柜应保证良好的气流，须具备面风速传感器自动校准功能，校准后面风速值与手持式热球式面风速仪数据误差在10%以内。

（2）净气型通风柜应具备多样化的操作视窗，如翻转式、操作孔式、上下移门等，须具备风机失灵报警功能，确保操作异常情况下的安全预警。

（3）净气型通风柜也应设置电路、水路、气路的安装位置，同时预留相关的控制开关位置（可设置于侧门板或多功能工作台）。

（4）净气型通风柜结构模块（柜体、风机、台面、操作视窗、过滤组件等）均应具备模块化拆装功能，便于安调检修及设备扩充与使用性。

（5）净气型通风柜须确保试用评估表内污染物被有效过滤，必要时需配备污染物过滤效能超标提醒报警器。

（6）净气型通风柜需确保良好的控制效果，特殊物质如高毒高活药物等操作时，必要时可支持第三方溢出物浓度测试。

（7）根据实验项目的调整，净气型通风柜须具备实验项目变化，支持针对不同液体分子、固体粉末、液体与固体粉尘混合以及洁净室等应用的调整与扩充，确保设备使用的多样性、灵活性。

（8）净气型通风柜必要时配备废弃物回收装置：内外部气流保证入口无泄漏，收集装置加装双层袋子可有效防止废弃物扩散，回收袋外部装有密闭盒防止袋子掉落或破裂。

（9）净气型通风柜必要时可配备透明背板结构：透明亚克背板，360°可视。

3. 相关标准

无管道净气型通风柜的标准包括：中国行业标准 JG/T 385—2012；中国国家标准图集 GBJT—1603 22K523；法国标准 AFNOR NF X 15-211；美国标准 ANSI/AIHA/ASSP Z9.5-2022 以及 SEFA 9-2010；加拿大标准 CSA Z316.5-2020。

4. 主要性能指标

4.1 额定吸附量

（1）额定吸附量指的是在实验室检测标准条件下，无管道净气型通风柜过滤器出风端的污染物浓度达到其时间加权平均允许浓度（PC-TWA，GBZ 2.1—2019 所定）规定值的1%时，过滤器所能吸附的污染物质量。

（2）通风柜的额定吸附量不应小于 JG/T 385—2012《无风管自净型排风柜》附录 B 中额定吸附量的下限值。

4.2 操作孔截面风速

（1）操作孔截面风速指的是无管道净气型通风柜操作孔截面的平均风速。

（2）操作孔截面风速应保持在 0.4~0.6m/s。

（3）试验应按照 JG/T 385—2012 的方法进行。

4.3 控制浓度

（1）控制浓度指的是评定无管道净气型通风柜排泄量的指标。当无管道净气型通风柜正常运行时，将通风柜内示踪气体释放器的流量调到 4.0L/min，在通风柜前操作人员呼吸带测得的 SF_6 示踪气体浓度。

(2) 在采样点示踪气体 SF_6 的控制浓度不应大于 $0.5mL/m^3$。

(3) 试验应按照 JG/T 385—2012 的方法进行。

4.4 适用性以及过滤器寿命判定

在使用前应进行适用性判定，适用性调查表的要求参见 JG/T 385—2012《无风管自净型排风柜》附录 A，应根据调查结果提出吸附过滤器使用寿命的建议。

4.5 响应时间

(1) 响应时间指的是无管道净气型通风柜应设有的风机运行状态和故障的报警装置。

(2) 故障报警响应时间不应大于 10s。

(3) 试验应按照 JG/T 385—2012 的方法进行。

4.6 单台通风柜工作噪声

(1) 试验应按照 GB/T 9068 的方法进行。

(2) 单台通风柜正常工作时的设备噪声不应大于 65dB（A）。

4.7 现场验收标准

现场验收测量是根据 GBJT—1603 22K523《化学实验室通风系统设计与安装》国家建筑标准设计图集附录 通风柜安装调试检测要求的附表 1 无管道净气型通风柜测试方法及结果评判指标进行，即包括：面风速测量、VAV 响应测试、局部可视化测试及分子过滤效果测试。

5. 质量控制

(1) 生产满足以下认证体系：《质量管理体系 要求》(ISO 9001：2015)；《环境管理体系 要求及使用指南》(ISO 14001：2015)；《职业健康安全管理体系 要求使用指南》(ISO 45001：2018)；《国家安全生产标准化企业认证》。

(2) 性能控制：产品质量标准必须完全遵循 JG/T 385—2012，具备产品核心性能如面风速、过滤效率及控制浓度测试的完整流程，并可提供现场检测服务，现场测试所用设备的定期校准以确保符合国家计量要求。

(3) 售后质量服务：有明确的产品质量保证期，依据《质量服务信誉等级评定标准》(CF：8004)，满足 AAA 级质量服务信誉企业并具备相关证书。公开明确的售后服务网点地址、电话及售后服务工程师名单和联系方式，在设备的使用寿命期内，提供终身维修服务。保证对设备的零备件、易损件提供优惠的供应。接到用户故障通知后，在 4h 内予以响应，24~72h 内到达现场，并排除故障。提供专业的设备使用培训直至完全能独立操作；并可提供每年上门保养、维护服务及服务流程。

6. 选型指南

无管道净气型通风柜广泛应用于实验室新建及改造项目中，服务于政府（出入境检验检疫、疾控中心、环监站、质检院、药检所等）、制药、公安局刑侦、食品、化妆品、化工、大学研究所、水行业、电子半导体、医院、博物馆、烟草、环卫所等行业实验室。为产生挥发性有毒有害气体分子的任意实验区提供安全防护与空气净化解决方案，如常见的搅拌、取样、移液、称量、旋转蒸发仪、混合、超声波清洗、教学演示、红外分析仪、酶标仪、微波消解、高效液相色谱、COD等实验的安全操作防护。

根据JG/T 385—2012中5.1.1与GJBT—1603中2.8.6第4条和第5条：根据实验项目的变化，依据适用性判定及化学品吸附量手册，按所操作的化学品对应的产品型号及过滤器型号。基于安全评估，结果结合实验空间要求、实验室内空间布局，选择对应的尺寸。

7. 建设和使用过程中的风险控制

7.1 建设过程中的风险控制

（1）设备选型与采购

① 选择合格产品：确保无管道通风柜符合国家相关标准和行业标准，如JG/T 385—2012等。可要求供应商提供第三方检测机构的检测报告和合格证明。

② 性能匹配：根据实验室的具体需求（如实验类型、化学品种类、挥发性等）选择合适的无管道通风柜，确保其过滤能力、风速控制等性能满足实验要求。

（2）安装与调试

① 专业安装：由具有专业资质的安装团队进行安装，确保通风柜的安装位置、高度、固定方式等符合设计要求。

② 调试检查：在安装完成后，进行系统的调试和检查，包括风速检测、过滤器密封性检查、过滤效果测试、电气系统测试等，确保各项性能正常。

（3）质量控制

① 材料选择：通风柜的柜体、操作台面等部件应选用耐腐蚀、性能优良的材料。

② 结构设计：确保通风柜的结构设计合理，如抗涡流设计、人体工学操作角度设计等，提高排风效率和安全性、操作舒适性。

7.2 使用过程中的风险控制

（1）操作规范

① 正确操作：严格按照适用性评估表内的化学实验用品，规范操作使用通风柜，确保在实验过程中通风柜安全操作门始终处于安全状态。

② 个人防护：穿戴护目镜、防护手套等个人防护用品。

③ 试剂管理：不在通风柜内长时间存放化学试剂，确保试剂存放在专门的过滤式试剂柜中。

（2）安全管理

① 环境监测：定期检查保养通风柜，并检测通风柜的过滤器饱和状态，及时更换过滤器。

② 应急处理：制定应急预案，一旦发生化学品泄漏、火灾等紧急情况，能够迅速采取有效措施进行处理。

（3）其他注意事项

① 避免拥挤：无管道通风柜空间应宽敞舒适，避免其他仪器设备试剂瓶过度拥挤造成气流不均。

② 实验结束处理：实验结束后，应保持通风柜继续运行一段时间（如 5min 以上），以确保柜内残留的有毒气体被过滤器全部吸附。

综上所述，无管道通风柜建设和使用过程中的风险控制需要从多个方面入手，包括设备选型、安装调试、操作规范、安全管理、维护保养等。只有全面做好这些工作，才能确保无管道通风柜的安全、高效运行。

8. 无管道通风柜技术发展

8.1 智能化控制

（1）远程监控与管理

① 通过连接互联网，实验室管理人员可以远程监控无管道通风柜的运行状态，包括风速、过滤器状态、气体浓度等关键参数。

② LED 声光实时报警系统：实时有效实现核心功能的报警功能，或通过 NFC 简化对智能手机高级功能的访问，支持 Wi-Fi、以太网、蓝牙连接 PC 端或手机平板电脑，简化直观的触摸屏指令操作，提高管理效率。

（2）自动安全控制器

① 配备一键式操作，自动校准电子面风速仪，对气流和过滤器进行持续监测，确保操作人员的安全。

② 选配过滤器浓度监测传感器，当过滤器达到饱和状态或气流异常时，系统内发出声光警报，防止有害气体泄漏。

③ 智能化控制系统，采用集成系统，实现系统自动识别功能，用户识别系统，实现过滤器类型识别；序列号识别；过滤器安装及过期时间识别；过滤器风机等组装错误识别等。

8.2 空气质量监测与调节

（1）内置空气质量检测仪器

部分无管道通风柜内置了空气质量检测仪器，可以实时监测实验室内的空气质量，包括有害气体浓度、颗粒物浓度等。

（2）智能调节系统

结合实验室的实际情况，智能调节系统可以根据实验类型、化学品种类、挥发性等因素，自动调整通风柜的工作模式，以达到最佳的通风效果。

8.3 数据记录与分析

（1）数据记录功能

无管道通风柜的智慧化系统具备数据记录功能，可以记录通风柜的使用数据、空气质量异常报警记录数据等。这些数据可以用于后续的分析和评估，为实验室的安全管理和设备维护提供有力支持。

（2）数据分析与评估

通过对数据的分析，可以评估通风柜的过滤效率、能耗等性能指标，为设备的优化和改进提供依据。同时，还可以根据数据分析结果，调整实验室的布局和通风系统，进一步提高实验室的安全性和效率。

8.4 节能环保与可持续发展

（1）高效节能设计

智慧化无管道通风柜采用高效节能的设计理念，通过优化过滤器和风道结构，降低能耗并减少对环境的影响。

（2）环保材料与技术

对于废弃的过滤器和其他部件，采取环保局规定的合法合理的回收和处理措施，减少对环境的污染。

2.2 试剂柜

2.2.1 试剂柜

1. 概述

试剂柜又称药品柜，是实验室中专门用于储藏和存放各类化学药品、生物制品及其他实验室用酸碱类试剂的柜子。这些试剂由于具有腐蚀性、毒性或易燃易爆性等特性，对存放环境有严格要求，因此需要专门的试剂柜来确保安全储存。

试剂柜提供了一个专门的储存区域，能够将危险物质安全地存放起来，并配备锁定装置，限制只有授权人员才能访问试剂，从而增加了实验室的安全性。避免意外事故的发生。同时，部分试剂柜还配备通风和排气系统，进一步减少有害气体的积聚和扩散。

试剂柜作为实验室中不可或缺的设备，在维护实验室安全、提升实验效率、保护环境和人员健康等方面发挥着重要作用，并广泛应用于多个行业和领域。

2. 分类

试剂柜产品根据其不同的特性和用途，可以从多个维度进行分类，以下是一些常见的分类方式。

2.1 按材质分类（见图 2-2-1）

（1）全钢型：冷轧钢板表面环氧树脂静电喷涂，具有较高的承重能力和耐用性。

（2）不锈钢型：不锈钢板具有耐腐蚀、易清洁、强度高等特点。

（3）铝木型：铝合金材料结构支撑和木质板材组合使用，在美观性上高于纯木质柜体。

（4）PP 型：采用聚丙烯（PP）材质，具有耐强酸、强碱与抗腐蚀的特性。

（5）全木型：全木试剂柜在实验室中较为少见，具有耐腐蚀、价格实惠特点，但需要注意其防潮、防火等问题。

2.2 按功能分类

（1）普通试剂柜

主要用于存放一般性的化学试剂，没有特殊的安全防护要求。结构简单，通常具有基本的储物功

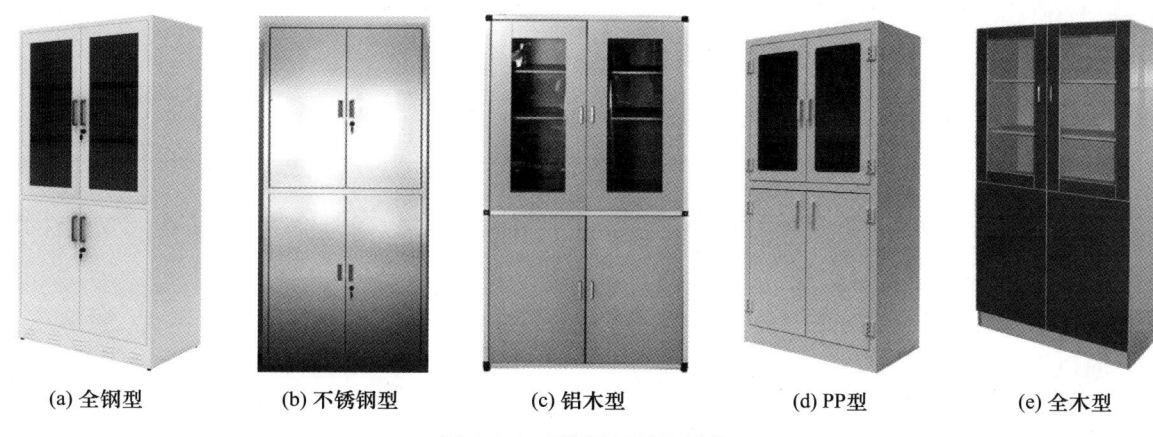

(a) 全钢型　　(b) 不锈钢型　　(c) 铝木型　　(d) PP型　　(e) 全木型

图 2-2-1　不同材质的试剂柜

能，便于存放和取用试剂。

（2）智能试剂柜

集成 RFID/条码、二维码技术，能够自动化识别试剂信息。实现试剂的自动化管理和监控，包括试剂的安全存储、安全存取、电子台账、权限管理等动态管理。提高实验室的工作效率和安全性，减少人为错误和数据疏漏。具备温湿度控制、报警系统、电控锁等功能，确保试剂的储存环境安全。

（3）易致毒易致爆危险化学品安全储存柜

专为易致毒易致爆危险化学品设计，具有防盗能力。防火设计能有效防止实验室发生火灾危及柜内的化学品或化学品泄漏（爆炸）时火势的蔓延，降低对周围环境和人员的危害。柜体主体结构使用冷轧钢板表面环氧树脂静电喷涂，柜内采用耐腐蚀材料，确保在存储强酸、强碱等腐蚀性化学品时不会受损，层板设计合理，能安全地将意外泄漏的液体引流到底部盛漏槽。盛漏槽高度符合相关标准，确保意外流出的液体不外溢造成二次污染或危害。具备良好的通风，有效对柜内进行换气。配备双锁管控机制，符合公安要求，提高化学品安全性，同时方便用户操作。同时，柜门应能自动关闭并锁定，防止火源进入柜体。柜身设有静电接地传导端口，方便连接静电接地导线，有效避免静电引发的危险。

（4）腐蚀性化学品安全储存柜

柜体材料应选择能够抵抗腐蚀性化学品侵蚀的材质，弱腐蚀性存储可选择钢制结构，强腐蚀存储需要选择符合要求的塑料材料，柜体内壁表面应平整光滑，便于清洁和防止腐蚀物残留。同时具备良好的通风，有效对柜内进行换气。柜内底部设计盛漏槽，盛漏槽高度符合相关标准，确保意外流出的液体不外溢造成二次污染或危害。对于高度危险的腐蚀性化学品，柜门应设计成可配备双锁的结构，锁具应符合公安要求，确保化学品的安全取用和存放。

2.3　按排风方式分类

（1）无机械排风型：适用于对通风无要求的试剂存放。

（2）有机械排风型：可以有效对柜内气体进行换气，降低柜内有害气体的浓度。

（3）无管道自净型：不需要外接管道，通过模块内的风机及过滤器实现排风功能进行室内循环，主要针对特定的化学品，节能性高，适用于空间有限或无法安装管道的实验室。

3. 试剂柜的结构

3.1 柜体结构

（1）材质选择

试剂柜的柜体通常采用冷轧钢板表面环氧树脂静电喷涂材料，以确保长期使用寿命和安全性。

（2）多层设计

柜体内部设计有多层隔板，用于存放化学试剂，提高存储效率。

（3）通风设计

柜体配备通风设计，以促进空气流通，降低有害气体的浓度，降低柜内风险。

（4）柜门设计

柜门采用钢门的设计，保证试剂的安全性，增强其防盗性和耐用性。

3.2 安全性能设计

（1）防火防爆

试剂柜的柜体材料应具有一定的防火性能，能够在一定程度上抵抗火灾的蔓延。同时，部分高端试剂柜还可能配备防爆设计，以应对极端情况下的爆炸风险。

（2）防静电

试剂柜应具备良好的防静电功能，以防止静电火花引发火灾或爆炸事故。这通常通过柜身设置静电接地传导端口来实现，确保静电的有效导出。

（3）防渗漏设计

柜体底部设置有盛漏槽，用于收集可能泄漏的化学试剂，防止其对环境造成污染。

（4）柜门设计

配备双锁管控机制，符合公安要求，提高化学品安全性，同时方便用户操作。同时，柜门应能自动关闭并锁定，防止火源进入柜体。试剂柜的结构设计充分考虑了化学试剂的安全存储要求，旨在确保化学试剂的安全、可靠、有序存储。

3.3 试剂柜的工作原理

智能试剂柜的工作原理主要基于RFID技术和计算机系统，实现对试剂的自动识别、定位、存取、库存管理和安全控制等功能。管理人员可以实时查看试剂柜的状态、库存信息以及操作记录等，实现对试剂柜的远程管理和控制。这种技术使得管理人员能够在任何地点通过手机或电脑查看试剂柜的情况，方便进行远程指导和决策。这些功能提高了试剂管理的效率和准确性，降低了人为错误的风险，为实验室工作提供了有力保障。

4. 相关标准

GB/T 3325—2017《金属家具通用技术条件》；GB 24820—2009《实验室家具通用技术条件》；SEFA 11-2020《Liquid chemical storage cabinets》；T/SLEA 0041—2023《实验室用化学品安全存储柜技术规范》；BS EN 14470-1：2023 Part 1：Safety storage cabinets for flammable liquids；FM 6050 Examination standard for storage cabinets for ignitable；（flammable or combustible）liquids；UL 1275 standard for safety flammable liquid storage cabinets。

5. 技术要求

5.1 安全性要求

（1）防爆、防火性能：对于存放易燃易爆、易挥发或有腐蚀性化学试剂的试剂柜，应具备防爆、防火性能。柜体材料需选用耐腐蚀、耐高温、不易燃烧的材料。

（2）通风排气：对于易挥发试剂，试剂柜应设计有通风排气孔，以降低柜内挥发物的浓度。

（3）防盗功能：对于存放剧毒化学品的试剂柜，应具备防盗功能，采用符合公安要求锁具、双人双锁管理，安装监控摄像头等措施。

（4）防漏设计：试剂柜底部应设计有盛漏槽，以防止试剂泄漏时污染实验室地面或造成其他安全隐患。

5.2 功能性要求

（1）分类存储：试剂柜应设计有合理隔腔结构，以便分类存储不同性质及危险等级的化学品。层板应可调节高度，以适应不同规格的试剂瓶。

（2）标识清晰：试剂柜内应设有明确的标识系统，如粘贴标签或设置目录板等，以便快速查找所需试剂。标签应包含试剂名称、浓度、责任人、日期等信息。

（3）智能化管理：随着科技的发展，智能试剂柜逐渐成为趋势。智能试剂柜应具备自动开关门、分类存储、信息查询、条码扫描或RFID识别等功能，实现试剂的自动分类、存取和库存管理。

5.3 耐用性要求

（1）材质优良：试剂柜应选用优质冷轧钢板表面环氧树脂静电喷涂材料，具有更强的承重能力和耐用性，确保柜体结构坚固耐用。

（2）配件优质：试剂柜的配件如拉手、铰链等也应选用优质材料制造，并具备耐腐蚀、耐磨损等优良性能。

（3）试剂柜的技术要求是多方面的，需要综合考虑安全性、功能性、耐用性、合规性等因素。在实际应用中，应根据实验室的具体需求和条件选择合适的试剂柜类型和技术方案。

6. 选型指南

在选型化学试剂柜时，需要注意以下几个方面，以确保所选试剂柜能够满足实验室的需求并确保实验安全。

6.1 明确需求

（1）存储物品特性：了解需要存储的化学试剂的性质，包括是否易燃易爆、有毒有害、易挥发或具有强腐蚀性等。这将直接影响试剂柜的材质、结构和安全性能要求。

（2）存储容量：根据实验室的实际需求，确定所需试剂柜的容量大小。考虑未来可能增加的试剂存储需求，预留一定的空间。

（3）使用环境：考虑实验室的环境条件，如温度、湿度、通风状况等，选择能够适应这些环境的试剂柜。

6.2 关注材质与结构

6.2.1 材质

（1）柜体材料：应选用耐腐蚀、耐高温、不易燃烧的材料，如冷轧钢板材质等。钢板厚度一般在1.2mm以上。

（2）五金配件：拉手、铰链等五金配件的优劣直接决定着柜子使用寿命，应选用质量可靠的配件。

6.2.2 结构

（1）焊接工艺：焊点应分布均匀，无明显虚焊，确保柜体结构牢固可靠。

（2）安全接地保护：确保试剂柜具备安全接地保护措施，防止静电积累引发火灾等安全隐患。

6.2.3 考虑安全性与功能性

（1）防爆防火性能：对于存放易燃易爆试剂的试剂柜，应具备防爆防火性能，以应对突发情况。

（2）通风排气：对于易挥发试剂，试剂柜应设计有通风排气孔，以降低挥发物的浓度。

（3）分类存储与标识：试剂柜内应设计有合理隔腔结构，便于分类存储不同性质的试剂。同时，应设置明确的标识系统，方便快速查找所需试剂。

（4）泄漏预防：试剂柜底部应设计有盛漏槽，防止试剂泄漏时污染实验室地面或造成其他安全隐患。

6.2.4 其他注意事项

（1）品牌与售后服务：选择有实力的品牌企业的产品，质量有保障且售后服务完善。可以了解周围案例用户的使用体验，以便作出更明智的选择。

（2）环保性：关注试剂柜的环保性能，如材料是否可回收再利用、生产过程中是否减少了对环境的污染等。

（3）价格与性价比：在选型过程中要综合考虑价格因素，但不应一味追求低价而忽视质量。应选择性价比较高且合规的试剂柜产品。

（4）选择试剂柜时需要从明确需求、关注材质与结构、考虑安全性与功能性以及合规性等多个方面进行综合考量。通过仔细比较和评估不同品牌和型号的试剂柜产品，选择最适合实验室需求的试剂柜。

7. 质量控制

不同实验室对于试剂柜的要求也不一样，在使用过程中，产品的生产质量和安装质量控制均至关重要。

（1）材料选择和检验

确保所使用的材料符合相关标准，并且在生产过程中对材料进行检验，以确保其质量和可靠性。

（2）生产工艺控制

确保生产过程中的每个步骤都符合相关标准和规范，包括切割、焊接、喷涂等工艺的控制。以确保试剂柜的结构稳固、耐用。表面应易于清洁，以降低试剂泄漏等意外情况的处理难度。

（3）装配检查

在试剂柜装配过程中进行检查，确保每个组件的正确安装和连接，避免出现漏装、错装等问题。

（4）质量记录和追溯

对生产过程中的每个环节进行记录和追溯，以便对出现的质量问题进行溯源和处理，并提供质量保证。

试剂柜的质量控制是确保实验室工作安全开展重要保障。通过严格的制造、安装、定期维护检查以及规范使用，可以有效保障试剂柜的稳定性，为科研工作者提供安全可靠的实验条件。

8. 发展方向

8.1 新材料方面

（1）耐腐蚀与高强度材料：未来试剂柜将更多采用耐腐蚀、防火、防潮、高强度的新型材料，以应对各种化学试剂的侵蚀，同时确保柜体结构的稳定性和耐用性。

（2）环保材料：随着环保意识的提升，试剂柜制造将更倾向于使用可回收、低污染的材料，减少生产过程中的环境影响。

8.2 环保低碳方面

（1）节能减排设计：试剂柜将融入节能减排的设计理念，如优化通风排气设计等，减少能耗和碳排放。

（2）循环经济模式：鼓励试剂柜的循环利用和升级换代，通过回收可利用的旧柜体材料进行再利用，降低资源浪费。

8.3 可持续性方面

（1）长期耐用性：提高试剂柜的制造质量和耐用性，延长使用寿命，减少频繁更换带来的资源消耗和环境污染。

（2）适应性设计：设计能够适应不同实验室环境和需求的试剂柜，满足实验室可持续发展的要求。

8.4 绿色制造方面

（1）清洁生产：在试剂柜的生产过程中采用清洁生产技术，减少废水、废气、废渣的排放，降低对环境的污染。

（2）能效提升：优化生产工艺流程，提高生产效率，降低能源消耗。

8.5 智能化方面

（1）智能管理系统：集成物联网、大数据和人工智能技术，实现试剂柜的远程监控、自动盘点、权限管理等功能，提高试剂管理的效率和准确性。

（2）精准定位与自动配送：开发具有精准定位功能的智能试剂柜，支持线上下达任务、自动配送等功能，减少人工操作误差，提高实验效率。

8.6 安全性方面

（1）防火防爆设计：采用防火、防爆材料和技术，确保试剂柜在突发情况下能够有效隔离火源和爆炸物，保障实验室安全。

（2）防盗设计：增强试剂柜的防盗性能，如采用高级别防盗锁具、电子门禁系统等措施，防止试剂被盗或误用。

（3）紧急报警系统：配备紧急报警系统，一旦发生试剂泄漏、火灾等紧急情况，能够迅速发出警报并启动应急响应机制。

试剂柜作为储存和管理化学试剂的关键设备，试剂柜产品的发展方向将围绕新材料、环保低碳、可持续性、绿色制造、智能化以及安全性等多个方面展开。这些发展趋势不仅将提升试剂柜的性能和品质，还将推动实验室管理的现代化和智能化进程，为科研工作的顺利开展提供有力保障。

2.2.2 实验台

1. 概述

实验台主要用于为实验人员提供一个稳定、安全、方便的工作平台，用于摆放实验器材、试剂、样品等，支持各种科学实验和研究的进行。它是进行实验操作、观察、测试和数据记录的基础设施。

实验台作为实验室中的核心设备之一，作用重要，涉及科学研究、教育、制造业和检测等多个行业领域，应用范围非常广泛，几乎涵盖了所有需要进行科学实验和研究的行业领域。合理的实验台设计有助于实验人员便捷地进行实验操作和数据记录，从而提高工作效率。

时至今日，伴随着制造工艺、材料学、人体工程学等多学科的不断发展，实验设备工业有了长足的进步。实验台不仅性能良好、功能齐全，并且在美观、耐用、易用等方面都有了巨大的提升。

2. 分类和结构

2.1 实验台的分类

（1）按实验的类型划分为：物理实验台（主要用于力学、光学、材料学等）；化学实验台（主要用于有机、无机、分析化学等）；生物实验台（主要用于生物学、医学、农业科学、环境科学等）。

（2）按材质划分为：钢制实验台、不锈钢实验台、PP实验台、钢木实验台、木质实验台等，见图2-2-2。

(a) 钢制实验台

(b) 钢木实验台

(c) 不锈钢实验台

(d) 木质实验台

(e) PP实验台

图 2-2-2 不同材质的实验台

（3）按结构划分为：中央实验台、边台实验台、仪器台、八角台等，见图2-2-3。其都可做成落地柜，每种款式也可以根据需求设计为框架柜或活动柜样式。

2.2 实验台的结构

（1）主体

整体由冷轧钢板折弯、焊接、环氧树脂静电喷涂、组装而成，具有承重力强、耐腐蚀等特点。有些实验台采用钢制支撑架,一般有C型和O型(见图2-2-4),设计有横梁、纵梁等结构,以支撑整个实验台的稳定。钢木结构实验台由钢架加全木柜体构成,钢架经环氧树脂静电喷涂而成,柜体则采用木质材料。全木结构实验台、PP结构实验台等,这些实验台根据主要材料的不同而命名,各有其独特的优点和适用范围。

(a) 中央实验台
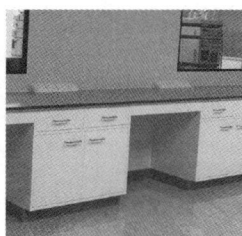
(b) 边台实验台

(c) 仪器台

(d) 八角台

图 2-2-3　不同结构的实验台

(a) C型框架台

(b) O型框架台

图 2-2-4　钢制支撑架实验台

（2）台面

台面是实验台的重要组成部分,其材质多样,包括环氧树脂板、实芯理化板、陶瓷板、大理石板、不锈钢板等。不同材质的台面具有不同的特性,如耐酸碱、防腐蚀、耐高温等,以适应不同实验的需求。台面边缘常做加厚和圆弧收边处理,以防止液体渗漏和保证操作安全。

（3）柜体

柜体用于存放实验器材和试剂等物品。柜体内部设计有隔板、抽屉等结构,以便物品的分类存放和取用。

（4）门板和抽屉面板

门板和抽屉面板的设计应便于开启和关闭,同时具有一定的承重能力。

（5）滑轨和铰链

滑轨用于抽屉的推拉操作,多采用实验室级别滑轨,具有耐酸碱、耐腐蚀、抽送轻滑无噪声等特点。铰链用于门板的开启和关闭操作,多采用实验室级别铰链,具有承重力强、耐腐蚀、耐磨损等优良性能。

（6）拉手和调节脚

拉手用于开启门板和抽屉面板,其材质多样,包括不锈钢、铝合金或塑料材质等。调节脚用于调整实验台的高度和稳定性,多采用不锈钢、镀锌钢与塑料组合一体的地脚设计,具有承重、防潮、防滑、抑菌、耐腐蚀等特点。

（7）其他配件

实验台还配备有水槽、水龙头、紧急洗眼器、滴水架、试剂架等配件,以满足特定实验需求。实验台作为实验室家具中的重要组成部分,其结构多样、设计灵活,以满足不同学科和实验需求。

3. 相关标准

GB/T 3325—2017《金属家具通用技术条件》;GB 24820—2009《实验室家具通用技术条件》;SEFA 8M-2020 Laboratory grade metal casewor;SEFA 8PH-2020 Laboratory grade phenolic casework;SEFA 8PL-2020 Laboratory grade plastic laminate casework;SEFA 8P-2020 Laboratory grade polypropylene casework;SEFA 8W-2020 Laboratory grade wood casework;SEFA 10-2020 Adaptable laboratory furniture systems;BS EN 13150:2020 Workbenches for laboratories in educational institutions-dimensions, safety and durability requirements and test methods;BS EN 14727:2005 Laboratory furniture-storage units for laboratories-requirements and test methods;T/SLEA 0021—2023《实验室用金属台柜》。

4. 技术要求

4.1 技术要求

实验台的主要尺寸应符合表 2-2-1 的规定。

表 2-2-1 实验台主要尺寸 (mm)

检验项目		要求		项目分类	
		主要尺寸	尺寸级差	基本	一般
台面宽度(L)		600~1800	300		√
净操作面深度(d_{z2})		600~900	50		√
设施区深度(D)		50~400			√
试剂架悬置深度和高度(d、h_1)	深度	≥150			√
	高度	≥650			√
台面高度(h_2)	坐姿	≤760			√
	立姿	≤900	10		√
操作台高度(h_3)		≤1750			√
操作台下净空	净空高	≥580		√	
	净空宽	≥520		√	
操作台底板离地高度(h)		≥150		√	
储物柜垂直可移动部件离地高度		≥100		√	

注:有特殊要求的实验室家具,其尺寸要求由供需双方协定,并书面明示;其中"立姿"是指站立,或坐于高椅或高凳的姿势。

4.2 尺寸与结构要求

(1)外形尺寸与误差

实验台的长、宽、高尺寸需精确控制,误差值通常应±5mm。柜体对角线长度的误差控制更为严格,具体根据对角线长度不同有所区别(如大于等于1000mm时,长度差不大于3mm;小于1000mm时,长度差小于2mm)。

(2)标准尺寸

中央实验台的宽度通常有1200mm和1500mm等标准尺寸。长度则根据实验需求定制,常见长度有1500mm和3000mm等，且通常是750mm的倍数。高度一般为760~900mm，以适应坐姿或站姿操作的需求。

（3）布局与稳定性

实验台布局需合理，确保实验室空间的有效利用。实验台结构应坚固稳定，连接点牢固，以防止实验过程中因晃动或倾斜而引发安全事故。

4.3 材质与表面要求

（1）台面材料

台面应采用耐腐蚀、耐磨损、耐高温、防水（根据需求可能还要考虑抗菌、防火等）的材料，如实验室专用实芯理化板（四周加边至25.4mm）、陶瓷板等。台面材料需具备足够的硬度，不易刮花，且易于清洁和维护。

（2）柜体及抽屉门板由冷轧钢板材料制作，表面经环氧树脂静电喷涂处理，增强美观度和耐腐蚀性。喷涂后的表面应平整光滑，不允许有明显缺陷，如焊疤、鼓泡、凹陷等。抽屉和柜门的滑轨、铰链五金要满足实验室级别要求，尤其是承重性和抗疲劳方面。

4.4 配置与功能要求

（1）储物与存放

实验台应配备足够的储物柜、抽屉和试剂架来存放各类实验器材和试剂。储物空间应合理布局，方便实验人员随时拿取所需物品。

（2）配电与水气接口

实验台应预留足够的电源插座，以满足实验设备的供电需求。可根据实验需求配置气体和水接口以及控制装置。

（3）可调节性

实验台根据需要也可设计成可调节高度或可移动的形式，以适应不同实验和实验者的需求。

5. 安全与卫生要求

5.1 安全防护

实验台设计需符合相关标准（如承重性和结构强度），排除潜在的安全风险。配电可配置紧急关断按钮以应对试验过程中的突发情况。

5.2 清洁与维护

实验台台面表面材料应易于清洁和维护以降低实验后处理的难度。结构的设计要考虑清洁过程中不能有锐角等锋利的位置，防止划伤使用者。

5.3 环保与健康

实验台材料需环保，无毒、无重金属、无辐射，以保障实验人员的健康。

综上所述，实验台产品技术要求涉及尺寸与结构、材质与表面、配置与功能以及安全与卫生等多个方面。旨在确保实验台能够满足实验室的各种需求，同时保障实验人员的安全和实验的顺利进行。

6. 选型指南

实验台的选型是一个综合考虑多个因素的过程，以确保实验台能够满足实验室的具体需求，同时具备良好的安全性和耐用性。以下是在选型时需要注意的几个方面。

6.1 明确实验需求

（1）实验类型：了解实验室将进行哪些类型的实验，如化学、生物、物理等，因为不同类型的实验对实验台的要求不同。

（2）功能需求：确定实验台是否需要具备特定的功能，如活动式、模块化等，以及是否需要配备水槽、试剂架等附加设备。

6.2 材质与结构

（1）材质选择：市场上常见的实验台材质有很多种。每种材质都有其独特的性能，如耐腐蚀性、承重能力、耐高温性等。实验台需要能够承受实验装置和设备的质量，因此结构稳定性非常重要。需要根据实验项目的性质来选择合适的材质。

（2）全钢实验台：承重能力强、耐腐蚀性好、稳定性高、易于清洁和维护、防火性能好、耐用性高。

（3）不锈钢实验台：耐腐蚀性强、强度高、易清洁、卫生环保、防火耐高温、美观耐用，但表面易划伤。

（4）钢木实验台：结合钢制和木质材料的优点，美观且价格适中，但因使用木质材料原因，存在不防火、不防潮等，耐用性一般。

（5）PP 实验台：耐腐蚀性强，能够抵抗多种化学试剂的侵蚀，耐冲击，环保，易清洁，耐用性强，但因 PP 材料不耐高温，需要考虑高温环境下的应用。

6.3 尺寸与布局

（1）空间匹配：实验台的尺寸和布局需要与实验室的空间结构相匹配，确保有足够的工作区域和储物空间，同时不影响操作和通行。

（2）定制需求：根据实验室的具体需求，可能需要定制实验台的尺寸和附件。

6.4 安全性能

（1）防火、防静电等：关注实验台的特殊安全性能，确保在使用过程中不会发生意外情况。

（2）承重能力：选择承载能力强的实验台，以满足实验室的日常工作需求。

6.5 品牌与售后服务

（1）品牌信誉：选择知名且售后有保障的实验台品牌，通过客户案例、口碑来做选择。

（2）售后服务：了解售后服务和保障，包括质保期、维修保障等，以便在使用过程中遇到问题可以及时联系解决。

6.6 性价比

（1）价格因素：价格是选择实验台的一个重要因素，需要在满足实验室需求和品质要求的前提下，综合考虑性价比，避免盲目追求低价或高价产品。

（2）综合评估：比较不同品牌、型号的实验台的性能、价格和用户评价等信息，选择最适合实验室需求的实验台。

6.7 舒适性与人性化设计

（1）高度适中：实验台的高度应适中，以便实验人员站姿或坐姿操作。

（2）台面平整、防滑、耐磨，没有光污染：以便实验人员放置实验器材和书写记录。

（3）照明：实验台根据需要可配备合适的照明设备，以满足实验要求。

在选择实验台时，需要充分考虑实验室的具体需求、实验类型、安全标准以及实验人员的操作习惯等因素，需要根据实验室的具体需求和预算进行综合考虑，以确保实验台的实用性和安全性。合理的实验台选型和设计有助于提高实验效率，使实验人员能够便捷地进行实验操作和数据记录。

7. 质量控制

针对不同实验室，对于实验台的要求也不一样，在使用过程中，产品的生产质量和安装质量控制均至关重要。

（1）材料选择和检验：确保所使用的材料符合相关标准，并且在生产过程中对材料进行检验，以确保其质量和可靠性。必须具备高度的稳定性，以保证在不同实验条件下都能保持固定的实验状态。

（2）生产工艺控制：确保生产过程中的每个步骤都符合相关标准和规范，包括切割、焊接、喷涂等工艺的控制。

（3）装配检查：在实验台装配过程中进行检查，确保每个组件的正确安装和连接，避免出现漏装、错装等问题。

（4）质量记录和追溯：对生产过程中的每个环节进行记录和追溯，以便对出现的质量问题进行溯源和处理，并提供质量保证。

实验台的质量控制是确保实验室工作安全开展重要保障。通过严格的制造、安装、定期维护检查以及规范使用，可以有效保障实验台的稳定性，为科研工作者提供可靠的实验条件。

8. 发展方向

8.1 新材料方面

实验台正在不断探索和应用新型材料，以提高其性能和使用寿命。新材料的选择不仅关注材料的耐腐蚀性、耐高温性和耐冲击性，还越来越注重材料的环保性和可持续性。

8.2 环保低碳方面

随着全球环保意识的增强，实验台的环保低碳设计成为重要趋势。这包括使用环保材料、降低能耗、减少废弃物排放等方面。优先选择可回收、可降解或生物基材料，减少对环境的影响。

8.3 可持续方面

可持续设计强调产品的全生命周期管理，包括材料选择、生产、使用、维护和废弃处理等环节。

通过优化设计和材料选择，提高实验台的使用寿命，减少频繁更换带来的资源浪费。设计易于清洁和维护的结构，降低维护成本，延长产品使用周期。鼓励实验台的回收和再利用，减少废弃物产生。

8.4 模块化方面

模块化设计使得实验台能够根据实验需求进行灵活组合和调整，提高实验室的适应性和灵活性。设计标准化的接口和连接件，便于不同模块之间的快速连接和拆卸。开发具有不同功能的模块，如储物模块、通风模块、电源模块等，满足实验室多样化的需求。简化安装流程，提高安装效率，降低安装成本。

8.5 集成各种仪器设备方面

实验台正朝着集成化方向发展，将各种仪器设备直接集成到实验台上，提高实验效率和空间利用率。一体化设计，减少管线暴露和杂乱无章的现象。通过物联网、人工智能等技术实现实验设备的智能控制和监测，提高实验的自动化水平和精度。开发具有多种功能的集成模块，如集实验操作、数据采集、分析处理于一体的综合实验台，满足复杂实验的需求。

实验台产品的发展方向是一个多维度的趋势，涵盖了新材料、环保低碳、可持续性、模块化设计以及集成各种仪器设备等多个方面因素。以推动实验室设备的不断进步和创新。

2.3 万向抽气罩

1. 背景

实验室万向抽气罩是实验室通风系统终端设备，适用于各种有挥发性侵蚀物质接触的工作环境，有效地抽离所有的有害气体、烟雾及粉尘，净化空气品质，避免有害物质与人体的接触，保护使用者的健康。本产品需和风机或通风系统配套使用，操作使用方便快捷，使用时无噪声，可以在使用时任意角度调节，且不需要很大的力气或者特殊工具去调节按钮，通过稳健的摩擦向上或向下的移动，增强其稳固性和功能性，抽气罩与抽气管之间连接牢固不易松动。

实验室万向抽气罩是一种用于实验室中进行实验时抽取有害气体或挥发性溶剂的设备。其工作原理主要是通过罩体上方的风机或抽气机产生负压环境，从而将罩口内的空气抽入罩内，并通过连接的排气管道排到室外。

在实验室中进行实验时，可能会产生有害气体或挥发性溶剂，如果这些气体不及时排出，可能会对实验人员和实验环境造成危害。万向抽气罩通过罩体的设计和风机的作用，能够将有害气体有效地抽入罩内，避免其泄漏到实验室内部，从而保护实验人员的健康和实验环境的安全。万向抽气罩的结构如图 2-3-1 所示。

此外，万向抽气罩还可以通过调节罩体的位置和形状，实现不同方向的抽气效果，适应不同实验的需求。通过有效地控制罩内的负压环境，实验室万向抽气罩能够有效地保护实验人员和实验环境的安全。

2. 标准

目前针对实验室专用的万向抽气罩尚没有专业标准，有相关标准可作为参考依据。部分较为权威

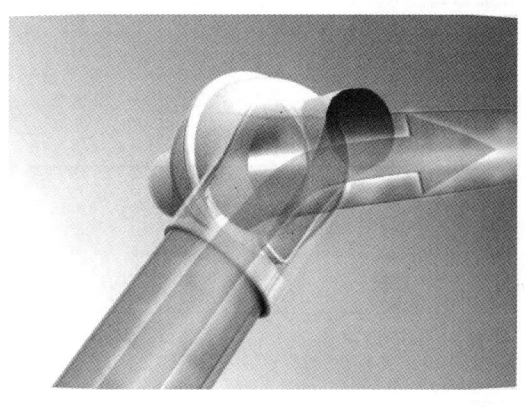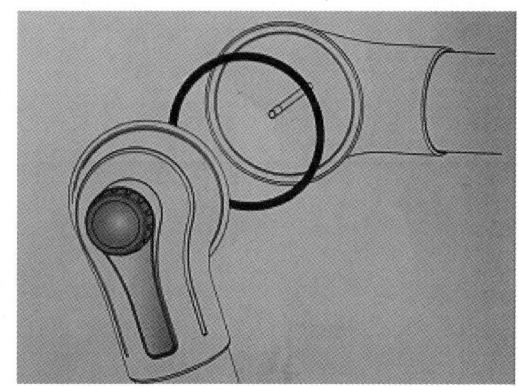

图 2-3-1　万向抽气罩的结构

的现行标准如下：GB/T 16758—2008《排风罩的分类及技术条件》。

3. 技术要求及评价

3.1　技术要求

实验或生产过程中产生的粉尘、热气、挥发性气体、有害性气体等小颗粒状悬浮物的实验环境场所宜设置局部排风装置，万向抽气罩可实现快速排放且实现连续排风。

（1）材料

根据材质可分为 PP/PVC/铝合金管（见图 2-3-2）。根据管径可分为 75mm 和 110mm。根据抽气罩口直径可分为 375mm/420mm/550mm 等多种尺寸。

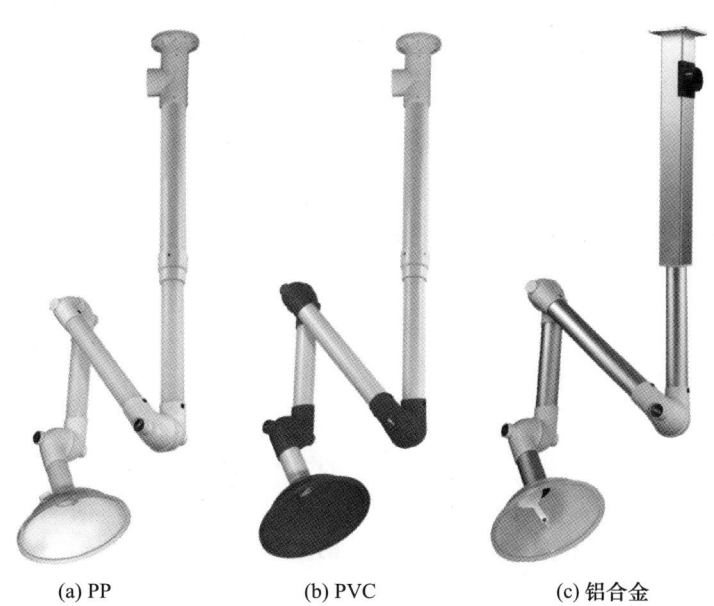

(a) PP　　　　(b) PVC　　　　(c) 铝合金

图 2-3-2　不同材质万向抽气罩

（2）空气流量要求

75mm 管径万向抽气罩推荐的空气流量为 120～150m³/h，详见表 2-3-1。

表 2-3-1　75mm 罩空气流量

使用场所	空气流量
实验室	120～150m³/h，33～45L/s
学校—科研教室	120～150m³/h，33～45L/s

110mm 管径万向抽气罩推荐的空气流量为 200～300m³/h，详见表 2-3-2。

表 2-3-2　110mm 罩空气流量

使用场所	空气流量
实验室	200～300m³/h，53～85L/s
学校—科研教室	200～300m³/h，53～85L/s

（3）压降结构

万向抽气罩采用独特的关节结构，选择低压降，提供最大的灵活性，在气流经过关节时不会产生不必要的湍流，既节约能源，又能在极低的通风噪声中创造安静舒适的工作环境。

（4）安全使用距离

为实现最佳的抽气效果，最近的距离是万向抽气罩管径的 2～3 倍。

3.2　性能指标评价

（1）气密性能：使用气密性测试仪器对抽气罩进行测试，评估其密封性能，检测是否存在泄漏现象。

（2）通风性能：测量抽气罩的通风量和通风效率，评估其通风性能是否符合要求。

（3）降噪性能：通过噪声测试仪器对抽气罩进行测试，评估其降噪效果，检测是否能有效降低实验室噪声。

（4）耐腐蚀性能：对抽气罩进行腐蚀性测试，评估其材料和涂层的耐腐蚀性能，确保在腐蚀性环境下长期稳定运行。

（5）安全性能：评估抽气罩的安全性能，包括是否存在电气安全隐患、机械结构稳定性等方面。

通过以上多方面的性能指标评价方法，可以全面评估实验室万向抽气罩的性能，确保其符合实验室使用的要求和标准。

4.　关键参数（风速）计算

根据实验室应用场景的不同，实验室万向抽气罩有吸顶式抽气罩、壁式抽气罩和台上式排气罩等。万向抽气罩的排风量计算方法是根据面风速来确定排风量（面风速的一般取值为 0.3～0.5m/s）。

（1）根据罩口风速来确定排风量（罩口风速的一般取值为 1～2m/s）

计算公式

$$G = \pi R^2 \cdot V \cdot 3600 \cdot \mu \tag{2-3-1}$$

式中　G——排风量；

　　　R——罩口半径；

　　　V——罩口风速；

　　　μ——安全系数（1.1～1.2）。

75mm万向抽气罩排风量在120～150m³/h，110mm万向抽气罩排风量在200～300m³/h。

(2) 整体空间通风的排风量计算方法

计算公式

$$G = V \cdot n \cdot h = L \cdot W \cdot H \cdot n \cdot h \tag{2-3-2}$$

式中　G——排风量；

　　　V——房间体积；

　　　n——换气次数（一般取 8～12h⁻¹）；

　　　h——时间（1h）。

换气次数参考值见表 2-3-3。

表 2-3-3　换气次数参考值　　　　　　　　　　　　　　　　　　　(h^{-1})

化学	有机合成	有毒实验	P级实验	生物	医药	物理
6～20	15～18	20～30	15～30	5～30	5～10	3～8

(3) 风压计算

管线沿程阻力约 5Pa/m，弯头阻力为 10～30Pa/个，三通阻力为 30～50Pa/个。所有阻力之和乘以安全系数（1.1～1.2）即为风压值。

(4) 通风管线风量的计算，风管风速取值范围为 6～8m/s（标准的风管风速取值范围为 8～12m/s）

计算公式

$$G = S \cdot V \cdot 3600 = \pi R^2 \cdot V \cdot 3600 \rightarrow R = [G/(\pi \cdot V \cdot 3600)]^{1/2} \tag{2-3-3}$$

式中　G——排风量；

　　　R——风管半径；

　　　V——风管风速。

矩形风管有如下几种固定尺寸：120、150、200、250、300、400、500、630、800、1000、1200、1400、1600、1800mm（如需由圆形管变为矩形管，设计原则是面积相等）。

有下列情况之一时，实验室应单独设置排风系统：

① 散发高氯酸的房间和设备；

② 不同的物质混合后能形成毒害更大的混合物、化合物，且混合形成的毒性物质在最大物质放散状态下排气浓度高于现行国家标准《工作场所有害因素职业接触限值 第 1 部分：化学有害因素》GBZ2.1 规定的职业接触限值；

③ 不同的物质混合后能形成爆炸或可燃混合物、化合物，且混合形成的爆炸或可燃物在最大物质放散状态下超过爆炸下限浓度 50%；

④ 混合后易使蒸汽凝结并聚积粉尘时；

⑤ 散发极度危害和高度危害物质的房间和设备。

5. 建设和使用中的风险控制

实验室万向抽气罩是用来保护实验人员免受有害气体和化学品污染的设备。在建设和使用过程中，需要注意以下风险控制措施：

(1) 建设阶段：在安装抽气罩时，需要确保设备安装牢固、密封性好，以防止有害气体泄漏。同时，应根据实验室的具体情况选择合适的抽气罩型号和规格。

(2) 使用阶段：在使用抽气罩时，实验人员需要穿戴好个人防护装备，如护目镜、手套等，以防止有害气体对人体造成伤害。另外，实验人员应定期检查抽气罩的工作状态，及时清洁和更换过滤装置。

(3) 废气处理：实验室万向抽气罩产生的废气需要进行合法合规处理，以防止有害气体对环境造成污染。可以通过连接排气管道将废气排放到室外，或者使用化学废气处理设备进行处理。

(4) 紧急应对：在实验过程中，如果发生意外情况导致有害气体泄漏，实验人员应立即停止实验，打开通风设备，撤离现场并报警。同时，应使用适当的吸收剂和化学中和剂清理泄漏物。总之，建设和使用实验室万向抽气罩时，需要加强风险意识，严格按照操作规程进行操作，确保实验人员和环境的安全。如有疑问或不清楚的地方，应及时向相关技术专业人员咨询。

6. 技术发展

万向抽气罩是实验室中常用的一种实验通风设备，用于在实验过程中排除有害气体、蒸汽或气溶胶，保护实验人员和环境安全。随着实验室技术的不断发展，万向抽气罩的技术也在不断改进和完善。

(1) 电动调节功能：现代万向抽气罩配备有电动调节功能，可以根据实验室内不同方位、不同角度和距离远近等技术参数进行电动调节，满足环保与高效的实验室需求，以确保实验室内空气质量达标。

(2) 智能监控系统：一些高级万向抽气罩还配备了智能监控系统，可以实时监测抽气罩内外气体浓度、温度和湿度等参数，并能够远程控制和报警。

(3) 高效过滤技术：为了更好地过滤有害气体和颗粒物，现代万向抽气罩在进气端配备采用了高效的过滤技术，如 HEPA 过滤器、活性炭过滤器等，能够有效去除 99.9% 以上的有害物质。

(4) 节能环保设计：为了节能减排，现代万向抽气罩在设计上更加注重能源利用效率和环保性能，采用节能电机、高效风机和环保材料等，降低能耗和环境污染。

(5) 多功能场景应用：除了用于一般实验室抽气排放外，现代万向抽气罩还可以应用于生物安全柜、无菌工作台等实验设备的废气排放，提高实验室的安全性和工作效率。

总的来说，随着科学技术的不断进步，万向抽气罩的技术发展方向主要包括智能化、高效化、节能环保化和多功能化，以满足实验室对于安全、环保和高效的需求。

2.4 废气处理装置

1. 实验室废气处置的概述及特点

实验室废气处理装置是指用于实验教学、科学研究、技术研发、检验检测等实验活动的设施排风净化设备，用来净化实验过程产生的气体污染物，以符合国家和地方大气污染物标准规范，避免对周围环境和人群造成影响。

实验室废气处理装置不同于工业废气净化设备（图 2-4-1），其主要区别点在于：

一是布局方式不同。工业废气净化设备一般安装在地面，按照"同质排放合并"原则，每个车间厂房一般仅有一套废气净化设备；而实验室废气处理装置一般安装在设施屋面，由于每个实验区域废气种类和室内环境要求不同，无法全部合并，往往有多套甚至数十套废气处理装置。

(a) 工业废气净化设备　　　　　　　　　　　(b) 实验室废气处理装置

图 2-4-1　工业废气净化设备与实验室废气处理装置对比

二是处理负荷不同。工业废气一般排风量不大，但污染物浓度高，对净化设备的处理效率要求高；实验室由于具有更高的换气次数，一般排风量大，但污染物浓度较低，对净化装置的处理风量要求高。

三是成分变化不同。工业厂房和车间在建设之初已经确定生产工艺，因此废气污染物具有明确和稳定的成分；而实验室内的科研、检测等活动根据需求随时变化，这就导致实验室废气污染物具有不可预测、不断变化的特点，对废气处理装置的综合处理性能要求更高。

四是风阻要求不同。废气净化设备的风阻会随着使用时间逐渐增加，对于工业废气净化设备，风阻增加引起排风量降低，并不会对生产造成影响；但实验室废气处理装置风阻增加会导致室内压差紊乱，或通风柜（生物安全柜）的面风速降低，直接影响了实验过程，甚至导致实验室交叉污染或感染传播。

2. 分类

不同类型的实验室产生的废气种类不同，实验室废气处理装置须根据废气成分采用针对性的处理工艺和净化技术，确保能够有效处理实验过程产生的气体污染物。

化学实验室主要废气成分是有机溶液挥发产生 VOCs（volatile organic compounds，挥发性有机化合物）、酸碱气体以及其他无机气体。应采用吸附或催化氧化技术处理 VOCs，干式或湿式中和技术处理酸碱气体，采用吸收原理处理无机气体，并可根据实验室实际废气浓度和排风情况，采用上述两种或多种净化技术的组合处理工艺。化学实验室废气处理装置根据处理工艺，可分为吸附型、催化氧化型和喷淋吸收型和干式化学型等（图 2-4-2）。

动物实验室主要废气成分是实验动物代谢产生的氨、硫化氢等刺激性无机气体，以及硫醚、硫醇、有机胺等恶臭有机气体。动物实验室一般是大风量、全天候、无间歇排风，废气处理工艺不仅需要考虑净化效率，更要考虑维持成本。动物实验室废气均为可感知的臭气，废气处理不仅要达到大气污染物排放标准要求，并且要做到实验室周边无异味。动物实验室应采用催化氧化技术处理恶臭有机气体，采用喷淋吸收技术处理刺激性无机气体，并可在喷淋中添加化学物质增强吸收效率，还可在处理之后采用实验室射流风机冲高排放，进一步改善周边人群主观感受。动物实验室废气处理装置根据处理工艺，可分为催化喷淋型和催化喷淋射流型（图 2-4-3）。

3. 实验室废气处理装置标准规范

3.1　设计满足的标准规范

GB 12348—2008《工业企业厂界环境噪声排放标准》；HJ/T 386《环境保护产品技术要求　工业

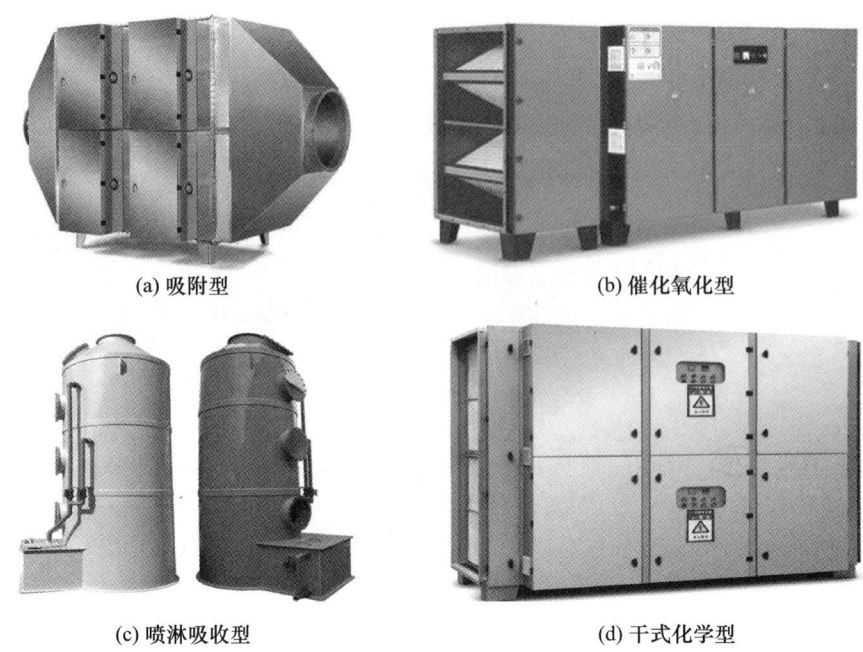

图 2-4-2　吸附型、催化氧化型、喷淋吸收型、干式化学型废气处理装置

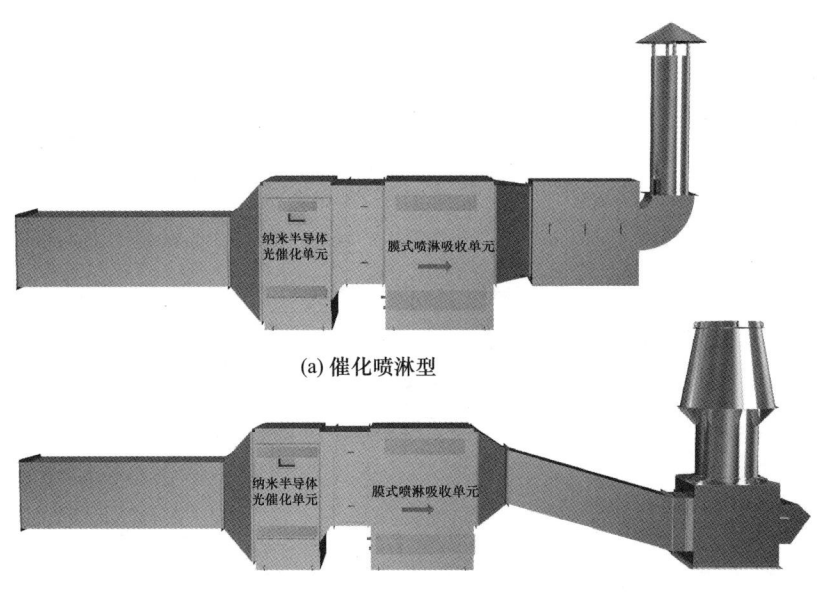

图 2-4-3　动物实验室尾气除臭装置

废气吸附净化装置》；HJ/T 387《环境保护产品技术要求　工业废气吸收净化装置》；HJ 2026—2013《吸附法工业有机废气治理工程技术规范》；DB11/T 1736—2020《实验室挥发性有机物污染防治技术规范》。

3.2　安装应满足的标准规范

GB 50447—2008《实验动物设施建筑技术规范》；GB 19489—2008《实验室　生物安全通用要求》；GB 50243—2016《通风与空调工程施工质量验收规范》；JGJ 91—2019《科研建筑设计标准》；GB/T 16157—1996《固定污染源排气中颗粒物测定与气态污染物采样方法》。

3.3 处理效果应满足的标准规范

GB 16297—1996《大气污染物综合排放标准》；GB 14554—1993《恶臭污染物排放标准》；GB 3095—2012《环境空气质量标准》。

4. 技术要求

4.1 性能指标

4.1.1 化学实验室废气处理装置（吸附型）

（1）采用活性炭等多孔材料作为吸附剂，通过吸附原理清除废气污染物。
（2）设备结构需使废气依次通过每层过滤器，过滤器为整体抽插式安装，方便拆卸检修。
（3）通过过滤器的风速不超过 1.2m/s。
（4）装置整体风阻不高于 600Pa。
（5）装置整体应为 SUS304 不锈钢、PP 或 PVC 材质。
（6）应具备过滤器压差探测和压差过限报警。
（7）对 VOCs 的处理效率应不低于 80%。

4.1.2 化学实验室废气处理装置（催化氧化型）

（1）采用光催化氧化技术原理。
（2）采用 TiO_2 等涂层的蜂窝板作为光催化板，高强度 U 型紫外灯作为催化光源，共同构成光催化模块。
（3）装置结构应使废气依次通过每层光催化模块，模块为整体抽插式安装，方便拆卸检修。
（4）通过光催化模块的风速不超过 1.2m/s。
（5）额定风量下风阻不高于 300Pa。
（6）整体应为 SUS304 不锈钢。
（7）应能够根据污染物浓度，自动或手动调节光催化功率，以最大程度节约能源。
（8）对 VOCs 的处理效率应不低于 80%。
（9）运行过程中，周界臭氧浓度应低于 GB 3095 要求。

4.1.3 化学实验室废气处理装置（喷淋吸收型）

（1）采用喷淋技术或湿膜吸收技术。
（2）可采用水喷淋，亦可自动添加酸碱等化学溶液进行化学喷淋。
（3）通过吸收段风速不超过 1.2m/s。
（4）额定风量下风阻不高于 300Pa。
（5）整体采用 SUS304 不锈钢、PP 或 PVC 材质。
（6）符合户外设备防水、防尘、暴晒、高低温等要求，主体使用寿命不低于 10 年。
（7）能够与实验室排风机联动启动，具备液位、泵压显示功能。
（8）排放的废水应符合 GB 18918—2002《城镇污水处理厂污染物排放标准》。
（9）对可溶无机物处理效率不低于 80%，对酸性气体处理效率不低于 90%。

4.1.4 化学实验室废气处理装置（干式化学型）

（1）采用改性活性炭等作为化学滤料，通过化学中和的原理清除酸性、碱性气体。

(2) 设备结构需使废气依次通过每层过滤器，过滤器为整体抽插式安装，方便拆卸检修。

(3) 通过过滤器的风速不超过 1.2m/s。

(4) 装置整体风阻不高于 600Pa。

(5) 装置整体应为 SUS304 不锈钢、PP 或 PVC 材质。

(6) 应具备过滤器压差探测和压差过限报警。

(7) 对酸性、碱性气体处理效率不低于 90%。

4.1.5 动物实验室废气处理装置（催化喷淋型）

(1) 采用光催化氧化与喷淋吸收相结合的处理工艺。

(2) 光催化氧化段应采用覆涂 TiO_2 等光催化剂的蜂窝板作为催化板，采用不产生臭氧的高强度紫外灯作为催化光源。

(3) 通过光催化板风速不超过 1.2m/s。

(4) 喷淋段采用水喷淋或湿膜吸收技术，可自动添加酸碱等化学溶液进行化学喷淋。

(5) 通过喷淋吸收段风速不超过 1.2m/s。

(6) 排放的废水应符合 GB 18918—2002《城镇污水处理厂污染物排放标准》。

(7) 额定风量下风阻不高于 600Pa。

(8) 整体采用 SUS304 不锈钢。

(9) 符合户外设备防水、防尘、暴晒、高低温等要求，主体使用寿命不低于 10 年。

(10) 具备液位、泵压显示和报警功能。

(11) 能够与实验室排风机联动启动，触摸屏控制设备各项运行状态，预留网线通讯接口，可接入中控系统。

(12) 对动物实验室氨、硫化氢的清除效率不低于 90%，臭气消除效率不低于 80%。

4.1.6 动物实验室废气处理装置（催化喷淋射流型）

(1) 采用光催化氧化与喷淋吸收相结合的处理工艺，处理后的废气通过实验室射流风机冲高排放。

(2) 光催化氧化段应采用覆涂 TiO_2 等光催化剂的蜂窝板作为催化板，采用不产生臭氧的高强度紫外灯作为催化光源。

(3) 通过光催化板风速不超过 1.2m/s。

(4) 喷淋段采用水喷淋或湿膜吸收技术，可自动添加酸碱等化学溶液进行化学喷淋。

(5) 通过喷淋吸收段风速不超过 1.2m/s。

(6) 射流风机烟羽抬升高度不小于 10m。

(7) 射流风机噪声应符合 GB 12348 要求。

(8) 排放的废水应符合 GB 18918—2002《城镇污水处理厂污染物排放标准》。

(9) 额定风量下风阻不高于 600Pa。

(10) 处理整体采用 SUS304 不锈钢，射流风机采用带防锈涂层的碳钢。

(11) 符合户外设备防水、防尘、暴晒、高低温等要求，主体使用寿命不低于 10 年。

(12) 具备液位、泵压显示和报警功能。

(13) 能够与实验室排风机联动启动，触摸屏控制设备各项运行状态，预留网线通讯接口，可接入中控系统。

(14) 对动物实验室氨、硫化氢的清除效率不低于 90%，臭气消除效率不低于 80%。

(15) 处理后，动物实验室周界氨、硫化氢、臭气浓度应满足 GB 14554 要求，且周边人员主观感觉无异味。

4.2 安装与调试验证

4.2.1 设备安装前应具备的条件

(1) 设施暖通施工已完成，屋面排风管道以及配套的风机已按图安装完成，按图预留有足够的实验室废气处理装置安装空间。

(2) 实验室废气处理装置的设备基础应按照图纸要求施工完成，且基础周边无堆积杂物，保证设备可直接就位。

(3) 确保设备安装位置承重能力达到设计要求。

(4) 屋面预留 DN25 自来水给水点一个，管口余压不低于 0.2MPa。屋面预留污水排放点（污水排水管道）一个，污水管道末端接厂区污水总管或通入厂区污水站（不可用建筑物雨水管替代污水排放管道）。

(5) 设备 PLC 控制箱安装点附近预留 2m 长三相五线制多股铜芯电源线，负荷大小必须满足设计要求。

(6) 安装现场应能提供用 AC/220V/50Hz 临时用电电源，且与安装现场距离不宜过远，一般不应超过 50m。

(7) 安装现场应有至少 1 名业主方的现场协调、配合人员，该人员应熟悉现场环境和资源。

4.2.2 安装流程

设备开箱→设备吊装→设备就位→风管、水路、电缆桥架施工→设备调试→设备试运行→项目验收→操作培训。

4.2.3 设备调试

须由安装调试工程师进行调试，以保证调试质量及安全。

4.2.4 安装运行验证流程

外观验证→安装验证→运行验证→处理效率验证。

5. 质量控制

5.1 产品质量控制

(1) 外箱洁净、无划痕、无裂缝、无变形等缺陷。

(2) 外箱满焊，焊缝连续美观，不得虚焊漏焊，焊接应符合 JB/T 5000.3—2007《重型机械通用技术条件 第 3 部分：焊接件》规定。

(3) 内壁光洁、无变形等缺陷，机箱门开关灵活无卡阻，连接部分平整，缝隙均匀，门锁正常，无其他缺陷。

(4) 检修舱门开合正常，缝隙均匀，内部部件完整。

(5) 控制箱屏幕、按钮安装正常，无倾斜、缺失等。

(6) 所有部件、传感器口紧固，无松动。

(7) 标识清晰无错误、铭牌安装牢固，内容正确齐全。

5.2 安装质量控制

(1) 各组合部件连接紧固，缝隙密封良好，设备与基础、钢构缝隙封闭正常，无缝隙、松动等。
(2) 机箱门开合顺畅，关闭时密封条合紧，周围缝隙均匀，与地面缝隙正常。
(3) 整机安装牢固，外力不可晃动。
(4) 整体装配精度：垂直度不大于2mm，平面度不大于2mm。
(5) 检查保护电路的连续性应可靠，设备有明显的接地保护点及标识，使用接地电阻测试仪测量保护导体端子和相应的裸导体部件之间的电阻，应不大于100mΩ（电流≮10A），相对相、相对地，辅助回路对地1000Ω/V。

5.3 运行质量控制

(1) 电源开关按钮正常，开启后设备通电待运行。
(2) 控制触摸屏可进入运行状态，所有按键正常，无文字偏位、图像失真、花屏等现场。
(3) 设置任意模式后，设备按照程序正常开始工作，各执行部件、传感部件正常工作。
(4) 运行结束后，各执行部件自动关闭，进入待机状态。
(5) 运行过程中，观察所有喷头喷水正常，无堵塞；关闭时无滴冒，管路连接处无渗水。
(6) 所有传感器均正常工作，数据刷新正常。
(7) 空转运行，启停5次（每次约3min），所有执行、传感、交互部件无异常。

6. 选型指南

6.1 化学实验室废气处理装置选型表（见表2-4-1）

表2-4-1 化学实验室废气处理装置选型表

污染因子	排放条件	工艺选择	设备选型
VOCs	浓度<5mg/m³	光催化氧化	化学实验室废气处理装置（催化氧化型）
	浓度≥5mg/m³	吸附	化学实验室废气处理装置（吸附型）
酸雾+VOCs	酸雾浓度<1mg/m³ VOCs浓度<5mg/m³	干式化学+光催化氧化	化学实验室废气处理装置（干式化学+催化氧化型）
	酸雾浓度<1mg/m³ VOCs浓度≥5mg/m³	干式化学+吸附	化学实验室废气处理装置（干式化学+吸附型）
	酸雾浓度≥1mg/m³ VOCs浓度≥5mg/m³	碱液喷淋+吸附	化学实验室废气处理装置（喷淋+吸附型）

6.2 动物实验室废气处理装置选型表（见表2-4-2）

表2-4-2 动物实验室废气处理装置选型表

污染因子	排放条件	工艺选择	设备选型
氨、硫化氢、臭气	废气排放口高，扩散条件好	催化氧化+喷淋	动物实验室废气处理装置（催化喷淋型）
	废气排放口低，扩散条件差，要求周边无异味	催化氧化+喷淋+高空射流	动物实验室废气处理装置（催化喷淋射流型）

7. 建设和使用中的风险控制

（1）废气处理设备建设安装过程中，所用材料、电器、设备、成品、半成品的铭牌、型号、规格、性能和施工工艺安装质量，必须符合设计要求和 GB 50303—2015《建筑电气工程施工质量验收规范》及有关专业规范、标准。应按有关规定出具相应的产品合格证、检验、测试报告及文件记录，并经有关专业主管部门检验认可，有认可证明。

（2）废气处理设备突出建筑屋面时，应考虑避雷措施，避雷引下线的敷设和接闪器安装及测试接地装置的接地电阻值必须符合 GB 50303—2015《建筑电气工程施工质量验收规范》和设计要求。

（3）装置使用前要进行安全风险评估论证，对实验室尾气的组分、含量、爆炸极限、闪点、燃点、混合是否发生反应等进行检测和验证，并作出安全风险评估论证报告（不具备条件的，可以委托第三方），合理制定操作指标及应急处置措施，对于废气成分复杂的，可通过开展危险与可操作性分析（HAZOP），制定并落实相应的安全措施。

（4）用户单位要建立完善废气处理设备应急响应系统，明确岗位人员的应急救援职责，配备齐全的应急救援器材，确保废气处理装置发生紧急情况时，应急响应系统有效运行。

8. 发展展望

（1）技术创新。实验室废气处理设备的未来发展需要不断进行技术创新，开发新型的实验废气处理设备，提高设备的处理效率和处理能力，降低处理成本和能耗。例如，采用新型的催化剂和吸附剂，提高废气的去除效率；采用新型的膜分离技术，提高有机废气的分离效率和回收率。

（2）智能化。实验室废气处理设备的未来发展趋势是智能化，即通过智能化技术实现设备的自动化、智能化和远程监控。例如，采用智能化控制系统，实现设备的自动化控制和运行管理；采用远程监控系统，实现设备的远程监测和故障诊断。

（3）绿色化。实验室废气处理设备的未来发展趋势是绿色化，即通过绿色化技术实现设备的环保、节能和可持续发展。例如，采用绿色催化剂和吸附剂，减少实验废气处理过程中的化学物质污染；采用节能技术，降低设备的能耗和运行成本；采用可持续发展技术，实现设备的可持续发展和环境友好性。

（4）多功能化。实验室废气处理设备的未来发展趋势是多功能化，即通过多功能化技术实现设备的多种功能和多种应用。例如，采用多功能催化剂和吸附剂，实现有机废气的去除、分离和回收；采用多功能控制系统，实现设备的多种控制和管理。

2.5 射流风机

1. 概述

实验室射流风机是指通过独特的排风喷嘴，将高增压气流冲高排放的风机。按照是否具备诱导周边气流进入喷嘴的功能，实验室射流风机可以分为射流型和诱导混流型（图 2-5-1）。

实验室射流风机用于实验室排风系统末端，能够在出风口稀释污染物，增加风机的出口风量，加快排风速度，在不使用高烟囱的条件下增加烟羽高度，通过扩散稀释作用，加快气体污染物的扩散速度和分布范围，大幅降低人员能够感知的周界污染物浓度。

实验室射流风机是通过高增压风机，使排风获得较大动能，然后通过特殊设计的喷嘴射向高空，获得更高的烟羽高度。同时，在喷嘴底部通过负压诱导，吸入周围空气，稀释排风中的污染物，并增加排风风量，进一步加快污染物扩散速度和范围（图2-5-2）。

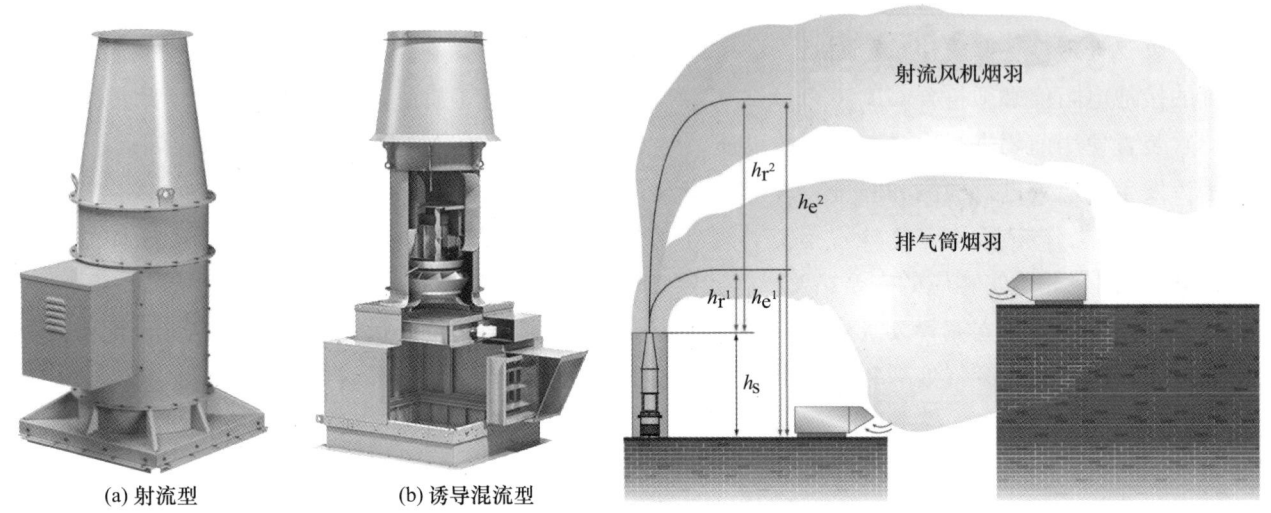

(a) 射流型　　　(b) 诱导混流型

图 2-5-1　实验室射流风机

图 2-5-2　实验室射流风机工作原理

2. 标准

当前国内外无实验室射流风机专用标准，设计和制造主要依据以下风机通用标准：GB/T 1236—2017《工业通风机　用标准化风道性能试验》，规定了工业通风机的性能试验方法和要求，包括风量、压力、效率等参数的测量和计算。JB/T 9068—2017《前向多翼离心通风机》，规定了前向多翼离心通风机的设计、制造、性能试验和安装要求。JB/T 8932—1999《风机箱》，规定了风机箱的设计、制造和性能试验要求。GB 10080—2001《空调通风机安全要求》，规定了空调通风机的安全要求，包括机械安全、电气安全、防爆安全等方面。JB/T 9069—2017《屋顶通风机》，规定了屋顶通风机的设计、制造和性能试验要求。GB/T 10178—2006《工业通风机　现场性能试验》，规定了工业通风机现场性能试验的方法和要求。JB/T 10281—2014《消防排烟通风机》，规定了消防排烟通风机的技术要求、性能试验和检验方法。GB/T 13933—2008《小型贯流式通风机》，规定了小型贯流式通风机的设计、制造和性能试验要求。

3. 技术要求

3.1　性能和评价指标

（1）实验室废气高排处理风机应为非过载设计，其尺寸和标称风量应与风机性能表相符。

（2）风机设计应达到最高效率，风机应具有压力骤升的特性并延伸至操作范围，效率峰值应在最佳操作范围内，保持风机运行稳定，噪声特性好。在正常工作范围内，功率达到峰值后开始下降。

（3）风机应采用圆柱形风筒，采用钢板焊接而成。进风口应采用流线型设计。机壳应适当支撑固定，以防止振动和脉动气流影响。防雨罩应包裹电动机和V形皮带驱动装置。实验室废气高排处理风机配备出口喷嘴、风罩、泛水罩、防雨罩以及防止皮带和驱动装置受气流影响的密封式皮带护管。

（4）叶轮为钢制全混流叶轮，由锥形前盘、半球形轮毂和直板叶片全焊接而成。叶轮应经过静态和动态平衡，应达到 AMCA 204 标准的 G2.5 平衡等级。叶轮处于最高允许转速时，应能保持平稳的气流和较低的噪声。叶轮特性应能有效避免因工作点滑动造成的性能下降。

（5）风机轴材质应为 40Cr，风机轴应通过精密车削和调质处理，硬度应达到 HB250～280，其最大负载应大于风机最大运行速度的 25%。

（6）应选用重载、脂润滑、耐磨调心球或调心滚子带座轴承，在风机转速最大的情况下，可保证超过 80000h 的最低平均寿命（L-10）。轴承应配备延长加油管，并在风机机壳外部安装黄油嘴。

（7）传动装置（仅适用于皮带传动型，belt driven type）风机轴材质应为 40Cr，风机轴应通过精车调质处理，硬度达到 HB250～280，其最大负载应大于风机最大运行速度的 25%。

（8）重载钢板或镀锌泛水罩确保屋顶泛水与风机之间的防雨水过渡。

（9）喷嘴与风罩组合可将环境空气引入风机机壳内，并提高排放速度，推荐至少 15.24m/s 的排风速度，且不显著影响功率。

（10）防雨型可拆卸护罩完全防护电动机和V形皮带驱动装置的暴露部件。

3.2 安装与调试验证

（1）防风固定点。在 33.9m/s 风速下（气象行业标准 QX/T 51—2007 规定为 12 级台风），风机能长期耐受且性能稳定。

（2）泛水施工。泛水是屋顶的一种建筑结构，即在屋顶开洞的外侧向上翻起的防水翻口。泛水上缘与风机接触的部分，必须采用厚度合适的减震垫，同时起到密封的作用，其厚度以风机压上后仍保持弹性良好。

4. 质量控制

4.1 生产过程的质控

（1）原材料检测。实验室射流风机生产所用的原材料主要包括金属材料、电气元件、密封材料等。为保证产品质量，需要对每一批原材料进行严格检测，如金属材料的化学成分、硬度、强度等指标，电气元件的电气性能、绝缘性能等指标，密封材料的密封性能、耐腐蚀性等指标均需符合相关标准要求。

（2）加工工艺控制。实验室射流风机的加工过程非常复杂，包括铸造、锻造、冷拔、拉伸、钳工等多个工艺环节。在每个环节中，需要严格执行加工工艺流程，保证每个产品尺寸、形状、质量等指标都符合标准要求。同时，还需进行成品检测，根据检测结果进行返工或淘汰。

（3）装配工艺控制。实验室射流风机的装配工艺是非常重要的环节，在这一环节中需要对各个部件进行装配、焊接、接线等操作。为保证产品质量，需要在装配过程中对每个工序进行控制，确保每个部件可以完美地接合并且各项指标符合标准要求。

（4）试运行检测。完成实验室射流风机的装配后，需要进行试运行检测。这个过程中需要对风机的风量、噪声、温度、转速等指标进行检测，确保产品可以运行稳定、安全。如有问题需要进行调试或返修，直到各项指标均符合标准要求。

4.2 安装过程的质控

（1）在实验室射流风机安装前，需要进行一系列准备工作，包括：确定安装位置、制定安装方案、准备机械设备和工具、清理安装现场、了解用户需求等。

① 确定安装位置。需要考虑安全、便捷、美观、易于做噪声防护等因素，并与用户进行沟通确认。

② 制定安装方案。根据安装位置和用户需求，设计合理的安装方案，包括风机基础、支架、连接管道、电气线路等。

③ 准备机械设备和工具。准备好所需的机械设备和工具，确保施工过程顺畅。

④ 清理安装现场。清理安装现场，确保安装位置比较平整、干燥、清洁，并尽量避免安装位置周围有其他障碍物。

⑤ 了解用户需求。了解用户的需求和使用环境，特别是气候因素对实验室射流风机使用的影响。

（2）在安装过程中，需要注意风机基础、风机机身、安装位置、连接管道、电气线路等方面的控制要点。

① 风机基础的控制要点。需要做好基础的混凝土浇筑工作，同时保证基础与地面接触面积充足，基础高度误差不大，基础表面光滑平整，确保基础的稳定性和承载能力。

② 风机机身的控制要点。在风机机身上避免出现明显的凹陷、裂缝、锈蚀等缺陷，同时需要保证风机的轴心与基础垂直度误差不大，并保持风机的水平度。

③ 安装位置的控制要点。要保证安装位置准确，特别是风机排放口的高度和风机与连接管道的角度等方面，保证空气流通畅通。

④ 连接管道的控制要点。连接管道要保持平直、无拐角，确保无渗漏、管道支架牢固。

⑤ 电气线路的控制要点。确保风机电气系统的可靠性和安全性，特别是风机接线盒的密封性和连接的可靠性。

5. 选型指南

5.1 相关定义

（1）旁通空气。旁通空气指流过旁通空气混合箱，并与实验室废气混合以提高稀释比和烟羽高度的环境空气。旁通空气主要用于变风量系统，以维持恒定的出口风量，同时也可用于增加整体排风量和稀释比。

（2）稀释比。风机总出口风量与实验室排风量的比值（总风量/实验室排风量）。

（3）诱导空气。诱导空气指通过风罩吸入（诱导流），并与实验室废气混合以提高稀释比和烟羽提升高度的空气。

（4）烟气排放。由实验室或通风柜排放的腐蚀性或有毒空气。

（5）喷嘴。喷嘴位于风机机壳内部，用于排气并加快气流进入风罩的速度。实验室射流风机提供不同的喷嘴：低速、中速和高速喷嘴。每种喷嘴具备不同的流动特性。喷嘴应根据具体应用要求进行选择。

（6）烟羽提升高度。烟气排放和诱导空气相对于风罩出口的高度。

（7）烟羽高度。出口烟羽提升高度与排气系统相对屋面的高度之和。

(8) 总风量。风罩排出的总风量,包括烟气排放风量、旁通空气及诱导空气。

(9) 风罩。风罩用于引导离开风机机壳的废气排放,并诱导稀释空气,还可选配带降噪特性的消声风罩。

5.2 烟羽高度计算(图2-5-3)

$$h_e = h_r + h_s \tag{2-5-1}$$

$$h_e = [3.0 \times (Vd/U)] + h_s \tag{2-5-2}$$

式中:h_e——实际烟羽高度(m);

h_r——烟羽提升高度(m);

h_s——烟囱高度(屋顶到风罩出口的高度)(m);

V——风罩出口速度(m/min);

d——风罩出口直径(m);

U——侧风速度(m/min)。

方程式摘自ASHRAE实验室设计指导式9-2,烟羽高度通常以速度为10m/min的侧风为条件进行计算。

6. 建设和使用过程中的风险控制

6.1 风机结构失稳的风险分析及防范措施

风机结构失稳是指风机在运转过程中,由于外界因素或内部原因导致风机结构不稳定,无法正常运转或产生事故。其主要风险包括以下几个方面:

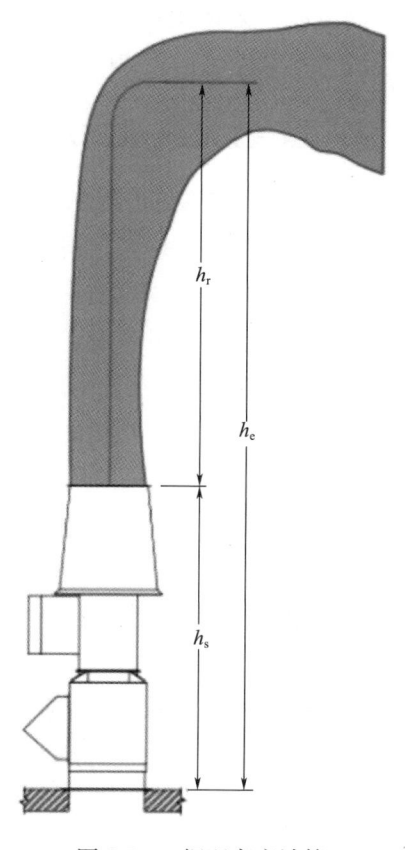

图 2-5-3 烟羽高度计算

(1) 地基不牢固。地基不牢固是导致风机结构失稳的主要风险之一。如在安装风机时,未考虑现场条件,没有采取合适的基础处理措施,或者选址不当导致地基承载力不足,就会导致风机结构失稳。

(2) 风偏现象。风机运转过程中会有风偏现象,这会导致风机产生振动,进而可能导致风机结构失稳。在选择风机工作位置时,应考虑到风偏的影响,选择稳定的位置。

(3) 区域特殊气象条件。有些地区的气象条件比较特殊,如强风、海浪等等,这些特殊的气象条件都可能导致风机结构失稳。在选择风机时,应该考虑到当地的气象条件,采取相应的防范措施,如增强风机支撑结构的牢固性等。

6.2 电气故障的风险分析及防范措施

实验室射流风机在运转过程中,容易出现电气故障,这种故障会影响到风机的运转和安全。其主要风险包括以下几个方面:

(1) 电缆老化。电缆长期暴露在环境中,会导致电缆老化,从而出现断电、短路等电气故障。需要定期对风机电气设备进行检查和维护,发现问题及时解决。

(2) 电气设备故障。风机内部的电气设备也容易出现故障,如电动机故障、断路器等出现问题,需要选用质量可靠的电气设备,确保其使用寿命和安全性。

6.3 维护保养不当的风险分析及防范措施

维护保养不当也是导致实验室射流风机故障和事故的重要原因。例如，未及时添加润滑油或使用劣质润滑油，会导致风机摩擦增大，导致机器损坏和安全事故的发生。需要定期进行全面检查和维护，保证风机各部件的运转和使用状态；选用高效润滑油，并定期更换，保证风机运转时的润滑效果。

7. 实验室射流风机发展趋势

随着国家对研发创新的投入增加，实验室建设不断扩张，对环保提出了更高要求，实验室射流风机的需求将保持高速增长，同时也将推动射流风机技术的发展。

（1）提升风机冲高效率。实验室射流风机的冲高效率是其存在的最大价值，未来的发展方向将是提高对废气烟羽的抬升高度，同时提高风机的稳定性和可靠性。

（2）规模布置与使用。随着实验室规模的不断扩大和废气处理标准的提高，未来的发展方向将是更加广泛的使用、更大规模的布置，这就要求实验室射流风机必须在控制成本的基础上，不断降低能耗、削降噪声。

（3）智能化。随着物联网技术的不断成熟和应用，实验室射流风机的智能化程度将不断提高，未来实验室射流风机可逐步实现远程监控、自动调节、故障诊断等功能，进一步提高其效率和稳定性。

（4）全生命周期的可持续性。未来的实验室射流风机将更注重全生命周期的可持续性，包括风机的设计、制造、安装、运营和拆除等环节。制造商将致力于提高风机的可再生材料利用、能效等方面的指标，逐步实现环保型和可持续型的实验室射流风机。

总之，随着科研创新的蓬勃发展和环保政策的不断收紧，实验室射流风机的发展趋势将会向着高效率、规模化、智能化和可持续等方向发展，这也将为科研创新和环保产业的发展提供更多的契机。

2.6 废水处理设备

1. 概述

实验室废水主要来自各科研单位实验研究室和高等院校的科研、教学实验室。实验室废水有其自身的特殊性质，量少、间断性强、高危害、成分复杂多变。直接排放危害性比较大，目前属于国家严格控制的一类污染物，这些污水如不经处理就直接排放，将对周围的生态环境造成严重的影响（对地表水、土壤、作物造成严重污染），并将影响周围居民的身心健康。实验室废水未经处理就排放到市政排污管网，市政污水处理厂也很难对实验室综合污水进行彻底处理，同时加大污水处理厂的处理难度，根据环保部门的规定，须对该废水进行综合处理，达标后方可外排。现在，国家环保部门对实验室废水排放日益重视并严格控制，实验大楼或者实验室在做环境评估报告时也对废水排放提出了明确要求。

目前，根据污废水中所含主要污染物性质，可以分为以下几类。

（1）无机物类废水：重金属离子、酸碱pH、卤素离子及其他非金属离子等。

① 重金属离子类：汞、镉、总铬、六价铬、铅、锰、银、镍、锌、铁、钴、锡、镁、锌、铜、铝、砷等金属阳离子以及处于络合状态的重金属离子团 $(Cr_2O_7)^{2-}$、$(CuCN)^-$、$(AuCN)^-$、$(PtCl_6)^{2-}$ 等。

② 非金属离子类：氟化物、氰化合物、络离子化合物、AsO_3^{2-}、AsO_4^{3-}、Hg^+、Hg^{2+}等。

③ 酸碱pH：硝酸、盐酸、磷酸、硫酸、双氧水、氯化钾、氯化钙等。

(2) 有机物类废水：有机溶剂、洗涤剂、表面活性剂、苯、甲苯、二甲苯、苯胺、苯酚、多氯联苯、苯并芘、酚类、甲醛、乙醛、丙烯腈、丙烯醛、烷烃、烯烃、氟化氢、石油类、油脂类物质、甲醇、苯胺类、多环芳烃、硝基化合物、亚硝胺、氯苯类、硝基苯类、醚类、混合烃类、丙酮、糖类、卤代烃、蛋白质、有机磷农药等。

(3) 生物类废水：病原体等。

病原体：细菌、病毒、衣原体、支原体、螺旋体、真菌等。

2. 分类、结构、工作原理

实验室污废水水质具有复杂、动态时变的特点，一套成熟的实验室污废水处理设备，可根据不同污废水的水质及水量特征，调整工艺设备组合及工艺流程参数，在一体化机组内完成进水、pH调节、多相催化氧化、高级氧化、加药、反应、沉淀、生物膜法、MBR生物膜处理、消毒、排水等工序，论证科学、造价低、运行经济，能满足含有机、无机及病原微生物等复杂成分、难处理的实验室废水的处理，处理后废水排放pH值、色度、悬浮物、COD、BOD、氨氮、重金属、大肠杆菌等各项指标检验需满足GB 8978—1996《污水综合排放标准》，医疗类废水需满足GB 18466—2005《医疗机构水污染物排放标准》或预处理排放要求。

根据处理原理和处理方式不同，实验室废水处理设备可以分为以下几种类型。

(1) 无机物类废水

通过筛网、pH调节、氧化还原、混凝絮凝、中和沉淀、过滤澄清等过程去除污水中的悬浮物和杂质，使其废水变得清洁符合排放标准，见图2-6-1。

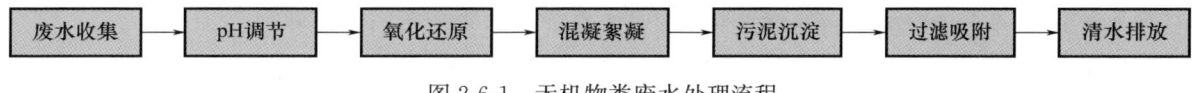

图 2-6-1 无机物类废水处理流程

(2) 有机物类废水

主要以高级氧化、生物膜法等工艺，处理有机废水中含有高浓度、难降解及有毒的污染物；可根据其原水水质浓度采用符合相关工艺组合达到最佳处理效果。

① 低浓度（见图2-6-2）

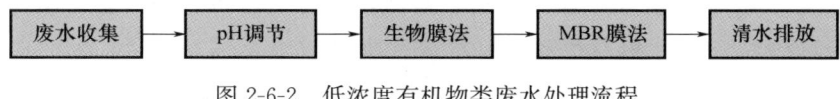

图 2-6-2 低浓度有机物类废水处理流程

② 高浓度（见图2-6-3）

图 2-6-3 高浓度有机物类废水处理流程

注：低浓度一般指COD在500~1000mg/L；高浓度在1500~4000mg/L。

(3) 生物类废水

主要以强氧化剂（含氯消毒剂）臭氧、高温等工艺对细菌、病毒进行杀菌及灭活处理。

① 药剂消毒（见图2-6-4）

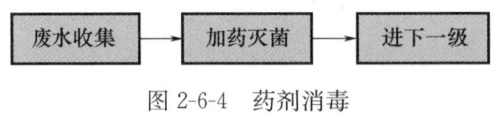

图 2-6-4　药剂消毒

② 高温灭活（见图2-6-5）

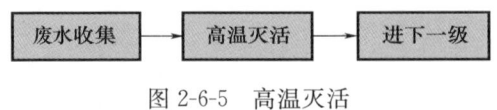

图 2-6-5　高温灭活

（4）综合类废水

综合类废水主要以pH调节、多相催化氧化、高级氧化、加药、反应、沉淀、生物膜法、MBR生物膜处理、消毒、排水等工序对废水进行处理，可根据进水浓度来调节工艺流程。最终以排放合格为目的，处理流程见图2-6-6。

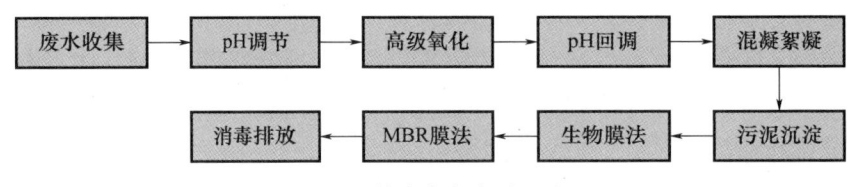

图 2-6-6　综合类废水处理流程

3. 标准、规范

为了确保实验室废水处理设备的高效运行和达到相关的排放标准，其设计过程中不仅仅遵从单一的设计原则，还需要多种标准互相制衡，方能满足设备对于废水的全面有效处理。

目前国内设计执行标准如下：GB 8978—1996《污水综合排放标准》；GB 18466—2005《医疗机构水污染物排放标准》；JB/T 20189—2017《生物废水灭活装置》；GB 50014—2021《室外排水设计标准》。

4. 关键技术

4.1　技术难点

（1）废水成分复杂。实验室废水含有各种化学物质，如有机溶剂、重金属、酸碱物质等，这些物质的种类和浓度差异很大，给废水处理带来了很大的困难。

（2）处理难度大。由于废水成分复杂，需要针对不同的污染物采取不同的处理方法，这增加了处理的难度。同时，一些化学物质在处理过程中可能会产生其他的污染物，如氮、磷等营养物质，这些物质也需要进行相应的处理。

（3）排放标准严格。政府对实验室废水排放标准要求严格，需要达到国家或地方的相关标准才能排放。这要求在处理过程中需要采取有效的废水处理技术，以确保废水处理后能够达到排放标准。

（4）管理难度大。比如学校实验室废水处理需要严格的管理制度和技术支持，但一些实验室存在管理不规范、操作不当等问题，导致废水处理效果不稳定或超标排放。

（5）设备投资和维护成本高。为了实现废水的有效处理，需要采购先进的设备和技术，这需要投入大量的资金。同时，设备也需要专业技术人员进行管理和维护，增加了成本。

4.2 关键性能指标

(1) 处理效率。设备应具有较高的处理效率，能够快速降低废水中各项污染物的浓度，使其满足排放标准的要求。

(2) 稳定性。设备的运行应稳定可靠，保证连续高效的废水处理效果，同时具备自我保护功能，避免因故障导致废水超标排放。

(3) 易于维护。设备应设计合理、结构简单、易于操作和维护，以降低维护成本，提高设备的寿命和可靠性。

(4) 安全性。设备应具备安全保护功能，如过载保护、漏电保护等，预防意外事故的发生，同时符合环保要求，避免二次污染。

(5) 节能环保。设备应具备节能环保的特点，降低能耗和减少噪声、废气等污染物的排放，符合可持续发展的趋势。

(6) 处理效率高。能够高效去除有害物质，保证排放的污水符合国家标准。

(7) 操作方便。设备的安装、维护和操作应简化和自动化，即使非技术人员也能轻松、方便地操作。

(8) 设备安全可靠。具有良好的安全性能，采用符合国家标准的材料，具有完善的安全防护、预防故障和事故的发生。

综上所述，实验室废水处理设备的性能要求涵盖了处理能力、稳定性、可靠性、操作维护的简便性以及节能环保等方面，以确保废水处理的高效、安全和环保。

5. 选型指南

(1) 水质特征。首先需要明确实验室废水的种类、成分、浓度、pH 值等特征，以及排放标准和环境要求。这些信息对于选择合适的处理设备至关重要，因为不同的废水特性需要不同类型的处理设备来有效处理。

(2) 选型标准。根据废水的特征和排放标准，选择适合的废水处理工艺。常见的实验室废水处理工艺包括物理法、化学法、生物法等。在选择处理工艺时，要综合考虑废水处理效果、设备投资、运行成本等因素。

(3) 量和质量。考虑设备的性能参数，如处理能力、处理效率、占地面积、噪声、耗电量等。同时，还要考虑设备的稳定性和可靠性，确保设备能够长期稳定运行，减少故障和维护成本。

(4) 经济性。在选择实验室废水处理设备时，需要综合考虑设备的购买费用、使用维护费用、运行能耗费用等因素。购买费用是一个重要的考虑因素，但不应过分关注，需要综合考虑设备的质量和运行成本。

综上所述，选择适合的实验室废水处理设备需要综合考虑水质特征、选型标准、量和质量、经济性等多个方面，以确保所选设备能够满足实验室的废水处理需求，同时具有良好的经济性和可靠性

6. 质量控制

(1) 监测与检测。通过监测水质参数如 COD、BOD、氨氮等指标的浓度，及时发现处理过程中的异常情况，调整处理工艺，确保出水达标。同时，检测设备的及时维护和校准是保证监测数据准确性的重要手段。

(2) 处理工艺优化。优化污水处理工艺，如调整曝气池曝气量、提高污泥回流比例等措施，提高

处理效率，降低处理成本，保证出水水质符合排放标准。污泥处理与处置：合理处理和处置污泥，采用污泥干化、厌氧消化等技术，减少二次污染的风险。

（3）人员培训和管理：定期组织人员进行培训，提高技术水平与责任意识，建立完善的管理制度，规范操作流程，减少人为失误对水质的影响。

（4）定期维护与保养：定期检查设备的运行状态，及时更换老化部件，清理结垢和污泥，确保设备运行的稳定性和正常性。

（5）设备选购和安装：选择质量可靠的设备供应商，对设备质量进行仔细评估，确保设备的正确安装和稳定运行。

（6）工艺设计和操作：根据实际情况选择合适的处理工艺，准确设定工艺参数，确保每一步都得到正确执行。

（7）运维和维护：定期对设备和管道进行检修和保养，及时处理设备故障，确保污水处理系统的正常运行。

（8）培训和人员素质：建立系统的培训计划，提高员工的技术和操作水平，包括工艺知识、设备操作和维护、安全操作等方面的培训。

（9）合规和法律要求：遵守当地的环保法律法规，按照相关标准进行污水处理。

这些措施共同构成了污水处理设备质量控制的多层次、全方位的保障体系，旨在确保实验室废水处理的高效、安全和环保。

7. 主要问题、风险和解决方案

（1）核心部件的选材需更加重视，如板材、泵、液位检测装置等。目前这些配置依赖于三方供应商的支持和提供，选择成熟、稳定并集聚创新力的产品成为设备整体运行至关重要的一步。

（2）废水设备技术的成熟，随着时代发展和要求，对于废水设备本身的要求也越发严格，提升处理技术、用最成熟稳定、价格适宜的产品帮助客户解决问题，成为我们追求的目标之一。

（3）系统整体性能提升、长期稳定运行、提升设备整体使用寿命是我们一直追求的目标，也是水处理行业不断进取的方向，只有不断打磨产品本身和提升创新能力，方能满足市场要求。

8. 发展方向

随着物联网、大数据和人工智能等技术的发展，污水处理设备正朝着智能化方向前行，智能化是当前污废水设备发展的一个重要趋势，一款实现自动检测、智能控制的设备是目前对污废水处理设备的基础展望前提。同时，提高处理效率、降低能耗及实现资源回收利用也是污废水设备的发展主流方向，这也更加有利于促进水资源的合理利用和环境的可持续发展。

2.7 风量控制阀

2.7.1 文丘里定（变）风量阀门

1. 概述

由于科学实验室对环境参数（包括温度、湿度、压力、污染物浓度等）要求较高，因此，气流组织和换气次数对科学实验室至关重要，这就要求控制系统对受控环境的送排风量进行精确的控制。

由于空气密度较低，传统的风量控制阀门，即便做到了很好的初调节，受管道压力波动的影响，也往往不能精确地控制风量，这种阀门可以满足大多数民用建筑的要求，但却满足不了对环境参数要求较高的科学实验室。

为此，多种定（变）风量阀门被发明和应用在了科学实验室的场所，目前，应用较为广泛的有蝶阀型定（变）风量阀门（以下简称蝶阀）和文丘里型定（变）风量阀门（以下简称文丘里阀）。这几种阀门都可以很好地避免管道压力波动对风量的影响，维持实验室内设定的精确风量。

我国改革开放早期，这种先进的定（变）风量阀门只能依靠进口，随着该阀门生产工艺的日渐成熟和应用场合的增多，国产的蝶阀和文丘里阀的质量也愈加可靠，价格也更趋于合理。

2. 结构和工作原理

文丘里效应，也称文氏效应，由意大利物理学家文丘里（Giovanni Battista Venturi）发现。该效应表现在受限流动在通过缩小的过流断面时，流体出现流速增大的现象，其流速与过流断面成反比。

文丘里阀是基于文丘里效应，以流动连续性方程和伯努利方程为基础设计和制作的流量控制阀门。阀门由阀体、阀芯（节流体和弹簧组成）、阀杆、定位固定支架等组成，在绕流阻力（包括摩擦阻力和形状阻力）与弹簧压力共同作用下，节流体在阀杆做前后滑动运动。当阀前压力增大时，静压差作用力和绕流阻力增加，阀芯绕流体沿着气流方向移动压缩弹簧，降低过流面积，增加局部阻力系数；当阀前压力减小时，静压差作用力和绕流阻力降低，弹簧作用下阀芯绕流体向气流反方向运动，增加过流面积，从而降低局部阻力系数。通过弹簧压力和绕流阻力的平衡，根据阀前压力的变化动态调节局部阻力系数，从而控制风量恒定。风量（m^3/h）＝通过的横截面面积（m^2）×风速（m/s）×3600（换算单位），阀芯内置的精密不锈钢弹簧，依靠纯机械运动的补偿作用达成压力无关性。针对风管中压力波动变化精确快速（小于1s的反应时间）地做出自适应调节。文丘里阀如图2-7-1所示。

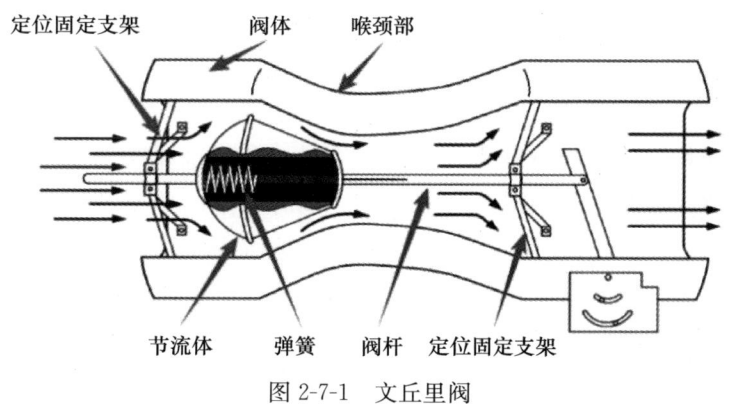

图2-7-1　文丘里阀

根据压力无关范围，文丘里阀可分为低压文丘里阀（75～500Pa）、中压文丘里阀（150～750Pa）和高压文丘里阀（250～1500Pa）。按照流量控制方式可分为定风量文丘里阀和变风量文丘里阀。

文丘里阀属于自力式（弹簧）压力无关型阀门。文丘里阀的阀芯无须外加动力，可由弹簧根据风管内静压的变化推动阀芯沿轴向移动，从而保持恒定的流量。

通常，文丘里阀在出厂前会进行标定（48到50点不等），完成压力—推杆行程—流量标定的文丘里阀可快速执行所需流量控制要求，无须再通过任何形式的流量测量与校正，这就形成了前馈控制的文丘里阀的快速响应。

文丘里阀具备高调比性，风量最高调比可达20∶1，能更好地实现工作模式、值班模式以及紧急模式之间的切换，最大程度实现节能，特别在全新风系统中，节能是十分可观的。

无直管段安装要求也是文丘里阀重要特色之一，随着空调通风系统越来越庞大，很多安装空间无法满足阀门前后直管段的要求，而文丘里阀无须考虑这个安装要求，给设计和调试带来了便利。

3. 标准规范依据

JG/T 436—2014《建筑通风风量调节阀》；ANSI/ASHRAE 110-2016；ANSI/ASSP Z9.5-2022 Lab ventilation。

4. 主要性能指标及评价

4.1 用于排风柜变风量控制

单垂直或水平柜门通风柜系统是由位移传感器、变风量文丘里阀、变风量控制器和数显单元组成的开环控制系统，系统框图见图2-7-2。位移传感器实时测量排风柜调节门开度，变风量控制器通过运算并实现对作为"执行器"的变风量文丘里阀的控制来确保所需排风流量，从而实现排风柜面风速稳定在设定值。通风柜控制还可以选配区域传感器来鉴别有人操作时和无人操作时的状态，有人操作时0.5m/s，无人操作时切换为0.3m/s来实现节能的目的。

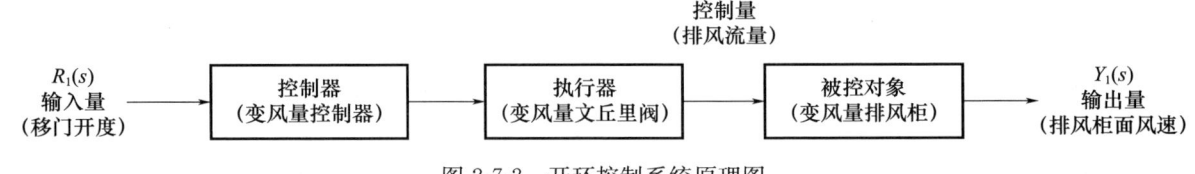

图2-7-2　开环控制系统原理图

4.2 用于房间压力控制

4.2.1 余风量控制系统

余风量控制器是以风量为单位，通过调节实验室送风、全面排风阀门使二者形成联动，保持恒定的风量差值，实现实验室风量平衡和通风换气的目标。同时，温度传感器直接测量实验室的温度，调节再热盘管来保持实验室温度的舒适性。余风量控制很好地解决了压差控制过程中快速和稳定跟踪问题，缩短系统变风量过程时间，其适用于大型、开敞型实验室。但由于余风量控制没有针对压力波动影响的监测手段，因此余风量控制对外部扰动也并不敏感。余风量控制是典型的开环控制，其控制框图如图2-7-3所示。

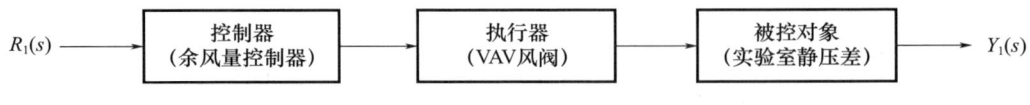

图2-7-3　余风量控制系统原理图

余风量控制系统由变风量送（排）风文丘里阀、房间压力控制器、房间显示单元组成，文丘里阀自带控制器，由于理化实验室以排风作为换气次数的依据，只作房间风量控制一般会把变风量送风文丘里阀的控制器作为房间压力控制器，倘若房间有温湿度控制及房间触摸屏显示，则不建议将精确控制房间末端风量的设备作为房间控制器主站来使用。图2-7-4为理化实验室余风量控制系统图。

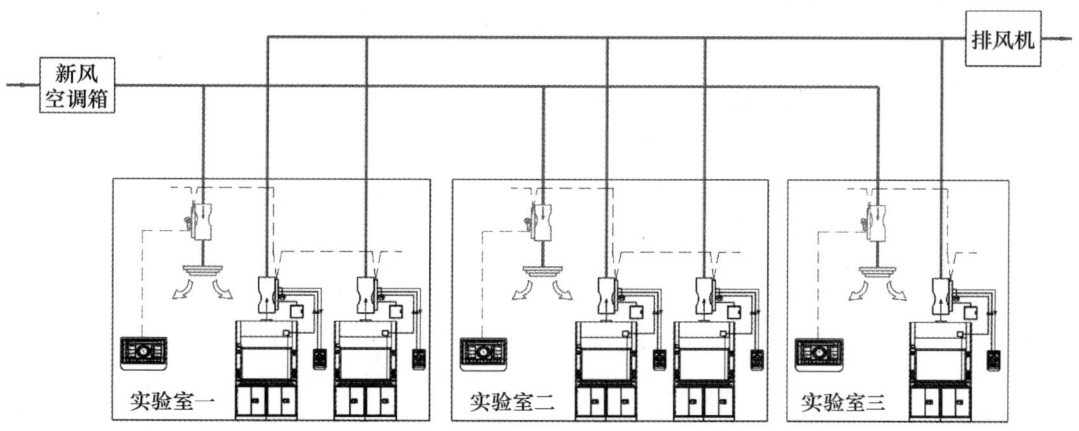

图 2-7-4 理化实验室余风量控制系统图

4.2.2 直接压差控制系统

直接压差控制系统通过压差传感器直接测量实验室与压力参照区域间的静压差，同时，温度传感器直接测量室内温度，通过控制与调节送风、全面排风阀门和再热盘管来保持实验室压差、通风换气和舒适性。直接压差控制系统是基于反馈原理建立的自动控制系统，具有抑制干扰和改善系统响应特性的能力，其适用于小型、具有严格安全要求的密闭式实验室。在设计和应用时，应考虑动态变化所引起的波动、外部气流扰动、开关门等因素带来的不利影响，选择压力稳定区域作为压力参照点。直接压差控制是典型的闭环控制，其控制框图如图 2-7-5 所示。

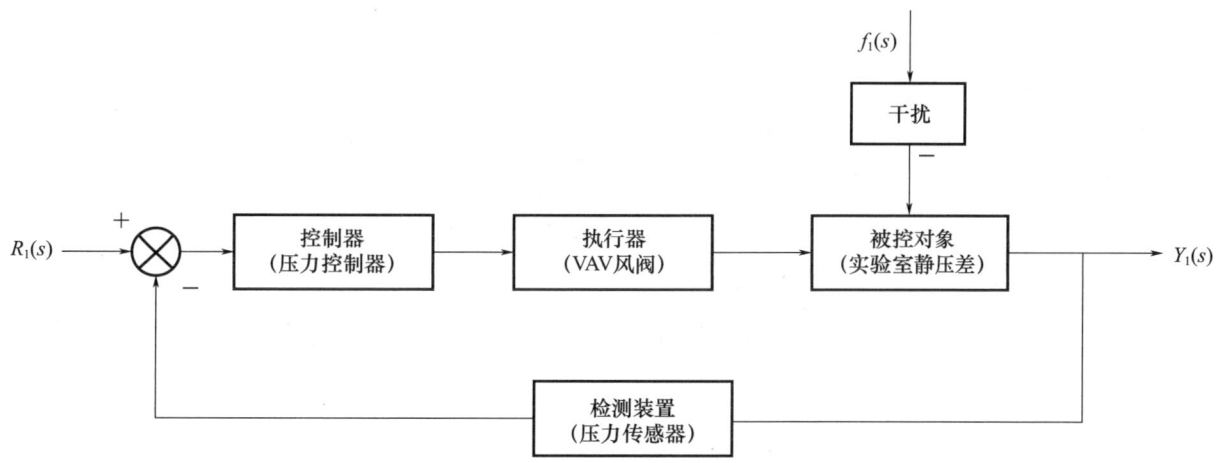

图 2-7-5 直接压差控制系统原理图

直接压差控制系统是基于反馈原理建立的自动控制系统，具有抑制干扰和改善系统响应特性的能力，但是同时也给系统带来了震荡，这种震荡直接造成了直接压力控制的不稳定性，且反复震荡给系统调试带来难度。

直接压差控制系统由变风量送（排）风文丘里阀、房间压力控制器、房间压力传感器、房间显示单元组成，文丘里阀自带控制器，一般采用变风量送风文丘里阀的控制器作为房间压力控制器，图 2-7-6 为 PCR 实验室直接控制系统图。

4.2.3 自适应余风量控制系统

自适应余风量控制系统通过结合余风量控制和直接压差控制方式来实现，压差传感器用于随时间重置余风量，以保持适当的设定压差。自适应余风量控制器由两个闭环控制回路构成，主、副回路相互协同，随动控制系统增强了压力控制的稳定性，定值控制系统提升了压力控制的精度，使得串级控制系统的控制品质明显提高，同时具有更好的系统抗扰性和自适应性，可以提供更加稳定的房间压力。自适应余风量控制在余风量控制的基础上引入反馈控制回路，对被控对象进行反馈校正来提升系统的控制精度，是一种前馈—反馈复合控制。自适应余风量控制框图如图 2-7-7 所示。

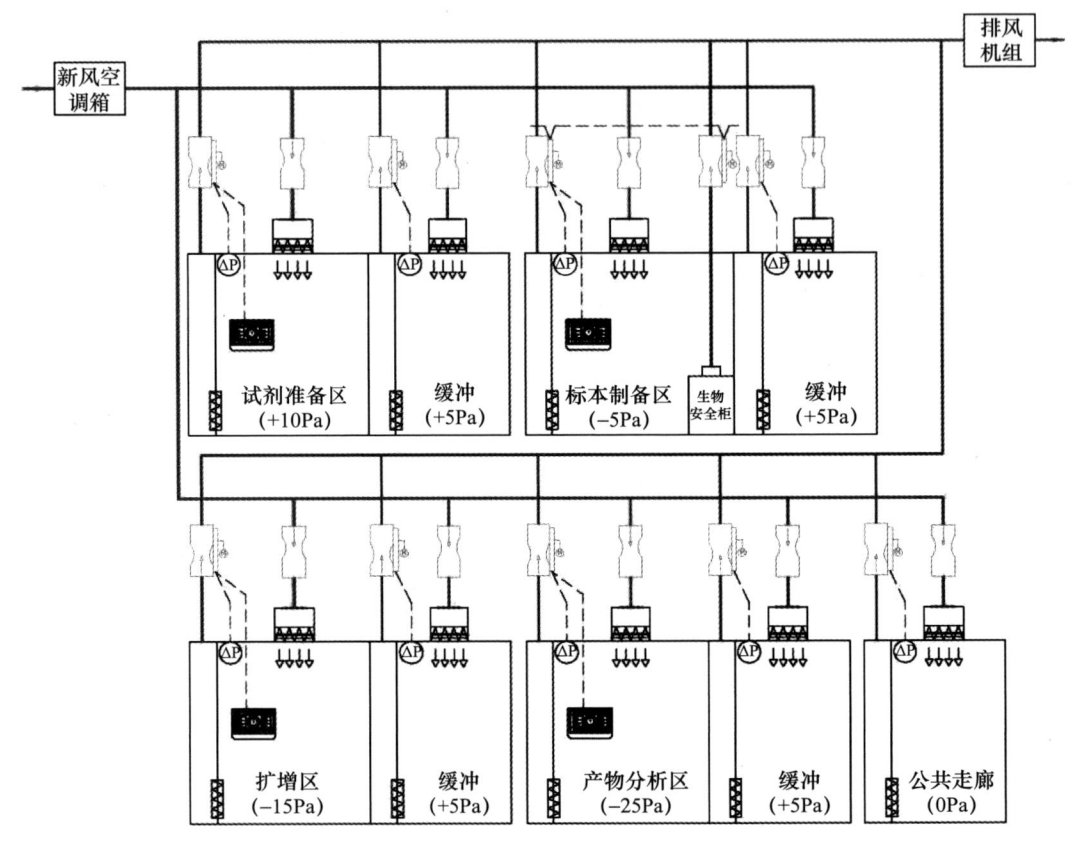

图 2-7-6　PCR 实验室直接压差控制系统图

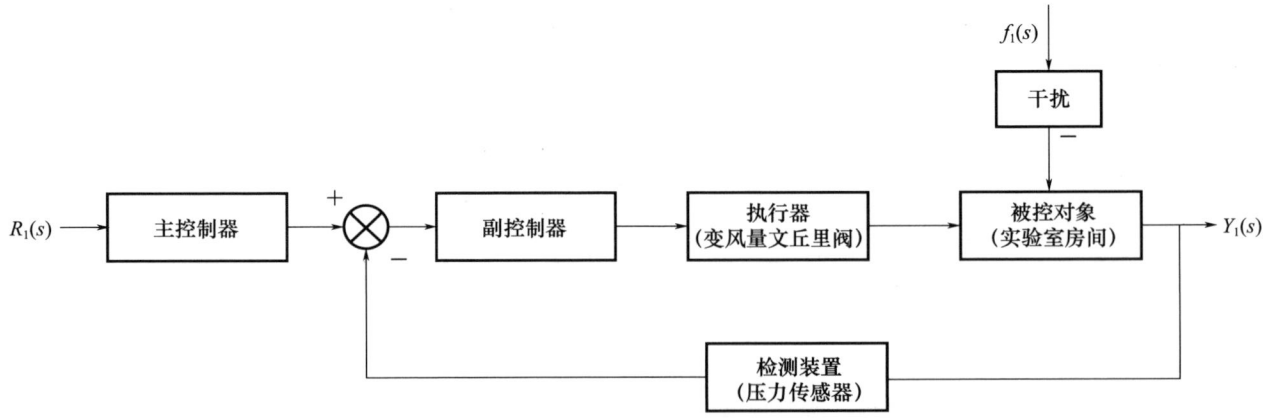

图 2-7-7　自适应余风量控制原理图

通过前馈—反馈复合控制来增强压力控制的稳定性，自适应余风量控制可以通过门磁开关在开门瞬间停止控制系统压差反馈的方式来防止因开关门造成房间压差波动或采用延迟变风量阀的响应时间消除房间开关门对压差的影响。高等级生物安全实验室或者负压隔离病房由于围护结构的密封性较高，细微风量变化就会导致显著压力波动，因此，此类房间适宜采用自适应余风量控制来提升系统的抗扰性和自适应性。

自适应余风量控制系统由变风量送（排）风文丘里阀、房间压力控制器、房间压力传感器、房间显示单元组成，文丘里阀自带控制器，一般采用变风量送风文丘里阀的控制器作为房间压力控制器。图 2-7-8 为负压隔离病房自适应余风量控制系统原理图。

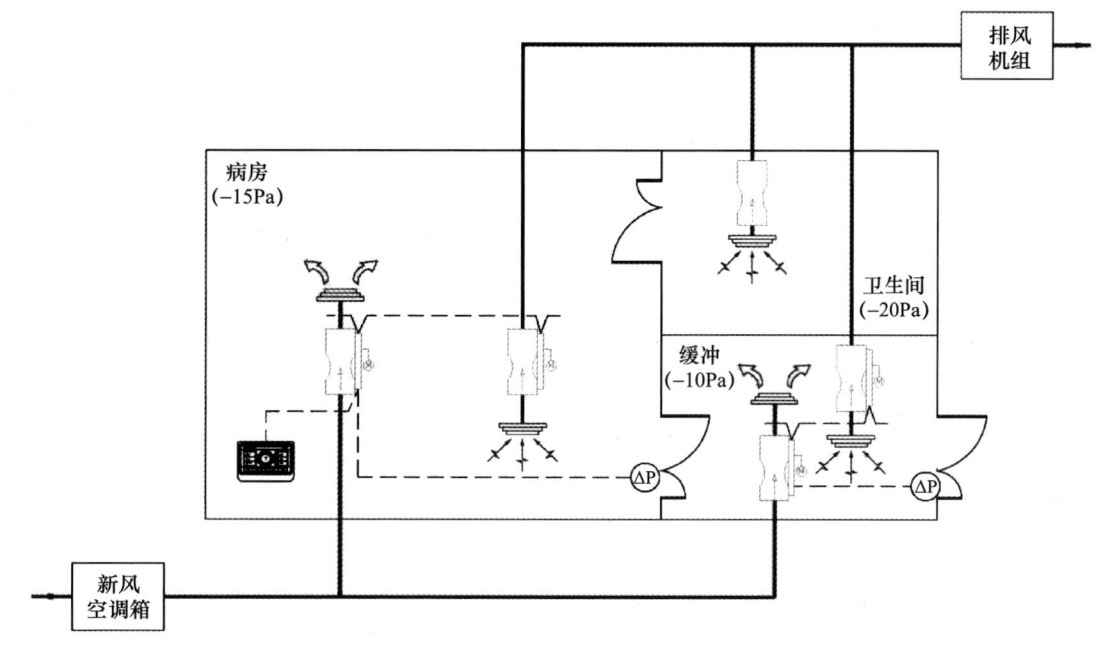

图 2-7-8　负压隔离病房自适应余风量控制系统原理图

5. 质量控制

（1）质量控制主要是通过技术参数来要求，通过 NVLAP、ASHRAE 110 等专业认证以及第三方认证来保证。

（2）文丘里阀材质说明：用于工艺设备（通风柜、排气罩、试剂柜、药品柜等）排风阀门的文丘里阀应带酚醛树脂防腐涂层或者不锈钢，用于含强酸强碱污染物的排风设备整个阀体都需涂特氟龙涂层，送风可采用铝制或不锈钢阀体。

（3）风量与压力变化无关性技术要求：阀门前后压差在 150～750Pa 范围内波动时，风量的波动范围在设定值的±5％以内。制造商能提供产品的典型口径阀门前后压差在此范围内变化时风量变化的曲线文件（风压曲线不少于 5 个）。

（4）阀门安装前后无直管段技术要求限制：阀门安装前后无直管段时与有直管段时的风量偏差不超过设定值的±5％。

（5）风量精度：出厂前对风量位置进行机械标定，在阀门前后压差范围内，风量在标定值的±5％以内，并且标定点不少于 48 个点。

6. 选型指南

6.1　技术选型参数

文丘里阀适用于通风柜的变风量控制及房间的压力控制。作为送、排风风量控制及调节阀门，文丘里阀在工作压力范围内风量与压力无关，风量控制精度不大于±5%，对命令信号变化的响应时间小于1s，全行程稳定时间小于5s，对风管静压变化的响应时间小于1s，可根据不同工艺需求选择酚醛树脂喷涂或特氟龙喷涂，阀门安装前后无须直管。因此，理化类实验室、生物安全实验室、PCR实验室、洁净室、病房、动物房等区域均可适用。图2-7-9为阀门尺寸示意图，表2-7-1为文丘里阀主要技术参数。

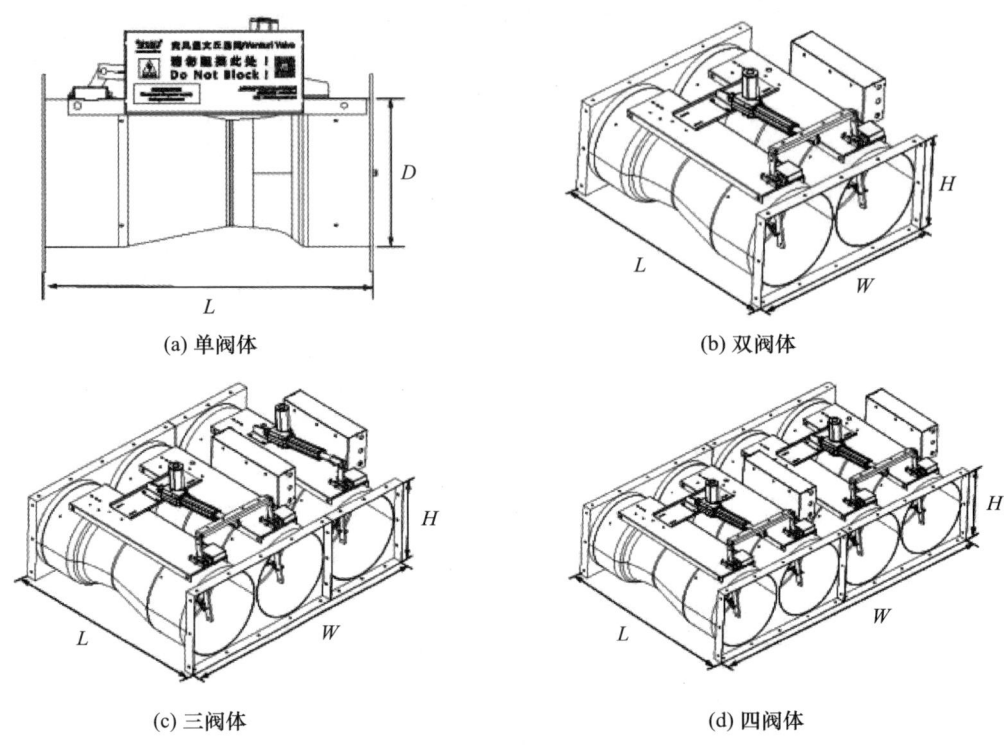

图 2-7-9　阀门尺寸示意图

表 2-7-1　文丘里阀主要技术参数

规格	阀体数量	风量范围/(m³/h)	单阀直径/mm	长/mm	宽/mm	高/mm
8″	单阀	具体品牌来定	200	具体品牌来定	—	尺寸品牌来定
10″	单阀	85～1700	250	555	—	415
12″	单阀	150～2550	300	680	—	465
14″	单阀	340～4300	350	760	—	550
2×10″	双阀并联	170～3400	250	630	尺寸品牌来定	430
2×12″	双阀并联	300～5100	300	760	615	480
2×14″	双阀并联	680～8600	350	840	765	550
3×12″	三阀并联	450～7650	300	760	945	480
3×14″	三阀并联	1020～12900	350	840	1145	550
4×12″	2×双阀并联	600～10200	300	760	1230	480
4×14″	2×双阀并联	1360～17200	350	840	1535	550

注：中压文丘里阀压力范围为150～750Pa。

6.2　应用场所

6.2.1　制药厂房洁净室（定送变排/双稳态）

制药厂房需精确控制室内的温湿度环境来建立稳定的生产环境，保证厂房内空气洁净度和有序的压力梯度是其控制的关键目标。在制药厂房的生产设施中,停机维护需要花费高昂成本,因此采用变风量或多态风量控制模式,配合高度可靠的通风控制系统是其控制的关键。

(1) 项目概况

某制药厂房实验区域,实验区面积 $50m^2$,准备间面积 $18m^2$,吊顶高度 3m。采用全送全排的直流净化空调系统(见图 2-7-10),最小换气次数为 $18h^{-1}$。

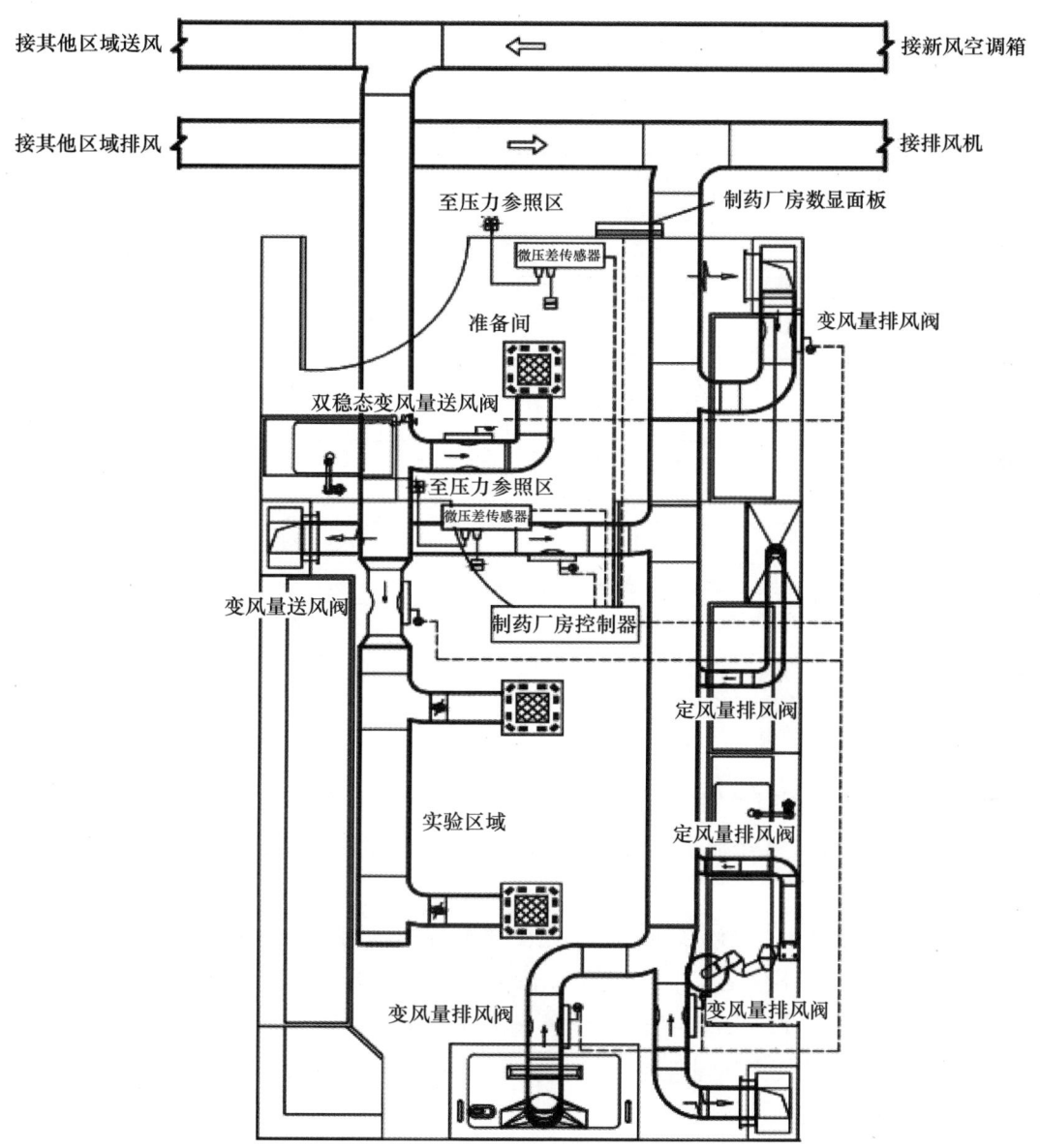

图 2-7-10 某全送全排直流净化空调系统

(2) 控制要点

① 送风换气次数是保证房间洁净度的关键因素,送风量需维持恒定,不应随着管道内压力变化或高效过滤器的堵塞而导致风量变化。送风可采用定风量或双稳态变风量阀门。

② 房间的压力控制需要维持房间内送、排风量的恒定,并维持房间之间的压力梯度恒定。排风可采用变风量或双稳态变风量阀门,与送风进行联动控制。

③ 风量平衡(见表 2-7-2)。

表 2-7-2 风量平衡

房间名称	压差/Pa	房间面积/m²	吊顶高度/m	送风量/(m³/h)	排风量/(m³/h)	压差风量
准备间	+10	18	3	1080	972	缝隙法
实验区	+15	50	3	3150	950~2150	缝隙法

注：实验区内配置 1 台台式变风量通风柜（1.5m 宽），排风量为 300~1500m³/h；1 个万向抽气罩，排风量为 150m³/h；1 个药品柜，排风量为 100m³/h。

④ 产品选型（见表 2-7-3）。

表 2-7-3 产品选型

产品名称	应用位置	规格型号	数量
变风量文丘里阀	准备间送风	10″	1
变风量文丘里阀	实验区送风	14″	1
变风量文丘里阀	准备间排风	10″	1
变风量文丘里阀	实验区排风	10″	2
定风量文丘里阀	万向罩排风	8″	1
通风柜变风量控制系统	5″数显面板	5″	1
通风柜变风量控制系统	变风量文丘里阀	12″	1
通风柜变风量控制系统	位移传感器	—	1
直接压差控制	7″数显面板	7″	1
直接压差控制	微压差传感器	—	2
直接压差控制	直接压差控制器	—	1

6.2.2 理化类实验室（定送变排系统）

(1) 项目概况

某理化类实验室，实验室面积 100m²，层高 4.5m。实验室局部排风设备信息如下：1 台变风量台式通风柜，2 个万向抽气罩，1 个原子吸收罩（罩口规格 400mm×400mm）。系统图见图 2-7-11。

(2) 设计依据

实验室换气次数依据 $8h^{-1}$ 设计；通风柜采用变风量控制，同时使用率依据 100% 设计；万向抽气罩、原子吸收罩均采用定风量控制，同时使用率依据 100% 设计；每台台式变风量通风柜（1.5m 宽）排风量为 300~1500m³/h，每个万向抽气罩排风量为 150m³/h，每个原子吸收罩排风量为 600m³/h；实验室采用微负压设计，选用余风量控制方式，余风量按满足实验室换气次数要求排风量的 10% 进行取值。

(3) 风量平衡

满足换气次数要求实验室排风量 $Q_{AC} = 100m^2 \times 4.5m \times 8h^{-1} = 3600m^3/h$

局部排风设备最小排风量 $Q_{LE\text{-}min} = 150m^3/h \times 2 + 600m^3/h \times 1 + 300m^3/h \times 1 = 1200m^3/h$

局部排风设备最大排风量 $Q_{LE\text{-}max} = (150m^3/h \times 2 + 600m^3/h \times 1) \times 100\% + 1500m^3/h \times 100\% = 2400m^3/h$

余风量为 $Q_{offset} = Q_{AC} \times 10\% = 360m^3/h$

满足换气次数要求时，实验室最小全面排风量 $Q_{GE\text{-}min} = Q_{AC} - Q_{LE\text{-}max} = 3600m^3/h - 2400m^3/h = 1200m^3/h$

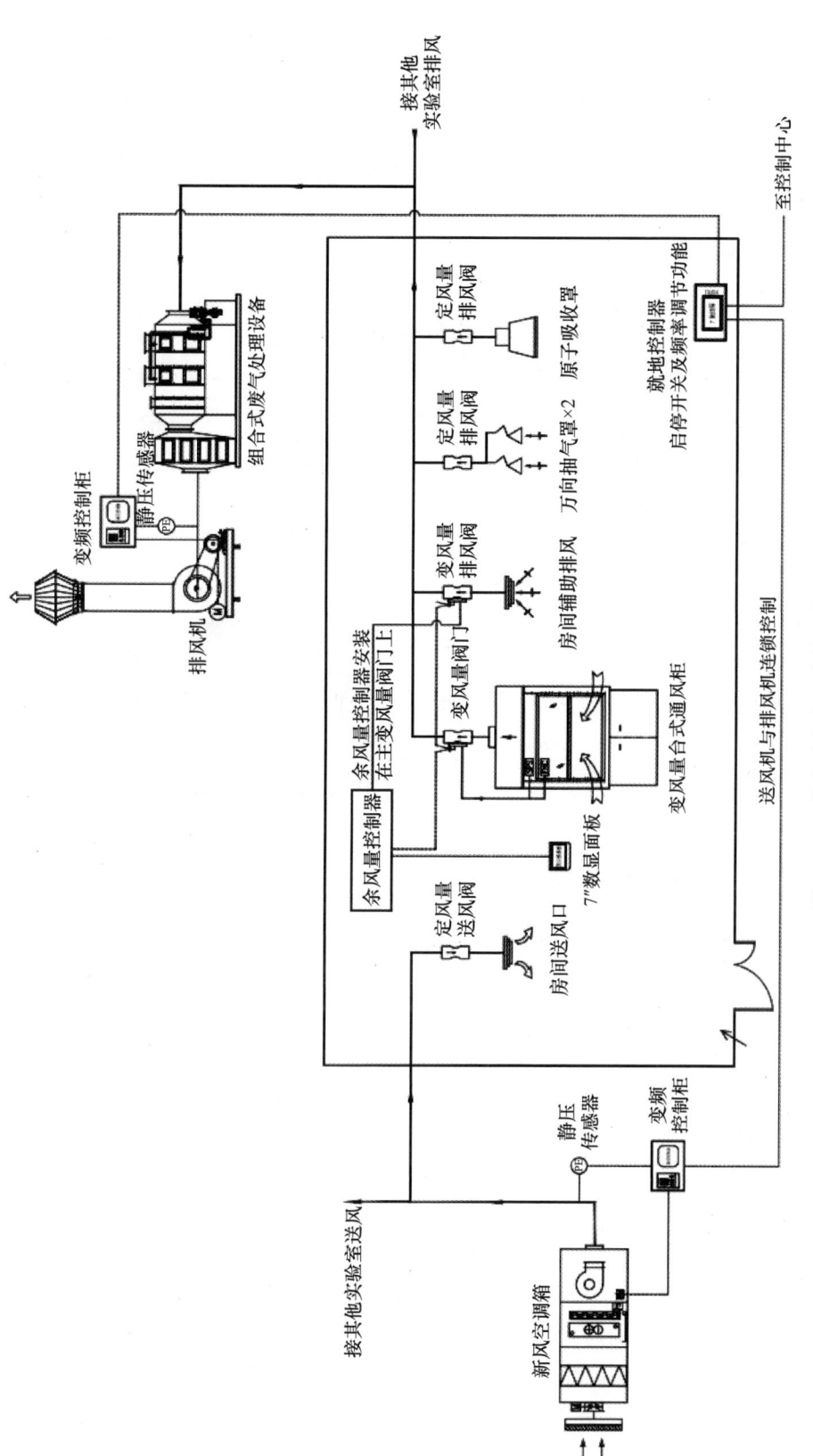

图 2-7-11 某实验室定送变排系统

满足换气次数要求时，实验室最大全面排风量 $Q_{\text{GE-max}} = Q_{\text{AC}} - Q_{\text{LE-min}} = 3600\text{m}^3/\text{h} - 1200\text{m}^3/\text{h} = 2400\text{m}^3/\text{h}$

实验室送风量 $Q_{\text{SA}} = Q_{\text{AC}} - Q_{\text{offset}} = 3600\text{m}^3/\text{h} - 360\text{m}^3/\text{h} = 3240\text{m}^3/\text{h}$

（4）设备选型（见表2-7-4）

表2-7-4 设备选型

设备名称	应用位置	规格型号	数量
定风量文丘里阀	实验室送风	14″	1
定风量文丘里阀	万向抽气罩排风	8″	1
定风量文丘里阀	原子吸收罩排风	8″	1
变风量文丘里阀	实验室全面排风	12″	1
通风柜变风量控制系统	5″数显面板	5″	1
	变风量文丘里阀	12″	1
	位移传感器	—	1
余风量控制系统	7″数显面板	7″	1
	余风量控制器	—	1

6.2.3 SPF级动物房（定送变排）

实验动物设施环境分为普通环境、屏障环境和隔离环境。严格的动物设置环境控制，可保证动物健康及标准规范化，保证实验结果不受环境的影响，还可为科研人员提供舒适、无异味的工作环境。以SPF级动物（鼠）的屏障环境为例，其首要目标是控制小环境（独立通风笼）和大环境（动物饲养室）空气清洁与温湿度恒定。

（1）项目概况

某SPF动物房小鼠饲养间，小鼠饲养间面积20m²，缓冲间面积8m²，吊顶高度2.5m。采用全送全排的直流净化空调系统，最小换气次数为 18h^{-1}。系统图见图2-7-12。

（2）控制要点

① 走廊/缓冲间等公共区域采用定风量送风、变风量排风。

② 动物饲养间采用定风量或变风量送风、变风量排风，采用变风量送风时可实现多种运行模式控制，保证环境安全且有效节能。

③ 直流空调稀释污染物、气味，并带走热湿负荷，为动物和人员提供稳定、舒适的环境，通过压力控制污染物及过敏原的路径。

（3）风量平衡（见表2-7-5）

表2-7-5 风量平衡

房间名称	压差/Pa	房间面积/m²	吊顶高度/m	送风量/(m³/h)	排风量/(m³/h)	压差风量
操作间	+15	8	2.5	420	360	缝隙法
小鼠饲养间区	+25	20	2.5	1150	644～900	缝隙法

注：小鼠饲养间内配置2台无主机IVC，排风量为单台128m³/h。

（4）产品选型（见表2-7-6）

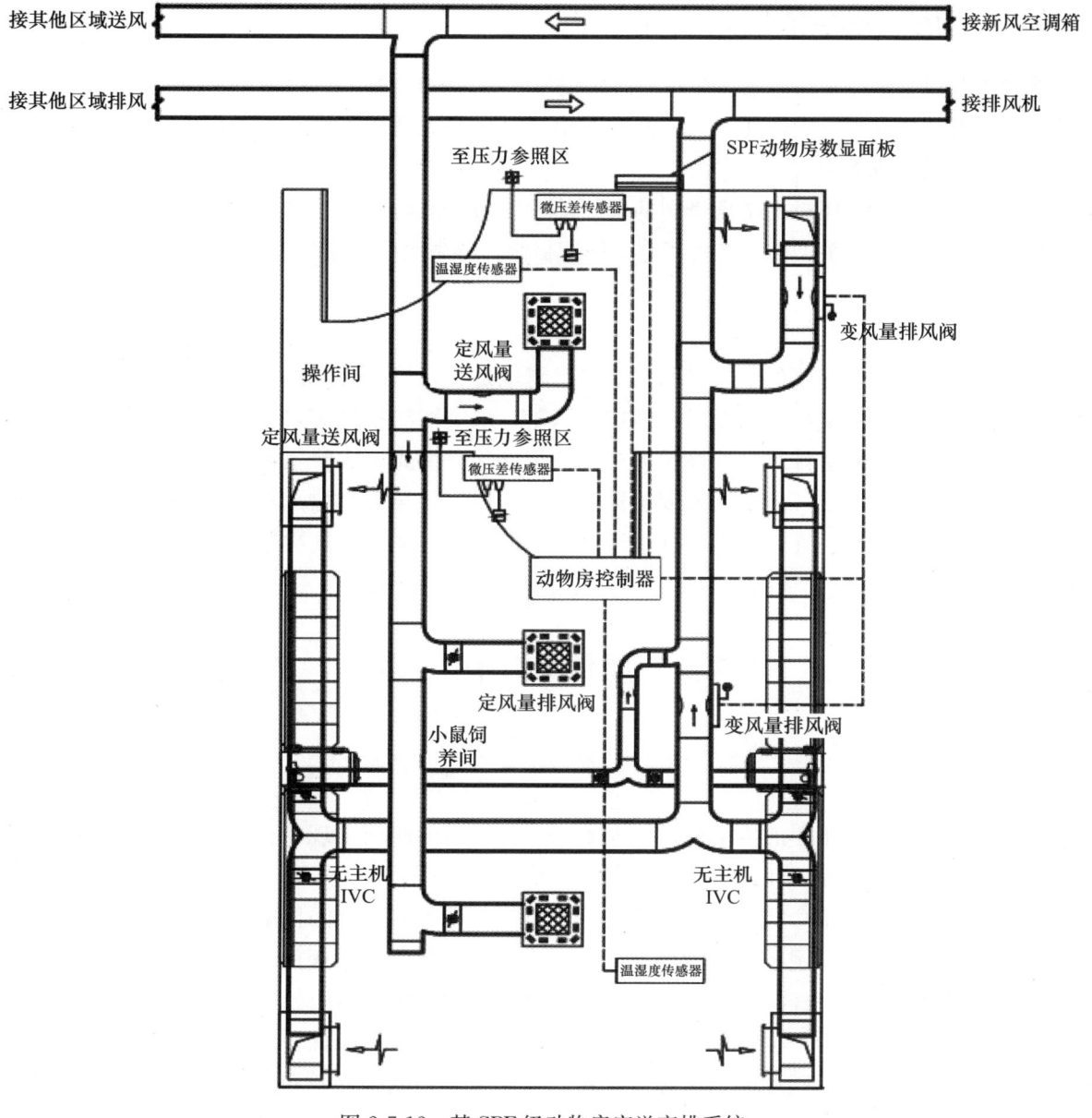

图 2-7-12　某 SPF 级动物房定送变排系统

表 2-7-6　产品选型

产品名称	应用位置	参考型号	数量
定风量文丘里阀	操作间送风	8″	1
定风量文丘里阀	小鼠饲养间送风	10″	1
定风量文丘里阀	无主机 IVC 排风	8″	1
变风量文丘里阀	操作间排风	8″	1
变风量文丘里阀	小鼠饲养间排风	8″	1
自适应余风量控制	7″数显面板	7″	1
自适应余风量控制	微压差传感器	—	2
自适应余风量控制	自适应余风量控制器	—	1
自适应余风量控制	温湿度传感器	—	2

7. 建设和使用过程中的风险控制

运输及安装过程中需轻拿轻放以免造成阀体变形，破坏阀体的线性特性。

安装时不要拉扯文丘里阀内部的阀杆固定支架，以免造成阀杆和固定支架同心度发生偏移，执行器动作阻力大精度受到影响。

试运行时需关注靠近风机的文丘里阀的阀门前后压差，前后压差控制在750Pa以下，以免压差过大，文丘里阀内部压力无关型弹簧超过了它的屈服极限，导致阀门风量精度出现大的偏差。

8. 技术发展

节能和环保成为各行各业的重要议题。追求卓越也是文丘里阀企业的共同目标。实验室新风换气次数较高导致能耗巨大。文丘里阀可以精确控制风量，采用按需控制策略，即以实际使用需求为出发点的动态控制策略，实现送排风量的控制可视化与智能化。由此，实验室可装设独立监测实验室室内空气质量的装置，当房间空气污染物浓度超标时，发出报警信号同时增加房间的换气次数，保证实验室空气品质安全，当房间空气污染物浓度小于设计值时，适当减少换气次数（设定不小于规范最少换气次数要求），以达到节能的目的。

2.7.2 风量控制阀（蝶阀）

1. 概述

阀门是一个已诞生上千年的传统行业，人类历史上最早的阀门出现于两千多年前。蒸汽机的发明推动了产业文明的变革。而后在瓦特改进的蒸汽机上，使用了种类繁多的阀门来控制蒸汽流量和压力。新发明的诞生引发了工业革命，阀门也由此进入了机械工业领域。此后随着电力工业、石油工业、化学工业等领域的相继发展，用于控制管路中介质压力、流量和流向的阀门也得到了大力发展。时至今日，阀门已广泛运用于国民经济的各个领域，是一种量大面广的通用机械设备。

在科学实验室里经常会产生各种有毒有害或易燃易爆物质，为了保证实验人员健康与安全，需要从源头处对污染进行控制，因此配备了如排风柜、万向罩、药品柜等排风设备。由于通风设备多，使用情况复杂，所以必须对相关的排风和送风进行控制，保证实验室通风系统一直处于良好运行状态。20世纪70年代，风量控制阀相继出现在欧洲和美国，逐步应用于空调通风系统中，并结合实验室场景的特殊性在结构、性能和控制等方面进行匹配与完善，是实验室通风系统关键设备之一。

其中定风量阀门是一种机械式自力装置，适用于需要定风量的通风空调系统中。定风量阀门风量控制不需要外加动力，它依靠风管内气流力来定位控制阀门的位置，从而在整个压差范围内将气流保持在预先设定的流量上。变风量阀门则是采用电动执行器来控制阀门的开启程度，适用于更加复杂的通风空调系统。近年来，随着控制要求、控制精度的需求提升，对于阀门的要求也越来越高，变风量阀门逐步具备流量实时测量并反馈、智能化控制及物联网传输等功能。

2. 分类、结构、工作原理

2.1 分类

根据阀门的结构可以分为圆形阀门和方形阀门；根据阀门所用材料可以分为PP、不锈钢、镀锌钢板（喷涂或不喷涂）等；根据阀门的性能也可以区分是否防爆及不同防爆等级，是否防辐射及防辐射等级等；根据阀门的工作原理可以分为压力无关型定风量阀门和流量反馈型变风量阀门（见图2-7-13～2-7-16）。

图 2-7-13　压力无关型定风量阀门

图 2-7-14　流量反馈型变风量阀门

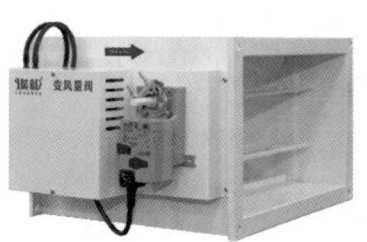

图 2-7-15　方形流量反馈型变风量阀门

图 2-7-16　圆形流量反馈型变风量阀门

2.2 结构

压力无关型定风量阀门主要由阀体、阀片、弹簧片、气囊、刻度盘等组成。流量反馈型变风量阀门主要由阀体、阀片、电动执行机构、控制模块、流量测量模块等组成。

2.3 工作原理

（1）压力无关型定风量阀门

压力无关型定风量阀门是机械式的定风量调节装置，无须外部供电即可工作，控制阀片由管道中的抽杆支撑。带有动量的气流进入自动充气气囊，由此在阀片上产生一个朝着关闭方向的扭矩，阀片同时受缠绕在凸轮上的弹簧片反向作用力作用，两作用力在气压发生变化时自动调整限流板，使流量保持在允许的误差范围内。原理图见图 2-7-17。

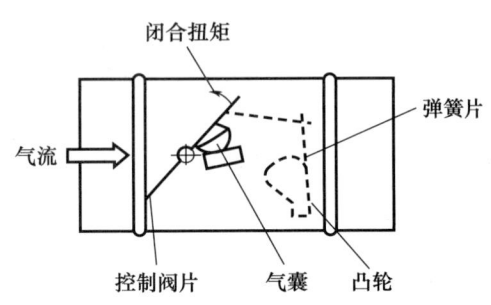

图 2-7-17　压力无关型定风量阀门原理图

（2）流量反馈型变风量阀门

流量反馈型变风量阀门是电动驱动的风量调节装置，电动执行器通过轴杆来控制阀片的转动，改变阀片的开度。在主控制器接收到传感器输入信号后，会控制阀门自动改变风量到被控对象所需的风量，在允许的压差范围内，流量检测装置检测到管道内压力的变化，同时与设定风量进行比较后，将信号传递给副控制器，控制执行器动作进行风量调节，最终输出准确的风量值。控制原理图见图 2-7-18。

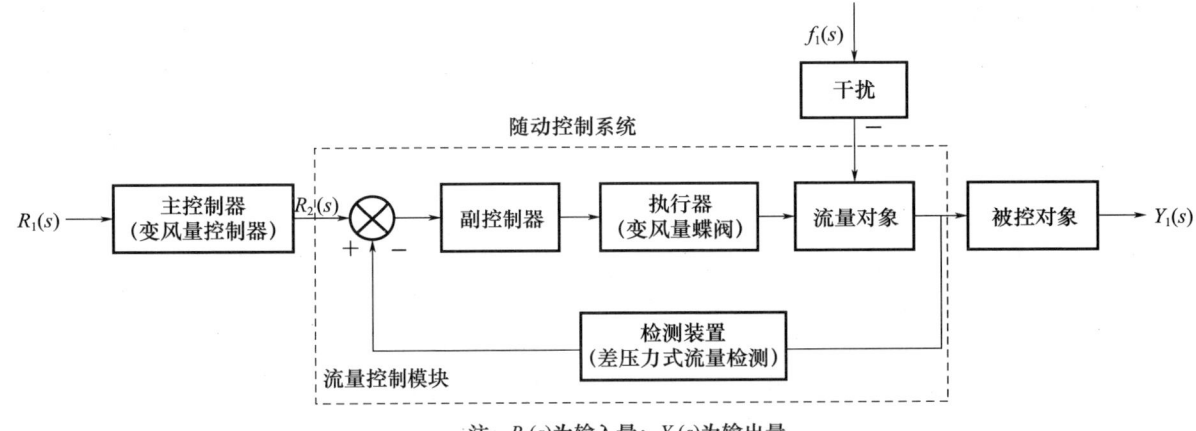

注：$R_1(s)$ 为输入量；$Y_1(s)$ 为输出量。

图 2-7-18　流量反馈型变风量阀门控制原理图

流量检测装置是利用了文丘里效应及毕托管测速原理，文丘里效应是指受限流体在通过缩小的过流断面时，流体出现流速增大同时伴随流体压力降低的现象。毕托管测速原理是利用全压等于静压和动压之和的公式。流量检测装置原理图见图 2-7-19。

最常见的风量传感器是正交毕托管，通过多点测量取平均值的方式，克服气流扰动，降低直管段安装要求。由毕托管测得全压和静压，计算动压值，进而得到实际流速，结合阀体面积即可获知准确的风量。

3. 标准规范依据

关于风量调节阀的行业标准、图集：JG/T 436—2014《建筑通风风量调节阀》、JG/T 295—2010

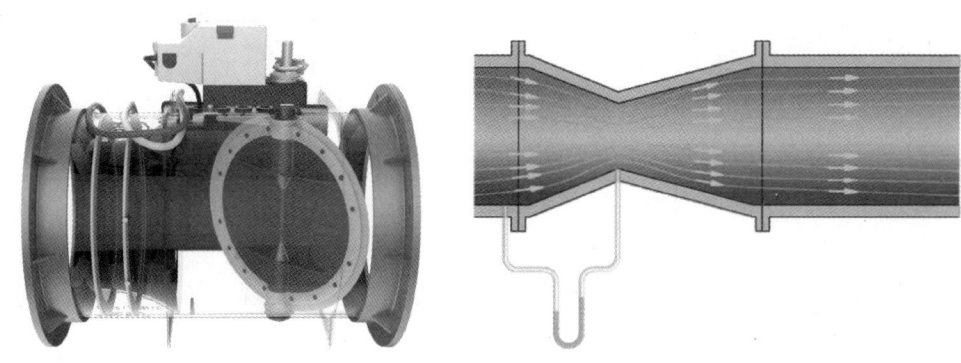

图 2-7-19 流量检测装置的原理图

《空调变风量末端装置》、JB/T 7228—1994《风量调节阀》、07K120《风阀选用与安装》、JG/T 222—2007《实验室变风量排风柜》。

4. 主要性能指标及评价

4.1 主要性能指标

4.1.1 定风量阀门性能

（1）定风量调节器须为自力式压力无关型风量调节阀。无须外部供电即可工作，通过内部的机械结构，使得风量在风管压力变化的情况下还能恒定在设定值上。

（2）定风量调节器外部须配有刻度盘，刻度盘上标明详细的风量范围值，可以通过调节指针来设定不同的风量，调节须简单可靠。

（3）定风量调节器工作压差需满足 50~1000Pa 范围内使用。

（4）定风量调节器刻度盘上的风量指示范围不得小于 4∶1。在满足现场风量要求变化情况下还可以通过调节刻度继续使用。

（5）定风量调节器须无特别的安装位置限制，无论竖直安装还是水平安装均可使用。

（6）定风量调节器风量控制精度必须要高，外部流量刻度盘的刻度误差不能大于5%，整个控制风量的误差在8%以内。

（7）定风量调节器的轴承须带 PTFE 衬垫，可以长期使用免维护。

（8）定风量调节器阀体和阀板为镀锌钢板，弹簧片为不锈钢。气囊为聚氨酯，能使用于常规的空调或通风系统，使用寿命不得小于 10 年。

（9）每个定风量调节器在出厂前都必须经过风量标定，以保证正常使用和风量控制的精确。

4.1.2 变风量阀门性能

（1）箱体整体连接可靠，具有良好的气密性，阀片关闭时泄漏量满足相关规范要求。

（2）风阀轴承具有较高的密闭性、耐磨性。防止低温风引起的冷桥效应，从而避免控制箱内产生结露现象。

（3）阀轴须有明显的标记，以指示阀片的转动位置，采用粘贴胶纸指示阀体位置的方法将不被接受。可通过阀门本体阀轴缺口判定阀板位置状态，便于后期运行维护巡检。

（4）风量测量单元材质为合金铝型材。多点平均分布，中央平均流速型，在管材、孔径及分布等方面，即使在不利的风道安装条件下也能精确调整风量；测压孔应不易堵塞，提高诱导式变风量控制器的运行稳定性。

（5）阀门调节比范围：方形阀门不小于5∶1，圆形阀门不小于10∶1。

（6）变风量末端在管道压差30～1000Pa的范围内能正常工作。

（7）阀体安装方向不限，可依据现场安装实际情况随意进行水平或竖直安装。

（8）风阀控制器能够接收到房间压差传感器的信号，与设定压差值对比，PID运算后，调整排风量稳定房间压差。

（9）系统停机过程中可实现固定阀位维持在停机前状态，以便实现系统再次开机时系统内房间压差的快速回归。

4.2 主要评价指标

4.2.1 尺寸偏差

矩形风阀各面的两对角线长度之差应符合表2-7-7的规定。风阀两端法兰平面的平面度公差应符合表2-7-8的规定。

表2-7-7　各面的两对角线长度之差限值　　　　　　　　　　　　　　　（mm）

对角线长度	$L \leqslant 1000$	$1000 < L \leqslant 1500$	$1500 < L \leqslant 2000$	$2000 < L \leqslant 3000$	$L > 3000$
两对角线之差	1.5	2.0	2.5	4.0	5.0

表2-7-8　风阀两端法兰平面的平面度公差限值　　　　　　　　　　　　（mm）

对角线长度	$L \leqslant 1000$	$1000 < L \leqslant 1500$	$1500 < L \leqslant 2000$	$2000 < L \leqslant 3000$	$L > 3000$
公差值	2.0	2.5	3.0	4.5	5.5

注：零级泄漏风阀的宽和高的公差应符合GB/T 1804规定的f级，非零级泄漏风阀的宽和高的公差应符合GB/T 1804规定的m级。

4.2.2 启动与转动

手动调节的风阀应采用手动方式连续开启与关闭，启闭灵活、运转平稳。

电动执行机构在通电后、耐温性试验后的操作运行应正常。电动调节的风阀，在通电运转情况下，执行机构不应有松动、杂音和发热等异常现象。

4.2.3 风阀漏风量

阀片的漏风量应符合表2-7-9规定，阀体的漏风量应符合表2-7-10规定。

表2-7-9　阀片泄漏等级与允许漏风量

阀片泄漏等级	允许漏风量 $Q/[\text{m}^3/(\text{h} \cdot \text{m}^2)]$
零级泄漏（阀片耐压2500Pa时）	0
高密闭型风阀	$\leqslant 0.15 \triangle p^{0.58}$
中密闭型风阀	$\leqslant 0.60 \triangle p^{0.58}$
密闭型风阀	$\leqslant 2.70 \triangle p^{0.58}$
普通型风阀	$\leqslant 17.00 \triangle p^{0.58}$

注：1. 本标准为空气标准状态下，阀片允许漏风量；

2. $\triangle p$ 为阀片前后承受的压力差，单位为Pa；

3. 住宅厨房卫生间止回阀阀片漏风量参考中密闭型风阀执行；

4. 阀片漏风量计算时，漏风面积按照风阀内框尺寸计算。

表 2-7-10　阀体泄漏等级与允许漏风量

阀体泄漏等级	允许漏风量 $Q/[m^3/(h \cdot m^2)]$
A 级阀体泄漏风量	$\leqslant 0.003\triangle p^{0.65}$
B 级阀体泄漏风量	$\leqslant 0.01\triangle p^{0.65}$
C 级阀体泄漏风量	$\leqslant 0.03\triangle p^{0.65}$

注：1. 本标准为空气标准状态下，阀体允许漏风量值；
   2. p 为标准状况下，阀体内承受的压力，单位为 Pa；
   3. 阀体漏风量计算时，漏风面积按照风阀内框尺寸计算。

4.2.4　阀片相对变形量

当阀片全关、风阀前后静压差为 2000Pa 时，阀片相对变形量不应大于 0.0022。

4.2.5　最大工作压差

风阀的最大工作压差不应小于产品名义值的 1.1 倍。

4.2.6　最大驱动扭矩

单体阀最大驱动扭矩应符合表 2-7-11 的规定（组合阀最大驱动扭矩不应大于名义值）。

表 2-7-11　风阀最大驱动扭矩　　　　　　　　　　　　　　（mm）

风阀高度 H	风阀宽度 W					
	$W\leqslant 500$	$500<W\leqslant 750$	$750<W\leqslant 1000$	$1000<W\leqslant 1250$	$1250<W\leqslant 1500$	$1500<W\leqslant 1800$
$H\leqslant 500$	5.0	6.0	7.5	10.0	13.0	15.0
$500<H\leqslant 750$	5.5	7.5	10.0	13.5	17.0	20.0
$750<H\leqslant 1000$	7.0	9.0	13.0	17.0	21.0	25.0
$1000<H\leqslant 1250$	8.0	12.0	16.0	21.0	25.5	30.0
$1250<H\leqslant 1500$	10.0	15.0	19.0	24.0	31.0	35.0
$1500<H\leqslant 1800$	13.0	18.0	22.0	27.0	33.0	40.0

4.2.7　有效通风面积比

风阀全开时，有效通风面积比不应小于 80%。

4.2.8　风量与阀前静压无关性

定变风量阀门在指定阀前静压范围内，输出风量与设定风量的平均偏差不应大于 8%。

4.2.9　风阀耐温性

在高温环境 1h 后，风阀应能启闭自如，阀体结构无变形、松动。阀片漏风量应不大于阀片漏风量常温检测数值的 1.2 倍。

4.2.10　风量调节特性

以风阀的开度为横坐标、风量比为纵坐标绘制风量调节特性曲线。

4.2.11　阻力特性

改变风阀的开度测得风阀前后的静压差及其对应的风量，并以风阀开度为横坐标、风阀阻力系数为纵坐标绘制阻力特性曲线。

4.2.12　经济性

经济性包括两部分，系统的投资成本和系统的运行费用。投资成本与运行费用有一个合理的组合和选择。使用合理的 VAV 系统能有效地为实验室减少运行耗能，以及给日后实验室改造提供便捷。

4.2.13 安装使用与维护便利

在设计中充分考虑建筑结构空间的限制，系统送排风道、送排风机、空调机组和控制设备的安装、使用与维护上的方便，考虑实验室将来改造应用的可能性。

4.3 技术难点

4.3.1 漏风量达标

定变风量阀门均是依靠内部阀片的转动来改变风量大小，而阀片需要在阀体内部稳定、灵活地转动，因此当阀片完全关闭时，阀片密封性并不容易保证，对密封构件及制作工艺都有一定要求。阀片通过轴杆与外部执行机构相连，阀体也并不是整体密封的构件，与外界相通的部位也需要密封，才可以保证阀体的漏风量达标。定变风量阀门一般的工作压力为 50~1000Pa，需要在各个压力值下满足漏风量要求，需要具备较好的制作工艺及质量控制。

4.3.2 风量与阀前静压无关性达标

定变风量阀门的风量与阀前静压无关性是判断阀门控制精度及阀门标定时的一个重要性能指标。根据 JG/T 436—2014《建筑通风风量调节阀》中的要求，阀门在指定阀前静压范围内，输出风量与设定风量的平均偏差不应大于 8%，但在实际测量中，当阀前静压过低或过高时，输出风量与设定风量的平均偏差并不容易满足不大于 8% 的要求。

4.4 安装技术要求

定变风量阀门需要选择合适的安装位置，一般气流进口前应有 $1.5B$（B 为风量调节器宽度）的直管段长度，出口应有 $0.5B$ 的直管段长度。具体应根据阀门厂家的要求进行修正，一些具备更优风量检测装置的流量反馈型变风量阀门也可不受安装位置的限制，且保证控制精度。

5. 质量控制

实验室专用的定变风量阀门对其产品质量及产品性能的要求较高，且阀门的生产一般批量较大，因此，质量控制至关重要。需要严格的标准作业程序及作业指导书，以及专业的生产人员和测试人员。

5.1 标准作业程序（SOP）

制定详细的标准作业程序，覆盖从原材料采购到最终产品交付的整个生产过程。SOP 应涵盖原材料检验、生产工艺流程、产品组装、测试与检验、包装和运输等方面。

5.2 作业指导书（WI）

编写作业指导书，详细描述每个生产步骤的操作方法和要求。WI 应包括工艺参数、设备操作步骤、检验标准、异常处理程序等内容。

5.3 原材料控制

严格控制原材料的质量，确保其符合规格要求。建立供应商评估机制，定期对供应商进行审核和评估。

5.4 生产工艺控制

设计合理的生产工艺流程,确保每个环节都能够达到质量标准。实施工艺参数监控,及时调整生产过程中的关键参数,以确保产品质量稳定。

5.5 产品检验与测试

实施全面的产品检验和测试,包括外观检查、功能性测试、密封性能测试、控制精度测试等。使用先进的测试设备和工艺技术,确保产品性能达到设计要求。

5.6 质量记录与追溯

记录生产过程中的关键参数和检验结果,建立完整的质量记录。实施产品追溯制度,确保能够追溯到每个产品的生产批次和生产过程。

5.7 员工培训与管理

对生产人员和测试人员进行专业培训,确保其具备必要的技能和知识。

5.8 持续改进

定期进行质量管理评审,分析质量问题和改进机会。实施持续改进措施,不断提升产品质量和生产效率。

6. 选型指南

实验室专用定变风量阀门应满足各类受控环境严苛风量与气流控制要求。可应用于理化实验室、动物实验室、生物安全实验室、PCR实验室、医院、洁净间等具有精确风量控制要求的场所。

6.1 选型依据

风量控制阀选型前应当先做好每个房间的风量平衡,根据需要控制的风量大小和范围以及安装的管道型号进行规格型号的判断;根据应用的系统和管道内外环境进行材质及喷涂的判断;根据应用的场景判断是否有其他特殊要求,例如防爆或防辐射要求。

6.2 安装条件

在安装定变风量阀门时,需要具备合适的安装位置、连接管道、固定件等,保证阀门的密封性和控制精度,同时考虑检修空间。变风量阀门有供电需求,还需预留用电点位。

6.3 运行保障

定变风量阀门作为通风空调系统中控制风量的部件,需要定期维护,包括校准、紧固和替换易损件等,定期检查设备工作状态,确保其正常运行和性能稳定,延长阀门的使用寿命。

建立应急处理预案,包括故障排除程序和备件储备计划,以应对突发故障和问题。培训相关人员,提高应对紧急情况的能力和应变能力,确保及时有效地处理故障和异常情况。

记录风量阀门的运行数据和维护记录,建立完整的设备档案和维护历史。分析运行数据和维护记录，及时发现问题和改进机会，优化设备运行和维护管理。

7. 建设和使用过程中的风险控制

7.1 选择合理的系统设计

风量控制阀作为机电系统的调节装置之一，除了正确施工安装及良好的维护管理外，还需要特别注意采用合理的系统设计，例如，实验室房间的气密性过高时（如高等级生物安全实验室）优先选择蝶阀类型的风量控制阀，房间密封性过差时，建议优先进行封堵等措施；房间气流组织以及送风口形式都会影响和干扰通风柜等末端排风设备的使用效果及安全性，同一通风系统中不建议采用不同结构类型的风量控制阀等等。

7.2 加强维护

定变风量阀门在使用过程中会出现控制风量发生偏移、密封性下降的情况，需要定期校准维护。

变风量阀门大多采用毕托管测速原理进行风量测量，需要采集静压值和全压值，但是在实验室使用的过程中，测量孔有被灰尘、杂质及毛发等堵塞的可能性，造成阀门测量精度受损，影响系统的正常运行。因此需要定期维护，必要时需要清理阀门内部保证阀门的运行正常。

变风量阀门在系统中工作时，阀片开启和关闭的动作非常频繁，阀门本身及电动执行器都可能达到其使用寿命而发生故障，需要加强阀门自身强度，选择质量更好的执行器产品，并且定期检查维护，保证变风量阀门的运行正常，延长其使用寿命。

7.3 房间风量平衡与管理

目前客户及很多供应商只关注于排风柜等终端设备的控制要求，忽略了整个房间的协同性。设备排风使用的风量控制阀与房间送排风使用的风量控制阀不成系统，响应速度不匹配，各末端之间数据通信传输不完全，以上种种因素造成房间平衡时间过长甚至压力出现反转。

7.4 风机及变频控制

首先，作为动力部件，风机尤其是排风机的压头必须足够，再加上合理设计与施工的风管系统（漏风、阻力、水力平衡等各方面），末端的风量控制阀才有足够的空间进行调节控制。另外，风机进行变频控制，发挥节能功效的同时，避免末端为了消耗多余的压力过度节流，室内噪声超出标准。

8. 技术发展

实验室对通风系统要求的相关规范趋于完善，但风量控制阀在工艺制造和智慧智能方面仍有提升空间。

8.1 新材料应用

随着制造工艺提升和新材料的不断出现，风量控制阀可以采用对防腐、防火耐高温等方面更有广泛适用性的材料制成，并且对环境友好。

8.2 分布式智能

成熟可靠的分布式智能控制器集成专业控制程序，无须现场编程，可靠高效；不仅能单独满足实验室内安全舒适节能的要求，而且可实现与其他楼宇服务高效安全顺畅互动。

8.3 数据共享和智能实验室

风量控制阀提供从生产、实施到运行的全过程数据支持，构建数字孪生世界，实时获取准确数据，反过来进一步推动设备制造、设计与运行管理水平提升，实现产品全生命周期管理，助力智能实验室。

2.8 热回收系统

2.8.1 盘管热回收系统

1. 概述

伴随着集中空调系统的发展，与其相关的能量回收技术也实现了长足的发展，其中包括典型的转轮热回收技术、斜板热回收技术和热管热回收技术，见图 2-8-1。

转轮热回收技术最早的专利产生在 1935 年，最初的转轮只是将金属丝网做成圆形然后转动，被称为"网状轮"，紧接着金属丝网转轮进阶到后来的氧化铝转轮，再到全热转轮如硅胶转轮和分子筛转轮的出现，转轮热回收技术经历了多次重大变革。

同时出现的热回收技术还有斜板热回收技术，斜板热回收器通过斜板结构实现新风和排风之间的热量交换，达到节能的目的。

美国俄亥俄州通用发动机公司的 Gaugler 于 1944 年提出热管热回收技术，直到 1964 年，美国 Los Alamos 科学实验室重新独立发明了类似于 Gaugler 所提出的传热装置，并命名为"Heat Pipe"，热管技术开始得到快速发展。热管技术从最初的单一介质热管到后来的微型热管、高温热管等，热管技术不断发展和完善。

由于科学实验室使用要求的特殊性，通常需要较大的新风量或者采用全新风系统对房间空气进行置换或稀释，一些实验室的排风包含了实验过程所产生的有害气溶胶，可能具有酸碱性、有机性、高致敏性或生物安全风险，并不适合上述第一、第二种直接能量回收技术，同时由于科学实验室的建设，送排风设计以及预冷再热节能亦是非常重要的需求，热管技术的使用受到很大的挑战，因此间接换热的盘管热回收技术逐渐成为科学实验室建设中推荐使用的技术。

标准规范依据主要为 EN 13053、GB/T 21087—2020《热回收新风机组》。

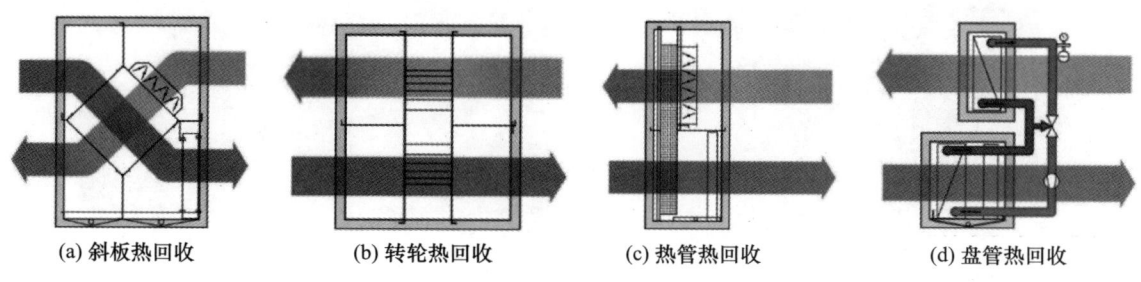

(a) 斜板热回收　　(b) 转轮热回收　　(c) 热管热回收　　(d) 盘管热回收

图 2-8-1　热回收技术

2. 分类、结构、工作原理

如上所述，通风空调系统热回收技术包含转轮热回收、斜板热回收、热管热回收及盘管热回收等方式，结合我国实验室通风系统使用特点，本文主要以盘管热回收技术为主进行介绍。

盘管热回收为间接换热（显热）技术，其工作原理主要依赖于通过液体循环，将热量传递给新风或排风，从而预热或预冷新风。以下是其工作原理的详细解释。

如图 2-8-2 所示，盘管热回收原理是用乙二醇、水、丙二醇（根据各个地区的工况及设计要求选择媒介）等作为载热媒介，通过循环泵让载热媒介在盘管间流动进行换热。

如图 2-8-2 所示，下层盘管为新风（送风）系统中的换热器，在冬季热回收工作中担任加热器的作用，同时上层盘管为排风系统中的换热器，在冬季热回收工作中担任表冷器的作用，管道中设计泵组和阀门以及相关的传感器，用以调节管道中的乙二醇溶液的流量并调节进入换热器的乙二醇溶液流量，以确保效率最优以及避免冬季可能的冻裂风险。

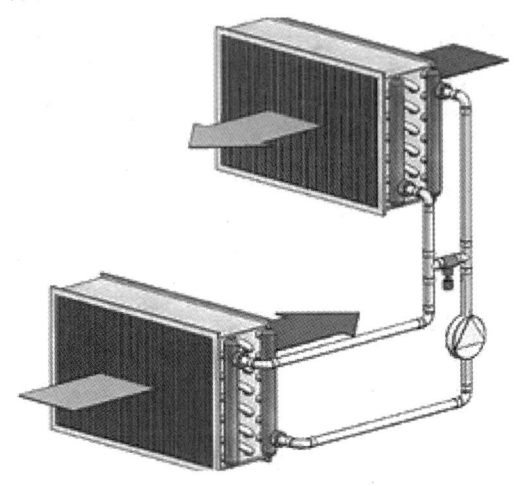

图 2-8-2　盘管热回收技术原理示意图

冬季系统开启后，由于室外新风与室内排风存在较大的温差，以上海地区为例，冬季新风设计工况为 −5℃，实验室排风一般设计为 24℃，新风通过下层盘管、排风通过上层盘管的过程中，使两组换热器之间的乙二醇溶液形成了动态的温度平衡并产生温差，较高温度的乙二醇溶液进入下层新风盘管，空气温度升高，乙二醇溶液温度降低，较低温度的乙二醇溶液进入上层排风盘管，空气温度降低，乙二醇溶液温度升高，从而实现了新风预热的功能。

2.1　基本组成

在系统的排风和新风管上分别设置水—空气换热器（即盘管），见图 2-8-3。

实现液体循环的动力系统，称为泵组，见图 2-8-4。

图 2-8-3　水—空气换热器（盘管）

图 2-8-4　泵组

实现能量回收调节和节能数据计算和收集的自控系统。

循环液体通常为水，为了降低水的冰点，一般在水中加入一定比例的乙烯乙二醇溶液（简称乙二醇）。

盘管热回收系统的应用场合一般为三种，分别为非露点送风的系统中表冷器前后的能量搬运，即预冷和再热，称为模式Ⅰ；利用排风和新风的温差进行的新风和排风系统的能量转移，称之为模式Ⅱ；利用表冷器前后温差以及送排风温差进行的综合型能量回收装置，称之为模式Ⅲ，见图 2-8-5～图 2-8-7。

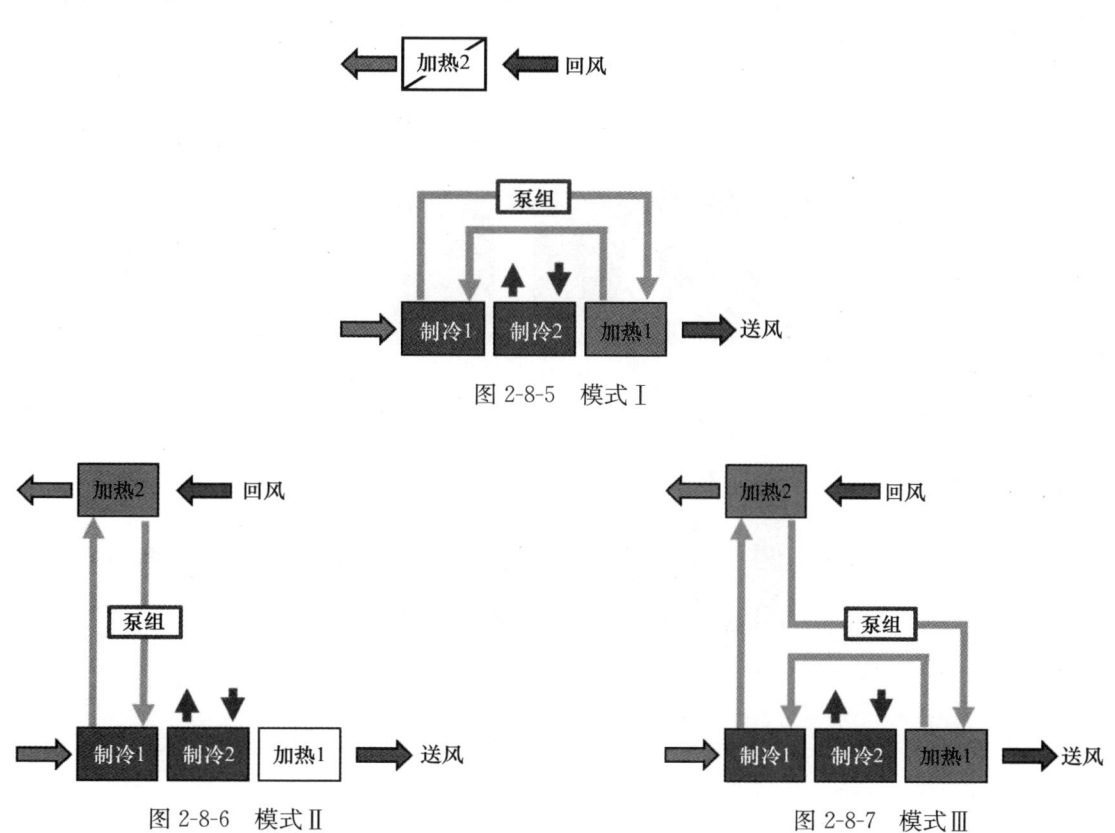

图 2-8-5　模式Ⅰ

图 2-8-6　模式Ⅱ　　　　　　　　图 2-8-7　模式Ⅲ

2.2　模式Ⅲ示例：夏季工作模式（见图 2-8-8）

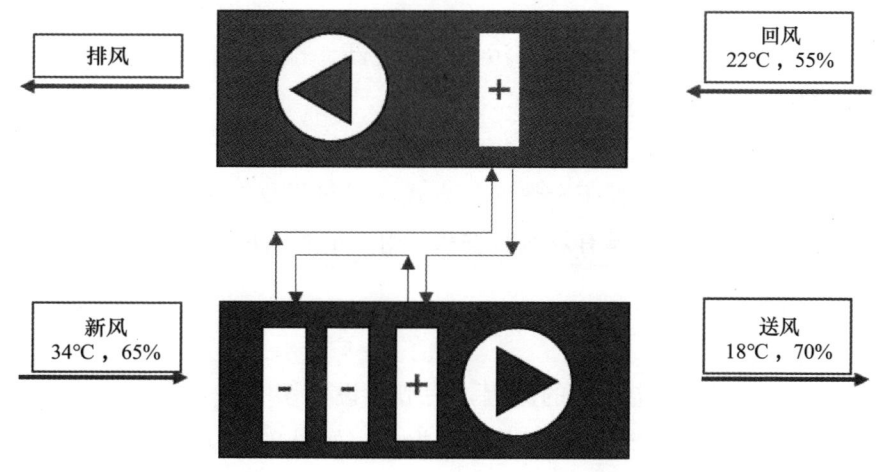

图 2-8-8　夏季两盘管热回收运行原理图

排风冷却过程：排风空气温度低于新风空气温度时，排风通过热盘管时将盘管内流体冷却，排风冷量被盘管回收。

新风预冷过程：低温流体流进冷盘管对新风进行冷却，使得新风在进入室内之前就已经被预冷，从而降低空调系统的负荷。

该模式下，新风预冷的能量来自于排风和新风温差和表冷器前后温差，因此在利用了新风热量对表冷后露点温度的空气进行再热的同时，利用排风中的冷量以及再热露点空气过程中获得的热量，进行新风的预冷工作，达到最大效率的能量回收和节能效果。

2.3 模式Ⅲ示例：冬季工作模式（见图2-8-9）

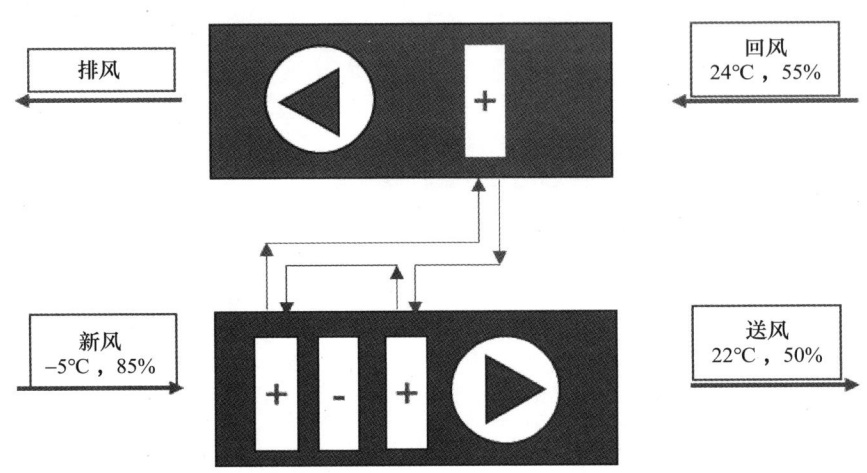

图 2-8-9　冬季两盘管热回收运行原理图

排风加热过程：排风空气温度高于新风空气时，排风通过冷盘管将盘管内流体加热，排风的热量被回收。

新风预热过程：高温流体流经热盘管对新风进行加热，使得新风在进入室内之前就已经被预热，从而提高室内舒适度并降低能耗。

2.4 特点

实验室通风系统的新、排风不会产生交叉污染，因为新、排风不直接接触，系统供热侧与得热侧之间是通过管道连接的。

管道可以延长，布置灵活方便，但须配备循环水泵，存在动力消耗。

由于是间接换热方式，换热效率低于全热回收方式，但热回收效率通常也可达55%～80%，这一效率范围表明该技术在实际应用中能够有效地回收和利用一定的能量。

2.5 多系统联合设计

科学实验室设计和建造因为功能设计的原因，一般会设计多个空调系统，当多个系统规模相当，匹配合适时，多系统联合设计能够产生最优的投资回报比，如图2-8-10。

盘管热回收系统投资重点，包括了空调机组内的换热器，包含自控的泵组系统以及管道系统，由于科学实验室设计过程中，各个区域的功能和等级不尽相同，因此设计风量也存在较大的差异，不同风量系统的热回收装置中的换热器，随着风量的变化成比例变化，但是泵组系统的投入，例如不锈钢

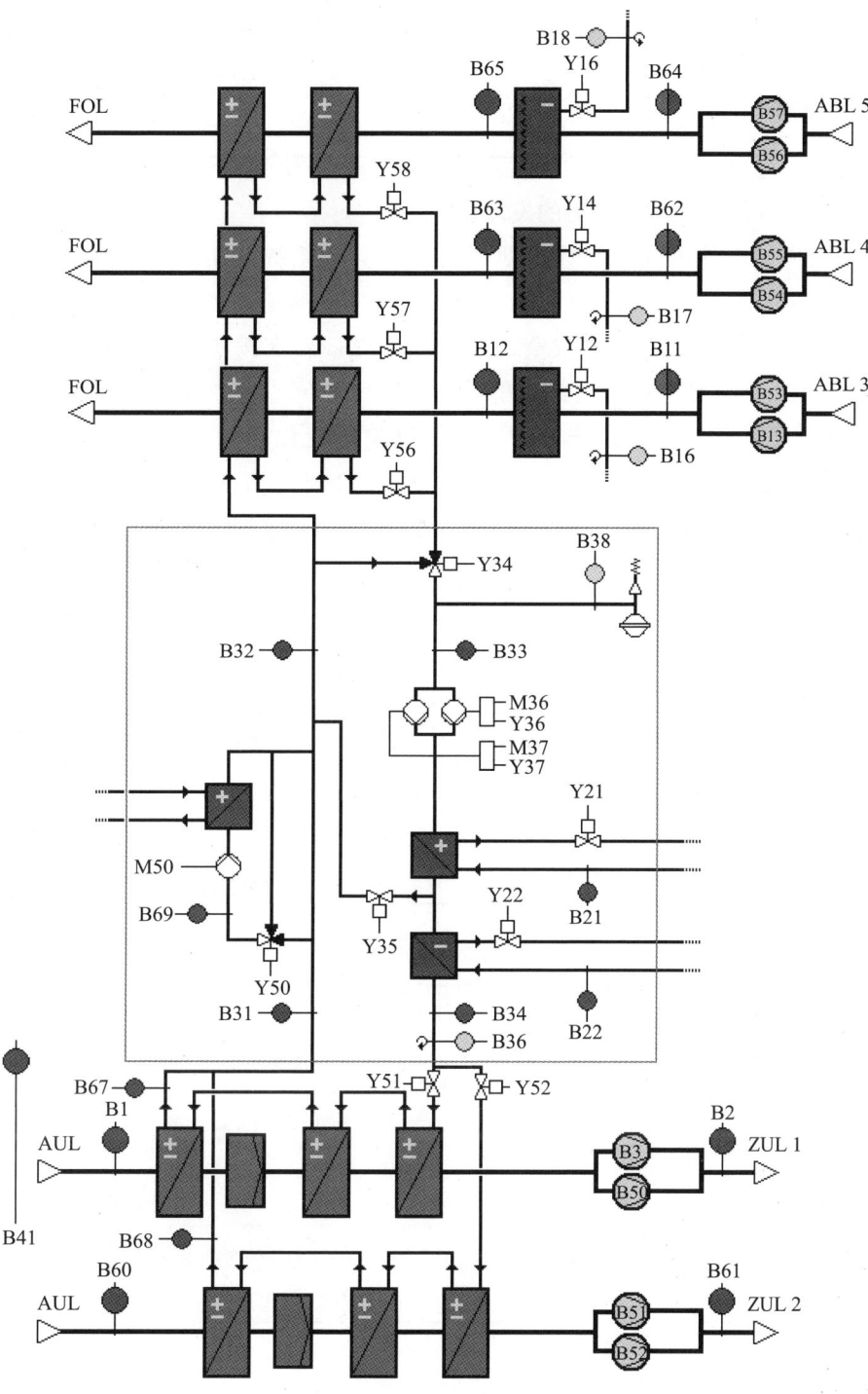

图 2-8-10 多系统联合原理图

水泵/膨胀水箱/控制模块及传感器等,价格几乎没有变化,因此风量越小的系统热回收装置的自控系统的单风量成本极其昂贵,会形成极长的投资回报期,因此在实践过程中,会将多个系统的送排风/预冷再热系统进行并联,使用一套泵组和自控系统在主管路上进行总流量控制,并在每个分支空调系统的热回收盘管中使用平衡阀或者自动调节阀的方式进行流量分配调节,以实现水量平衡和系统效率优化。

2.6 节能量的计算与节能效果的评估

2.6.1 潜力与节能效果

节能潜力的发现：通过对空调系统的能耗要求进行计算，预测科学实验室设计能耗数据，同时收集使用过程中的能耗信息，进行节能潜力的发现。

实验室的使用条件，室外的气象参数预期是实验室空调系统使用过程中的已知条件，因此可以使用模拟计算的方式预测目标实验室在使用过程中实际可能的逐时能耗以及年能耗综合。以浙江某洁净室为例（该实验室在做节能计算和投资回报期比较时，要求按照8760h进行计算，并要求按照 IPLV 的综合计算方法，按照25%运行时间、50%运行时间、75%运行时间、100%运行时间进行综合比较投资回报期，此计算未考虑公用冷水管道投资变化以及公用冷水动力系统的变化），见表2-8-1、表2-8-2。

表2-8-1 浙江某洁净室全年空调系统能耗预测

总送风量/(m³/h)	255000
总排风量/(m³/h)	240000
冬季需要的热量（热能）/(kW·h)	10287624
夏季需要的冷量（热能）/(kW·h)	18441544
夏季需要的再热量（热能）/(kW·h)	6055613
空调系统风机能耗（电能）/(kW·h)	2329559
设计运行时间/h	8760

表2-8-2 浙江某洁净室全年空调系统能耗成本预测

总送风量/(m³/h)	255000
总排风量/(m³/h)	240000
冬季加热需要的运行成本/元	5187037
夏季制冷需要的运行成本/元	5269012
夏季再热需要的运行成本/元	3053250
空调系统风机运行成本/元	1630691
合计运行成本/元	15139990

2.6.2 设计合理的盘管热回收系统

由于实验需求、气候条件的不一，需要根据不同系统进行定制化设计，采用合理的节能方案来实现相应的节能效果。该项目设计四台新风机组合计155000m³/h，排风为一套排风机组，设计风量为240000m³/h，考虑到全新风工况设计，能耗水平过高，因此在设计初期，要求对空调系统节能的技术进行可行性研究，在研究过程中，通过2022年浙江海宁地区逐时气象参数的收集，对需求的精确判断，作出了如下建议：使用四台新风机组并联的方式与一台送风机组进行能量回收设计，系统设计图如图2-8-11所示。

同时根据此设计图的要求，对该系统的年度节能量进行了预测，如表2-8-3所示。

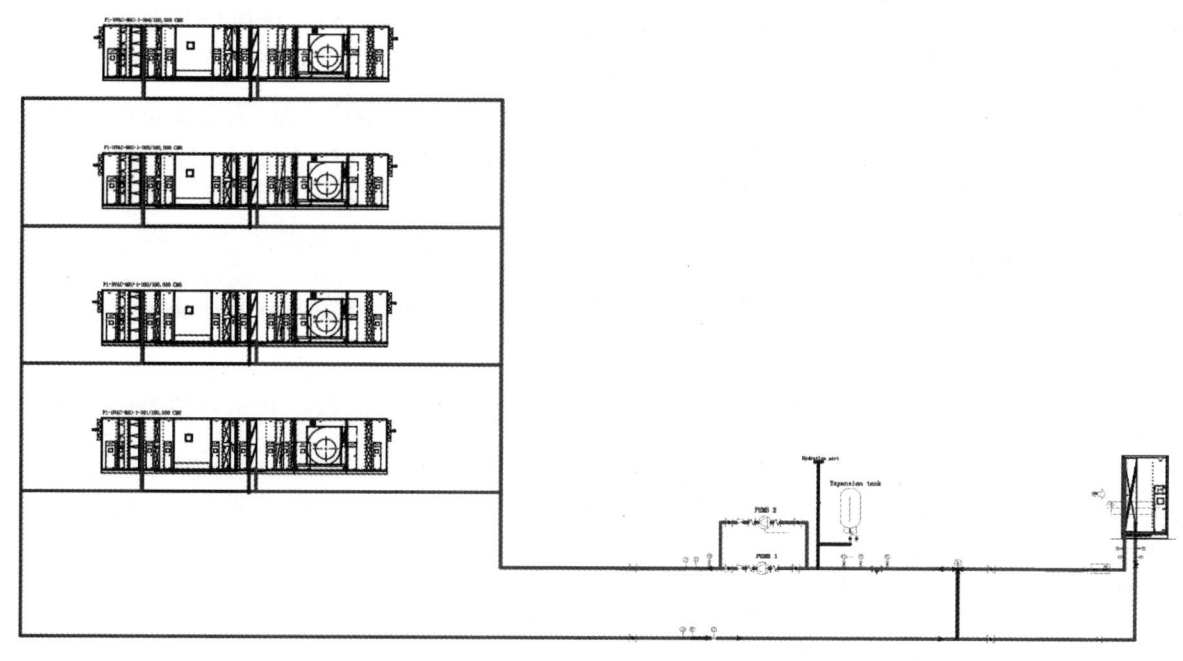

图 2-8-11 浙江某洁净室热回收系统 PID 设计图

表 2-8-3 浙江某洁净室乙二醇热回收系统节能评估与预测

	无热回收	有热回收
总送风量/(m³/h)	255000	255000
总排风量/(m³/h)	240000	240000
冬季需要的热量（热能）/(kW·h)	10287624	7803609
夏季需要的冷量（热能）/(kW·h)	18441544	13688348
夏季需要的再热量（热能）/(kW·h)	6055613	1937796
空调系统风机能耗（电能）/(kW·h)	2329559	2750199
设计运行时间/h	8760	

通过表 2-8-3 可以发现，送排风预冷再热一体的乙二醇热回收设计，可以有效地降低夏季制冷、夏季再热和冬季加热的能量需求。

同时为了方便决策是否采用或者采用何种节能的方式，对该系统有无设计热回收的运行成本进行了对比，见表 2-8-4。

表 2-8-4 浙江某洁净室乙二醇热回收系统运行成本对比

	无热回收	有热回收
总送风量/(m³/h)	255000	255000
总排风量/(m³/h)	240000	240000
冬季加热需要的运行成本/元	5187037	3934593
夏季制冷需要的运行成本/元	5269012	3910957
夏季再热需要的运行成本/元	3053250	977040
空调系统风机运行成本/元	1630691	1925140
合计运行成本/元	15139990	10747729

通过上述表格的计算，在理论计算的条件下，乙二醇热回收系统能够为该项目节省空调系统运行成本的30%。

因为无法预测对实验室使用的频次和时间规划，而该效率又源自节能总量/需求总量，因此使用频次高低、时间长短，对该效率无实质性影响，同时按照最不利工况所设计的效率，除了技术对比外不具有实际意义，因为最不利工况出现的时间占系统全年运行的时间非常短暂。

2.6.3 节能效果统计

能耗数据对比：通过对比采用自控系统前后的能耗数据，可以直观地看到节能效果。例如，可以统计出节能率、节电量等具体指标。

经济效益分析：除了直接的节能效果外，自控系统还能提高设备的运行效率和使用寿命，降低维护成本，因此，还需要进行经济效益分析，评估自控系统的投资回报。

该项目最终采用了此方案进行施工，在取得运行一年的数据的基础上，对该系统的能量回收最终的效果进行了统计和确认，见表2-8-5。

表2-8-5 浙江某洁净室项目实际运行效果统计

	无热回收	有热回收
总送风量/(m^3/h)	224400	224400
总排风量/(m^3/h)	215000	215000
冬季加热需要的运行成本/元	3790129	2762291
夏季制冷需要的运行成本/元	4486443	2972327
夏季再热需要的运行成本/元	2214070	724014
空调系统风机运行成本/元	754005	890154
合计运行成本/元	11244647	7348786

注：该项目实际调试过程中，使用的风量为表中所示，因此能量需求和节能计算均使用该数据，该项目实际运行时间约为6800h，实际节能比例为34%。

3. 主要性能指标及评价

3.1 热回收效率

定义：热回收效率是盘管热回收系统回收的热量与新风所需热量之比，反映了系统回收热量的能力。热回收效率的计算一般考虑为：

$$夏季效率＝(新风温度－预冷后温度)/(新风温度－排风温度) \qquad (2\text{-}8\text{-}1)$$

$$冬季效率＝(预热后温度－新风温度)/(排风温度－新风温度) \qquad (2\text{-}8\text{-}2)$$

复杂的送排风与预冷再热结合的节能效率，不以此标准进行评价，一般可以考虑为：

$$效率＝(无热回收年度能耗－有热回收年度能耗)/无热回收年度能耗 \qquad (2\text{-}8\text{-}3)$$

3.2 压降

（1）定义：压降是指流体通过换热器时的压力损失大小。

（2）重要性：压降的大小直接影响到系统的能耗和运行效率。在设计时，需要在保证换热效率的同时尽量降低压降。

3.3 材料选择

（1）重要性：材料的抗腐蚀性能、强度和硬度等特性直接影响螺旋盘管换热器的长期稳定运行。
（2）常用材料：碳钢、不锈钢、钛合金等，选择材料时需根据使用条件、流体性质等因素来决定。

3.4 节能效果

盘管热回收技术通过回收和再利用热量，显著降低了空调系统的能耗，实现了节能效果。
节能效果的大小取决于热回收效率的高低，因此提高热回收效率是评价盘管热回收技术的重要指标。

3.5 运行稳定性

材料的抗腐蚀性能、强度和硬度等特性决定了系统的长期稳定运行能力。选择合适的材料、合理设计系统结构和维护保养系统是保证系统稳定运行的关键。

3.6 环境友好性

盘管热回收技术通过回收和再利用热量，减少了能源消耗和温室气体排放，具有显著的环境友好性。在实际应用中，应充分考虑系统的环境影响，选择低能耗、低排放的技术和产品。

3.7 经济效益

盘管热回收技术的投资回收期较短，通常能够在较短时间内实现经济效益。
通过降低能源消耗和减少维护成本，系统能够为用户带来长期的经济收益。

4. 质量控制

4.1 材料选择与控制

（1）材料选择：应选择耐腐蚀、强度高、导热性能好的材料，如不锈钢、钛合金等，以确保盘管热回收器在长期使用中能够保持稳定的性能。
（2）材料质量控制：对进场的材料进行严格的质量检查，包括材料的化学成分、机械性能、尺寸精度等，确保材料符合设计要求。

4.2 设计与制造过程控制

（1）设计合理性：根据实际使用环境和需求，合理设计盘管热回收器的结构、尺寸和连接方式，确保其能够有效地回收热量并降低能耗。
（2）制造工艺控制：制造过程中应严格遵守工艺流程和操作规范，确保每一步工艺都符合设计要求，并对关键工序进行重点控制。
（3）质量检测：在制造过程中进行多次质量检测，包括尺寸精度、密封性能、换热效率等，确保产品符合质量标准。

4.3 安装与调试控制

（1）安装规范：安装过程中应遵守相关规范和标准，确保盘管热回收器的安装位置、连接方式、管道布局等符合设计要求。

（2）调试准确性：在安装完成后进行系统的调试和测试，确保系统能够正常运行并达到预期的节能效果。调试过程中应注意监测系统的各项参数，如温度、压力、流量等，并进行必要的调整和优化。

4.4 运行与维护控制

（1）运行监控：在系统运行过程中进行实时监控，及时发现并处理异常情况，确保系统的稳定运行。

（2）维护保养：定期对盘管热回收器进行维护保养，包括清洗、检查、更换易损件等，以延长其使用寿命并保持其良好的性能。

（3）性能评估：定期对系统的性能进行评估和测试，包括热回收效率、压降等关键指标，并根据评估结果进行必要的调整和优化。

5. 选型指南

5.1 明确使用场景和需求

（1）系统类型：确定空调系统类型（如全空气直流系统等），以及是否需要同时处理冷、热两种流体。

（2）环境参数：了解室内外温度、湿度等环境参数，以及系统对室内环境舒适度的要求。

（3）热负荷：根据建筑物的热负荷需求，计算所需热回收量。

（4）温差：是否存在较大温差，例如东北地区，冬季热回收意义远远大于夏季，因此不建议使用复杂系统热回收设计方案。

（5）送排风交叉污染：如果客户不考虑送排风交叉污染的风险，可以使用例如转轮式的热回收技术。

5.2 热回收效率考虑

（1）热回收效率：选择热回收效率高的盘管热回收器，通常效率在 $55\%\sim70\%$，但某些技术可以实现更高的效率。

（2）效率与压降的平衡：在选择时，要综合考虑热回收效率和系统压降，确保系统既高效又节能。

5.3 材料选择与质量控制

（1）材料选择：选择耐腐蚀、强度高、导热性能好的材料，如不锈钢、钛合金等。

（2）质量控制：确保材料质量符合标准，制造过程符合工艺流程和操作规范。

5.4 设计与制造要求

（1）设计合理性：根据使用环境和需求，合理设计盘管热回收器的结构、尺寸和连接方式。

（2）制造工艺：选择具有成熟制造工艺和丰富经验的制造商，确保产品质量。

5.5 安装与调试要求

（1）安装规范：遵守相关安装规范和标准，确保盘管热回收器的安装位置、连接方式、管道布局等符合设计要求。

(2) 调试准确性：在系统安装完成后进行调试和测试，确保系统能够正常运行并达到预期的热回收效果。

5.6 运行与维护要求

(1) 运行监控：在系统运行过程中进行实时监控，及时发现并处理异常情况。

(2) 维护保养：定期对盘管热回收器进行维护保养，包括清洗、检查、更换易损件等，确保系统长期稳定运行。

5.7 经济性评估

(1) 投资成本：考虑盘管热回收器的购置成本、安装成本等。

(2) 运行成本：评估系统运行过程中的能耗、维护成本等。

(3) 投资回收期：根据运行成本和节能效果，计算投资回收期，确保选型决策的经济性。

6. 建设和使用过程中的风险控制

(1) 乙二醇防冻剂的泄漏风险（低风险），应根据系统设计要求，设置液体传感器，在重要位置设计水盘。

(2) 乙二醇溶液具有热胀冷缩的性能，应在管路系统中设计膨胀水罐，以压力平衡的方式控制系统运行的安全。

(3) 乙二醇溶液具有腐蚀性，因此要求所有的管道不允许使用镀锌钢管。

7. 技术发展

7.1 提高热回收效率

(1) 材料创新：通过研发新型高效导热材料，如纳米复合材料、陶瓷基复合材料等，提高盘管的导热性能和耐腐蚀性能，从而增强热回收效率。

(2) 结构优化：利用流体动力学原理和仿真分析技术，对盘管结构进行优化设计，降低流体在管内的压降和流动阻力，提高换热效率。

7.2 增强系统适应性

(1) 宽温域适应性：研发适用于不同温度范围的盘管热回收技术，以满足不同应用场景的需求。

(2) 多工况适应性：通过智能控制系统，实现盘管热回收系统在不同工况下的自动调节和优化运行，提高系统的适应性和稳定性。

7.3 智能化与集成化

(1) 智能控制：利用物联网、大数据、云计算等现代信息技术，实现盘管热回收系统的智能化控制和管理，提高系统的运行效率和节能效果。

(2) 系统集成：将盘管热回收技术与其他节能技术（如热管技术、热泵技术等）进行集成，形成综合节能系统，实现能源的高效利用和循环利用。

7.4 环保与可持续发展

（1）低排放：研发低排放、无污染的盘管热回收技术，减少对环境的影响。

（2）资源循环利用：将回收的热量用于加热、制冷等用途，实现资源的循环利用，降低能源消耗。

7.5 技术创新与研发

与热管热回收技术的联合使用等。

2.8.2 模块化三维变空间能量回收系统

三维高效管能量回收系统原理见图 2-8-12，其核心部件为模块化的能量回收芯体，通过模块组合可适应单系统风量为 1000~40000m³/h 的实验室、厂房、别墅、公共空间等场景。能量回收器与不同部件组合可形成差异化的能量回收系统，可仅由芯体与变径弯头结合直接接入暖通系统，组成单一能量回收器[图 2-8-13（a）]，有效降低空调能耗；与风机、空调箱体组装成为新风空调一体节能设备[图 2-8-13（b）]，多功能一体化，安装设计简单化；与喷淋系统结合成为全焓能量回收系统[图 2-8-13（c）]，夏季高温地区的全焓回收，温度效率超过 101%，大幅度降低空调机组能耗，促进实现循环经济双碳目标。

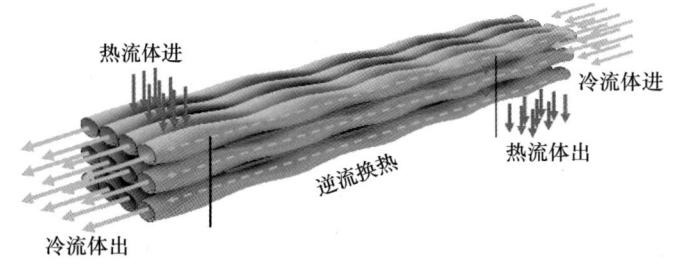

图 2-8-12　三维高效管能量回收系统原理

(a) 能量回收器

(b) 新风空调一体设备

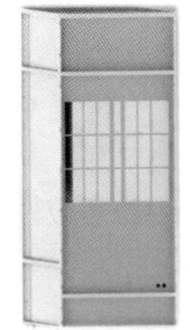
(c) 全焓能量回收设备

图 2-8-13　三维高效管能量回收芯体系列功能产品

其高效能量回收器由三维高效管按照一定的规律组装成管排，再由管排按照同样的规律组装成为管束。在整个制造组装过程中，三维高效管的长轴凸点互相紧挨，由塑料件进行密封，具有非常高的抗振动性能，相较于传统换热器，无需安装折流板来固定换热管。三维高效管的特殊外形结构和三维高效管高效能量回收器特殊的制造组装过程，使得管内外形成了特殊的通道，对管内外的流体造成了强烈的扰动，使三维高效管高效能量回收器的换热和阻力特性较普通圆管发生了很大变化。

相比于传统的管壳式换热器，三维高效管高效能量回收器特点如下：

在普通圆管的基础上再加上特殊的工艺，经过冷轧或者压扁后扭曲制成，工序简单、技术成熟，而且这种工艺又不会破坏换热管中各种金属材料的性能，所以广泛适用于对不锈钢、碳钢、铜、钛等多种金属材料管的加工。

管内特殊的螺旋通道，使得流体在通过时，不但有纵向的流动，而且还有环向的旋转。纵向的流动体现为流体从三维高效管一端流向另一端，与圆管基本相同；而与圆管的差异就体现在，流体在纵向向前推进的过程中，会因这种环向的旋转而产生一个离心力。这种环向的旋转不但增加了流体自身的径向充分混合，而且产生的离心力会对管壁形成冲刷。流体的充分混合提高了流动的湍流程度，而对管壁的冲刷则会造成对热边界层的扰动，使之减薄，从而增强换热效果。

管外的连续螺旋表面，也会对流体产生扰动。尤其是当流体经过多根三维高效管组成的管束间的通道时，这种连续螺旋的突出表面会对流体造成一定的导流作用，使得流体在纵向穿过管束通道时，形成贴着管壁的流动，这种贴壁的螺旋流动同样会对流体产生类似管内的扰动作用，而且也有助于冲刷管壁外侧的边界层，从而强化管外的传热效果。

三维高效管在组装成三维高效管能量回收器时，多根三维高效管按照同样的角度紧挨在一起，每一个长轴对应凸点接触。这种长轴紧挨形成的接触点可以对经过的流体产生扰动，增加管束间流体的充分混合，增大了管外流体的湍流程度，也从一定程度上增强了管外的传热效果。

2.8.3 其他形式热回收系统

1. 概述

近些年，热回收技术及系统不断创新，一些新技术先后涌现，如瑞士某企业于20世纪40年代末提出并于近年引入中国的热回收技术，该单位提出基于前端控制的热回收系统。其换热设备包括：预热（冷）盘管、再热盘管、排风热回收盘管、控制阀、循环泵。

PLC编程系统采用模拟（优化）算法，送风温湿度为设定点，室外温湿度、热回收媒介（乙二醇溶液或水）的温度和流量为变驱动量，进入和离开空调箱的空气温湿度、外部空气温湿度和排气温度为扰动变量，泵、控制阀、热回收盘管等设备的性能曲线为变动常量。仿真算法根据以上设定点、驱动变量、扰动变量及常量，不断计算理论表现（空气和热媒在各部位温湿度、控制阀开启度、能量回收效率等），实时与测量值比对，实时调整运行并诊断系统设备故障（如温湿度探头读数偏差、阀门执行器反馈信号失真等）。

系统包括以下功能：根据排风侧每台设备可以回收的能量分配热媒量，使每个盘管都达到最大换热温差；根据新风侧每台设备需求量分配热媒量；根据送风温度与露点温度控制免费再热量与补热量，允许每台新风机运行在不同工况；根据热媒温度与排风露点温度控制冬季旁通量，避免排风热回收盘管冻结；控制热量在预热与再热盘管的分配，避免新风盘管冻结；通过热媒流量平衡室外温度、排风温度和再热需求的关系，以减少补热量；只有当额外的循环泵动力需求小于临界能量回收时，循环泵流量才会增加；通过平衡排风侧热媒温度、室外参数与送风参数，减少红点的出现。

2. 标准规范依据

GB 50243—2016《通风与空调工程施工质量验收规范》；GB 18613—2020《电动机能效限定值及能效等级》；GB 19762—2007《清水离心泵能效限定值及节能评价值》；德国工程师协会标准 3808-5

(VDI 3803-5)；德国标准化协会标准 1946-7（DIN 1946-7）；组合式空调机组——机组、零部件和功能段的等级和性能（EN 13053 Ventilation for buildings）。

3. 主要性能参数

基于大数据的平台，可以提供以积分预算为基础的动态验证，方式如下：

静态回收率(某个时刻热回收效率)η_s＝(回收的热量＋冷量)/(需要的热量＋冷量)

(2-8-4)

动态回收率(静态回收率逐时积分)$\eta_d = \sum$(回收的热量＋冷量)$/\sum$(需要的热量＋冷量)

(2-8-5)

其中：

冬季热量需求＝空气密度×(室外空气焓值－送风设定点焓值)×风量 (2-8-6)

夏季热量需求＝空气密度×(冷盘管出口空气焓值－送风设定点焓值)×风量 (2-8-7)

夏季冷量需求＝空气密度×(室外空气焓值－冷盘管出口空气焓值)×风量 (2-8-8)

冬季热量回收＝空气密度×(室外空气焓值－再热盘管出风实测焓值)×风量 (2-8-9)

夏季热量回收＝空气密度×(冷盘管出口空气焓值－再热盘管出风实测焓值)×风量 (2-8-10)

夏季冷量回收＝空气密度×(室外空气焓值－预处理盘管出口空气焓值)×风量 (2-8-11)

4. 质量控制

铝或铝镁合金翅片，壁厚≥0.4mm，材质满足 EN AW—1050A，H19 标准；换热无缝铜管，材质满足 DIN 1754 CU-DHP 标准；汇流管采用重型方钢，材质满足 DIN 2395 标准；铜管与翅片之间用机械胀接形式，铜管与汇总管之间用焊接形式；设计流量下，盘管内热媒运行雷诺数≥8000；出场耐压测试：4.0MPa 水压耐受 120h，压降≤0.10bar。

5. 选型指南

以项目所在地气候数据为基础，采用动态—静态结合的设计理念。

设计初期，根据新风量和项目所在地 8760h 气候参数，逐时计算，包括以下内容：没有热回收的年度能量需求，包括供热、再热、制冷、循环泵及风机电耗；使用热回收的年度能量需求，包括供热、再热、制冷、循环泵及风机电耗；没有热回收的能量尖峰负荷，包括供热、再热和制冷；使用热回收的能量尖峰负荷，包括供热、再热和制冷。

6. 建设和使用过程中的风险控制

早期介入设计，可根据热回收带来的负荷降低，适当减少能源中心容量，以降低总体项目造价。建设过程中，加强现场技术支持，逐个定位探头仪表位置。使用过程中，合理设定送风温湿度的目标值。

2.9 净化空调机组

1. 概述

组合式空调机组是集中空调系统（特别是科学实验建筑设施等高环境要求的建筑楼宇的集中空调

系统）的关键设备之一，它由各种空气处理功能段组装而成，具有送风、冷却、加热、加湿、空气净化、消声等多种功能，并通过对空气进行温湿度与风量调节，从而改变空气的状态。组合式空调除了对空气参数具有良好的控制性能外，由于各功能段可根据用途实现自由组合，便于空调系统方案的改造，且维修便利，因而获得广泛应用。自20世纪90年代起，我国集中空调行业进入了蓬勃发展时期，年平均增长率达到20%以上，组合式空调机组被广泛应用于民用建筑以及电子、医药、汽车、烟草、化工、纺织等工业建筑。

2. 分类、结构、工作原理

组合式空调机组是以功能段为组合单元，能够完成空气输送、混合、加热、冷却、除湿、加湿、过滤、除菌、热回收及机组消声等一种或几种处理功能的空气处理机组。

机组分类按结构形式可分为卧式、立式、吊顶式和其他。按用途特征可分为通用型、新风型、净化型、专用型。专用型机组可包括屋顶机组、烟草用机组、地铁用机组、计算机房专用机组、核电站专用机组等。

机组的基本规格可用额定风量表示。

3. 标准规范依据

GB/T 14294—2024《组合式空调机组》；GB/T 14295—2019《空气过滤器》；GB/T 14296—2008《空气冷却器与空气加热器》；GB/T 13554—2020《高效空气过滤器》；GB 18613—2020《电动机能效限定值及能效等级》；GB 19761—2020《通风机能效限定值及能效等级》；GB/T 29736—2013《空调设备用加湿器》；GB/T 34012—2017《通风系统用空气净化装置》；GB/T 21087—2020《热回收新风机组》；EN 1886：2007 Ventilation for buildings—Air handling units—Mechanical performance；ANSI/AHRI Standard 1351（SI）Mechanical performance rating of central station Air-handling unit casings。

4. 主要性能指标及评价

组合式空调机组的技术指标主要分为两大类：一类是机组箱体的技术指标，主要包括箱体的机械性能、隔热性能、泄漏率等；另外一类是机组作为应用方面的技术指标，主要包括机组的风量、送风压力、制冷制热能力、加湿除湿能力、噪声、振动、气流均匀度等。

机组箱体本身的技术指标，目前行业主要以参考欧洲标准EN—1886为主。机械性能主要包括最大相对形变及最大承压，最大承压为±2500Pa，最大相对形变指标见表2-9-1。

表2-9-1 组合式空调机组的最大相对形变指标

测试压力/Pa	欧标等级	相对形变/(mm/m)
1000	D1	≤4
1000	D2	≤10
1000	D3	>10

AHRI标准中关于机械性能方面，主要是测试压力随等级变化而不同，国标《组合式空调机组》对技术标准为1000Pa的试验压力下，变形量不大于4mm/m，相对技术指标要求更高。

机组的泄漏量包括箱体的泄漏量与过滤器旁通泄漏量，测试分正负压两种工况，具体性能指标分级见表2-9-2。

表 2-9-2　泄漏等级及指标

测试压力/Pa	等级	最大泄漏量		适用配置的最高等级	
		国标/[m³/(h·m²)]	欧标/[L/(s·m²)]	国标	欧标
−400	L1	0.5	0.15	YG、G、CG	F9
−400	L2	1.5	0.44	Z2-Z3、GZ	F8-F9
−400	L3	4.5	1.32	C1-Z1	G1-F7
+700	L1	0.8	0.22		
+700	L2	2.3	0.63		
+700	L3	6.8	1.9		

国标与欧标在评价方法上一致，指标单位上略有不同，从数值上看，国标要求更高。AHRI 标准对泄漏率的测试压力为 +250Pa。需注意的是一般情况下箱体的泄漏率测试应该在箱体的机械性能测试完成后进行。

箱体的热桥因子与传热系数是评价箱体隔热性能的技术指标，两者测试的工况一致。热桥因子是测试机组（或每个测试箱体的分区）内空气平均温度与箱体外表的最小温差与内外空气平均温差比值。传热系数是测试机组达到额定工况下的输入功率除以表面积和温差。国家标准关于热桥因子与传热系数的具体性能指标见表 2-9-3。

表 2-9-3　热桥因子与传热系数的等级及指标

热桥因子 k_b		传热系数 $U/[W/(m^2·K)]$	
等级	k_b	等级	传热系数 U
RQ1	$0.77 \leqslant k_b < 1$	CR1	$U \leqslant 0.5$
RQ2	$0.62 \leqslant k_b < 0.77$	CR2	$0.5 < U \leqslant 1.0$
RQ3	$0.45 \leqslant k_b < 0.62$	CR3	$1.0 < U \leqslant 1.2$
RQ4	$0.32 \leqslant k_b < 0.45$	CR4	$1.5 < U \leqslant 2.0$

组合式空调机组的隔热性能与机械性能冲突性是机组结构设计的难点，目前主要有铝合金框架、型钢框架、GFK 或硬质塑料等，面板的保温主要有岩棉、玻璃棉、聚氨酯及橡塑等。

应用类的技术指标一般是根据系统设计或实际应用来决定的，按相关标准要求风量不低于设计值或额定值 95%，风压不低于设计值或额定值 90%，冷热量不低于设计值或额定值 95%。这些指标的具体要求应与后期项目实施的情况相关，评价机组应以满足房间对气流组织、温湿度要求等实际技术指标为主，避免一些过程技术参数过多。

5. 质量控制

生产企业对组合式空调机组的质量控制应贯穿设计、采购、生产、交付、服务等各个环节和过程，有效地保证产品和服务的质量符合项目的要求。

设计阶段的审查和联络，确保对产品需求的理解，是对后期产品制造与交付的保障。同时须对供货产品的技术规范及性能参数进行审查、交底，用于后期产品质量的检测及验收的依据。原材料与零部件的质量控制，应制定有效的质量管理制度与流程，并且针对重要或特殊部件需进行样机的检验和试验，以确保产品质量。材料进厂后全部进行中间验收和性能测试，合格后方能使用。

生产制造精益管理是对产品制造质量的关键点，对产品质量的管理实行分工序专业化、流水线式定岗作业，对产品质量实行自检、互检加抽检的质量验收制度。对每道工序作业完毕流入下一道工序，都必须经过二次检验，合格后方能进入下道工序，确保产品质量100％合格。另外，在生产制造过程中贯彻环保化和清洁化，严格按照 ISO 14001 环境管理体系组织生产，洁净化的生产环境和严格符合环保要求的工艺控制要求，更大程度保证了成品的制造精度和质量。同时在生产过程中应组建组合式空调机组的在线装配检测线，并且制订严格的装配工艺规程，对组合式空调机组（除由于运输、现场条件限制需现场组装外）均在制造厂内进行试装，并且按照相关的国家标准或行业标准进行产品出厂检验，以确保产品性能和质量符合有关标准规定。

关于出厂检验，供应商应设专人对产品质量和随机备件、文件进行跟踪抽检和终极检验，在机组交付用户前，将按照标准和用户的要求，模拟用户的使用条件对产品进行运转和各项性能测试，有一票否决权，只有验收合格的设备方能交付用户。整机的出厂检验，依据用户需求书的要求，将进行样机测试，亦可邀请国家空调设备质量检验中心有关的专家对待出厂的样机进行测试。

项目现场的安装、服务等，供应商应委派具有丰富工作经验的服务工程师专门负责本项目的服务，配合业主进行现场验收、安装调试，提供技术培训，以及产品的维保服务。

国内对产品质量的要求，一般是以型式检验与质量文件的审查为主，定期复核检查。欧洲协会对通过其认证的供应商质量控制要求则更为严苛，每年会对厂商过去一年供货的产品进行抽查，检查产品是否符合其认证的技术标准、技术指标以及工艺标准等。

6. 选型指南

组合式空调机组的应用场所很广泛，公共建筑方面包括轨道交通站、火车站、候机楼、会展中心、商场、写字楼、博物馆、医院等，洁净厂房如制药厂、电子厂房等，大型工业如汽车制造、飞机制造、锂电池车间、发动机车间等，特殊的如桥墩通风、核电工业、化学生物实验室、数据中心等，基本上涉及到各行各业。

各种建筑对室内空气品质的需求不同，对组合式空调机组的设计选型侧重点也各不相同，比如大型公建的侧重点主要在节能、新风的补充；高端写字楼、酒店侧重在 PM2.5 过滤、噪声、结构紧凑便于安装等；洁净厂房、医院的技术重点在于洁净抑菌等；喷漆车间最重要的防硅处理等；另外还有低湿度、抗震等。

就实验室空调机组而言，目前国内实验室的（除洁净实验室外）空调系统没有明确的相应规范或设计标准，实验室的补风主要由新风的送入及实验室的围护结构漏风组成。早期的实验室新风一般为直接由通风柜负压或送风机补充新风，对新风基本没有处理。随着科研工作的不断深入和实验室建设的不断扩大，特别是在生物、化学、医药等领域，对实验室的空气质量、温湿度等要求也更加严格，对空气处理设备的需求也更加迫切。因此实验室机组的选型应考虑运行可靠性、节能性等，机组设计应带有热回收装置，降低实验室新风的能耗。

7. 建设和使用过程中的风险控制

实验室里经常会产生各种有毒有害或易燃易爆物质，为满足实验室排风柜的排风需求，空调机组基本以全新风机组为主。组合式空调机组因功能段多、尺寸大，在项目建设工程中，需以分段或散件到现场组装，建设中的风险主要在于组装对产品性能的影响。因此现场组装应制定详细的施工计划，组建专业的施工团队与项目管理制度，组装完成后应进行现场单机测试、联合调试，确保产品性能符合设计要求。

对于在设备使用过程中的风险，主要来自室外环境的变化引起室内环境的波动、设备老化、维护不当导致的故障等。针对识别出的风险，我们需要采取相应的预防措施和技术手段来降低风险发生的概率。首先，应定期对空调设备进行维护和检查，确保其处于良好的工作状态；其次，可以采用先进的控制技术，如智能化控制系统，对风量、压差、温度、湿度等参数进行精准调控与监测，及时发现问题解决问题。

8. 技术发展

组合式空调机组自20世纪中期以来，经历了从初步应用到广泛普及的发展历程，目前机组结构设计上基本完善，除非有新材料的普及应用。从应用的角度来讲，一方面，环保压力日益增加，要求空调设备具有更高的能效比和更低的排放；另一方面，用户对便捷、舒适、节能的需求不断提升，需要机组有足够的智能化程度来匹配，因此组合式空调机组将向更高效、更环保、更智能的方向发展。或许未来通过人工智能的计算分析，机组可自动实现最佳的工作模式，以达到空调系统最节能、最舒适的运行工况。

第 3 章 实验动物设施装（设）备

3.1 独立通风笼具

1. 概述

独立通风笼具（individually ventilated cages，IVC）是一种以饲养笼盒为密闭独立单元，在洁净工作台或生物安全柜中进行换笼及实验操作的、独立通风的实验动物无菌饲养屏障设备。洁净空气分别送入各独立的密闭笼盒使饲养微环境保持一定压力和洁净度，用以避免笼盒外空气侵入及笼盒内气体溢出，具有保护实验动物、操作人员和环境的特点，通常用于饲养小型啮齿类动物，如小鼠、大鼠、地鼠、沙鼠和豚鼠等，目前正逐渐推广至兔、貂、猫和仔猪等中型动物。其按照用途分为正压和负压两类：正压 IVC 用于饲养无菌（悉生）动物、SPF 动物、免疫缺陷动物及进行无病原微生物安全风险的动物实验等需要高等级保护的动物；负压 IVC 则用于生物危害、化学污染、放（辐）射污染等动物实验。生物安全型 IVC 属于负压 IVC，特指利用中、小型动物于生物安全三级和四级实验室开展感染试验的生物安全防护装备。

实验动物饲养及动物实验环境的发展经历了模拟自然环境使用开放式笼盒（static cage），开放式笼盒置于简单人工控制环境（层流柜），开放式笼盒置于完全人工控制环境（屏障环境、隔离环境），至独立通风笼具（IVC）置于完全人工控制环境（屏障环境）的过程。实验动物笼盒也经历了从简单木质容器、铁质容器、陶质容器、无毒塑料笼盒至 IVC 的发展过程。

20 世纪 80 年代，意大利 Thcniplast 公司，在带空气过滤帽的塑料小鼠饲养笼盒的盒帽上方加了一个进风口，希望促进盒内的通风换气，从而出现了第一个独立通气笼具。IVC 早期为机盒一体式，笼盒为笼顶通气过滤盒。现在广泛使用的是机盒分体式 IVC，通过位于笼顶一侧的自动气阀输入高效过滤空气，净化空气直接输送到笼盒的前部，然后扩散到笼底，经过充分循环后从笼顶另一侧将空气排出。这样会有效地清除笼盒内的 NH_3 和 CO_2，避免污浊气体积累在笼内，并减少空气流通的死角，保证空气以层流的方式分散。由于将通气装置与笼架分开，使得设备在房间的摆放和安装更加灵活，同时，笼架和笼盒也便于清洗和高温高压灭菌。自动关闭式供气阀保证笼体密封的完整性。一旦缺少通风，在无须备用电池系统的情况下，$0.2\mu m$ 的"生命窗"过滤膜可以降低动物生活空间的 NH_3 和 CO_2 水平，保证在临时断电状态下笼盒内能够维持必要的空气。

2. 结构和工作原理

IVC 由笼盒、笼架、控制主机、自控系统等组成，如图 3-1-1 所示。

（1）笼盒包括：盒体、盒盖、密封圈、锁扣、隔栏网、饮水瓶。盒体是实验动物活动的空间；盒盖与盒体共同组成全密封的笼盒，构成实验动物的生活空间，盒盖上有能自动密封的送、排风孔；密

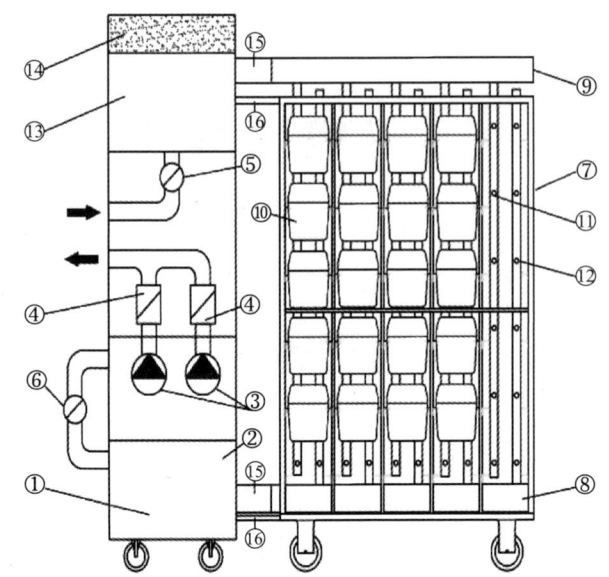

①主机；②排风过滤箱；③排风机组；④截止阀；⑤送风风量调节阀；
⑥排风截止阀；⑦笼架；⑧排风管；⑨送风管；⑩笼盒；⑪送风嘴；
⑫排风嘴；⑬送风过滤器；⑭UPS电源；⑮连接风管；⑯主机与笼架固定锁。

图 3-1-1　IVC 组成

封胶圈用于盒体与盒盖间的密封；锁扣用于紧扣盒体和盒盖，防止笼盒被意外打开；隔栏网内置于盒体与盒盖之间，用来承托饲料和饮水瓶（有的饮水瓶外置）。IVC 笼盒是动物繁育、生长、起居、活动的唯一空间和场所。为了保证实验动物的微生物控制质量，笼盒与外界完全隔离，并保持一定压力和洁净度，最大限度地避免使用过程中笼盒的泄漏。同时又必须保证经过滤的洁净空气能流畅地进入笼盒，在盒内形成良好的气流和扩散，把盒内的废气和湿气完全地置换出去，使笼盒内持续保持一个既清新又洁净干爽的环境。IVC 笼盒的品种规格和形式，一直是使用者和设计者都十分关心的焦点。经多年的研究和探索，IVC 笼盒的品种规格与形式已呈多样化趋势，并随科学技术的进步和生命科学的发展，还将有更新型的 IVC 笼盒品种、规格和式样出现。笼盒是由耐高温抗腐蚀的透明或着色透明的高分子材料压模而成。

（2）笼架包括：支架，密封式送、排风管（主管、支管及风嘴），其中，支架用来支撑、固定笼盒和风管，送、排风管为笼盒提供送、排风。笼架由不锈钢管焊接或用高强度塑料接口套接而成。不锈钢管既是笼盒支架，又兼作笼盒的导气管道，平行纵横排列，粗细结合。根据各类型设备设定的笼盒数，笼架上安装相应数量的搁架，送、排风管上设有相应数量的送、排风导风橡胶嘴或皮碗，以便与笼盒接口密闭吻合。笼架下面一般都安有硬质橡胶导向轮，能根据房间大小或使用者的要求随意移动组合，定位后可利用导轮制动装置锁定。

（3）控制主机内的风机通过笼架的密封式送、排风管给笼盒提供送、排风；空气过滤系统对进入和排出笼盒的空气进行过滤，包括送风高效空气过滤箱、排风高效空气过滤箱、风阀、风管；电源及电气元器件为 IVC 提供持续、稳定的动力；电子控制系统自动显示各项参数，并提供自动报警和自动调控。一般 1 台主机带 2～4 个笼架，每架笼架可插接几十至一百多个笼盒。IVC 的送、排风由各自单独的风机控制，可调控风机转速达到进排气总量平衡，以确保笼盒内外的压力差和换气次数符合动物生存或满足使用者的特殊需要。笼盒与外界的压差可通过指针或数字式低压压差表直接显示。有的机组还专门设有电源断电、机械故障和过滤器失效等报警装置，利用各种换能器及半导体芯片或数码程序控制器、变频器等方法，实现自动报警、自动调控的目的。大多数主机上还设有笼盒内外温度、湿度的显示装置，以便使用者直接了解动物生存的主要环境条件。

（4）自控系统主要由显示屏、传感器、控制器等组成。数字显示界面实时显示换气次数、压力、温度及相对湿度等参数，以便使用者直观了解实验动物生存的主要环境条件。显示屏可检索到开机累计时间、高效过滤器累计时间，可调节风机开度和运行模式，历史数据可通过 USB 传输备份。机箱内配有高精度的风速传感器、压差传感器、可编程控制器及风机调速器等自控设备为风机提供反馈数据，调控风机转速达到送、排风总量平衡，以确保笼盒内外的压力差和换气次数符合动物生存或满足使用者的特殊需要。同时，自动控制系统通常还设有风机故障、电源异常和过滤器失效等感应装置，利用各种换能器及半导体芯片或数码程序控制器、变频器等工具，实现自动报警、自动调控的目的。

IVC 的工作原理为采用先进的微隔离技术，向每个封闭的动物饲养笼盒内部独立输送经过高效过滤的空气，以获得洁净的动物生活微环境。过滤的空气进入笼盒后，以非层流方式均匀扩散，有效减少空气流通的死角，充分循环后，再经高效过滤器过滤后排放，从而有效清除笼盒内的 NH_3 和 CO_2，避免污浊气体积累在笼盒内，为实验动物提供健康舒适的微环境。笼盒可以便捷地从笼架上卸载，利于利用生物安全柜或换笼工作台无菌更换笼盒、更换饮水瓶、添加饲料等操作。

IVC 的最大优点是，各笼盒均为独立的密闭单元，笼盒之间不存在气体交流，动物的饲养管理过程与操作者完全不接触，有效避免盒外空气侵入或盒内气体外逸，防止在饲养或实验过程中笼盒之间、笼盒内外发生交叉污染，保护动物免受空气中微生物的污染，能保护实验动物、操作人员和外环境。IVC 工作原理如图 3-1-2 所示。

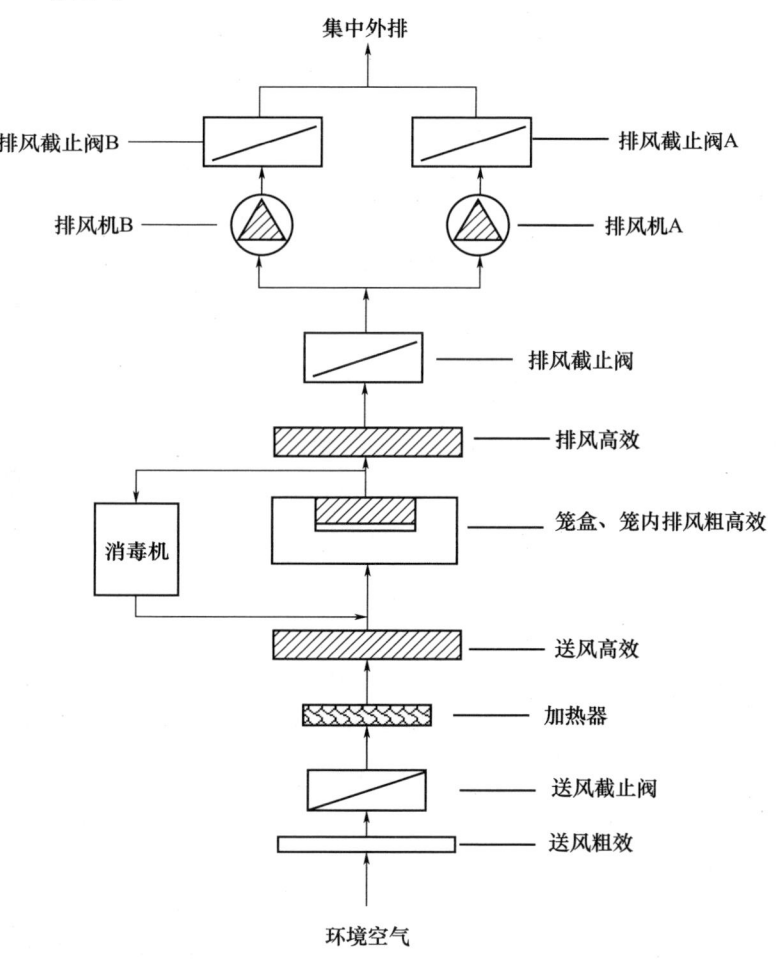

图 3-1-2　IVC 工作原理

3. 标准规范依据

IVC 始于 20 世纪 80 年代，意大利 Thcniplast 公司根据微生物实验的原理和类似隔离器的方式研制，并利用其在全球子公司及代表机构推广并垄断，有完整的企业标准，但在欧美一直没有政府、国际组织的标准。2000 年引进中国，迅速形成了国内、外产品在市场并存的局面。

在 IVC 标准方面，应以笼盒内的微环境指标不低于现行国家标准 GB 14925《实验动物 环境及设施》及 GB 50447《实验动物设施建筑技术规范》中隔离环境的指标要求为基本要旨，使其充分体现人、动物、环境三方面保护的目的，既保护动物免受空气中微生物和饲养排泄物的污染，又要保护周围环境的安全和操作人员的健康。江苏省 DB 32/T 972《实验动物笼器具 独立通气笼盒（IVC）系统》、北京市 DB 11/T1125《实验动物 笼器具》、黑龙江省已经公示的《实验动物 生物安全型小鼠、大鼠独立通风笼具通用技术要求》中规定的部分指标可以借鉴。

生物安全型 IVC 须符合 GB 19489《实验室 生物安全通用要求》、GB 50346《生物安全实验室建筑技术规范》、CNAS-CL 53《实验室生物安全认可准则对关键防护设备评价的应用说明》、RB/T 199《实验室设备生物安全性能评价技术规范》、NY/T 1948《兽医实验室生物安全要求通则》中规定的指标要求。

4. 关键性能指标及安装技术要求

4.1 整体要求

（1）笼盒、笼架、主机应保持一体、坚固、稳定，在突发意外情况不至倾倒，同时保证主机振动不至于影响笼盒。

（2）笼盒的材质应无毒、无味、透明、热塑性好、有强度、无放射性、不含扰乱内分泌的致癌物质，应耐冲击、耐腐蚀、易拆装、易清洗、耐酸碱、耐消毒剂（除强极性溶剂、浓硝酸和硫酸外，对一般酸、碱、盐、醇、脂肪烃等稳定），可以经受 500 次以上高温高压蒸汽灭菌而不变形、不变性。

（3）盒盖与盒体、盒盖上的送风及排风孔、盒盖上的排风高效空气过滤器、笼架送风及排风嘴、笼架风管、主机高效过滤器及滤器箱、主机风管及风阀等应密封，以保证通风系统内气体不外逸，系统外气体不内侵。

（4）笼盒设置双重安全锁扣，确保盒体与盒盖不脱锁分离。

（5）送风能够流畅地进入笼盒，笼盒内气流组织科学，把笼盒内的废气和湿气完全置换出去，避免笼盒内气流短路、形成死角，避免在动物生活层面气流直吹动物，保证笼盒内微环境适宜。

（6）整个系统气流分布均匀，笼架各笼盒间的送排风及压差均匀、一致，笼盒间送排风及压差的最大误差控制在 10% 以内。

（7）设备整机运行平稳持久。

（8）饲料、饮水、垫料等的更换和动物的传进、传出均在生物安全换笼工作台内进行。

（9）主机、笼架、笼盒能够在位循环消毒，消毒剂不从主机经过，以保护主机、探头及线路。

（10）应在每次使用前进行清洗和消毒，对于不同部件可分别采用高压蒸汽、化学气体熏蒸、消毒液浸泡擦拭等方式消毒。

4.2 内环境指标

内环境指标主要包括：气密性、送风及排风高效过滤器检漏、笼盒内最小换气次数、气流速度、压差、空气洁净度、噪声和氨浓度等。

（1）气密性。气密性是IVC的核心问题，是衡量多处部件的指标，包括：盒盖与盒体、盒盖上的送风孔及排风孔、盒盖上的高效过滤器、笼架送风嘴及排风嘴、送风管及排风管、笼盒离复位警示、主机高效过滤器及过滤器箱等。通过密封材料和密封方式优化，使IVC笼盒内保持稳定的负压状态。笼盒气密性要求为脱离笼架的笼盒内压力由-100Pa升至0Pa的时间不少于5min。

（2）送风、排风高效过滤器检漏。高效过滤器检漏通常扫描滤器滤芯、滤器与安装边框连接处任意点的局部透过率，要求不超过0.01%，使用气溶胶光度计进行测试时整体透过率不超过0.005%。

（3）笼盒内最小换气次数。笼盒内最小换气次数一般不低于$30h^{-1}$，最高可达$100h^{-1}$，通常设定为$40\sim60h^{-1}$为宜。

（4）气流。气流方向、风速与动物体热扩散有很大关系，动物通过对流、辐射或体表蒸发来扩散体热，风速加大时则体热散失加快，动物的食量也会相应增加，动物的紧张感及刺激感也会增加，还可能会产生一定的死角，反之亦然。小鼠能够感受到的最小气流速度为0.05m/s，为了尽可能避免气流对动物的影响，笼盒在气流设计时通常采用间接气流（气流扩散）设计，这样使得动物有舒适感觉，但笼盒内气流速度太小，会影响换气量和换气次数。GB 14925《实验动物 环境及设施》规定为小于等于0.2m/s，IVC笼盒内动物活动区域水平气流速度通常要远低于此。

（5）气压。正常运行时生物安全型IVC笼盒内气压应低于所在实验室的气压，二者之差应不大于20Pa，而笼盒与外界的负压差可达到-125～-100Pa。笼盒间气流、压差的均一性是非常重要的，差异率通常要求≤10%。

（6）洁净度。IVC笼盒内是SPF级动物生存的微环境，由于送、排风经过高效过滤器过滤，足够的换气量以及优良的笼盒气密性，即使是负压IVC，盒内空气洁净度也可达到7级甚至5级。

（7）噪声。由于动物对声波的敏感度和灵敏度远比人类高，而且可感觉的声波范围比人类大，人类听不到的次声波和超声波对动物也有刺激反应（人的听觉范围是64～23000Hz，大鼠为200～76000Hz，小鼠为1000～91000Hz）。噪声的频谱很广，对动物的影响尤为显著。IVC的噪声除环境噪声外，主要声源来自机组中的风机（功率越大，噪声越大）及系统管路中管道、弯头和风管内空气流产生的噪声。通常要求IVC主机的噪声≤55dB，笼盒内则应更低。

（8）光照。实验动物对于光照及光照周期非常敏感，GB 14925《实验动物 环境及设施》要求动物照度15～20lx，昼夜明暗交替时间为12h/12h或10h/14h。笼盒内的光照靠笼盒外环境提供，会受到其在笼架中的不同位置的影响，笼盒的颜色及透光性也会影响笼盒内光照。

（9）氨浓度。由于IVC的实际有效换气次数非常高，正常运行时笼盒内的换气次数足以使氨浓度符合标准，这也是IVC的一大优点。通常测定IVC主排风口的动态氨浓度，要求小于等于$14mg/m^3$。

4.3 安装说明

应该预先做好设计，使得IVC的安装位置布局合理，便于使用操作，并使房间的送风口、排风口、房间开口（门、窗）等设计尽可能合理。应考虑取风环境的温度、相对湿度能够满足要求，如果从环境管道送风、排风，应考虑管道压力、风速的影响，考虑环境噪声、照度的影响。

IVC通常采用连接密闭管道排风的方式，此时IVC的排风由自身排风和管道排风构成，当排风不正常时，IVC应保证能够报警。密封连接需要注意：管道排风包括密闭管道、靠近IVC的风阀（用于调节气流开关和清除污染用）以及终端外置排风机；管道应无泄漏，有能防止气流倒灌的止回阀；排风机应能满足风管内压力损失及高效空气过滤器导致压力衰减；IVC必须与管道或建筑系统的风机联锁并安装报警系统。

5. 质量控制

（1）在设备选型和采购阶段，需要根据产品的要求和技术规范选择并进行严格的质量评估和审核。

（2）设备安装和调试是确保设备正常运行的重要环节。在安装和调试过程中，需要按照设备厂家提供的安装和调试方案进行操作，并进行严格的检查和测试。

（3）设备的操作和维护是保证设备长期稳定运行的关键。操作人员需要按照设备操作规程进行操作，定期进行设备的维护和保养。

（4）设备的检测和监控是及时发现设备故障和隐患的重要手段。通过使用各种检测设备和监控系统，对设备进行全面的监测和检测。

（5）设备质量评估和改进是持续提高设备质量的重要环节，通过对设备的质量进行评估，找出存在的问题，并采取相应的改进措施。

6. 应用现状及未来发展

IVC 经过近三十年的使用、研究和不断改进，特别是在材料、净化、微电子等现代技术的带动下，发展成了现在生产厂家众多、普遍使用、高效节能、满足动物健康与福利要求和能够保证实验动物与动物实验质量的实验动物饲养屏障设备。比较有代表性的产品是意大利 Thcniplast 公司的产品 IsocageTM 系统，它由专用的笼盒、笼架、供排气主机及 Ⅱ 级生物安全柜组成，为生物安全型 IVC，即负压 IVC。应用于动物生物安全三级、四级实验室（ABSL-3、4），用于饲养带强感染性微生物的啮齿类实验动物。IsocageTM 系统 IVC 工作在高度恒定的负压（－100Pa）下，当笼盒与主机断开连接后仍然能保持此压力模式数分钟，主机与笼架锁定在一起，无论处于正常工作还是从笼架上断开时，笼盒都能保证一个持续稳定的密封状态，可达到100%控制感染物的效果。

美国奥德公司生产的通风笼具 Flex-Air 系统，美国 Allentown 笼具公司的 PNC、TYPE Ⅱ LONG、BCU 系统，英国 SmartRack 系统等也都占据一定的市场份额，德国、法国、日本、韩国等也有同类产品。国内目前有 IVC 生产企业近 10 家，如新华医疗、深圳鸿腾、苏州冯氏、苏州猴皇、木牛流马等，质量已接近国际水平。

3.2 传递窗

1. 概述

传递窗是安装在房间隔墙上，用于物料传递，并具有隔离隔墙两侧房间空气的基本功能的一种箱式装置。在中国实验室发展的起步阶段，没有对传递窗的性能参数提出详细的要求，在对 GB 50346—2004《生物安全实验室建筑技术规范》的修订中，增加了相关具体描述形成了 GB 50346—2011《生物安全实验室建筑技术规范》中 4.1.13 条款"三级和四级生物安全实验室相邻区域和相邻房间之间应根据需要设置传递窗，传递窗两门应互锁，并应设有消毒灭菌装置，其结构承压力及严密性应符合所在区域的要求；当传递不能灭活的样本出防护区时，应采用具有熏蒸消毒功能的传递窗或药液传递箱"。随后在 2012 年专门针对传递窗这种设备编制了行业标准 JG/T 382—2012《传递窗》，逐渐将对于传递窗的技术要求进行完善。随着时代的进步以及技术的发展，到了现阶段，我国生物安全领域的技术进步显著，对传递窗的要求也随之提高。

对于非生物安全用的传递窗主要用于洁净区与非洁净区之间、不同洁净度等级或不同功能洁净区与洁净区之间物料的传递，以减少洁净室的开门次数，使洁净室的污染降到更低。对于生物安全用的传递窗，传递窗的设置不仅可以减少实验室的开门次数，还可以降低污染因子从高风险区域向低风险区域泄漏的风险。

2. 分类、结构、工作原理

2.1 分类

JG/T 382—2012《传递窗》通过功能解耦，给出了不同分类的传递窗，见表 3-2-1。在生物安全实验室中，为了满足相关规范要求，往往是两种或以上分类的组合，如 E1+C1 型或 E2+C2+B2 型。而为了避免使用过程中箱体内气压相对房间为正压，不建议使用 B1 型和 B3 型。为方便讨论，将生物安全实验室经常用到的 E1+C1 型、E2+C1 型及 E2+C2+B2 型，分别称作互锁传递窗、气密传递窗及 VHP 传递窗。三种类型传递窗的外观见图 3-2-1。

表 3-2-1 传递窗的分类

类型	标记代号	功能
基本型	A	具备基本功能的传递窗
净化型	B1	具备基本功能，且具有由风机及高效空气过滤器组成的自循环空气净化系统，能对传递窗内部空气进行净化处理
	B2	具备基本功能，且具有含高效空气过滤器的送风系统和排风系统，能对传递窗内部空气和排出传递窗的空气进行净化处理
	B3	具备基本功能，且同时具有空气吹淋室功能，能通过喷嘴喷出的高速洁净气流对放置于传递窗内的待传递物品的表面进行净化处理
消毒型	C1	具备基本功能，且在箱体内装有紫外线灯管，能对通道内空气、壁面或待传递物品表面进行消毒处理
	C2	具备基本功能，且在箱体壁面上设置消毒气（汽）体进出口，能对传递窗内部空间进行消毒。消毒时，外接消毒装置可以通过消毒气（汽）体进出口向传递窗箱体内输送消毒气（汽）体
负压型	D	具备基本功能，且能在传递窗箱体内保持一定的负压
气密型	E1	具备基本功能，并应达到以下气密要求：采用箱体内部发烟法检测时，其缝处无可视气体泄漏
	E2	具备基本功能，并应达到以下气密要求：箱体内部采用压力衰减法检测时，当箱体内部的压力达到−500Pa 后，20min 内负压的自然衰减小于 250Pa；为达到要求采用的方式为压紧式或充气式气密门

2.2 结构

（1）互锁传递窗：一般由箱体、两侧门体、观察窗、紫外灯等部分组成，为设置两面门体的箱式装置。

（2）气密传递窗：一般由箱体、两侧气密型门体、观察窗、紫外灯等部分组成，为设置两面门体的箱式装置。

（3）VHP 传递窗：一般由箱体、两侧气密型门体、观察窗、紫外灯、测试及消毒孔道、高效过滤器、风机等部分组成，为设置两面门体的箱式装置。

2.3 工作原理

（1）互锁传递窗：具备基本功能，在箱体内装有紫外线灯管，能对通道内空气、壁面或待传递物

(a) 互锁传递窗的外观　　　　　　(b) 气密传递窗的外观

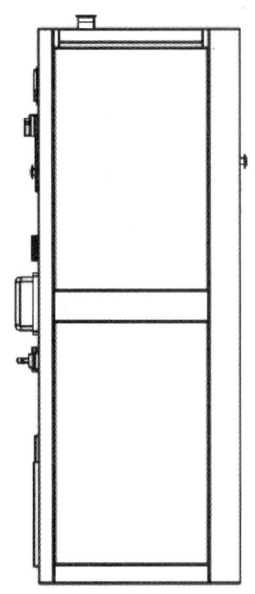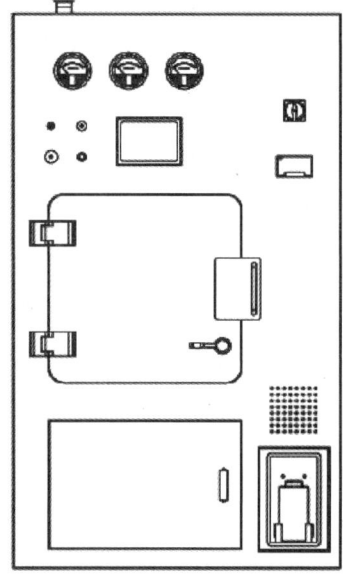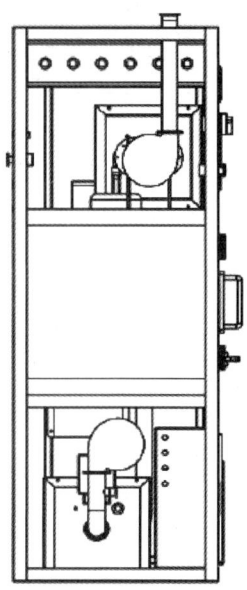

(c) VHP传递窗外观

图 3-2-1　传递窗外观示意图

品表面进行消毒处理，且在箱体内部发烟法检测时，其缝处无可视气体泄漏。一般应用于 BSL-3 及 ABSL-3 中的 a 类和 b1 类及以下级别实验室。

（2）气密传递窗：具备基本功能，在箱体内装有紫外线灯管，能对通道内空气、壁面或待传递物品表面进行消毒处理，且在箱体内部采用压力衰减法检测时，当箱体内部的压力达到 －500Pa 后，20min 内负压的自然衰减小于 250 Pa。一般应用于 ABSL-3 中的 b2 类实验室、BSL-4 及 ABSL-4 实验室。

（3）VHP 传递窗：具备基本功能，在箱体壁面上设置消毒气（汽）体进出口，能对传递窗内部空间进行消毒，且具有含高效空气过滤器的送风系统和排风系统，能对传递窗内部空气和排出传递窗的空气进行净化处理。一般应用于 ABSL-3 中的 b2 类、BSL-4 及 ABSL-4 实验室、生物安全三级防护车间（人用疫苗、兽用疫苗）。

3. 标准规范依据

国内涉及传递窗的规范有 JG/T 382—2012《传递窗》、CNAS-CL05-A002《实验室生物安全认可准则对关键防护设备评价的应用说明》、GB 50346—2011《生物安全实验室建筑技术规范》、GB 19489—

2008《实验室 生物安全通用要求》。

4. 主要性能指标及评价

4.1 技术难点

（1）互锁传递窗：难点在于紫外线灯管的设置位置，需要其能确保对通道内空气、壁面或待传递物品表面进行消毒处理；同时得设置合理的互锁方式（机械互锁或电磁互锁），需要保证互锁方式的长期有效。

（2）气密传递窗：难点主要在于传递窗内部腔体及设置的传递窗的门体之间的有效密封（充气式或压紧式），需要保证在箱体内部采用压力衰减法检测时，当箱体内部的压力达到 $-500Pa$ 后，20min 内负压的自然衰减小于 250Pa。

（3）VHP 传递窗：难点在于箱体壁面上消毒气（汽）体进出口的设置，以及自带消毒系统的设置，需要保证其能对传递窗内部空间进行有效的消毒。

4.2 规范中对关键性能指标要求

依据国内涉及传递窗的相关规范内容，对传递窗关键性能指标要求进行梳理，具体各规范中对传递窗技术参数要求见表 3-2-2。

表 3-2-2　各规范中传递窗技术参数要求

项目	技术要求评价		
	CNAS-CL05-A002	GB 50346	JG/T 382—2012
外观及配置	外观及配置检查应满足外观平整光洁、无明显锈蚀，主要部件及功能齐全	—	所测传递窗外观均平整光洁、无明显锈蚀，主要部件及功能齐全
门互锁功能	门互锁功能应按照本文件 5.13.3.2 进行检查。传递窗两端的门应有互锁功能	—	门互锁功能检验结果，所测传递窗符合传递窗标准中打开任意一端的门，另一端门不能打开的要求
紫外辐射强度（适用于设置紫外线灯管时）	紫外辐射强度按照本文件 5.13.3.3 进行检测，传递窗紫外灯，波长 253.7nm 紫外线辐射在工作区内表面，辐射强度不低于 $70\mu W/cm^2$	—	—
气密性（当设置于有气密性要求房间时）	气密性按照本文件 5.13.3.4 进行检测，检测结果应符合生物安全风险较高一侧房间气密性要求	ABSL-3 大动物实验室区域传递窗腔体气密性检验结果，在初始压力 $-500Pa$ 条件下采用压力衰减法进行气密性测试，经验证，所测传递窗气密性均符合传递窗标准中经 20min 后腔体压力不低于 $-250Pa$ 的要求 BSL-3 实验室区域传递窗腔体气密性检验结果，将生物安全风险较高一侧的门开启，采用烟雾测试法检测，检验结果符合传递窗标准中所有缝隙无可见泄漏的要求	—

续表

项目	技术要求评价		
	CNAS-CL05-A002	GB 50346	JG/T 382—2012
送风高效检漏	—	效率法：使用计数器对传递窗送风高效过滤器进行效率法检漏测试，保证上游浓度均不小于200000粒/L（0.3～0.5μm），经验证，所测高效过滤器过滤效率均符合实验室规范中不低于99.99%的要求	—
		扫描法：使用计数器对传递窗送风高效过滤器进行扫描法检漏测试，保证上游大气尘浓度均大于4000粒/L（≥0.5μm）条件下，经验证，所测高效过滤器滤芯及安装边框均符合无泄漏的要求	
排风高效检漏	未涉及	效率法：使用计数器对传递窗送风高效过滤器进行效率法检漏测试，保证上游浓度均不小于200000粒/L（0.3～0.5μm），经验证，所测高效过滤器过滤效率均符合实验室规范中不低于99.99%的要求	—
		扫描法：使用计数器对传递窗送风高效过滤器进行扫描法检漏测试，保证上游大气尘浓度均大于4000粒/L（≥0.5μm）条件下，经验证，所测高效过滤器滤芯及安装边框均符合无泄漏的要求	
消毒效果验证（当具备气体消毒功能时，仅在投入使用前或更换消毒剂类型及浓度时进行）	5.13.3.5 具备气体消毒功能、4.4.3 型动物三级实验室和四级实验室防护区内传递窗的消毒效果验证参考《消毒技术规范》（2002年版）2.1.2.9"消毒剂对其他表面消毒模拟现场鉴定试验"或2.1.2.10"消毒剂对其他表面消毒现场鉴定试验"验证。生物指示剂或采样点应布置均匀，至少设置4个，同时需要覆盖气体喷口最远端。生物指示剂类型根据实验室所操作病原类型确定。 5.13.4.5 消毒效果验证应按照本文件5.13.3.5进行检测，按照《消毒技术规范》（2002）规范的方法进行判定。	—	—

4.3 安装技术要求

不同类型的传递窗安装方式及要求见表3-2-3。其中对传递窗的安装要求主要是气密性，除了箱体外框与墙体的严密性、管道的气密性及门体的气密性，有些厂家的传递窗的电线或网线会进行穿墙，但由于需要打开检修门才能看到线体，因此这里的穿墙密封容易被忽略。

表 3-2-3　不同传递窗安装方式及要求

类型	标记代号	安装方式	要求
互锁传递窗	E1+C1	依据实际尺寸预留开孔尺寸，选用边框焊接或者密封胶填充即可	1. 与建筑围护结构衔接处应作密封处理 2. 箱体 　1）传递窗箱体应耐磨损、耐腐蚀、易清洁。材料性能应稳定，有足够的刚度和强度。宜使用不锈钢制作。 　2）传递窗通道内表面应光洁，不产尘，不积尘。所有焊缝应连续焊接，所有连接处应密封。 　3）传递窗的门应采用与其密封要求相适应的可靠密封方法，并具有互锁功能。 　4）开关、按键的操作应灵活可靠，零部件应紧固无松动。 　5）传递窗通道内四周的角宜为圆弧形。 　6）箱体与墙体连接处，内部应有相应的加强筋，其下部应有能支撑上部质量和下部安装支撑架的筋和螺孔。 3. 材料 　1）传递窗的玻璃应使用安全玻璃。安全级别应符合 GB 15763.1 的要求。 　2）密封条的密封性能应满足相应的气密性参数的要求，应采用耐腐蚀、耐老化、柔软、耐压缩的优质材料，物理性能应符合 HG/T 3088 的要求。 4. 紫外线灯 紫外线灯宜安装在传递窗箱体内的上方，或其他能完整照射到传递物品的安装位置
气密传递窗	E2+C1	同互锁传递窗	同互锁传递窗
VHP传递窗	E2+C2+B2	1. 依据实际尺寸预留开孔尺寸，嵌入两面墙体，预留放置风机和管道的空间，或将风机和管道置于低风险的房间一侧。 2. 外接消毒装置的形式可以嵌入墙体，并留有消毒气（汽）体注入或排出孔道。 3. 当传递窗自带消毒装置，可嵌入两面墙体，预留放置风机和管道的空间，或将风机和管道置于低风险的房间一侧	符合互锁传递窗和气密传递窗要求的同时： 1. 不同安装形式均应便于传递窗系统的调试和维护。 2. 应留有洁净度和高效过滤器的测试孔道，孔道口密封时能满足气密型传递窗的气密性要求。 3. 传递窗所使用的风机宜选用优质高效低噪声的风机。 4. 安装在箱体中的风机应采取减振和隔声措施。 5. 风机所配电机应有过热保护装置，并能在 1.15 倍额定电压值的条件下稳定地工作。 6. 孔道口密封时能满足气密型传递窗的气密性要求。 7. 结构形式应便于传递窗系统的调试和维护

5. 质量控制

5.1　国内质控要求

国内通过传递窗相关规范的施行，从传递窗的尺寸、结构、材料等方面对其质量控制建立了基本的要求。尺寸方面，主要是针对外形尺寸、通道尺寸、外壁及通道内各面壁板进行了约束；结构方面，主要是针对箱体、测试及消毒孔道、高效空气过滤器、紫外线灯、风机等方面进行了约束；材料方面，主要是针对传递窗的可视玻璃、传递窗的密封条进行了约束；同时也对使用环境、电气元件、控制和显示等方面进行了相关约束。通过以上各方面的约束，很好地实现了国内的传递窗的质量控制。

5.2 企业内部质控

国内生产传递窗的企业，一般是在满足国内相关质控要求的前提下，结合自身优势，对尺寸、结构、材料中的一项或者某几项的要求提高，从而形成产品独有的竞争力，企业内部质量控制要求也在相应方面进行拔高，更好地实现了对其生产的传递窗的质量控制。

6. 选型指南

6.1 一般应用场所

传递窗的应用场所非常广泛，这里只探讨生物安全性传递窗的应用场所，即互锁传递窗、气密传递窗及VHP传递窗的应用场景。

（1）互锁传递窗一般用于生物安全三级实验室（a1类、b1类，对应GB 19489中的4.4.1和4.4.2类型）及以下级别实验室。

气密传递窗和VHP传递窗一般用于生物安全三级实验室（b2类，对应GB 19489中的4.4.3类型）及生物安全四级实验室。

6.2 选型流程

首先需要确定传递窗所在生物安全实验室的等级及类型，其次根据不同级别生物安全实验室等级、类型及实验室操作流程选择传递窗类型和尺寸，最后根据不同类型的传递窗选择合适的组件。

6.3 依据实验室级别选型

虽然GB 50346—2011中对生物安全三级和四级实验室的传递窗要求相同，但由于传递窗也需要满足所在实验室的气密性或消毒灭菌要求，因此会产生不同形式的传递窗。各级别生物安全实验室的传递窗选型见表3-2-4。生物安全一级实验室通常用不到传递窗，生物安全二级实验室里面的传递窗相关规范没有明确要求，但互锁传递窗就可以满足需求。

表 3-2-4　各级别生物安全实验室的传递窗选型

实验室级别及类型		工艺依据	选用传递窗的类型	尺寸
一级生物安全实验室		无	无	无
二级生物安全实验室		无	无	无
生物安全三级实验室	a1类、b1类（对应GB 19489中的4.4.1和4.4.2类型）	该等级实验室的防护区内，围护结构的要求为：所有缝隙应无可见泄漏	互锁传递窗	按照实验室日常传递物品大小确定
	b2类（对应GB 19489中的4.4.3类型）	该等级实验室的防护区内，围护结构的要求为：房间相对负压值维持在-250Pa时，房间内每小时泄漏的空气量不应超过受测房间净容积的10%	气密传递窗或VHP传递窗（根据实际使用情况，不同的消毒类型）	
生物安全四级实验室		房间相对负压值达到-500Pa，经20min自然衰减后，其相对负压值不应高于-250Pa	气密传递窗或VHP传递窗（根据实际使用情况，不同的消毒类型）	

6.4 消毒型传递窗选型注意事项

互锁传递窗和气密传递窗紫外线灯，可选用产生较高浓度臭氧紫外线灯，以利用紫外线与臭氧协同作用。根据消毒规范，一般按每 $1m^3$ 空间装紫外线灯功率不低于 1.5W，计算出装灯数。波长 253.7nm 紫外线辐射在工作区内表面，辐射强度不低于 $70\mu W/cm^2$。消毒规范中紫外线灯的选型是针对房间的，传递窗内空间狭小，对紫外灯管功率的要求不高，只要在工作表面能达到规定的紫外线剂量即可。

VHP 传递窗消毒剂及生物指示剂，消毒剂一般使用 H_2O_2，浓度及消毒时间按现场实际制定消毒方案并通过消毒效果验证。生物指示剂类型根据实验室所操作病原类型确定。

7. 建设和使用过程中的风险控制

7.1 建设过程中的风险控制

在实验室建设过程中，传递窗需要从生产厂家运往项目上，然后按照建设进度安排进行安装。整个过程中的风险点在于传递窗在运输途中的磕碰以及在安装过程中与实验室围护结构的有效连接。

为了避免传递窗在运输途中发生磕碰，可以建立传递窗运输的标准操作流程，其中包括运输过程中的防振动措施、防翻滚跌落措施等，从而防止传递窗在运输过程中由于强烈的振动、翻滚或跌落产生磕碰，造成结构上的损伤，影响其自身的气密性等。

为了在安装过程中实现传递窗与实验室围护结构的有效连接，从而确保箱体外框与墙体的严密性，可以建立传递窗安装的标准操作流程，按照不同类型的传递窗，制订相应的安装方案，并严格按照安装方案执行。在安装完成后，需要对围护结构的严密性以及传递窗两侧门体的气密性进行检测，以进一步确保传递窗安装的可靠性。

7.2 使用过程中的风险控制

在实验室使用过程中，需要通过传递窗进行物料传递，传递过程中的风险点在于两侧门体的气密性是否完好，否则会造成泄漏的风险；以及传递窗对放入内部的物品消毒或灭菌效果的有效性，如果消毒或紫外灭菌的效果不理想，同样会造成病毒泄漏风险。

为了确保传递窗两侧门体的气密性，可以定期采用烟雾测试法或压力衰减法进行测试，建立合理的操作及运维 SOP，确保两侧门体的气密性可靠。

为了确保传递窗对放入内部的物品消毒或灭菌效果的有效性，可以建立合理的消毒或灭菌操作的 SOP，并定期对其消毒效果或灭菌效果进行验证。

8. 技术发展

目前的传递窗已经在性能指标上达到了国内相关规范的要求，这意味着其在传递物品、材料或样品的过程中能够满足安全、可靠和高效的要求。特别是在部分 VHP（汽化过氧化氢）传递窗领域，已经实现了计算机自动控制，其软件具备实时监测系统状态的功能。这种智能化的设计极大地提高了传递窗的操作便利性和安全性，为实验室的运行提供了可靠的支持。

然而，随着科技的不断进步和实验室安全标准的提升，未来的发展方向不仅仅是在当前性能指标的基础上进行优化，更加关注机器人化、智能化和智慧化的发展趋势。这意味着传递窗将不再仅仅是简单的传输装置，而是会与实验室围护结构一体化，成为实验室自动化系统中的重要组成部分。所有的操作将由智能机器人负责，这些机器人具备高度智能化的控制系统和感知能力，能够准确地执行各种传递任务。

智能化的传递窗系统将带来诸多优势。首先，它能够大幅度降低实验室人员的风险暴露，避免他们直接接触可能存在的危险物质或高风险实验环境。其次，智能化系统能够提高传递窗的运行效率和稳定性，减少因人为操作而导致的错误和故障。此外，智能化的监控系统可以实现对传递窗状态的实时监测和远程控制，及时发现和解决潜在问题，保障实验室的安全运行。

在实现机器人化、智能化、智慧化的过程中，还需要充分考虑相关技术的发展和应用。例如，机器人的机械设计、控制算法、感知技术等方面都需要不断创新和完善，以确保智能化系统的可靠性和稳定性。同时，与实验室围护结构的一体化也需要充分考虑实验室的布局和工艺流程，确保传递窗系统与实验室环境的协调性和高效性。

综上所述，未来智能化的传递窗系统将成为实验室安全和运行效率的重要保障，通过机器人化、智能化和智慧化的发展，实现对实验室操作的全面智能化管理，为科研人员提供更安全、更便利的实验环境。

3.3 洗笼机

1. 概述

实验动物是生命科学研究的重要支撑之一，随着我国生命医药行业的迅速发展以及我国实验动物行业中单体设施饲养规模的扩大，国内各高校、科研院所对实验动物资源需求日益增加，逐渐形成的实验动物管理体系体现了管理的规范化和标准化。完善的实验动物管理体系从实验动物环境设施、动物质量检测、人员操作培训、动物福利方面健全了标准操作程序（SOP），而在清洗配套设施方面也逐渐规范化和自动化。过去因实验动物设施单体规模小，人工清洗是饲养笼具主要的清洗方式，但人工清洗存在工作效率低、清洗用水用热损耗大、清洗质量难以保证等诸多问题。随着新建实验动物设施规模日趋增大，日常工作量增加、人员招聘和培训难、用工成本增加、节假日值守等问题已严重制约了设施的良好运行和发展，因此人工清洗不再是首选方案。洗笼机及自动化清洗流线更加符合大规模实验动物设施的需求。

实验动物洗笼机通过使用混有洗涤剂的高压水来去除被清洗物表面的污渍，并完成对被清洗物的消毒，主要针对实验动物设施内常用的大小鼠笼盒、笼架、饮水瓶、中大型动物笼具等物品进行清洗处理。可有效避免操作人员由于手工清洗而感染过敏原的风险，同时可以有效减少动物房人力、物力的消耗。

2. 分类、结构和工作原理

2.1 分类

实验动物洗笼机按照结构和功能的不同分为多种形式，如柜式洗笼机（图3-3-1）、步入式洗笼机（图3-3-2）、隧道式洗笼机（图3-3-3）等。

图 3-3-1　柜式洗笼机

  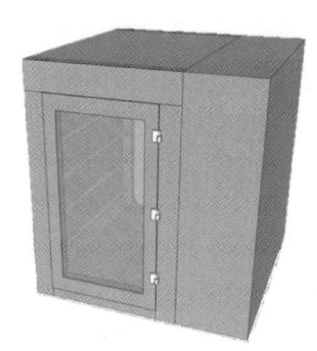

图 3-3-2　步入式洗笼机

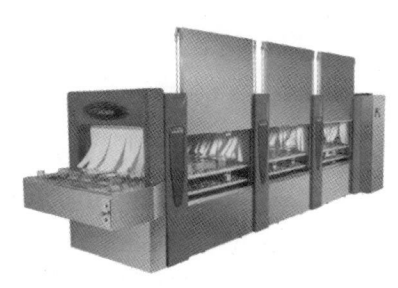  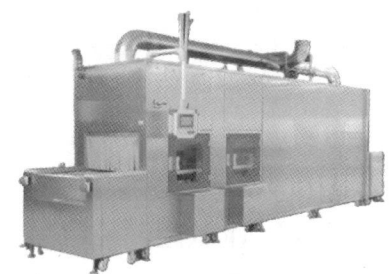

图 3-3-3　隧道式洗笼机

2.2　结构

不论是何种实验动物洗笼机都包括以下几个部分：外壳、舱门、内舱，加热系统，水箱，洗涤剂储存模块，水泵与洗涤剂泵，清洗手臂、漂洗手臂和水路，过滤器，电柜箱和控制单元等。

2.3　工作原理

洗笼机以软化水作为工作介质，通过大流量的循环泵，将清洗舱内的水在清洗管路中循环，并通过喷淋臂喷淋笼盒，对笼盒进行强有力的冲洗。设备的漂洗通过干净流水直接喷射到被清洗的笼盒上，达到漂洗效果。最后进行加热烘干，达到干燥效果。

（1）柜式洗笼机

有两层清洗架，在舱内顶部、中部、底部均安装有旋转式清洗手臂，实现三维立体全方位清洗。使用柜式清洗机进行清洗之前，由操作人员手动打开笼盒，将脏垫料进行倾倒后，再将需要清洗的物件放在清洗架上进行后续的清洗操作。

（2）步入式洗笼机

可以实现对大小鼠笼盒、豚鼠笼盒、笼架、兔饲养笼具和大动物（猴、猪、狗）笼具等的清洗和巴氏消毒。在洗笼机内设有清洗水箱和漂洗水箱，在清洗水箱内通过液体泵添加清洗剂与清洗水进行混匀，并由高温蒸汽加热盘管将清洗用水加热，由清洗手臂对笼具进行清洗。完成清洗后，笼具上有残留的洗涤剂，由漂洗水箱内高温蒸汽加热盘管将水箱内的漂洗用水加热，通过漂洗手臂对笼具进行漂洗。漂洗结束后进行烘干或滴淋，随即结束该清洗流程。

（3）隧道式洗笼机

特点为可以实现连续不间断地对动物笼具、物流车及其他各种动物实验室用具等进行清洗和处理，具有超高吞吐量。使用时将待清洗物品由操作人员或机械手臂通过装载模块装载后经传送带运输进入清洗模块的舱室，清洗手臂喷射出被加热的清洗水进行冲洗，完成之后被输送至漂洗模块的舱室内，用加热的清水对其冲洗一定时间，去除残留清洗水的同时，达到巴氏消毒的目的，最后被输送至干燥模块，通过风机和加热装置吹出120℃热风进行干燥，干燥结束后再输送至卸载模块并由操作人员或机械手臂将清洗完成的物品取下。

3. 标准规范

3.1 国内

GB 14925—2023《实验动物 环境及设施》；GB 50447—2008《实验动物设施建筑技术规范》；WS 310.2—2016《医院消毒供应中心第2部分：清洗消毒及灭菌技术操作规范》；WS 310.3—2016《医院消毒供应中心 第3部分：清洗消毒及灭菌效果监测标准》。

3.2 国际

AK KAB [the Execution of a Type-Test according to the Specifications of the working group for cage Processing (AK KAB) 6th Issue 2020 - Chapter 7 Performance evaluation checks for washing systems] 为FELASA（实验动物科学联合会）、GV-SOLAS（实验动物科学学会）推荐的对使用清洗机对实验动物笼盒进行清洗的入门级标准，并对全世界实验动物笼器具清洗机相关生产企业提供认证。AK KAB测试包含：笼盒、笼架、水瓶、食槽等，测试项目包含布朗测试、清洗水温热敏验证、微生物测试等，会从清洗、漂洗、干燥、消毒等每个步骤对清洗机的清洗及灭菌效果进行严格的测试。若获得该证书，且有第三方权威认证机构的严格审核和定期监督，就可以初步认为该企业能够稳定地提供合格的产品及服务，避免耗费额外的人力物力进行调研。

4. 主要技术指标

4.1 柜式洗笼机

（1）有可拆卸的清洗及漂洗手臂，确保无清洗死角；残余垫料等污物可与污水有效分离。

（2）单个喷嘴处出水压力大于等于1.5bar，确保有效去除污物及粪便。

（3）配备气流干燥及温度大于等于100℃的加热干燥设备。

（4）配备自动清洁过滤器。

(5) 清洗水和漂洗水循环水路独立分开，无交叉污染。漂洗水可回到清洗水箱，循环使用。

(6) 通讯：支持 PROFINET、modbusRTU 通信系统联网异地服务器和手机监控，支持远程操作面板。

(7) 配备触摸屏操控系统，可编辑清洗程序，带密码保护功能等；可将数据以 EXCEL 文件形式导出。

(8) 可定时自动启动程序、每日自排清洁维护程序，滤网及过滤托盘可定期拆卸维护。

4.2 步入式洗笼机

步入洗笼机整机采用 SUS 304 不锈钢及以上材质，折弯焊接处需做钝化、抗氧化及抛光处理，无毛刺，外观美观大方、洁净光亮。双门互锁，充气密封，配备密封压力检测装置及异常报警，保障洗笼机运行时内腔密闭，双门钢化玻璃透视窗，便于观察舱内运行情况。清洗管路布置合理，除常规清洗程序外还应有排残程序和管道防堵塞自清洁程序。配备储气罐，气源供压过低时报警停机。主体结构组件为模块化结构，模块间有可靠、易于安装的固定方式，方便运输和进入安装现场。电气控制系统主控制器采用某可编程控制器，控制系统设 3 级密码权限。建议配物联网远程通信控制模块，实现远程实时监控、手机 APP 监控和短信、微信监控等功能，具有报警功能、紧急制动和故障诊断提示。历史数据记录与 USB 接口数据导出。

4.3 隧道式洗笼机

材质：设备主体采用 304 不锈钢或以上材质。

设备由预洗模块、主洗模块、漂洗模块、高压风干模块、干燥消毒模块等组成。系统运行由预洗、主洗、漂洗、风干、热风干燥消毒。

清洗量大于等于 1200 笼盒/h（IVC 小鼠笼盒）。

传送带材质为耐高温、高强度优质塑料，保证笼盒在放置、拿取和输送过程中减少对内壁的剐蹭和划痕。

传送带笼盒自动感应功能，无间断无停留式输送。传送带速度大于 1.5m/min，确保良好的清洗和干燥效果。

双清洗水泵加漂洗水泵组合，水泵材质为耐酸碱性能更好的 316 不锈钢材质。风干模块采用高压高速离心风机，具有更好的笼盒表面风干效果。风机转速大于等于 17000r/min，风压大于等于 24kPa。

高温烘干模块腔体干燥笼盒表面的同时可快速杀死表面残留病菌。清洗、漂洗独立水路。漂洗用持续替换循环使用的冲洗用水，有效减少能耗，稀释污水。支持快速装卸的清洗、漂洗臂，单个喷嘴压力大于等于 0.15MPa。

控制系统采用可编程逻辑控制器（PLC）。配备专用人机界面，具有友好的人机交互体验和状态提示功能，通信响应快、模块化、结构化程序设计。支持以太网、profinet、modbusRTU/modbusTCP 等主流通信。同时具有数据储存、报警提示与在线诊断功能。配有声光报警、紧急制动开关、信号传输接口。设备出现故障时及时声光报警，系统根据报警级别采取不同的设备制动程序并显示报警信息和故障诊断提示。

提供三级密码保护，支持历史数据记录和备份功能，支持后端在线式笼盒翻转、自动垫料分装无间断一站式自动化升级。

4.4 材料要求

洗笼机所用的材料应能承受运行过程中所产生的高温高压，且需要提前考虑到使用过程中人为失误可能导致的损伤（如操作人员失手让笼架撞在清洗舱门上）并做好预防措施。舱体内外部金属都应选用 AISI304 不锈钢，泵等重要部件应选用 AISI316 不锈钢。如选用玻璃（如玻璃舱门），则应选用防爆玻璃，并在出厂前进行测试。

4.5 结构要求

（1）外壳、舱门、内舱：为保证笼盒笼架清洗消毒机能满足使用场景需求、经受高温高压和酸碱清洗，其外壳与内舱及内部管路通常使用 AISI304 或更好的不锈钢制成，且在焊接时使用不产生焊缝或其他清洗死角的焊接方法。

（2）加热系统：对清洗水和漂洗水进行加热，通常分为电加热和蒸汽加热，视情况也可以在外部完成加热后再将热水泵入清洗机。

（3）水箱：清洗水箱储存含有洗涤剂的清洗用水并可加热至适宜温度，漂洗水箱储存漂洗用水并可加热至适宜温度，漂洗水温不低于 85℃。

（4）洗涤剂储存模块：将含有洗涤剂的储存罐放入该模块后，洗涤剂泵可根据清洗需求自动使用洗涤剂，清洁剂浓度不大于 0.2%。

（5）水泵与洗涤剂泵：水泵材质为 316L 不锈钢，洗涤剂泵将洗涤剂从洗涤剂模块泵入清洗水箱混合，水泵将清洗水箱和漂洗水箱中的液体泵入管路，最终进入清洗手臂和漂洗手臂。

（6）清洗手臂、漂洗手臂和水路：清洗手臂和漂洗手臂上分别有清洗水嘴和漂洗水嘴，清洗手臂通过旋转、移动、震荡摇摆等方式保障无死角的清洗覆盖率。为防止交叉污染，清洗漂洗水路通常是分开的。

（7）过滤器：对清洗后的污水进行过滤以进行重复使用或达到排放标准。具有普通过滤器和带反冲功能的自清洁过滤器。

（8）电柜箱和控制单元：机器的核心部件之一。控制单元具有设定清洗模式、监测运行状况和各部件状态、导出运行数据等功能，且部分产品可实现远程连接进行操作或接入设施的中央控制系统。控制面板通常分为触摸屏式或按钮式。

4.6 外观要求

表面应无明显划伤、锈斑、压痕，表面应光洁，外形平整规矩，说明功能的文字和图形符号标志应正确、清晰、端正、牢固，焊接应牢固，焊接表面应光滑。

4.7 安全要求

应设有主动式和被动式紧急制动方式，如紧急制动按钮和紧急制动压杆。在运行过程中若出现故障则会自动停止运行，通过声光报警通知操作人员并留下故障记录。在部件未正确安装（如过滤器）时不能启动并在操作界面显示具体部件名称以通知操作人员。应有在突发紧急情况（如断水断电）时自动触发的应对措施，防止对操作人员、被清洗物和所处环境造成损害。

4.8 安装技术要求

（1）布局设计

脏/洁分区，形成闭环。集中清洗主要配置设备包括步入式洗笼机、隧道式洗笼机、脏垫料处理系统、干净垫料处理系统以及全自动翻转系统，在平面设计阶段，根据规划的饲养量配置洗笼机的型号和数量。在实验动物设施中，人流、物流、动物流是否合理直接关系到交叉污染风险的大小，可利用洗笼机双门或隧道设计，脏进洁出单向流线实现清洗间脏/洁分区，实现笼具单向运输形成闭环。

（2）楼层选择

方便运输，基建承重。大型设备体积和质量决定安装的位置承重比一般设备高，步入式洗笼机体积大，底面积小，安装位置承重一般要求大于 $1250kg/m^2$，有 20cm 左右深度的地面下沉要求，工作时噪声可达 70~80dB 以上，并有一定的震动，因此选择底层能够减少楼层加大承重造价，减少对动物在噪声和振动上的影响。

（3）供能要求

合理设计布排管道。洗笼机属高能耗设备，为了保证清洗效果，一般采用 82℃/55℃的热水清洗漂洗，因此在设计阶段需要预留管道空间。大型设施优先选择锅炉供能，若无配置锅炉条件，也需要配置蒸汽发生器供能，可保证短时间开机工作，并可避免工作中水温不够等问题而影响清洗效率。外供排水、散热排风、压缩空气、检修空间等管道也需一并预留。

（4）安装要求

清洗设备均为大型仪器设备，尤其是全自动清洗线，单台隧道式洗笼机长度通常不小于 6m，若加上前后装载模块预计达 10m 以上，出厂前组装测试无误后，按模块拆机运输到目的设施。一般清洗设备在设施土建完成后进场，与内部装修同步，保证各式管道布排合理。全自动清洗线安装调试的难点是整个控制系统的精准性和同步性，自动翻转夹取模块对不同尺寸的笼盒的精准识别是整个技术的关键，售后技术支持与服务是设备正常运行的重要保障，因此最好安排相关操作人员全程参与安装调试，以便后期使用有专业人员进行维护。

5. 质量控制

5.1 企业内部质控

（1）严格控制原材料质量

在源头上对原材料进行把关，做好原材料的检查和验收的相关工作，避免出现原材料的错领以及错用的情况，切实做好原材料的标记标识工作，保障原材料的正确使用，在发料前、领料后以及下料前的环节中，要对已经标识的材料与原厂的标识保持相同，在下料前相关检验人员对下料的材料要进行验证，确认材料标识的准确性；设备生产制作时，所规定的质量技术的数据标准和指标保持统一；严格地审核材料质量文件是否和实物相符，审核其是否满足当地安全检查机构检测的相关标准。

（2）严格把控工艺流程

在控制洗笼机制作质量期间，工艺流程起着重要的作用，与简单的产品相比，洗笼机在制造的过程中，其工艺结构专业性较强以及有较高的自控水平，基于正确的工艺流程前提下进行严格的执行，确保每道工序都准确无误。

5.2 国内质控要求

洗笼机的设计制造需满足 GB 14925—2010《实验动物 环境及设施》、GB 50447—2008《实验动物设施建筑技术规范》、WS310.2—2016《医院消毒供应中心第 2 部分：清洗消毒及灭菌技术操作规范》、WS310.3—2009《医院消毒供应中心第 3 部分：清洗消毒及灭菌效果监测标准》中关于洗笼机的相关要求，清洗效果符合 GLP 认证，可提供 FAT、SAT、IQ、OQ、PQ 验证。

5.3 国际质控要求

设备需通过国际第三方检测机构出具的对于清洗机的全套系统性 AK KAB 认证，以保证实际清洗效果，提高实验饲养环境的均一稳定性。并提供证书。

6. 选型指南

柜式、步入式和隧道式洗笼机在对应的使用场景下能够满足不同规模设施的需求，小中型设施多以柜式和步入式清洗机为主，大型设施则多以柜式、步入式和隧道式两种和三种类型洗笼机组合的形式进行配合使用，来满足各种不同物料的清洗需求及超高的吞吐量处理要求。

6.1 应用场景

（1）柜式清洗机是最小的一款，由于其占地面积小、设计紧凑、快速安装、即插即用、便于维护的特点，更适合清洗量小或空间有限的小型实验动物设施。

（2）步入式清洗机可以选择单门或双门配置，双门配置的步入式清洗机可以通过双门互锁功能实现分区清洗，从脏区推入清洗架及待清洗物件，清洗完成后可以直接推入洁净区。步入式清洗机的吞吐量更高，可清洗物品范围更广泛，其强大的功能和泛用性适用于几乎所有类型的实验动物设施。

（3）隧道式笼盒清洗机，特点为可以实现连续不间断地对动物笼具、物流车及其他各种动物实验室用具等进行清洗和处理，具有超高吞吐量，且可以配合机械臂提高工作效率，适合笼位以万计数的大型实验动物设施。

根据调研分析，以小鼠饲养笼位为例，笼位小于 5000 笼设施可选择单柜式洗笼机。笼位大于 5000 笼小于 10 000 笼，可选择步入式洗笼机。笼位大于 10000 笼可选择步入式洗笼机配合隧道式洗笼机，数量根据实际情况选择，隧道式洗笼机优先清洗盒底，并配合垫料处理设备，步入式洗笼机优先清洗笼架、盒盖、铁网、水瓶，可满足清洗要求。

6.2 维护保养

（1）每天确认设备蒸汽、水、压缩空气、排水管路有无泄漏。

（2）每天运行过程中有无异响、异味。

（3）每日下班前排空清洗水箱一次，每三到五天清洁自清洁过滤网。

（4）每天下班前清洁清洗机腔体，不能有螺丝、卡扣等金属或塑料小部件。

（5）每天下班断开电源。

（6）每月清洁清洗和漂洗喷嘴。

（7）周末或节假日，不使用设备时，需关闭设备供应阀门。

（8）洗笼机只适用于清洗笼盒、笼架以及不锈钢台架等耐高温塑料或金属物品，清洗时请注意清洗物品是否有小部件容易脱落。

6.3 其他注意事项

（1）操作人员经过技术培训且合格后，方可操作，并按照规程执行。

（2）每天按如下先后顺序进行清洗使用：水瓶、笼架、笼盖、笼底，用于降低交叉污染，必须按照培训内容，按照要求和顺序操作设备供应阀门。

（3）必须使用专用清洗剂清洗，操作人员需按照实验室操作要求，穿工作服，戴口罩、帽子和手套等防护用品。

（4）如发现仪器故障及仪器需要维护时，请及时联系工程师。

（5）注意：如有发现任何危险，请立即按压急停按钮（急停杆）。

7. 建设和使用过程中的风险控制

洗笼机安装、调试阶段的风险和控制措施：

（1）野蛮操作发生撞击或摩擦或坠落。严格按照规范施工作业，加强施工人员培训，做到安全文明施工。

（2）触电风险。施工前应配备漏电保安器，无漏电保安器的作业现场，发电机在使用前应将外壳安装保护接地线，电源线应架空。

洗笼机运行过程风险和控制措施：

（1）金属结构件造成绞、碾、戳、割等伤害。严格按规程操作，配备完善劳保用品，提高人员安全意识。

（2）设备运行过程中突发断电，导致设备短路，无法正常运行。设备PLC具有记忆功能，断电重启后可以重新作业循环/继续断电前的剩余作业。

（3）传送带导致撞击、擦伤等风险。设置安全线，人员只能在安全区进行操作。

（4）设备运行过程中会喷洒热水，有人员烫伤风险。设备张贴警示标识，加强人员培训。

8. 技术发展

中国实验动物行业虽起步较晚，但发展快，已在法律法规、行业标准、科学研究、生产供应、质量保障和人才培养等各方面建立了较为完善的管理体系，国家也加大了对实验动物行业的投入，在清洗配套设备上也将从传统的人工清洗到机械化清洗甚至全自动化清洗发展。而随着配套设备机械自动化程度提高，对操作人员素质的要求必然也会提高，加强相关人员的技能操作培训、提高理论与实操基础，建立一支操作熟练、维修有素的设备保障队伍亦是关键之一。

近年来，基于5G、物联网、人工智能和大数据等技术，实验室行业正经历着智慧化的变革。自动化、信息化、数字化是智慧实验室技术发展的三个最重要维度，是洗笼机行业的发展方向。

自动化：优化清洗流程和数据产生。洗笼机的自动化，基于视觉技术、伺服技术、物联网技术、人工智能技术等，在自动化的仪器设备、自动化生产流水线、机械臂等硬件支持下，辅以配套软件减少人力参与，让清洗流程自动进行，从而让实验数据自动产生并记录。

信息化：优化运营数据产生、优化实验数据记录。信息化是指基于5G、大数据、物联网等技术，在传感器等硬件设备及配套软件系统的支持下，一方面将涉及洗笼机运营管理的信息（如环境温湿度、耗材库存量等）以数据形式呈现，将纯人力的监督判断行为转化为基于数字的公式算法；另一方面将习惯于纸质记录的数据及流程等信息转化为电子版的呈现，并配以相应标签，为数字化的应用提供数据基础。

数字化：优化运营的流程及数据应用。这一步主要是通过软件系统完成的。其实专注于自动化、信息化的设备几乎都配以相应的数字化软件，以达成数据从产生到使用的闭环，如我们熟悉的LIMS及ELN类软件。

3.4 动物负压解剖台（柜）

1. 概述

高等级生物安全实验室是研究对人体、动植物或环境具有高度危害性，通过气溶胶途径传播或传播途径不明，或未知的、危险的致病因子，没有预防治疗措施的生物。在研究过程中经常针对猴、兔、鼠等中小型感染动物进行解剖，在该过程中会产生感染性"三废"（废气、固体废物和废液），将对操作人员造成很大威胁。动物负压解剖台（柜）能够形成局部高于实验室的负压，使解剖过程中产生的感染性病原微生物气溶胶局限在解剖台的范围内，不扩散到实验室。

动物负压解剖台（柜）国内外现在还没有相关的标准，我国只有中华人民共和国公安部颁布了不锈钢尸体解剖台的行业标准。动物负压解剖台（柜）在生物安全柜的基础上针对动物解剖的特殊要求发展而来，其可以参考生物安全柜的相关标准，包括 NSF 49 标准、EN 12469：2000、美国联邦标准 209E 及我国的 JG 170－2005 和 YY 0569－2011 等相关标准。

动物负压解剖台（柜）主要用于临床、诊断、教学和对群体中出现的与人类严重疾病有关的生物因子进行操作的实验室。Ⅱ级动物负压解剖还可以用于挥发性有毒化学品和放射性核素为辅助剂的微生物实验室。

目前行业内动物负压解剖取材台大多为开放式，即操作台四面留有排风口，气流从排风口流向操作台底部，再通过排风管道排出。还有一种是在操作台后面排风，但是均没有明显的定向气流。2018 年国家重点研发计划项目（项目编号：2018YFC1200302）研发了两款解剖台，一种为半开放式，另一种为手套箱式，主要解决气流定向控制、病理精确取材、物品安全传递、人机工效、废物废液处理、高效过滤器原位检漏与系统消毒等关键技术问题。

2. 分类、结构、工作原理

2.1 分类

半开放式负压解剖取材台为双面操作，操作视窗可抬高到 200mm 高度，双面操作口均可保证不低于平均 0.5m/s 的定向气流；手套箱式负压解剖取材台为双面操作，正面设置 3 个操作手套，背部设置 2 个操作手套，整个操作过程完全气密。

2.2 结构

半开放式负压解剖取材台主要由可升降底座、操作台面、原位检漏高效排风过滤系统、监控系统、自动化控制系统、废液处理系统等组成。

手套箱式负压解剖取材台主要由底架、密闭全透明（360°可视）操作舱、送排风高效过滤系统、自动化控制系统、废液处理系统等组成。

2.3 工作原理

半开放式负压解剖取材台正常工作时外部气流通过操作窗口流入操作台面，通过高效空气过滤器排出。升降台为电动控制，可根据工作人员操作内容和操作习惯将工作边台调整到最佳位置。工作边台顶部设有两个LED照明灯，平均照度不低于900lx，同时设置有局部照明灯，增加部分解剖位置的照度。局部照明灯同一水平线处设置有风速传感器，可实时监测设备排风运行状态和工作窗口的平均流速；工作边台顶部设置有360°摄像头，可记录整个实验操作过程。同时内部设置有清洗设施及器械磁铁。如图3-4-1所示。

手套箱式解剖取材台采用全封闭设计，具备气密操作和传递、高效过滤器原位检漏和高效空气过滤器阻力检测功能。设备运行时，室外空气通过左侧进风口进入送风高效过滤箱，再通过送风高效空气过滤器进入舱室，舱内的空气通过右侧排风高效过滤器经过排风管道排出舱外。如图3-4-2所示。

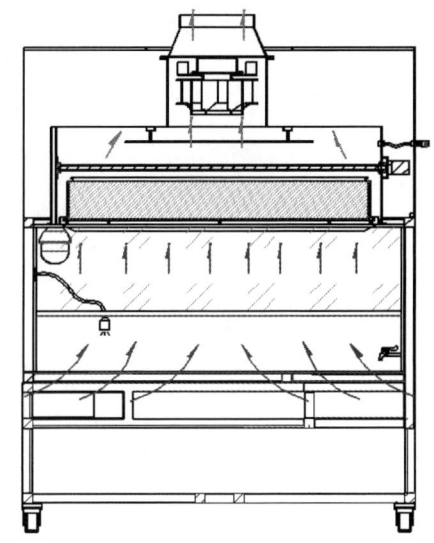
图3-4-1 半开放式负压解剖取材台排风原理图

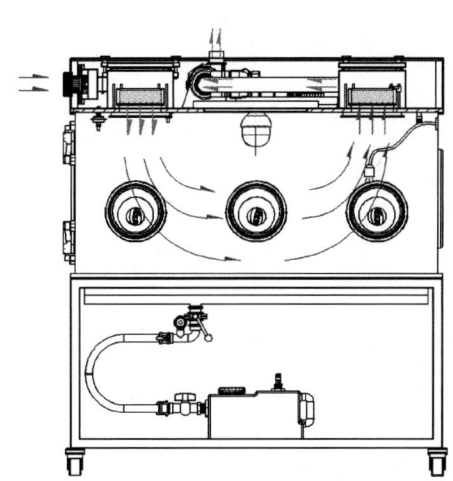
图3-4-2 手套箱式负压解剖取材台送排风原理图

3. 标准规范依据

由于目前没有对该设备的特定标准规范，只能参考相似设备规范。

半开放式负压解剖取材台：GB 50346—2011《生物安全实验室建筑技术规范》；YY 0569—2011《Ⅱ级 生物安全柜》。

手套箱式负压解剖取材台：GB 50346—2011《生物安全实验室建筑技术规范》；RB/T 199—2015《实验室设备生物安全性能评价技术规范》。

4. 主要性能指标及评价

4.1 技术难点

病理精确取材辅助、物品安全传递、人机工效、废物废液处理、高效过滤器原位检漏与系统消毒和定向气流控制等关键技术。

4.2 性能指标

4.2.1 半开放式负压解剖取材台

（1）工作窗口气流平均流速大于等于0.5m/s，双操作窗口，便于开展中动物解剖取材操作。

(2) 气流模式：工作窗口断面所有位置的气流均明显向内、无外逸。

(3) 排风过滤效率不小于 99.99%（@0.3μm）。

(4) 排风高效过滤器可进行原位扫描检漏。

(5) 配备摄像、局部照明、标尺、液体清洗等精确取材设备。

(6) 配备电动升降装置，可站立操作。

4.2.2 手套箱式负压解剖取材台

(1) 手套连接口中心气流速度不小于 1.1m/s，具备双操作面，便于开展实验动物解剖取材操作。

(2) 隔离环境：负压差值不小于 50Pa。

(3) 排风过滤效率不小于 99.99%（@0.3μm）。

(4) 送、排风高效过滤器可进行原位全效率检漏。

(5) 气密性：250Pa 下舱内小时泄漏率不大于 0.25%。

(6) 配备摄像、局部照明、标尺、液体清洗等精确取材设备。

(7) 换气次数不小于 $20h^{-1}$。

(8) 可实时监测舱内压差、温度、排风过滤器阻力等。

(9) 报警：舱内压力报警、过滤器阻力报警、温度报警。

(10) 采用 RTP 双门气密传递或气密传递窗传递方式。

5. 质量控制

5.1 设备质量控制的主要内容

(1) 设备安装和调试。对新购设备进行安装和调试，确保设备的正常运行和稳定性，消除设备安装过程中可能存在的问题和隐患。

(2) 设备维护和保养。建立设备维护和保养制度，定期对设备进行检查、清洁和维护，及时发现和解决设备故障和问题，确保设备的正常运行和稳定性。

(3) 设备检测和测试。建立设备检测和测试制度，对设备进行定期的检测和测试，确保设备的性能和质量符合要求，及时发现和解决设备存在的问题。

(4) 设备改进和升级。根据生产需求和技术发展的要求，对设备进行改进和升级，提高设备的性能和质量水平，提高生产效率和产品质量。

(5) 设备故障分析和处理。对设备故障进行分析和处理，找出故障的原因和根源，采取相应的措施和方法进行修复和改进，防止故障再次发生。

5.2 设备质量控制的方法和工具

(1) 设备质量管理体系。建立和实施设备质量管理体系，包括设备选型和采购、设备安装和调试、设备维护和保养、设备检测和测试、设备改进和升级等方面的管理制度和规范。

(2) 设备质量检测和测试。通过使用各种设备质量检测和测试工具，对设备的性能和质量进行检测和测试，发现和解决设备存在的问题。

(3) 设备维护和保养。建立设备维护和保养制度，制订设备维护和保养计划，定期对设备进行检查、清洁和维护，及时发现和解决设备故障和问题。

(4) 设备故障分析和处理。对设备故障进行分析和处理，找出故障的原因和根源，采取相应的措施和方法进行修复和改进,防止故障再次发生。

(5)设备改进和升级。根据生产需求和技术发展的要求,对设备进行改进和升级,提高设备的性能和质量水平,提高生产效率和产品质量。

6. 检测方法

动物负压解剖台(柜)是保证生物安全的一级屏障,应严格检测。另外其运行状态也会影响实验室通风系统,因此应首先确认其运行状态符合要求后再进行实验室系统检测。

6.1 开放式解剖台

开放式解剖台的检验类型可分为型式检验、出厂检验、安装检验及维护检验。

(1)型式检验由生产厂送样,检验必须在经过质量认证合格的机构进行。产品在下列情况之一时,应进行型式检验:①新产品定型鉴定时;②结构、材料、工艺有较大改变,可能影响功能时;③正常生产时,每两年进行一次;④产品停产半年以上,恢复生产时;⑤最终检验结果与上次型式检验有较大差异时。

(2)出厂检验是每一台开放式解剖台在生产、组装完毕后,出厂前的检验。出厂检验时遵守有关国家或行业标准的一般要求,并按照企业标准的具体要求来进行,检验条目中出现一项不符合要求,即判定该生物安全柜出厂检验不合格。

(3)安装检测:检测排风量不小于 $2000m^3/h$。

6.2 负压取材台

负压取材台的检验类型可分为型式检验、出厂检验、安装检验及维护检验。

(1)型式检验由生产厂送样,检验必须在经过质量认证合格的机构进行。产品在下列情况之一时,应进行型式检验:①新产品定型鉴定时;②结构、材料、工艺有较大改变,可能影响功能时;③正常生产时,每两年进行一次;④产品停产半年以上,恢复生产时;⑤最终检验结果与上次型式检验有较大差异时。

(2)出厂检验是每一台开放式解剖台在生产、组装完毕后,出厂前的检验。出厂检验时遵守有关国家或行业标准的一般要求,并按照企业标准的具体要求来进行,检验条目中出现一项不符合要求,即判定该生物安全柜出厂检验不合格。

(3)安装检测:检测排风量不小于 $2000m^3/h$。

(4)维护检验:更换离子过滤器和福尔马林过滤器后进行排风量检测。

6.3 手套箱式解剖柜

手套箱式解剖柜检测方法参见Ⅲ级生物安全柜。

7. 选型指南

7.1 应用场所

两种设备均适用于高等级生物安全实验室。其中半开放式负压解剖取材台适用于不能有效利用安全隔离装置操作常规量经空气传播致病性生物因子的实验室，和利用具有生命支持系统的正压服操作常规量经空气传播致病性生物因子的实验室。手套箱式负压解剖取材台适用于可有效利用安全隔离装置（如：生物安全柜）操作常规量经空气传播致病性生物因子的实验室。

7.2 适用实验动物类型

可完成中、小动物的解剖、取材等实验操作。

7.3 设备尺寸

半开放式负压解剖取材台长×宽×高为 1620mm×750mm×2120mm；手套箱式负压解剖取材台长×宽×高为 2055mm×750mm×1850mm。设备双面均需要留 1000mm 操作空间，选型时需要注意实验室空间。

8. 建设和使用过程中的风险控制

8.1 设备安装

（1）两种解剖台均自带一级排风高效空气过滤器，需要再经过一级高效过滤器方可排到室外主管道。
（2）半开放式负压解剖取材台具备平台升降功能，可根据现场情况进行管道连接。
（3）解剖台具有上下水接口，新建实验室可考虑提前预留接口。
（3）半开放式负压解剖取材台排风量在 1000m³/h，需考虑实验室的压差稳定。

8.2 设备运行

（1）设备风机、传感器、操作手套均为进口产品，存在"卡脖子"风险，需要国内相关行业加大力度发展。国产风机存在体积过大、压头不足、噪声过大等问题，国产传感器比如压差和风速传感器存在精度偏低和数据波动较大等问题，国产袖套存在材质偏硬、不抗老化等问题。
（2）半开放式负压解剖取材台和手套箱式负压解剖取材台是在国家重点研发计划项目资助下研发的设备，目前已经满足关键技术指标。由于此类解剖装备在行业内比较少见，涉及人体工程学和操作细节问题，还需要后续与操作人员探讨改进。

9. 技术发展

目前该装备可自主按照系统设定的参数运行，比如自主控制变频风机频率保证舱室压差、自主启停加热装置控制舱室温度等，并且已经实现与中控室数据同步，也可在中控室对设备进行启停、修改参数等操作。

3.5 垫料收集台（普通型、生物安全型）

1. 概述

1.1 定义

垫料收集台是一种负压过滤排风柜，可在操作区域形成负压，避免操作人员和工作环境受到动物垫料倾倒过程中产生的气味、粉尘、过敏原、生物气溶胶等的影响。

1.2 用途

主要用于动物实验，收集动物饲养后的废弃垫料。

1.3 基本原理

设备为负压过滤排风装置。通过风机将柜内空气向外抽吸，使柜内保持负压状态，通过气流来保护操作人员；柜内空气经过高效过滤器过滤后排放到室内，以保护环境。操作台面上具有贯穿台面的废料滑槽，废料滑槽与下方的废弃垫料收集桶连通，废料滑槽下方可套废料收集袋。倾倒废弃垫料时，产生的粉尘和生物气溶胶等，通过气流和负压被吸引至设备排风装置，经过滤器过滤后，空气排向室内。

垫料收集台可分为普通型和生物安全型。普通型是在Ⅰ级生物安全柜的基础上，增加废垫料滑槽和收集桶。生物安全型具有Ⅱ级A2型生物安全柜的气流模式及保护功能，同时在设备内增加废垫料滑槽和收集桶，可进行废垫料收集处理，为操作人员、实验动物及环境提供保护。

2. 标准

垫料收集台主体为生物安全柜，可参照国际、国内的生物安全柜相关标准，以Ⅱ级A2型生物安全柜为例，部分参数要求见表3-5-1。

表3-5-1 国际、国内生物安全柜相关标准

标准名称	NSF 49-2016 （美国国家卫生基金会）	EN 12469：2000 （欧洲标准化委员会）	GB 41918—2022 （国家药品监督管理局）
地区	美国	欧洲	中国
发布时间	2016年	2000年	2022年
气密性	加压至500Pa，10min后减压不大于10%，出厂做肥皂泡法检测	加压至250Pa，无肥皂泡反应	同NSF
垂直气流平均风速	标称值±0.025m/s	0.25～0.5m/s	0.25～0.4m/s
进风平均风速	不小于0.51m/s，且风速偏差应在厂家标称值的±0.025m/s	不小于0.4m/s	不小于0.5m/s
过滤器泄漏测试	可扫描检测过滤器在任何点的漏过率不超过0.01%，不可扫描检测过滤器在任何点的漏过率不超过0.005%	如果使用离散粒子计数器，高效粒子空气过滤器的局部渗透率不应超过0.05%；如果使用气溶胶光度计，高效粒子空气过滤器的局部渗透率不应超过0.01%	同NSF
柜体结构	无具体要求	无具体要求	工作区四面为双层结构

3. 技术要求

3.1 普通型垫料收集台

（1）不锈钢工作表面，易于清洁消毒。

主体及内侧采用304不锈钢，外侧为防撞防化学腐蚀的高分子塑料；设备整体设计在减轻质量、

方便运输的同时还要符合环保标准，收集台本身需要易于清洁和维护，以确保脏垫料的存放环境卫生，并减少细菌滋生的可能性。

（2）窗口工作开口不小于350mm，可容纳大鼠和小鼠鼠笼通过。

工作区域经过精心设计和优化，增强过敏原和污染物防护的同时，具有最大的灵活性，适配不同尺寸的笼具。

（3）工作区域保持负压状态，工作开度时平均进气风速不小于0.40m/s。

工作区域压力保持为负压抽吸状态：保证脏垫料中的动物毛发及过敏原不会外泄，确保操作人员及工作环境的安全。自动控制气帘速度不小于0.55m/s，提供恒定的气帘屏障，根据工作状态及负载量自动调节，形成稳定负压状态隔绝有害物质。

（4）具有排风高效，保证外排气体洁净度。可配备活性炭除臭外排过滤器。

排风高效过滤器H14过滤效率不低于99.99%；设置排风高效过滤器，对倾倒脏垫料时产生的废气外排进行有效过滤，确保外排气体的洁净度。

（5）控制系统带压力监测器和报警器。

采用触摸屏智控系统，实时显示设备运行状态下的各种参数，如风速、照明、报警信息等，方便人员操作查看。

（6）可支撑的工作托盘和废垫料滑槽，可以方便地将垃圾袋连接到废垫料滑槽。

（7）支架尺寸灵活可调，可坐可站。具有可移动的脚轮。

工作台高度具备升降调节功能，满足不同身高的操作人员进行使用，调节至舒适高度缓解工作疲劳。

（8）配备废料收集桶，带脚轮平台。

废料箱容积不小于60L：收集台的容量需要足够大，能够容纳一定数量的脏垫料，以减少清理和更换的频率，提高工作效率。

（9）工作运行噪声小于60dB。

要求采用静音风机，保证人员工作环境的舒适性。

3.2 生物安全型垫料收集台

（1）设备主体材质为不锈钢，便于清洁消毒。

所有的收集台内表面和废料滑槽应使用304不锈钢的材料制作。板材厚度满足强度要求，不小于1.2mm；前窗玻璃使用光学透视清晰、清洁和消毒时不对其产生负面影响的防爆裂钢化玻璃、强化玻璃制作，其厚度应不小于5mm。

（2）满足Ⅱ级A2型生物安全柜技术参数要求。

设备整体满足GB 41918—2022中关于Ⅱ级A2型生物安全柜的所有技术参数要求。

（3）窗口工作开口高度不低于300mm，可容纳大鼠和小鼠鼠笼通过。

工作窗口最大开口高度满足常规大鼠和小鼠IVC笼通过，鼠笼进入时开窗高度不触发报警。

（4）具有废垫料滑槽，位于工作区内，方便工作人员倾倒垫料和废弃物。

（5）废料收集袋与生物安全柜废料滑槽密封连接。

柜体防泄漏，废料滑槽与生物安全型垃圾袋完全密封连接，废料通过滑槽进入垃圾袋时无任何污染物从接口处溢出。废料滑槽底端有快速卡箍装置，方便垃圾袋与滑槽快速装卸。

（6）配备废料收集桶，带脚轮平台。

(7) 安全柜后壁内置有预过滤器，有效拦截垫料、毛发和皮屑颗粒，可轻松拆卸清洗。

(8) 工作台高度尺寸灵活可调，可坐可站，符合人体工程学原理。

4. 设备的质量控制

4.1 普通型垫料收集台

4.1.1 材料选择

(1) 耐腐蚀性和耐用性。设备应选用耐腐蚀材料，以防止因长期接触脏垫料而导致的腐蚀与损坏。

(2) 易清洁性。材料应易于清洁和消毒，防止细菌和病毒滋生。

(3) 便捷性。整体设备质量应方便运输和移动。

4.1.2 设计与结构

(1) 机器采用紧凑型设计，符合人体工程学原理；入口宽敞，适配多种笼盒，配备电动升降系统，满足不同用户需求。

(2) 安全性设计。设备应具有防护装置，避免操作人员在使用过程中受到伤害。

(3) 稳定性和坚固性。设备的结构应坚固，能承受日常使用中的压力和质量。

4.1.3 生产工艺

(1) 优质材料。AISI 304 采用抛光工艺处理，显著提高清洁度。

(2) 制造精度。确保各部件的尺寸和装配精度，以保证设备的正常运行和使用寿命。

(3) 焊接质量。对于金属结构，应检查焊接点的牢固性和光滑度，避免焊接缺陷。

4.1.4 性能测试

(1) 负载测试。在满负荷条件下运行设备，确保其能承受实际工作中的负载，保证恒定风速，满足负压抽吸的工作状态。

(2) 连续运行测试。模拟设备在长时间连续工作的情况，检查其耐久性和稳定性。

4.1.5 卫生与环保

(1) 排放控制。设备应具备有效的废弃物处理和废气排放过滤系统（过滤效率不低于 99.99%），减少对环境的污染。

(2) 环保性。考察收集台的材料和设计是否符合环保标准，以及是否有相关的废弃物处理计划。

4.1.6 维护与保养

(1) 易于维护。设备设计应考虑到后期的维护和保养需求，方便更换易损件和进行维修。

(2) 使用说明。配备详细的使用和维护手册，指导操作人员正确使用和保养设备。

4.1.7 质量认证

(1) 符合标准。设备应符合相关行业标准和规范，如 ISO9001 质量管理体系认证、ISO14001 环境管理体系认证、CE 认证、LEED 认证等。

(2) 质量检测。可以通过专业机构的检测和认证，确保设备质量达到使用设计要求。

4.1.8 规范使用

(1) 操作培训。对操作人员进行系统的培训，确保他们能正确、安全地使用设备。

(2) 维护培训。培训操作人员进行日常检查和简单维护，延长设备使用寿命。

4.2 生物安全型垫料收集台

按 GB 41918—2022 中的要求进行检测和质量控制。

5. 安装与调试

（1）安装尺寸。按设备整体长宽高预留，空间允许的情况下每侧应留出不少于 15cm 的空间量，顶部至少留出 15cm 的空间保证通风良好。

（2）仪器电源要求。220V、10A 单相交流电，50Hz，配置合适插座。

（3）安装位置。远离人员通道，不要安装在正对通风口，避免空调直吹、避开门和其他破坏性的气流来源，保证空气洁净，避免工作时异常开窗等情况。

（4）调试结果验证。普通型垫料收集台满足Ⅰ级生物安全柜相关要求，生物安全型垫料收集台满足Ⅱ级 A2 型生物安全柜相关标准要求。

6. 选型指南

6.1 普通型垫料收集台

SPF 动物单纯饲养的废弃垫料、动物未经病原体实验的废弃垫料或经高温高压灭菌后的废弃垫料，可选用普通型垫料收集台。

6.2 生物安全型垫料收集台

从事传染性病原体研究且未经高温高压灭菌的废弃垫料处理，选用生物安全型垫料收集台。

7. 设备的风险控制

7.1 操作人员安全

（1）个人防护装备。使用设备时操作人员应穿戴适当的个人防护装备，如手套、口罩、防护服和护目镜，以防止接触动物毛发、垫料粉尘和气溶胶等有害物质。生物安全型垫料收集台使用时，人员按设备所在实验室的防护级别进行防护。

（2）使用安全培训。定期对操作人员进行安全培训，确保工作人员了解设备的正确使用方法和操作流程。

（3）应急预案。制定并演练突发事件的现场应对方案，如设备故障、突发报警、异味泄漏等，确保能够迅速有效地处理。

7.2 设备操作管理

（1）标准操作规程（SOP）。制定详细的标准操作规程，指导操作人员按照规定步骤和方法使用设备。

（2）定期检查和维护。定期检查设备的各个部件，及时发现和修复潜在的故障，保持设备处于良好状态。

（3）设备报警系统。定期检查报警系统，确保设备异常情况发生时及时传递报警信息。

7.3 设备清洁管理

（1）清洁和消毒。定期对垫料收集装置工作区域及其周边区域进行清洁和消毒，防止细菌、病毒和其他病原体的传播。

（2）废弃物处理。建立科学的废弃物处理流程，包括分类收集、密封存储和无害化处理，减少环境污染。生物安全型垫料收集台按设备所处实验室防护级别的要求进行废弃物处置。

（3）危险物质管理。设备清洁时严格管理和控制危险物质，如化学清洁剂和消毒剂，确保其储存和使用安全。

（4）保护工作环境。在设备清洁过程中尽量减少对其他工作环境的破坏，避免污染源扩散的风险。

7.4 记录和报告

（1）操作记录。详细记录每次设备使用情况，包括操作时间、使用人员、设备状态等信息。

（2）维护记录。建立设备维护机制，及时记录和报告操作中的异常情况或事故，便于分析和改进。

7.5 风险评估及优化

（1）持续改进。根据动物房建设和垫料收集台使用过程中暴露的问题，不断改进设备工艺设计和人员操作流程，降低风险水平。

（2）通风系统。确保垫料收集台使用区域有良好的通风系统，以排出有害气体和异味。

（3）空气质量监测。定期监测设备使用场所的空气质量，确保操作环境符合卫生标准。

8. 技术发展方向

随着生命科学领域的不断发展，实验动物科学作为科研的基础学科也有了新的标准，且由于其自身发展的需要，实验动物饲养设施和运行管理水平也在提升，并逐步向着自动化、节能化、机械化、智能化和网络化方向发展。垫料收集设备作为实验动物中心洗消间的基础设施以及生物安全实验室中废弃垫料处置装置，未来在技术和工艺上通过持续创新和发展，将变得更加智能、高效、环保和用户友好，为实验室和动物房的日常管理提供更为优质的解决方案。

8.1 普通型垫料收集台

（1）传统的垫料收集台是由倾倒口倒料直接进入废料收集桶，未来可将倾倒口升级为自清洁式传送带送料，给操作人员预留拾捡遗落物品的缓冲时间。

（2）设备废料收集桶模块通过加装夹具及轨道，在垃圾袋装满后由人工打包升级为设备自动打包封口并传出。

（3）针对中大型的实验动物中心，独立单机版的脏垫料倾倒机将被取代改用大型在线式脏垫料处理系统：每层洗消间仅需设计一个倾倒机，通过独立管道集中输送至脏垫料收集台，整套系统可共用一套独立技术区，实现高楼层、远距离的自动化脏垫料收集。

（4）自动化和智能化。利用传感器和人工智能技术，实现对脏垫料状态的自动监测和判断，自动启动和停止倾倒过程，从而提高效率和降低劳动强度。

（5）机器人技术。引入机械自动化技术，使倾倒过程更加精准和高效，并能够适应不同类型和规格的脏笼盒。

（6）环保和卫生。开发更高效的过滤、除尘和除臭系统，减少粉尘和异味对环境和操作人员的影响；设备集成自动消毒和清洁功能，防止二次污染，保持动物房的卫生标准。

（7）高效和节能。采用更节能的电动机和驱动系统，减少能耗，提高设备的整体效率；通过模块化设计，使设备维护更简单，缩短停机时间，提升生产效率。

（8）数据集成和管理。将设备连接到物联网，实现远程监控和管理，及时发现和解决问题。通过大数据分析，优化垫料管理流程，提供决策支持，提高管理水平。

（9）多功能一体化。开发多功能的倾倒设备，集成多种功能于一体，如倾倒、清洁、消毒等，一站式解决脏垫料处理问题。

8.2 生物安全型垫料收集台

生物安全型垫料收集台目前主要实现方式是在Ⅱ级 A2 型生物安全柜基础上，在设备工作区增加废弃物收集系统，同时增大前窗开启高度，以满足多型号动物 IVC 笼盒进入。未来可根据生物安全实验室具体使用场景，开发独立的废弃垫料收集设备，同时集合自动打包、自动更换垃圾袋等辅助装置，减少人员接触污染废弃物的机会，以减少溢洒、泄漏及暴露事件的发生。

第4章　生物安全实验室装（设）备

4.1　生物安全柜

1. 概述

生物安全柜（biological safety cabinets，BSCs）是为操作原代培养物、菌毒株以及诊断性标本等具有感染性的实验材料时，用来保护操作者本人、实验室环境以及实验材料，使其避免暴露于上述操作过程中可能产生的感染性气溶胶和溅出物而设计的。当对液体或半流体施以能量，例如摇动、倾注、搅拌，或将液体滴加到固体表面上或另一种液体中时，对感染性物质进行匀浆及涡旋振荡、对感染性液体进行离心以及进行动物操作时，都可能产生感染性气溶胶。由于肉眼无法看到直径 $100\mu m$ 以下的微小液滴，因此实验室工作人员通常意识不到有这样大小的颗粒在生成，并可能吸入或交叉污染工作台面的其他材料。

生物安全柜起源于20世纪初，作为微生物研究的有限防护空间，柜内流动空气经瓶装消毒剂或利用瓦斯燃烧器消毒安全柜的进气和排气。直到20世纪50年代初，才将玻纤滤料的过滤器运用在安全柜上。其中比较主要的变化是在排风系统中增加了HEPA过滤器。此举可以使直径 $0.3\mu m$ 的颗粒截留率达到99.97%，对于更大或更小的颗粒，截留则能达到99.99%。HEPA过滤器的这种特性使得它能够有效地截留所有已知的传染因子，称为保护环境。第二个改进，则是将经过滤的空气重新输送到工作区域，这样可以保护工作台区域的物品不被污染，通常称为保护实验对象。再加之在前窗操作口形成的气膜隔离，对操作者起到保护作用。各类、各级别的生物安全柜都因这些设计中的变化而得到改进。已经表明，正确使用生物安全柜可以有效减少由于气溶胶暴露所造成的实验室感染以及培养物交叉污染。生物安全柜同时也能保护环境。

2. 分类、结构、工作原理

生物安全柜根据结构设计、送排风比例以及保护对象和程度的不同，分为Ⅰ级，Ⅱ级，Ⅲ级。Ⅱ级生物安全柜又根据前窗操作口的流入气流速度、柜内循环空气的比例、污染部位是否全部负压保护以及排风方式的不同，分成了A1、A2、B1、B2四种不同的类型。

表4-1-1是GB 41918—2022《生物安全柜》对Ⅰ级、Ⅱ级和Ⅲ级不同级别，以及对A1、A2、B1、B2四种不同类型Ⅱ级生物安全柜主要参数的规定。在追求全球化的今天，为了便于世界不同国家、不同品牌的生物安全柜实现国际化销售，世界各国对生物安全柜的分级和分类也逐渐统一，达成了一致，基本与表4-1-1的参数相一致。但不同国家生物安全柜的标准中，在个别指标上仍存在一定的差异，在购买和使用时需要加以注意。

表 4-1-1　不同级别、类型生物安全柜的主要参数

级别	类型	排风	循环空气比例/%	柜内气流	流入气流平均风速/(m/s)	保护对象
Ⅰ级	—	可向室内排风	0	乱流	≥0.40	使用者和环境
Ⅱ级	A1型	可向室内排风	70	单向流	≥0.40	使用者、受试样本和环境
	A2型	可向室内排风	70	单向流	≥0.50	
	B1型	不可向室内排风	30	单向流	≥0.50	
	B2型	不可向室内排风	0	单向流	≥0.50	
Ⅲ级	—	不可向室内排风	0	单向流或乱流	无工作窗进风口，当一只手套筒取下时，手套口风速≥0.7	主要是使用者和环境，有时兼顾受试样本

2.1　Ⅰ级生物安全柜

Ⅰ级生物安全柜是最早得到使用的，并且由于其设计简单，目前仍在被广泛使用。Ⅰ级生物安全柜可以有一体式排风机，也可能借助外接排风管中的风机或是建筑物排风系统的排风机带动气流，其气流原理和实验室通风橱一样，即房间空气从前窗操作口以一定的速率进入生物安全柜，空气经过工作台表面，并经排风管排出生物安全柜（见图4-1-1）。定向流动的空气将工作台面上可能形成的气溶胶迅速带离实验室工作人员而被送入排风管内。操作者的双臂可以从前面的开口伸到生物安全柜内的工作台面上，并可以通过玻璃窗观察工作台面的情况。生物安全柜的玻璃窗还能完全抬起来，以便清洁工作台面或进行其他处理。

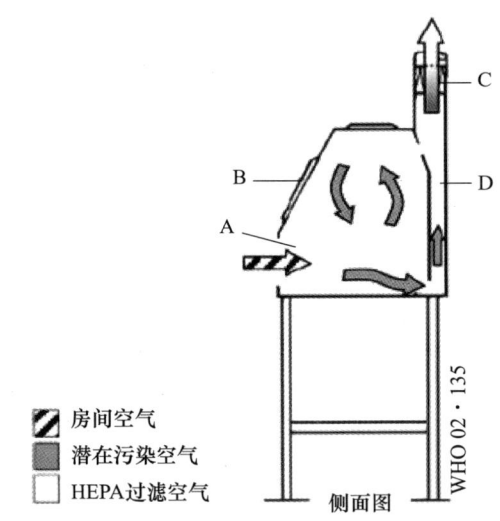

A—前窗操作口；B—前侧观察窗；C—排风过滤器；D—负压排风通道。

图 4-1-1　Ⅰ级生物安全柜原理图

在Ⅰ级生物安全柜上可以增加带有手臂孔的钢质面板，通过手臂孔通向工作表面。这种限制的开孔使吸入空气速度增加，提高了对工作人员的保护。为了提高安全度，也可以不设前窗操作口，而是在观察窗的面板上安装长臂手套。进气气流可以通过辅助进风孔（它可以安装过滤器）和（或）通过松动配合的前面板周围进气。

Ⅰ级生物安全柜能够为人员和环境提供保护。当Ⅰ级生物安全柜的排风排到室外时，也可用于操作放射性核素和挥发性有毒化学品。但由于Ⅰ级生物安全柜是直接将房间空气通过生物安全柜正面的

开口处吸入到生物安全柜内，可能带入房间空气中存在的微生物或其他不需要的颗粒物，因此Ⅰ级生物安全柜对操作对象不能提供切实可靠的保护。由于Ⅱ级生物安全柜除了提供人员和环境保护以外，还能够提供产品保护，因此Ⅰ级生物安全柜的常规使用在逐渐减少。但在许多情况下，Ⅰ级生物安全柜仍广泛应用于某些设备（如离心机、收集设备或小型发酵设备等）或可能产生气溶胶的操作（例如倒垃圾、通气培养或组织搅拌）的围护。在四级生物安全实验室，只有在穿着正压防护服的条件下，Ⅰ级生物安全柜才可用于BSL-4的实验活动。

2.2　Ⅱ级生物安全柜

由于生化研究需要使用无菌的动物组织和细胞，特别是病毒的培养系统，因此对生物安全柜提出了样品保护的需求。20世纪60年代初期提出了层流理论：达到某一恒定流速的沿平行线单向流动的气流（即层流）可以减少气流乱流，将有助于污染气溶胶的捕获清除。生物防护技术将这种层流原理和高效空气过滤器的应用整合起来，开发了提供无颗粒物工作环境的工作台。这种整合可以保护工作人员免受实验操作所致的感染微生物的危害，同时也提供了必要的产品保护。Ⅱ级生物安全柜就是基于这样的空气层流原理发展起来的。但需要指出的是，用于产品保护的这种气幕如果被破坏（比如材料在生物安全柜中的进进出出，胳膊快速大幅度地运动），就可能会造成实验环境污染以及产品污染。

Ⅱ级生物安全柜的气流设计原则是：当内置风机被启动以后，它将室内的空气引入到生物安全柜的开口处，并流进前面的进风格栅，在生物安全柜内形成一定的负压；与Ⅰ级生物安全柜所不同的是空气通过送风高效空气过滤器过滤，当生物安全柜工作时，在过滤膜表面形成均匀稳定的压力，不会使风机对滤膜产生空气射流，经高效空气过滤器过滤的洁净空气从顶部向下并以一定的速率均匀层流沉降，使得气流能够平稳均匀地垂直流向工作区，这种方式的气流能避免样品间的交叉污染。同时在玻璃门开口处形成具有一定风速的特殊垂直气幕，并通过前格栅的特殊设计形成一道空气屏障，既防止室内未经过滤的空气直接进入柜内流经工作台面而污染操作对象，又能防止工作区气流接触操作对象被污染后逸出生物安全柜而对操作者和环境造成危害。

根据Ⅱ级生物安全柜前窗操作口的流入气流速度、柜内循环空气的比例以及排风方式的不同，国际上通常将其分成了A1、A2、B1、B2四种不同的类型。Ⅱ级生物安全柜的气流从操作者的周围抽到生物安全柜前面的格栅，并避免柜内气体外逸，从而提供人员保护；高效空气过滤器过滤的空气以单向流的形式沿着生物安全柜的工作空间向下流动，最大程度地减少生物安全柜工作台面上发生交叉污染的机会，从而提供产品保护；生物安全柜排出的空气经过高效空气过滤器过滤，因此排出的风没有微粒或微生物，从而提供环境保护。

B型生物安全柜的排风系统必须通过管道连接到室外，而A型生物安全柜的排风可以直接排入室内，也可以通过套管（或伞形罩）连接排放到室外。只有当生物安全柜的排风通过管道（或套管、伞形罩）连接排放到室外时，才能用于挥发性有毒化学品或放射性核素的操作。

在一级～三级生物安全实验室内，Ⅱ级生物安全柜都可以用于BSL-1～BSL-3的实验活动。在四级生物安全实验室，只有在穿着正压防护服的情况下，Ⅱ级生物安全柜才允许进行BSL-4的实验活动。

2.2.1　A型Ⅱ级生物安全柜

A型Ⅱ级生物安全柜通过一个内部风机抽取足够的房间空气经前窗操作口引入生物安全柜内并进入前面的进风格栅。在前窗操作口的空气流入速度至少应该达到标准要求的额定风速（不同标准的要求见表4-1-1）。送风经过高效空气过滤器向工作台面提供无颗粒物的空气。工作区域内向下流动的单向气流减少工作区内气流的扰动并且使交叉污染的可能性降到最小，然后在接近工作台面时分成两路：

一部分通过前面的格栅抽走,剩余的一部分经过后面的格栅抽走。尽管不同的生物安全柜之间会有差异,但气流通常都是在前、后格栅中间,并在工作台面上方6~18cm处分开。在负压和气流作用下,所有在工作台面形成的气溶胶立刻被这样向下的气流带走,并经两组排风格栅排出,从而为实验对象提供最好的保护。气流接着通过后面的压力通风系统到达位于生物安全柜顶部、介于送风和排风高效空气过滤器之间的空间。由于过滤器大小不同,大约70%的空气将经过送风高效空气过滤器重新返回到生物安全柜内的操作区域,而剩余的30%则经过排风高效空气过滤器排到房间内或被排到室外。大多数的生物安全柜都设有调节阀门来调节气流分流。

A型Ⅱ级生物安全柜排出的空气可以重新排入房间里,也可以通过连接到专用通风管道上的套管或通过建筑物的排风系统排到建筑物外面。生物安全柜所排出的经过加热和(或)冷却的空气重新排入房间内使用时,与直接排到外面环境相比具有降低能源消耗的优点,但这样设置的生物安全柜不能用于含有易挥发或有毒的化学品的工作。当生物安全柜通过与排风系统的通风管道连接时,可以进行少量挥发性放射性核素以及挥发性有毒化学品的操作。

A型Ⅱ级生物安全柜包括A1型和A2型两种类型。从性能指标上看,两者的差异很小,主要是A2型前窗操作口吸入气流的速度要略大于A1型。此外,在以前的生物安全柜标准中,A1型生物安全柜风机下游未经高效空气过滤器过滤的正压污染空气段可以不被负压包围,所以A1型生物安全柜的排风机通常在工作区下方。目前,NSF 49和YY 0569等标准已经不允许A1型生物安全柜有不被负压包围的正压污染空气段,因此A型生物安全柜继续分成A1和A2两种类型的意义已经不是非常大。A2型Ⅱ级生物安全柜的原理图见图4-1-2。

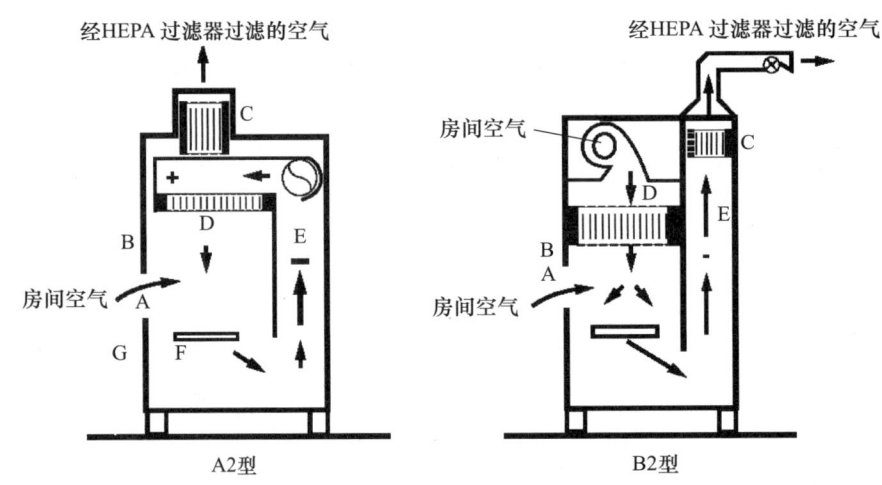

A—前窗操作口;B—观察窗;C—排风高效空气过滤器;D—送风高效空气过滤器;E—后部负压排风夹道;F—风机。

图4-1-2 Ⅱ级生物安全柜原理图

2.2.2 B型Ⅱ级生物安全柜

B型Ⅱ级生物安全柜最早起源于美国国立癌症研究院(National Cancer Institute,NCI)所设计的2型(后来称为B型)生物安全柜,它是为在离体培养系统中操作微量的化学危险品而设计的。在目前国际上普遍接受的生物安全柜分类中,B型Ⅱ级生物安全柜分为B1型和B2型两种类型。

B1型Ⅱ级生物安全柜的送风机使生物安全柜的前窗操作口形成0.5m/s的最小流入速度,加上一部分工作区间向下的气流,通过前面的格栅和紧靠工作台面下的送风高效空气过滤器后,经生物安全柜两边的风道向上流动,然后通过一个回压板向下送到工作区域。而工作区间向下气流的大部分则流入后部格栅,并经过排风高效空气过滤器排放到室外。由于流经后部格栅的空气直接排放到室外,因此操作可能产生有害化学蒸气和粒子的工作应在 B1 型生物安全柜工作台面接近后格栅处进行。

B2 型Ⅱ级生物安全柜是一种全排风式生物安全柜,没有空气在生物安全柜内循环(见图 4-1-2),因此能够同时提供基本的生物和化学防护。送风机从生物安全柜顶部抽取房间空气或室外空气,通过高效空气过滤器向下送到生物安全柜的工作区域。建筑物或生物安全柜的排风系统通过后部和前面的格栅抽取空气,将所有的送风空气和生物安全柜前窗操作口吸入的房间空气全部经过高效空气过滤器过滤后抽走,并在前窗操作口产生至少 0.5m/s 的平均进风速度。全排式 B2 型生物安全柜的特点是排风量大、静压差大,因此运行成本高。

B 型生物安全柜必须使用密闭管道连接,最好是使用专用独立的排风系统,或排放到设计合理的建筑物排风系统。由于生物安全柜的送风机将连续工作,如果建筑物或生物安全柜排风系统发生故障,生物安全柜就会产生正压,导致生物安全柜工作区域的气流流入实验室。自从 20 世纪 80 年代以来,生产厂家通常都会在其所制造的生物安全柜上安装互锁系统,防止排风流量不足时送风机继续工作。对于没有安装互锁系统的生物安全柜,必要时可以对现有的生物安全柜进行更新或改造,在排风系统中安装像流量检测器的压力监测设备进行监控。

Ⅱ级 A2 以及Ⅱ级 B1 型和Ⅱ级 B2 型生物安全柜都是由Ⅱ级 A1 型生物安全柜变化而来,这些不同类型的Ⅱ级生物安全柜,连同Ⅰ级和Ⅲ级生物安全柜的特点见表 4-1-2。

表 4-1-2　Ⅰ级、Ⅱ级及Ⅲ级生物安全柜之间的差异

生物安全柜	正面气流速度/(m/s)	气流百分数/%		排风系统
		重新循环部分	排出部分	
Ⅰ级[a]	0.36	0	100	硬管
Ⅱ级 A1 型	0.38~0.51	70	30	排到房间或套管连接处
外排风式Ⅱ级 A2 型[a]	0.51	70	30	排到房间或套管连接处
Ⅱ级 B1 型[a]	0.51	30	70	硬管
Ⅱ级 B2 型[a]	0.51	0	100	硬管
Ⅲ级[a]	NA	0	100	硬管

注:NA 不适用。

[a] 所有生物学污染的管道均为负压状态,或由负压的管道和压力通风系统围绕。

2.3　Ⅲ级生物安全柜

Ⅲ级生物安全柜(见图 4-1-3)是一个装有非开放式观察窗的气密结构。向生物安全柜内传递物品要经过一个浸泡池(通过生物安全柜底板出入),或是经过一个能在两次使用之间进行消毒的双门传递箱(即压力蒸汽灭菌器或其他可消毒灭菌的密闭系统)。同样,通过上述途径也可以安全地从Ⅲ级生物安全柜内向外移出物品。Ⅲ级生物安全柜的送风和排风都是经过高效空气过滤器过滤的。排风在排放到室外大气之前必须经过两级高效空气过滤器,或一个高效空气过滤器和一个空气焚烧器。使用专用的独立排风系统维持柜内外的气流,它可以使生物安全柜始终维持在负压(通常约为-120Pa 或更低)。Ⅲ级生物安全柜的排风机一般与房间通风系统的排风机是分开的。

结实的长臂橡胶手套密封连接在生物安全柜的袖套孔上,可以在保持与柜内隔离的条件下对柜内材料进行直接操作。尽管袖套对运动有所限制,但是它们可以防止操作者与危险材料的直接接触,虽有少许不便,但这样的设计可以最大限度地提高防护的安全性。根据Ⅲ级生物安全柜这样的设计,尽管柜内会有一定的乱流,但送风高效空气过滤器仍然可以为生物安全柜内的工作环境提供无颗粒物的

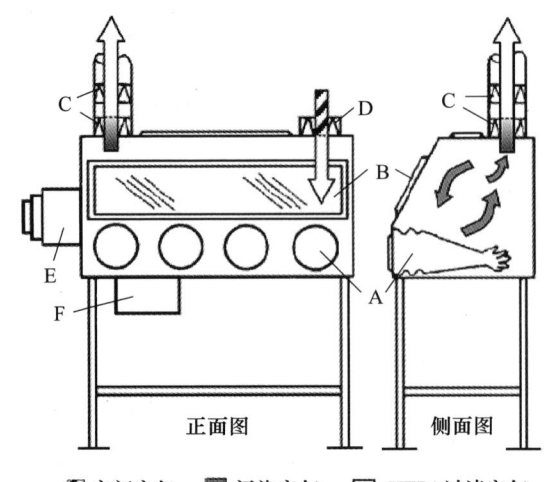

A—用于连接等臂长手套的舱孔；B—窗口；C—两个排风HEPA过滤器；D—送风HEPA过滤器；E—双开门高压灭菌器或传递箱；F—化学浸泡槽。生物安全柜需要有与独立的建筑物排风系统相连接的排风接口。

图 4-1-3　Ⅲ级生物安全柜

洁净气流。层流不是Ⅲ级生物安全柜的特征。

可以将数个Ⅲ级生物安全柜首尾相接（串联）或并联地连接在一起，以提供一个较大的工作区域，这就是系列型生物安全柜。系列型生物安全柜出现于20世纪60年代前期，它由多个Ⅲ级生物安全柜按照实验所需的操作步骤组合而成，在它末端应安装双扉高压灭菌器，实验器材不能直接从生物安全柜中取出，须经高压灭菌器消毒后才能取出。在设计和选用系列型生物安全柜装置时，应根据实验室的实际情况去选用直线形或L形（串联方式）、U形或E形（并联方式或串联后再并联）以及其他形式的生物安全柜。但应防止组合到系列型生物安全柜中的各种设备、配线、管路等引起泄漏现象的发生。

Ⅲ级生物安全柜的箱体设计构造是完全封闭的，它将所操作的危险对象与操作者完全隔离，通过隔离手套来操作，适用于四级生物安全水平（BSL-4）的实验室。某些特殊操作的三级生物安全水平（BSL-3）实验室在局部也可能使用Ⅲ级生物安全柜。国际上由于受《生物两用品及相关设备和技术出口管制》的限制，Ⅲ级生物安全柜在自由贸易领域很难作为一种普通商品进出口，加上Ⅲ级生物安全柜在使用时的特殊要求，所以很多在用的Ⅲ级生物安全柜都是以本国定制为主。我国的Ⅲ级生物安全柜也正在自主研发中。

3. 标准规范依据

3.1　生物安全柜国内标准

GB 41918—2022《生物安全柜》；YY 0569—2011《Ⅱ级　生物安全柜》；JG 170—2019《生物安全柜》。

3.2　生物安全柜国外标准

NSF/ANSI 49-2022 Biosafety cabinetry：design, construction, performance, and field certification（生物安全柜：设计、施工、性能和现场认证）；BS EN 12469：2000 Biotechnology-Performance criteria for microbiological safety（生物技术——微生物安全性能标准）；AS 2252.2-2009 Controlled environment Part2：Biological safety cabinet type Ⅱ - Design（受控环境第二部分：Ⅱ类生物安全柜——设计）；

JIS K 3800：2021 バイオハザード対策用クラスⅡキャビネット（生物危害対策用Ⅱ级生物安全柜）。

4. 主要性能指标及评价

4.1 技术难点

（1）运行气流的有效管理。Ⅱ级 A1 型和Ⅱ级 A2 型、Ⅱ级 B1 型、B2 型的区别在于柜体内部气流循环的比例，以及外排气流的占比。这是控制生物安全柜实施"三大保护"的关键。

（2）柜体的密封性。生物安全柜的柜体密封，将决定对环境的保护以及生物污染扩散的严格性。这是生物安全柜的基础。

（3）安全柜内置风机的智能调整特性，即使柜体气流阻力增加 50%，也能保证风机输出气流损失不下降 10%。这是生物安全柜长期稳定运行，保证生物安全柜始终处于安全受控状态的保证。

4.2 主要结构要求

4.2.1 外观

柜体表面应无明显划伤、锈斑、压痕，表面应光洁，外形平整规矩。说明功能的文字和图形符号标志应正确、清晰、端正、牢固。焊接应牢固，焊接表面应光滑。

4.2.2 材料

所有柜体和装饰材料应能耐正常的磨损，能经受气体、液体、清洁剂、消毒剂及去污操作等的腐蚀。材料结构稳定，应具有强度和防火耐潮能力。所有工作区内表面和集液槽使用材料性能应不低于 300 系列不锈钢的材料制作。前窗玻璃应使用光学透视清晰、清洁和消毒时不对其产生负面影响的防爆裂钢化玻璃、强化玻璃制作，其厚度应不小于 5mm。高效空气过滤器以及外框应能满足正常使用条件下的温度、湿度、耐腐蚀性和机械强度的要求，滤材不能为纸质材料。滤材中可能释放的物质应不对人员、环境和设备产生不利影响。外框应使用有一定刚度、强度的金属材料制作。Ⅲ级生物安全柜的手套应采用耐酸碱及符合实验要求的橡胶材料制成。

4.2.3 结构

（1）柜体

① Ⅱ级 A1、A2、B1、B2 型生物安全柜的工作区均应采用四面（左右两侧、后部、底部）双层结构。Ⅰ级生物安全柜，Ⅱ级 A1、A2、B1、B2 型生物安全柜和Ⅲ级生物安全柜所有污染部位均应处于负压状态或被负压通道和负压通风系统包围。

② Ⅱ级、Ⅲ级生物安全柜裸露工作区内三面侧壁板应为一体成型结构。内表面的拼接处须作密封处理。

③ 生物安全柜裸露工作区内表面与外表面的三面壁板间的连接、底部负压风管外壁板与工作区外壁板间的连接，均应密封处理。Ⅲ级生物安全柜柜体需要气密部分应采用连续焊接。

④ 风机/电机维护和高效空气过滤器应易于拆装、更换。除了风机、无孔密封或加套的线路和必要的风速传感器，其他可更换的电路组件不应放置在空气污染区域。所有通过空气污染区域的线路应密封，所有的插座应提供电路过载保护。插座应安装在工作区。在用简单工具可以打开的盖板内的压力通风系统外区域，需永久贴上一张全部电路组件的接线图。还需提供关于起始电流、运行功率和电路要求的安装说明。

⑤ 生物安全柜工作区内所有的两平面交接处的内侧曲率半径应不小于3mm，三平面交界处的内侧曲率半径应不小于6mm。

（2）Ⅰ、Ⅱ级生物安全柜前窗操作口

前窗操作口的高度标称值应在160～250mm范围内。前窗开启与关闭应轻便，在行程范围内的任何位置不产生卡死现象，不应有明显的左右或前后晃动现象，滑动应顺畅。在悬挂系统出故障时，滑动前窗的构造不应脱落，保证操作者的使用安全。应具有报警系统和连锁系统以保证工作只能在规定的前窗操作口高度范围之内进行。滑动前窗及与其贴合的板之间、窗玻璃与框架之间及框架四周的连接处、压紧装置等，均应充分考虑系统的防泄漏。

（3）电机

生物安全柜使用的电机应：

① 有热保护装置，并能在1.15倍额定电压值的条件下稳定地工作。

② 可调速且控制稳定，调速控制器安装于可拆除或可锁控面板的背后。调速器允许的调速范围达到适当的气流平衡所需的调速范围。

（4）传递装置

单台Ⅲ级生物安全柜的一侧应设传递装置（传递窗或药液传递箱），当两台Ⅲ级生物安全柜串联使用且具有传递物料的需求时，应设具有两门开/关连锁的传递窗。传递窗与相关连接处应密封。Ⅲ级生物安全柜应采用固定观察窗，窗与框架四周的连接处应充分密封。窗玻璃与操作手套的连接处应保证不泄漏。

（5）集液槽

Ⅱ级和Ⅲ级生物安全柜应设集液槽，用于收集工作区的泼溅液体；Ⅱ级生物安全柜的集液槽下应设一个排污阀。

（6）手套

Ⅲ级生物安全柜应在操作面上设有可伸到肘部并便于更换的手套，手套应适合于手套连接口的直径和形状。应保证从生物安全柜外面更换手套时，旧的手套可以被挤进生物安全柜内且新手套可以安装好，同时风机仍在工作。当密闭手套脱落时，柜体连接处的洞口中心风速应不小于0.7m/s。

（7）压差计

Ⅲ级生物安全柜应在明显的位置安装压差计以显示柜内的负压，正常运行时工作区应有不低于120Pa的负压。

（8）采样口

上游浓度采样口：生物安全柜应预留高效空气过滤器上游气溶胶浓度测试的采样口并予以标识。下游浓度采样口：不可扫描检测高效空气过滤器的生物安全柜应设有排风高效空气过滤器下游浓度采样口。制造商应在高效空气过滤器下游管道上预留采样口并予以标识，制造商还应在说明书中明确采样口用途。

（9）报警和连锁系统

① Ⅱ级生物安全柜前窗操作口报警

生物安全柜前窗开启高度高于或低于前窗操作口标称高度时，视觉和听觉报警器应报警，连锁系统启动。当开启高度回到标称高度时，报警和连锁系统应自动解除。

② 内部供、排气风机连锁警报

当生物安全柜既有内部下降气流风机又有排气风机时，应有连锁功能。一旦排气风机停止工作，下降气流供气风机关闭，视觉和听觉报警器报警；一旦下降气流供气风机停止工作，排气风机继续运转，视觉和听觉报警器报警。

③ Ⅱ级 B1 和 B2 型生物安全柜排气报警

Ⅱ级 B1 和 B2 型生物安全柜应有室外排气风机。一旦生物安全柜设定了允许的气流范围，在15s 内排气体积损失 20% 时，则视觉和听觉报警器报警，连锁的生物安全柜内部风机同时被关闭。

④ Ⅱ级 A1 或 A2 型生物安全柜排气警报（信息提示）

Ⅱ级 A1 和 A2 型生物安全柜，如果连接排气罩且通过室外风机排气时，应使用视觉和听觉报警器提示排气气流的损失。

⑤ 气流波动报警

当下降气流流速和流入气流流速波动超过其标称值的 ±20% 时，应使用视觉和听觉报警器提示下降气流和流入气流流速的波动。

⑥ 压差报警

Ⅲ级生物安全柜压差异常时，视觉和听觉报警器应报警。

(10) 风速显示

生物安全柜应实时显示工作区的下降气流流速和流入气流流速，显示值应在下降气流流速和流入气流流速实测值的 ±0.025m/s 之间，并可以校准至实测值，气流流速显示分辨率至少应为 0.01m/s。

4.3 主要性能指标

4.3.1 柜体防泄漏

Ⅱ级生物安全柜加压到 500Pa，保持 10min 后气压应不低于 450Pa，或保持生物安全柜内气压在 500Pa±50Pa 的条件下，压力通风系统的外表面的所有焊接处、衬垫、穿透处、密封剂密封处在此压力条件下应无皂泡反应。

4.3.2 高效空气过滤器完整性

(1) 可扫描检测过滤器在任何点的漏过率应不超过 0.01%。

(2) 不可扫描检测过滤器检测点的漏过率应不超过 0.005%。

4.3.3 噪声

生物安全柜的 A 声级噪声应不超过 67dB。

4.3.4 照度

生物安全柜平均照度应不小于 650lx，每个照度实测值应不小于 430lx。

4.3.5 振动

频率 10Hz 和 10kHz 之间的净振动振幅应不超过 5mm（均方根）。

4.3.6 人员、产品与交叉污染保护

(1) 人员保护

Ⅱ级生物安全柜用 $1\times10^8 \sim 8\times10^8$ CFU/mL 的枯草芽孢杆菌芽孢进行试验 5min 后（微生物试验），从全部撞击采样器收集的枯草芽孢杆菌数量应不超过 10CFU。狭缝式空气采样器培养皿中枯草芽孢杆

菌菌落数量应不超过 5CFU，对照培养皿应呈阳性（当培养皿菌落计数大于 300CFU 时，则该培养皿呈"阳性"）。重复试验三次，每次试验均应符合要求。或Ⅰ级和Ⅱ级生物安全柜用碘化钾法测试，前窗操作口的保护因子应不小于 1×10^5。

（2）产品保护（Ⅱ级生物安全柜适用）

用 $1\times10^6\sim8\times10^6$CFU/mL 枯草芽孢杆菌芽孢进行试验 5min 后，在琼脂培养皿上的枯草芽孢杆菌菌落数量应不超过 5CFU，对照培养皿应呈阳性（当培养皿菌落计数大于 300CFU 时，则该培养皿呈"阳性"）。重复试验三次，每次试验均应符合要求。

（3）交叉污染保护（Ⅱ级生物安全柜适用）

本系统用 $1\times10^4\sim8\times10^4$CFU/mL 枯草芽孢杆菌芽孢进行试验 5min 后，有些从试验侧壁到距此侧壁 360mm 范围内的琼脂培养皿检出枯草芽孢杆菌，并用作阳性对照。距被检测侧壁 360mm 外的琼脂培养皿的菌落数应不超过 2CFU。从生物安全柜的左侧和右侧均各重复试验三次，每次试验结果均应符合要求。

4.3.7 下降气流流速

（1）生物安全柜下降气流平均流速应在 0.25~0.50m/s。

（2）生物安全柜的下降气流平均流速应在标称值±0.015m/s 之间。对后续生产的生物安全柜，若符合三项生物验证测试的要求而保持生物安全柜的原型号和尺寸，下降气流平均流速应在下降气流标称值±0.025m/s 之间。均匀下降气流的生物安全柜，各测量点实测值与平均流速相差均应不超过±20%或±0.08m/s（取较大值）。

（3）非均匀下降气流生物安全柜，厂家应明确各均匀下降气流区的范围和气流流速，各区域实测的下降气流平均流速值应在其区域下降气流标称值±0.015m/s 之间，各测点实测值与其区域的平均流速相差应不超过±20%或±0.08m/s（取较大值）。

4.3.8 流入气流流速

（1）生物安全柜的流入气流平均流速应在流入气流标称值±0.015m/s 之间。对后续生产的生物安全柜，若保持生物安全柜的原型号和尺寸，流入气流平均流速应在流入气流标称值±0.025m/s 之间。

（2）Ⅰ级生物安全柜的流入气流平均流速应在 0.7~1.0m/s。

（3）Ⅱ级 A1 型生物安全柜流入气流平均流速应不低于 0.40m/s，前窗操作口流入气流工作区每米宽度的流量应不低于 0.07m³/s。

（4）Ⅱ级 A2、B1 和 B2 型生物安全柜流入气流平均流速应不低于 0.5m/s，工作区每米宽度的流量应不低于 0.1m³/s。

（5）Ⅲ级生物安全柜应保证生物安全柜内每 m³ 容积的供气流量应不低于 0.05m³/s；去掉单只手套后手套连接口中心的气流流速应不低于 0.7m/s。

4.3.9 气流模式

（1）Ⅱ级生物安全柜工作区内的气流应向下，应不产生旋涡和向上气流且无死点。

（2）气流不应从生物安全柜中逸出。

（3）Ⅰ级和Ⅱ级生物安全柜前窗操作口整个周边气流应向内，无向外逸出的气流。

Ⅱ级生物安全柜的前窗操作口流入气流不应进入工作区。

4.3.10 电动机和风机

风机的电动机保证当生物安全柜在正常运行而不调整风机的转速控制，通过限制生物安全柜的负压气流，使初始负压读数增加初始正压读数的50%或更大，流经生物安全柜的气流总量降低应不超过10%。

4.3.11 集液槽防泄漏

集液槽容积应不小于4L，应无渗漏。

4.4 安装技术要求

4.4.1 生物安全柜位置要求

（1）生物安全柜应不位于通道处，远离能破坏由工作口空气屏障产生的隔离层的房间气流。不应放置在实验室回风口，影响实验室回风，图4-1-4所示为考虑了所有气流紊乱后建议的生物安全柜安装位置。

（2）如果实验室有窗户，应时刻处于关闭状态。生物安全柜不应放在流通空气入口，以免空气能吹过前窗操作口或吹向排气过滤器。

（3）如果空间许可，在生物安全柜的背后和周边应留有30cm的空间用于清洁生物安全柜。如果不许可，最小每边应有8cm及背部留5cm用于清洁生物安全柜。生物安全柜电源插座可接近以利于安全柜维修，并且不必移动生物安全柜就可以进行电气安全测试。

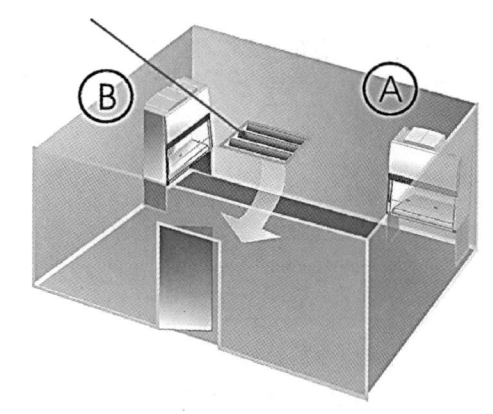

注："A"处为最佳位置，"B"处为可选位置。安全柜上方或附近的送风口应改变朝向，以避开安全柜正面。

图4-1-4 建议的生物安全柜在实验室的安装位置

（4）生物安全柜应安装在实验室排风口附近，即室内空气气流方向的下游，以利于生物安全柜运行中周围被污染的空气尽快排出。

4.4.2 安装环境要求

（1）生物安全柜建议安装于室内，环境温度15~35℃，相对湿度不大于75%，大气压力范围70~106kPa。

（2）生物安全柜的电源插座应有可靠的接地，不能与其他设备共用一个电源插座，禁止使用移动式插排。

（3）由于电源电压的变化可能会对生物安全柜气流稳定性产生影响，建议使用电源稳压器，以确保气流稳定。

4.4.3 安装方式

（1）Ⅱ级A1型和A2型生物安全柜

Ⅱ级A1型和A2型生物安全柜设计为气流返回实验室而通常不要求向外部排风。关键是顶端排气口和天花板之间的间距最少应有8cm，间距少于8cm会阻碍排气而进入生物安全柜前窗操作口的气流。当需要使用风速仪测定排气气流流速加速生物安全柜流入气流流速时，则生物安全柜顶部的排气口和天花板间至少应有30cm空间。

当要向大气中排气时，应经过100%排气系统（即排气不再循环返回该建筑物的其他部分）。按照图4-1-5和图4-1-6所示，推荐Ⅱ级A1型和A2型生物安全柜的排气系统采用排气罩连接。为保证其性能，每个排气罩的设计必须经过测试，已确定排气罩的排气量，无论生物安全柜何时进行现场检定，经排气罩的最小排气量应采用经认可的仪器和技术进行验证测量。Ⅱ级A1型和A2型生物安全柜与排气系统不能为硬连接。

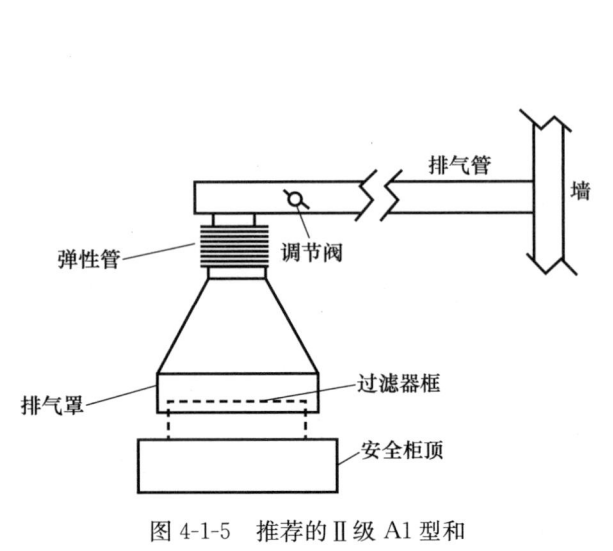

图 4-1-5 推荐的 II 级 A1 型和 A2 型生物安全柜排气系统

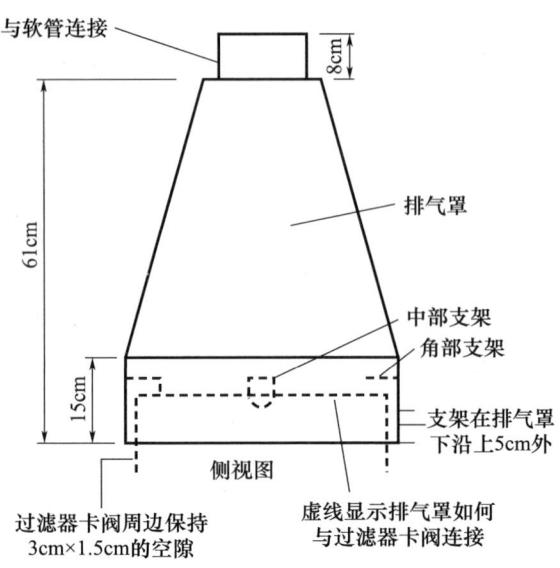

图 4-1-6 推荐的 II 级 A1 型和 A2 型生物安全柜排气罩（YY 0569）

合理设计和安装的排气罩即使在通过排气罩的气流完全停止时，以允许 II 级 A1 型和 A2 型生物安全柜前窗操作口保持合适的流入气流流速。排气罩的性能由排气罩厂家评估，或者由确实了解生物安全柜所使用的特定型号排气罩性能特征的使用者评估。

当排气罩用于捕获从生物安全柜中排出的危险性非微粒材料时，排气系统和与其相关的报警系统应符合与 II 级 B1 型和 B2 型生物安全柜相同的标准。

当发现 II 级 A1 型和 A2 型生物安全柜直接连上排气系统而不使用排气罩时，建议排气连接更换为与排气罩连接。

（2）II 级 B1 型和 B2 型生物安全柜

II 级 B1 型和 B2 型生物安全柜是排气至建筑物外不再室内循环。排气系统应包括防漏管道、管道内靠近安全柜的节气阀（可以使生物安全柜气流闭合和净化）及作为最终的系统组件外排风机（见图 4-1-7），考虑到管道内的压力损失和已污染的高效过滤器所允许的压力损失最少要 500Pa，调整排风机以满足排气量的要求（按照生物安全柜厂商的说明）。如果活性炭过滤器用在高效过滤器的下游，应增加以厂商推荐的与阻力相等的附件压力容量。应有报警系统提示生物安全柜的排气流量损失，这可以是装在排气过滤器管道下游的排气流量测定仪、排风机处的启动开关、排气管道中的流量测定装置，建议每台 II 级 B1 型和 B2 型生物安全柜应有专用的排气系统。生物安全柜应与管道内风机或建筑物系统连锁，以防排气系统加压，此外不应关闭生物安全柜与排风系统的硬连接。

人们越来越想使用日益复杂的调整流量的排气通风系

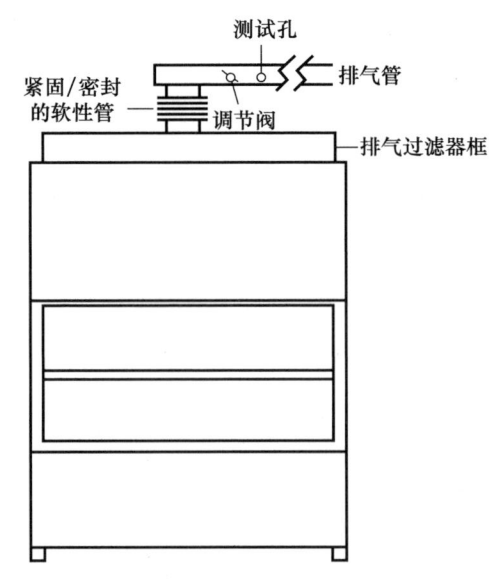

图 4-1-7 II 级 B1 型和 B2 型生物安全柜的可选择排气方式

统，对于Ⅱ级 B1 型和 B2 型生物安全柜的排气、化学烟气罩、排气软管和房间排气的调整均是基于使用优化的容量，保持适当的压差和通过减少总排风量达到最大节能来进行的。这些系统需要对许多复杂因素保持高水平控制若干年。尽管可能节约很多成本，但生物安全柜所含危险因素的严重性要求生物安全柜的排气使用更简单和更可靠的恒流系统。

如果使用调整流量的排气系统，建议生物安全柜的排气运行应随时间在多种情况下检验。而且排气报警的类型必须根据在调整流量系统中使用的传感器类型和控制器类型进行评估。

4.4.4 顶部排风系统

生物安全柜的屋顶排风系统应有一竖直向上的排气管直接延伸到屋顶面 3m 以上，以避免再进入建筑物。当需要防止影响周围建筑物时，应再增加排气管高度，避免雨帽或任何其他使向上直排气流转向的构件。当气流以正常出风速度排出时，应无沉降物进入排风管。系统关闭时注意沉降物，风机机壳的最低点钻一个 2.5cm 孔，水可以排到屋顶上，建议屋顶排风机由直连电动机驱动，以避免皮带打滑和断裂引起的故障，直连排风机的另一个优点是可以在电气功能不正常时即激活实验室中的报警系统，而使用一个不正常的带式传动排风机时，电动机正常运行时排风机可能并不工作。图 4-1-8 所示的是推荐的屋顶排气设备。

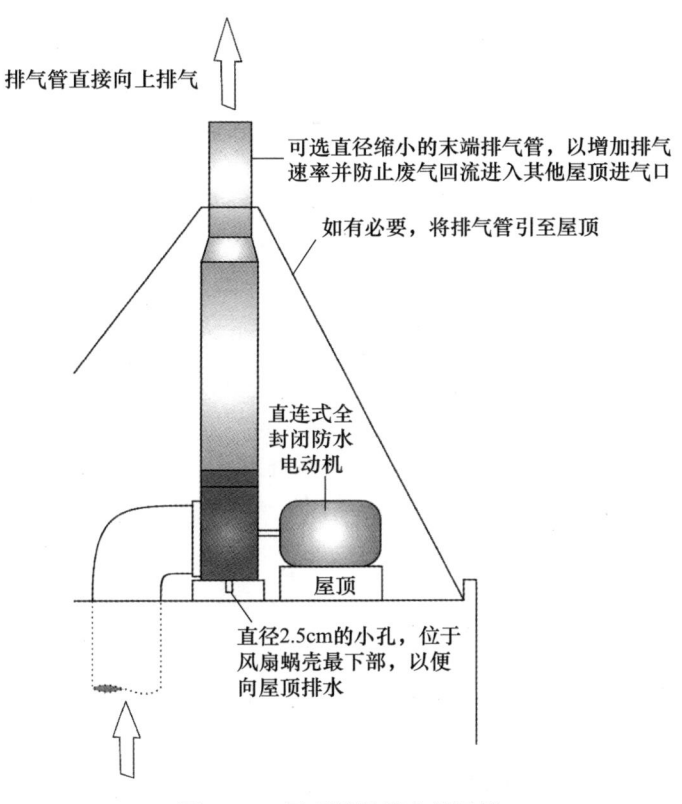

图 4-1-8　屋顶排风管和排风机

5. 质量控制

生物安全柜在国外普遍归类于实验室专用设备，在我国既是广泛运用于各类实验室，更是作为Ⅲ类医疗器械管理。作为最高级别的医疗器械，首先必须获得中国药品监督管理总局的注册认证以及生产许可。其次必须建立医疗器械生命周期全过程的质量体系，贯穿全过程的风险管理控制。随着我国近二十年的高速发展和快速接轨，有关生物安全柜的国内相关标准已与国际典型标准相同，甚至更严苛。中国也建立了一套完整的认证程序和监督检查机制。

（1）制造企业。

① 作为专业制造生物安全柜的企业，应有整套完善的产品运营质量手册，制定质量方针、质量目标；明确企业负责人及各部门的职责与权限；建立管理评审机制；从资源管理、产品实现、测量分析和改进全方位对产品负责。

② 建立质量管理程序文件，应包含人力资源管理、风险管理控制、设计和开发控制、设计和开发更改、采购控制、可追溯性控制、生产与服务提供控制、产品标识管理、监视与测量设备控制、信息反馈处理、不良事件监测管理、内部审核控制、产品放行控制、不合格品控制、产品返工控制、数据分析控制、纠正措施控制和预防措施控制等程序。

在此基础上，需要有经过验证和确认的完整的设计输出文件，包括产品技术要求、采购品技术要求、入库检测规程、产品组装作业指导书、检验规程、包装运输要求等。以确保每一批次生产产品的一致性、完整性。

（2）对于在国内销售使用的生物安全柜，无论是否归类于医疗器械，目前执行的标准为 GB 41918—2022《生物安全柜》、YY 0569—2011《Ⅱ级生物安全柜》、JG 170—2005《生物安全柜》。其中：GB 41918—2022 和 YY 0569—2011 是医疗行业普遍采用和执行的标准，且必须具备医疗器械注册证才可被医疗机构接受。在取得注册证时，生物安全柜必须经过药监总局认可的独立第三方的型式检验。检验范围包括：产品性能检测；电气安全规范（GB 4793.1）、电磁兼容（GB/T 18268.1）。生产企业必须具备出厂检测所需能力和各类检测仪器、设备。作为非医疗器械产品，建议参照上述标准执行。以适应不同市场需要。

（3）生物安全柜进入国际市场，则必须遵循各国所执行的相关质量标准，目前较普遍认可的标准是 NSF 49 和 EN 12469。NSF 49 标准是美洲国家以及一些没有自己国家标准的东南亚国家普遍接受的标准。他们接受生物安全柜的准则则是必须通过 NSF 的质量认证。NSF 认证前，生物安全柜必须通过美国 UL 的电气安全规范认证。NSF 对于生产企业每年都有现场检查，以保证所认证产品的真实质量。欧盟国家则普遍认可 EN 12469 的质量认证，该质量认证除产品性能认证和电气安全规范认证外，更须通过电磁兼容认证。每年也有若干次的生产企业现场检查。

6. 选型指南

6.1 选用原则

安全柜根据预期用途及隔离屏障设计可分为 A1、A2、B1 和 B2 四种类型，均具备保护操作人员、实验样品和外部环境的作用。选用 A 型或 B 型，是生物安全柜选用第一考虑要素，应考虑实验操作是否涉及 VOCs、放射性物质或毒性物质。

A 型安全柜适用于不涉及 VOCs、放射性物质或毒性物质的微生物实验；B 型安全柜可更好地限制或去除 VOCs、放射性物质或毒性物质。其中，Ⅱ级 B1 型生物安全柜只可用于少量 VOCs、放射性物质或毒性物质的操作；如要进行一定量的 VOCs、放射性物质或毒性物质的操作，应使用Ⅱ级 B2 型全排放生物安全柜。若实验操作仅涉及病原微生物时，根据病原微生物危害程度分类及实验操作，选用不同级别的安全柜。见表 4-1-3。

注：所有可能使病原微生物溅出、溢撒或产生气溶胶的操作，原则上都应在安全柜内进行，不得用洁净工作台代替。必要时，实验室还应配备具有空气净化功能的排气罩等设备，或采用其他必要措

施，以防病原微生物逸出。

6.2 选型依据（见表 4-1-3）

表 4-1-3 不同保护类型及生物安全柜的选择

保护类型	生物安全柜的选择
个体防护，针对危险度 1～3 级微生物	Ⅰ级、Ⅱ级、Ⅲ级生物安全柜
个体防护，针对危险度 4 级微生物，手套箱型实验室	Ⅲ级生物安全柜
个体防护，针对危险度 4 级微生物，防护服型实验室	Ⅰ级、Ⅱ级生物安全柜
实验对象保护	Ⅱ级生物安全柜，柜内气流是层流的Ⅲ级生物安全柜
少量挥发性放射性核素/化学品的防护	Ⅱ级 B1 型生物安全柜，外排风式Ⅱ级 A2 型生物安全柜
挥发性放射性核素/化学品的防护	Ⅰ级、Ⅱ级 B2 型、Ⅲ级生物安全柜

6.3 技术选型参数（见表 4-1-2）

6.4 安装确认

安装场所温度范围 5～40℃；温度低于 31℃时最大相对湿度为 80%；温度为 40℃时相对湿度线性降低 50%。

生物安全柜的电源插座应不与其他设备共用，并具有可靠接地。为了安全，禁止使用移动式插排等连接供电。

电压的变化可能影响安全柜的气流，应装稳压器以减少气流变化的可能。

6.5 产品确认

根据生物安全柜装箱清单核查生物安全柜的配件是否齐全。

新购置的生物安全柜应具有合格的出厂检测报告，在安装搬运过程中严禁侧倒放置和拆卸，应搬入安装现场后再拆开包装。

生物安全柜柜体、工作区内表面以及工作台面应无可积菌处和腐蚀处。

生物安全柜支架应焊接牢固。生物安全柜应贴有国际通用的生物危害标志。

生物安全柜应粘有铭牌，铭牌信息应至少有产品名称、型号、级别类型、出厂编号、生产日期、下降气流流速标称值和流入气流流速标称值。

安全柜应装有调整脚，或采取其他可接受的方式，确保装置下方留有最小 10cm 的无阻空间。如果安全柜的前部为清洁敞开的，而侧板的厚度又不大于 5cm 的话，其末端下方可接受的最小空间为 5cm。

7. 建设和使用过程中的风险控制

（1）建立完善的风险管理机制，对生物安全柜生命周期全过程进行风险管理，以保证生物安全柜按预期用途使用时，将其风险控制在可接受水平。制定建立风险可接受准则的方针并形成文件。规定风险管理的职责与权限，编写实验室风险管理程序和相应规整制度。按照文件规定的形式评审风险管理的适宜性，以确保风险管理过程的持续有效性。

（2）成立风险评估小组，负责对生物安全柜的选型、安装、使用过程中的风险分析、风险评价、风险控制、风险验证、剩余风险评价。风险评估小组成员可能包含：研究者、科学家；实验室管理人员；动物护理人员；动植物病原体、病虫害防治专家；职业健康和生物安全专业人士等。风险评估小组应指定项目风险管理负责人，制定项目风险管理计划，项目风险管理负责人参与并组织项目风险管理活动，适时召集风险评估小组成员开展相关风险评审活动。并整理风险管理文件，确保风险管理文档的完整性和可追溯性。

（3）风险管理计划应包含：对设施和微生物操作的生物安全等级的管理；安全设备；工程控制；个人保护设备；工作实际情况—标准操作程序（SOP）；紧急程序；工作时间表—日历；包括所有风险管理计划的调查协议。

8. 技术发展

生物安全柜目前属于成熟产品，已运用于各种场合和实验室。性能指标和整体也均符合各类实验室的不同要求。生物安全柜在保证基本性能指标的基础上，也扩展了较多的智能元素。如具备 IoT 物联网功能的生物安全柜，可以将安全柜实时运行的各类参数上传至实验室的服务器，以便集中监控和远程操控。在常规生物安全柜的基础上，增设终端计算机设备和外延扩展功能，以实现操作指令和实验步骤的远程传输，实现无纸化和数据共享。外延扩展可将如电子显微镜、分析仪器的结果显示或直接传输、打印。从而避免实验人员物品进出的高风险活动。

4.2 生物安全型压力蒸汽灭菌器

1. 概述

压力蒸汽灭菌法就是利用压力蒸汽和高热释放的潜热（指当 1g100℃的水蒸气变成 1g100℃水时，释放出 2255.2J 的热量）进行灭菌，为目前可靠而有效的灭菌方法。

压力蒸汽灭菌器是一种能杀灭或清除传播媒介上一切微生物包括细菌芽孢，同时可实现无害化处理的设备。可应用于生物医药产业、疾病预防控制机构、生物安全实验室等对含有高致病性病原微生物物品的灭菌，主要灭菌对象有实验动物尸体、生物制品、实验器材、无菌衣、医用敷料、污染废弃物等物品的灭菌处理。

压力蒸汽灭菌器的发展经历了以下几个阶段：煮沸器时代——1680 年至 1880 年；原始压力蒸汽消毒器时代——1880 年至 1933 年；重力置换下排气消毒器时代——1933 年至 1958 年；预真空压力蒸汽灭菌器时代——1958 年至 1980 年；现代生物安全型压力蒸汽灭菌器时代——1980 年至今。蒸汽灭菌温度高，灭菌效果可靠，易于掌握和控制，因此在灭菌技术高速发展的今天，这一经典的灭菌方法仍广泛地应用于医疗卫生和工农业各领域。

2. 分类、结构和工作原理

2.1 分类

（1）按型式分为：卧式、立式、台式灭。

（2）按蒸汽供给方式分为自带蒸汽发生器和外源蒸汽。

（3）按门数量可分为单门或双门。

（4）按门结构可分为手动门、机动门和滑动门（平移或升降）。

（5）按冷空气排出方式可分为下排汽式、预真空式。

（6）按用途可分为生物安全型压力蒸汽灭菌器、实验动物专用灭菌器、医院感染控制专用灭菌器、食品灭菌器等，见图 4-2-1 和图 4-2-2。

图 4-2-1　生物安全型双扉压力蒸汽灭菌器

图 4-2-2　立式生物安全型压力蒸汽灭菌器

2.2　设备组成结构及其简介

2.2.1　大型生物安全型压力蒸汽灭菌器

（1）主体：设备主要承压部分以及灭菌物品承装空间。

（2）密封门：隔绝腔体与外接环境。

（3）隔离密封系统：实现核心工作区和辅助工作区的生物隔离密封。

（4）管路系统：满足设备运行的工艺流程。

（5）控制系统：实现设备运行的流程控制。

（6）外罩：保护设备内部结构。

（7）装载机构：灭菌物品的承装和转运载体。

2.2.2　立式生物安全型压力蒸汽灭菌器

（1）主体：设备主要承压部分以及灭菌物品承装空间。

（2）密封门：隔绝腔体与外接环境。

（3）管路系统：满足设备运行的工艺流程。

（4）控制系统：实现设备运行的流程控制。

（5）外罩：保护设备内部结构。

（6）装载机构：灭菌物品的承装和转运载体。

2.3　工作原理

生物安全型压力蒸汽灭菌器采用湿热蒸汽作为杀菌因子，设计上按照指定的灭菌工艺将内室的冷空气排出后，以饱和的湿热蒸汽为灭菌因子，在高温、高压、高湿的环境下，根据一定压力和时间的组合作用，实现对可被蒸汽穿透的物品的灭菌。并且这种方法能高效地对灭菌过程中产生的冷凝水和废气进行处理，确保排放到外部的冷凝水和废气不会对环境造成危害。通过这种处理，可以防止防护区内的有害微生物进入周围环境，从而避免生物危害的产生。具体来说，灭菌过程中产生的冷凝水和废气，如果不经过适当的处理，很可能携带大量的有害微生物和有害物质。这些微生物和物质一旦排放到环境中，不仅会对自然环境造成污染，还可能对人类的健康产生威胁。因此，对灭菌过程中产生的冷凝水和废气进行灭菌处理至关重要。

3. 标准规范

3.1 压力蒸汽灭菌器执行标准

（1）GB/T 15981—2021《消毒器械灭菌效果评价方法》

规定了压力蒸汽灭菌器、干热灭菌器（柜）、环氧乙烷灭菌器、低温蒸汽甲醛灭菌器、过氧化氢气体等离子体灭菌器灭菌效果鉴定试验的试验器材、试验步骤、评价规定以及注意事项。

（2）RB/T 199—2015《实验室设备生物安全性能评价技术规范》

规定了生物安全实验室中压力蒸汽灭菌器生物安全性能评价要求。

（3）YY 1277—2023《压力蒸汽灭菌器 生物安全性能要求》

规定了压力蒸汽灭菌器生物安全性能要求，并描述了相应的试验方法。

（4）GB 8599—2023《大型压力蒸汽灭菌器技术要求》

界定了大型压力蒸汽灭菌器的术语和定义，规定了分类、要求，描述了试验方法。

3.2 特种设备执行标准

（1）GB/T 150.1～150.4—2011《钢制压力容器》

为压力容器设计制造的主要参考标准。

（2）TSG21—2020《固定式压力容器安全技术监察规程》

为压力容器使用、管理的参考标准。

4. 技术性能及安装要求

4.1 技术性能

4.1.1 大型生物安全型压力蒸汽灭菌器（见图 4-2-3）

（1）生物密封

在生物安全三级、四级实验室中，为确保围护结构的气密性，防止污染空气向非受控区域泄漏，双扉压力蒸汽灭菌器锅体集成的生物密封装置（不锈钢隔离板），与围护结构墙体之间通过柔性硅胶板紧密连接，可以为围护结构提供一个气密的防护屏障。

（2）门的密封

使用压缩空气通入密封圈（气囊）后，可保证门的密封安全。这可以阻止柜体和进出料区域的泄漏。门的密封遇到停电等故障时，仍可以保持密封状态。

（3）废气除菌

通常情况下，从灭菌器内室排出的废气是被污染的。设备配备废气除菌管道，可将废气中的微生物（包括芽孢）滤除或者杀灭。并且废气除菌管道具有在线灭菌功能，防止设备维护时有害微生物对环境和人员造成生物危害。

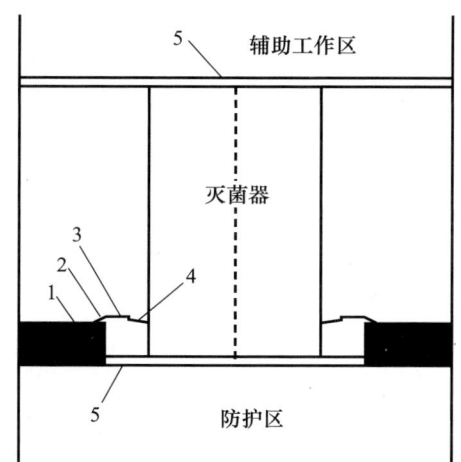

1—墙体；2—预埋金属框；3—硅胶板；4—隔离板；5—装饰罩。

图 4-2-3　生物安全型双扉压力蒸汽灭菌器安装示意图

注：在灭菌器锅体的周边焊接密封的隔离板 4，在建筑的隔离墙 1 开口处周边预埋不锈钢金属框 2，然后在金属框 2 与灭菌器的隔离板 4 之间用硅胶板 3 连接，且硅胶板 3 用不锈钢压板通过螺栓紧密压合，达到生物密封要求。

（4）冷凝水灭菌

蒸汽进入到内室中形成的冷凝水，因为和内室有害危废物接触过，必然含有有害微生物，此部分冷凝水必须经过灭菌处理后方能排出。设备自带冷凝水灭活系统，其灭菌达到无菌水平，保证外排冷凝水的无菌性。

（5）腔体构造

灭菌器腔体、夹套和门均采用坚固、高质量不锈钢材料。内部角落采用圆角（同样有助于清洗），腔体底板向中央倾斜利于排水。不锈钢过滤网套保护排水口不被碎物堵塞。灭菌器底部采用特殊结构成为一个冷凝水收集区，可以在对物品灭菌的同时对冷凝水进行灭菌处理，减少了很多中间环节。

（6）多重保护、报警保证灭菌过程实施

① 设备对外围运行条件随时处于监控状态，并给予提示。② 设置自检程序，检测设备自身及重要部件是否正常。③ 设置在线灭菌程序，保护维修、操作人员。④ 设置紧急处理方式，各主要阀门均配有手动操作机构，可在无控制系统的情况下对污染物品进行灭活处理。⑤ 对主要配件如密封条、过滤器等实行性能检测及更换提示。⑥ 提供多点温度检测，保证废物和物品的灭菌效果。⑦ 温度、压力的冗余设计，确保灭菌的效果和质量。

4.1.2　立式生物安全型压力蒸汽灭菌器

（1）运行过程信息动态显示，显示温度、压力、时间、故障报警等参数。

（2）升温、灭菌、排汽/冷却、保温等全过程自动运行。

（3）可实现运行全过程无蒸汽外排，有效避免气溶胶的产生和实验室伤害的发生，确保生物安全。

（4）排汽阀开启温度可设。可根据用户要求对具体灭菌程序进行单独设定。

（5）内置蒸汽冷凝系统。灭菌结束后对内腔排出的水和蒸汽进行冷却处理，实现蒸汽无外排。

（6）排汽控制。通过调节参数设定排汽速度，可实现对蒸汽排放速度的控制。

（7）验证接口。灭菌室标配 1″、G1/2A 验证孔，方便验证腔内温度、压力。

（8）高低水位检测。灭菌室内配备高低水位检测装置，保证设备正常运行。

（9）集气瓶。设备外接集气瓶，收集蒸汽和冷凝水。

（10）生物安全型专业化设计。整个循环过程中产生的废水原位灭菌处理，完全满足生物实验室无菌排放的要求；与污染物品接触过的气体，通过无害化处理后实现无菌排放。

4.2 安装技术要求

4.2.1 安装前的准备及要求

（1）占地面积。综合考虑设备的操作和维修，房间高度至少为 2.9m，灭菌器左右两侧与墙壁的距离应不小于 0.5m。

（2）安装位置。如在地面上安装，表面应坚实、平整。如在 2 层以上安装，用户应根据具体情况考虑是否需要对地板进行加固。

（3）通风及散热。为了更好地保证设备正常运行以及舒适的工作环境，建议在工作室内安装一套合适的通风系统，以控制灭菌器周围的环境温度、湿度。

（4）排水。根据 GB 19489—2008 中要求，所有下水管道应有足够的倾斜度和排量，确保管道内不存水；管道的关键节点应按需要安装防回流装置（存水弯深度应适用于空气压的变化）或密闭门等；下水系统应符合相应的压力、耐热耐化学腐蚀的要求，安装牢固，无泄漏，便于维护、清洁和检查。

4.2.2 公共能源安装注意事项

（1）外源蒸汽设备需要 0.30～0.60MPa 的蒸汽源压力。为了确保设备正常运行，蒸汽输送管道应采取保温措施，为适时观察蒸汽供应情况，应在进夹层或内室汽源管道上安装汽源阀门和量程为 0～1MPa 的压力表，便于观察和控制。

（2）自带蒸汽发生器设备用水必须为软化水（硬度不大于 0.03mmol/L），以保证产生蒸汽的质量及延长电热管的寿命。

（3）冷却水源。水质要求硬度小于 1.4mmol/L，温度在 5～20℃，应在进设备水源管道中接量程为 0～0.6MPa 的压力表和阀门。

（4）压缩气源。压缩空气应由主管路引至灭菌器附近并安装 1 个截止阀、1 个压力表和 1 个终端接头。

（5）电源。电源应为三相五线制。为了确保人身、设备的安全，必须敷设 1 根地线，控制电缆中 1 根标有接地号"地"的必须与地线可靠连接。

（6）注意事项。避免安装在重粉尘、油雾含导电粒子、腐蚀性气体、可燃性气体环境下。避免安装在易被电击或振动的场合。避免安装在高温高湿或易被雨淋湿的场所。避免安装在强磁场的环境中。

（7）生物隔离密封安装要求。对于 ABSL-3 实验室，灭菌器的隔离密封结构，应满足 GB 19489—2008 中 6.5.3.18 的规定：在关闭受测房间所有通路并维持房间内的温度在设计范围上限的条件下，若使空气压力维持在 250Pa 时，房间内每小时泄漏的空气量应不超过受测房间净容积的 10%；对于 ABSL-4 级生物实验室，灭菌器的隔离密封结构，应满足 GB 19489—2008 中 6.4.8 和 6.5.4.6 的规定：在关闭受测房间所有通路并维持房间内的温度在设计范围上限的条件下，当房间内的空气压力上升到 500Pa 后，20min 内自然衰减的气压小于 250Pa。

4.2.3 立式生物安全型压力蒸汽灭菌器注意事项

（1）设备搬运。移动灭菌器时，应将灭菌器与控制电源断开，松开脚轮锁，小心移动。

（2）检查设备后部是否有排水装置，若有排水装置应避开墙壁装有插座和电器的地方。

（3）搬运时禁止将设备侧放和倒放。

5. 选型指南

5.1 应用场景

生物安全实验室的防护区和辅助工作区之间适合安装生物安全型双扉压力蒸汽灭菌器，即压力蒸汽灭菌器跨墙安装，双门互锁结构且对高压产生的蒸汽具有回收再高压的性能。压力蒸汽灭菌器的安装必须确保压力蒸汽灭菌器与墙体之间的密封。

生物安全实验室选择压力蒸汽灭菌器时，重点考虑以下几点：多样化的容积选择、专业化的工艺流程、灭菌过程中的无菌排放、过滤器的在线检测及灭菌以及严格有效的隔离密封等。

5.2 容积选择

在选择灭菌设备时，需要特别注意，由于灭菌物品与常规 SPF 级实验室的需求不同，因此不能简单地根据实验室笼盒的数量来确定灭菌器的容积。在物理空间允许的情况下，需要根据实验室每天或每周期需要处理的待灭菌物品的数量、大小和形状来做出更精确的选择。这样可以确保设备能够容纳足够的物品，避免因灭菌器容量不足而需要进行多次灭菌处理，从而浪费人力和时间。

5.3 工艺流程

各灭菌器生产厂家均有针对性的客户群体，如医院、药厂、实验室等，灭菌物品不同，所需要的流程工艺千差万别。生物安全实验室高压蒸汽灭菌需求主要有实验废弃物、防护服、动物尸体等，想要达到理想的灭菌效果，就需要采用不同的工艺。生物安全型压力蒸汽灭菌器内置有多种灭菌程序，可以满足不同物品的灭菌需求。这些程序经过精心设计和优化，可以针对不同的物品进行定制化的灭菌处理，从而确保物品的完整性和安全性。如防护服灭菌需要抽真空工艺，保证蒸汽良好的穿透；而培养基、动物尸体等灭菌，不可以采用抽真空工艺，否则会出现爆瓶等安全事故。此外，设备应具有在线灭菌工艺，在更换高效过滤器及压力表时，确保管路无菌状态，保证人员及环境安全。故选择具有专业化工艺流程的设备，灭菌效果更有保障，使用起来更加安全、方便。

5.4 无菌排放

常规灭菌器在程序运行过程中，与内部物品接触的水、蒸汽、空气直接排出，而生物安全实验室专用的灭菌器绝不可如此，否则可能会造成病原微生物外逸。其中，程序运行过程中产生的冷凝水需要存于灭菌内室底部，与物品一起经高压蒸汽灭菌处理后才能排出。内室多余的水蒸气或空气，须经设备顶部上方高效过滤器过滤或高温灭活后，才能排出，有效地消除有毒物质对人和环境的安全威胁。

5.5 隔离密封

生物安全实验室双扉压力蒸汽灭菌器，均为嵌入墙体安装，需要实现严格的内外隔离，包括设备安装时的隔离、使用中的隔离以及维护维修时的隔离，严格满足 GB 19489—2008《实验室 生物安全通用要求》中的规定。常规灭菌器均有压力表，压力表经管道与内室连通，用来测量内室压力。按照压力容器使用规范要求，压力表需定期校验，常规灭菌器压力表校验或更换时直接拆除即可，但是用于生物安全实验室的灭菌器，管道内可能会有致病微生物，使用常规连接方式会有安全隐患，应采用不与内室直接连通的连接方式，并且应具有管路灭菌功能，更换压力表之前先将管道灭菌，杜绝安全隐患。因此，建议选择隔膜式连接的方式。

5.6 注意事项

除以上影响因素外，考虑到生物安全实验室的重要性、安全性等因素，宜选购知名度较高、市场口碑较好的品牌，因为大品牌资质齐全，技术实力雄厚，有更好的设计、加工、安装、调试、维护经验，较完善的售后服务体系，这些对产品的后期使用至关重要。其次，宜选购配置相对高端的产品，如前后双触摸屏控制、带数据追踪功能等，后期使用更方便。

5.7 常见问题

（1）设备容积选择问题

根据现场安装空间及需灭菌物品的装载量确定设备容积及尺寸。

（2）设备开门方式选择问题

平移门：通过门左右平移方式全自动开启或关闭。

机动门：铰链门，通过门自动垂直升降后利用人力开启或关闭。

升降门：气缸（或链条）升降自动升降，无须人力开启。

（3）须满足压力蒸汽灭菌器生物安全性能要求中的规定

例如：灭菌器应设置灭菌室外排冷凝水取样接口；根据生物安全防护水平选择外排气体除菌装置；生物安全防护水平为三级的实验室或其他场所使用的灭菌器，其灭菌室外排气体应至少经过一级除菌装置，灭菌室外排气体应无菌；生物安全防护水平为四级的实验室或其他场所使用的灭菌器，其灭菌室外排气体应至少通过双级除菌装置，灭菌室外排气体应无菌。

6. 产品设计生产质量控制

（1）设计制造必须符合相应的标准规范

生物安全型压力蒸汽灭菌器的设计制造应严格遵守国家和国际的相关标准，如 GB 150、GB 8599、TSG21—2016、GB 19489 等等。这些标准旨在确保设备的结构、功能和性能达到行业内的最佳实践，从而保障灭菌过程的有效性。

（2）材料与制造质量

生物安全型压力蒸汽灭菌器的关键部件，如腔体、门板、蒸汽管路等，应采用优质卫生级不锈钢材料制造（304 及以上规格）。这些材料具有良好的耐腐蚀性和机械强度，确保设备在长时间使用过程中保持稳定性和可靠性。同时，通过精密的加工工艺，确保部件的平整光滑，防止形成灭菌死角，保证整个系统灭菌完整性。

（3）灭菌效果验证

为确保生物安全型压力蒸汽灭菌器的灭菌效果达到预期，应通过温度变化和最终灭菌溶液的检测结果数据来验证灭菌器的效果。温度是灭菌过程中的关键因素，直接影响微生物的死亡率。而灭菌溶液的检测结果则可以反映灭菌过程中微生物的存活情况，从而验证灭菌器的灭菌效果。

（4）自动化与控制系统

生物安全型压力蒸汽灭菌器采用先进的自动化控制系统，如可编程序控制器（PC 机）和触摸屏界面，提高操作的直观性和方便性。这些系统能够精确控制灭菌过程中的各个参数，如压力、温度、时间等，确保灭菌过程的稳定性和可靠性。

(5)安全特性

生物安全型压力蒸汽灭菌器具备多重安全保护措施,包括但不限于安全阀门、压力开关、机械保护功能以及防止操作者受伤的安全格栅等。这些措施能够在设备出现故障或异常时及时切断危险源,保障操作人员和设备的安全。

(6)灭菌程序的灵活性

生物安全型压力蒸汽灭菌器允许用户根据需要设定或修改灭菌程序,以适应不同物品的灭菌要求。这种灵活性使得设备能够广泛应用于各种场景,满足不同用户的需求。

(7)性能测试

生物安全型压力蒸汽灭菌器在投入使用前应进行性能测试,包括真空测试和蒸汽热穿透测试等。这些测试能够评估设备的性能是否符合预期,确保其在实际使用过程中能够达到最佳的灭菌效果。

(8)维护与校准

为确保生物安全型压力蒸汽灭菌器的性能和安全性,应定期对其进行维护和校准。维护包括清洁设备、更换易损件等,以保持设备的良好状态。校准则是对设备的各个参数进行检查和调整,确保其准确性和稳定性。通过定期的维护和校准,能够延长设备的使用寿命,提高灭菌效果。

(9)用户培训

对操作人员进行适当的培训是确保生物安全型压力蒸汽灭菌器正常运行和质量控制的关键。培训内容包括设备的操作方法、安全规范、灭菌程序设定等。通过培训,操作人员能够熟练掌握设备的操作技能,提高设备的使用效率。同时,他们还能够理解质量控制的重要性,确保灭菌过程的有效性和安全性。

(10)记录与追溯

生物安全型压力蒸汽灭菌器应具备记录功能,能够记录灭菌过程中的关键参数,如压力、温度曲线等。这些记录对于追溯和质量审核至关重要。通过分析记录数据,可以了解设备的运行状况、灭菌效果以及可能存在的问题。在出现质量问题时,可以通过记录数据进行追溯和分析,找出原因并采取相应的措施进行改进。

(11)环境与能耗考虑

生物安全型压力蒸汽灭菌器的设计应考虑对环境的影响,如采用节能技术、减少蒸汽和水的消耗等。这些措施不仅有助于降低设备的运行成本,还能够减少对环境的污染和破坏。同时,设备的能耗和排放也应符合相关的环保标准和法规要求。

(12)国家标准与法规遵循

生物安全型压力蒸汽灭菌器应遵循国家和国际的相关标准和法规,如 GB 8599—2023《大型压力蒸汽灭菌器技术要求》等。这些标准和法规旨在确保设备的性能、安全性和合规性达到行业内的最佳实践。通过遵循这些标准和法规,能够保障生物安全型压力蒸汽灭菌器在各个领域的广泛应用和持续发展。

综上所述,生物安全型压力蒸汽灭菌器的质量控制涉及多个方面,包括设计与规范符合性、材料与制造质量、灭菌效果验证、自动化与控制系统、安全特性、灭菌程序的灵活性、性能测试、维护与校准、用户培训、记录与追溯、环境与能耗考虑以及国家标准与法规遵循等。通过全面的质量控制措施和实践,能够确保生物安全型压力蒸汽灭菌器在实际使用过程中达到最佳的灭菌效果和安全性,为医疗、制药、生物工程等行业的生物安全领域提供可靠的支持和保障。

7. 主要问题、风险和解决方案

(1)灭菌检测不合格问题检查排除。

(2) 物品的清洁。检查各清洁工序是否严格按供应室工作流程操作，保证清洗的质量。

(3) 物品的包装。包装不应过大、过紧，包装材料是否透气等因素将影响到冷空气的排除和蒸汽的穿透。

(4) 装载原则。装载是否按规定正确摆放、是否过紧、量过大而影响到蒸汽的顺利流通。

(5) 蒸汽的质量。蒸汽是否存在过热超温或不饱和现象。

(6) 冷空气的残留。冷空气的排除量决定着消毒灭菌的效果，因此应重点检查灭菌设备性能是否正常。先用 B—D 试纸进行检测，如有问题则进行保压实验或利用手动操作将内室通入蒸汽检查管路等处有无泄漏。

(7) 灭菌温度。利用露点温度计检查包内实际温度是否达到灭菌温度，是否与显示温度相符，检查内室压力与温度是否相互对应，适当增加内室压力观察结果有无改善。

(8) 灭菌时间。灭菌时间设置是否合理，内室进汽是否太快，穿透时间是否足够，适当延长时间观察结果有无改善。

8. 发展方向

8.1 智能化

随着人工智能在全球各个行业领域内的逐步渗透，压力蒸汽灭菌器的发展也必将向智能化迈进。包括 AGV 搬运车的运用、利用移动通讯设备对设备运行状况的监控、指纹识别以及人脸识别系统对应的操作权限的智能划分、对自身零部件运行状况的判断以及对灭菌程序中出现的不良状况进行自我诊断修复等的功能也将会成为智能化压力蒸汽灭菌器的发展趋势。

8.2 集成化

压力蒸汽灭菌器尤其是生物安全型压力蒸汽灭菌器管路较为复杂，导致管路维修以及配件的更换较为困难。在未来的压力蒸汽灭菌器的发展中，管路集成化必将成为一个主流发展趋势。管路的集成，会带来零部件更换的便利。并且，管路集成以后，可以对管路进行彻底的蒸汽灭菌处理，消除更换维护易损管件时对操作人员带来的安全威胁。

8.3 模块化

管路以及控制系统的模块化，将会带来组装成本的降低，并且会带来维修方面的便利，某些配件失灵，可以将此配件所在的模块更换，省去了配件故障排查的麻烦，大大提高了工作效率。并且，模块化的管路以及控制系统大大提高了不同型号设备之间零部件的通用性和互换性，降低了管件的采购成本，对于设备的组装以及日常维护的成本将会带来很大的降幅。

4.3 气（汽）体消毒设备

1. 概述

1.1 气（汽）体消毒的发展历史

气（汽）体消毒是一种通过使用化学或物理的方法，对空气中的微生物、细菌或其他污染物进行杀灭或去除的过程，以净化室内空气、减少疾病传播的风险。

气（汽）体消毒已有100余年的发展历史，甲醛气体消毒曾作为化学气体灭菌剂第一个里程碑。1950年环氧乙烷气体已经用于医疗行业的消毒。公认的现代气（汽）体消毒从20世纪60年代低温甲醛灭菌技术的诞生作为起点，气（汽）体消毒开始了飞速发展。相继出现了臭氧、环氧乙烷、过氧乙酸等气体熏蒸消毒剂和消毒设备。经过几十年发展，形成了以甲醛、过氧乙酸、环氧乙烷、臭氧为代表的庞大消毒剂体系，并形成了完善的消毒流程和方法。但以甲醛为代表的醛类消毒剂往往具有较高的毒性，如甲醛已被确认为致癌物，在国内毒性化学物质排行榜上高居第二位。环氧乙烷极易爆炸，安全使用问题较为突出。臭氧、过氧乙酸的材料兼容性限制了他们在生物安全实验室消毒领域的应用。20世纪末，人们相继开发低毒、环保、材料兼容性好的气体消毒剂。20世纪80年代，美国STERIS公司首先发现过氧化氢在气态下仅需较低浓度即可杀灭孢子，开创了汽化过氧化氢灭菌的先河。时至今日，全球已有数万台各种品牌的汽化过氧化氢消毒机用于医疗、卫生、食品、药物、生物安全领域。1998年美国环保署（EPA）首先将二氧化氯注册为消毒剂，2006年又将气体二氧化氯注册为消毒剂，随后相继有气体二氧化氯消毒机专利注册和产品问世。比较成熟的产品为美国ClorDiSys公司的Minidox-GMP、Steridox-M系列二氧化氯消毒机，已在美国"911"恐怖袭击后的系列炭疽杆菌袭击事件用于Anthrax、AMI大厦、Trenton邮局等庞大建筑物的彻底消毒。

世界卫生组织（WHO）《生物安全手册》中推荐了一些气（汽）体消毒剂用于生物安全实验室消毒，包括甲醛、过氧化氢、二氧化氯和过氧乙酸等。目前应用在国内外高等级生物安全实验室的气（汽）体消毒剂和消毒设备中，甲醛、汽化过氧化氢、气体二氧化氯占据了绝大部分份额。

1.2　气（汽）体消毒适用范围

气（汽）体消毒方法适用于高等级生物安全实验室等密闭环境消毒，也适用于不耐湿热的物品消毒。因此生物安全高等级实验室适合采用气（汽）体消毒的方式，尤其对于核心工作区、化学淋浴室、传递窗等密闭性良好的设备设施。气（汽）体消毒剂拥有其他喷洒、擦拭等无法比拟的高效空气过滤器等多孔物体穿透性，因此消毒更加彻底，已成为生物安全高等级实验室排风高效空气过滤器、生物安全柜排风过滤器等首选的消毒方式。

2. 原理

2.1　气（汽）体消毒设备的分类

2.1.1　按消毒剂特性分类

气（汽）体消毒设备按照消毒剂的特性可分为气体消毒设备和汽体消毒设备两种。气体消毒设备是指设备采用的消毒剂在常温下（通常指20℃）是气态，如二氧化氯（沸点11℃）、甲醛（沸点−19.5℃）。汽体消毒设备是指设备采用的消毒剂在常温下（通常指20℃）是液态，使用时通过加热、喷雾等方式加以汽化，如过氧化氢、过氧乙酸等。

2.1.2　按结构特点分类

气（汽）体消毒设备按照结构特点可大致分为管道循环式和内置散射式两种。管道循环式气（汽）体消毒设备有密闭的回路系统，通常采用活动式软管，将设备与实验室或设备连接起来进行消毒。内置散射式气（汽）体消毒设备通常直接放在待消毒的空间内，向消毒空间直接发生消毒气（汽）体，通过置于外部的远程控制器或无线遥控装置进行消毒。

2.2 气（汽）体消毒设备消毒原理

2.2.1 过氧化氢蒸汽消毒设备消毒原理

过氧化氢具有广谱、高效、速效、无毒、对金属及织物有腐蚀性、受有机物影响大、纯品稳定性好、稀释液不稳定等特点。现有产品中多添加其他成分来稳定过氧化氢，增强其杀菌作用并降低其腐蚀性。过氧化氢消毒的主要优点是干燥、作用快速、无毒、无残留。因过氧化氢对金属具有腐蚀性，在高等级生物安全实验室中应用时，应关注其对围护结构金属壁板、不锈钢台面、传递窗等的腐蚀，并采取相应措施降低这种危害。

过氧化氢消毒包括准备阶段（预热除湿，10min 以上）、调节阶段（过氧化氢气体快速注入，20min 以上）、消毒阶段（过氧化氢气体慢速注入以维持其室内浓度，1 h 以上）、降解通风 4 个阶段，其中调节阶段、消毒阶段的时间和房间体积、过氧化氢注入速率（使用剂量）等因素有关。准备阶段的预热除湿过程要加热干燥循环空气，调节阶段过氧化氢气化时会产生热量，室内温度会升高。降解通风是指停止注入过氧化氢气体后注入干燥空气继续循环，以降低实验室内过氧化氢气体浓度（该过程由过氧化氢消毒设备自循环降解分解单元完成），当室内过氧化氢气体浓度降到设定的安全值以下时，消毒过程完成。为避免室内残留的过氧化氢气体对工作人员造成伤害，需开启实验室送排风系统置换室内空气。

过氧化氢蒸气都是由体积分数≥30％的 H_2O_2（过氧化氢）溶液通过发生器产生。气态过氧化氢会随着时间的延长而逐渐衰减，衰减速率甚至比 ClO_2 还要快。因此，必须向空间内连续不断地提供新鲜的过氧化氢气体，以足够维持消毒所需要的浓度。这通过向蒸发器连续注入过氧化氢，并控制液体的蒸发速率来实现，这种方法可以减少 H_2O_2 的分解。和其他的氧化熏蒸剂一样，典型的 H_2O_2 蒸气的浓度（如 200μL/L 或 0.3mg/L）可能需要 2～6h 的接触时间来破坏芽孢，具体时间与芽孢的载体有关。在杀菌循环操作的最后阶段，发生器停止注入过氧化氢溶液，通过向房间内送入新鲜的空气将过氧化氢蒸气从空间中去除；另一种方法是将含有气态过氧化氢的空气经过催化装置进行分解，以弥补自然分解的不足。常用的催化剂如二氧化锰，可将过氧化氢转化为水和氧气，从而不留下任何残留物。

图 4-3-1、图 4-3-2 为两种常见的过氧化氢蒸发方式示意图。

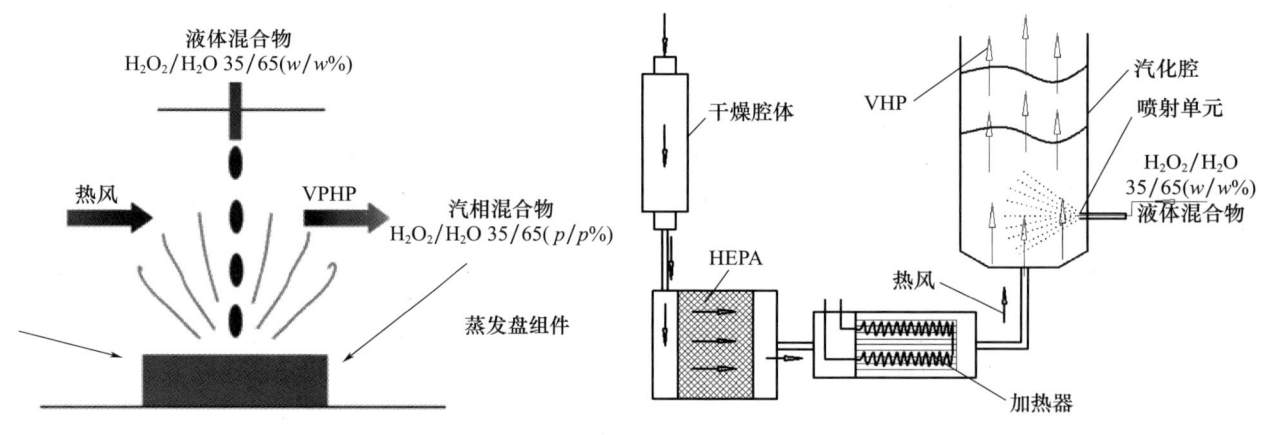

图 4-3-1　过氧化氢蒸发盘式汽化　　　　　图 4-3-2　过氧化氢管腔式汽化

由于过氧化氢和水在灭菌体系中存在二元的汽液相平衡作用，水和过氧化氢的蒸汽压是过氧化氢消毒过程中重要的参数，最佳的相对湿度值会随着具体的 H_2O_2 处理过程而改变。以 STERIS 公司

VHP 技术为代表的"干气"作用过程，需要在特定空间内维持一个相对低的湿度，以努力维持过氧化氢的气相状态，达到更好的扩散均匀性和杀菌效果。相比较而言，以 BIOQUELL 公司 HPV 技术为代表的"湿气"作用过程，由于气相过氧化氢的饱和蒸气压较低，在达成气液平衡时，液相浓度会显著超过气相浓度，对消毒物表面形成过氧化氢薄膜的"微冷凝"。在冷凝物中过氧化氢浓度往往超过50%。这也是"微冷凝"方法的消毒理论基础。实际应用中，物体表面形成的微冷凝过氧化氢与注入的过氧化氢量、环境初始湿度及表面温度等密切相关。如何控制消毒过程中的冷凝程度并形成均匀一致的微冷凝层，对 HPV 消毒过程来说，是一个挑战。因难以控制消毒环境的温度均匀性，局部形成过度冷凝导致过氧化氢浓度分布不均的问题时有发生。

2.2.2 气体二氧化氯消毒设备消毒原理

由于气体二氧化氯性质不稳定，易分解、高浓度时易爆炸，因此不易存储和运输，只能在现场就近生产制备，尽快使用。目前实验室消毒所用的气体二氧化氯发生方法为氯气和亚氯酸钠反应法，反应方程式如下。

$$2NaClO_{2(固体)} + Cl_{2(气体)} = 2ClO_{2(气体)} + 2NaCl \tag{4-3-1}$$

式（4-3-1）所示的气体二氧化氯发生方法由于有氯气的参与，往往受到所在国家的危险化学品管制与约束，给使用者的安全管理也带来一定风险，消毒成本也较高，这也是目前气体二氧化氯消毒应用的主要制约因素。国内外相关机构目前开发了一种"二元法"溶液反应现场制备气体二氧化氯的方法，即采用有机酸和亚氯酸钠两种溶液反应获得气体二氧化氯。由于无氯气的参与，安全性得到提高，成本也显著下降。缺点是反应后的溶液需要进行中和处理，消毒大空间时对消毒设备的设计和研发要求较高，目前主要应用于生物安全柜、隔离器、高效空气过滤单元等设备设施的消毒。

二氧化氯消毒包括加湿、二氧化氯气体注入、二氧化氯浓度维持、通风4个阶段。首先通过空调系统将实验室温度维持在 20℃。若需要进行消毒效果验证，则应在实验室顶部角落、设备底部等气体二氧化氯较难到达的典型区域放置指示菌片。指示菌一般采用枯草杆菌黑色变种芽孢。加湿器将房间的相对湿度增加至70%以上，关闭空调系统，注入气体二氧化氯，同时监测气体浓度、湿度、压力等参数。待气体二氧化氯浓度达到设定值时停止注入，在此浓度下使实验室暴露设定时间。一般地，空间气体二氧化氯质量浓度 $10 \sim 30 mg/L$ 即可达到杀菌对数值大于6的消毒效果。由于泄漏及分解等因素，空间内二氧化氯浓度会有一定程度的降低，为了保证消毒效果，在二氧化氯浓度降低至一定值时应自动启动二氧化氯发生器进行自动补充，直至达到设定浓度，并全程监控二氧化氯气体浓度。消毒结束后开启空调排风系统换气，直到其中气体二氧化氯体积分数达到 0.1×10^{-6} 的人体安全浓度，整个消毒过程结束。取下指示菌接种片进行培养计数，计算杀菌对数值。

需要注意的是，采用气体二氧化氯对房间进行消毒时，消毒过程中由于气体的注入，室内温度、相对湿度的调节控制，可能会使室内温度升高，压力上升，室内可能会出现正压，未被彻底消除的病原微生物存在外泄风险，因此需要采取适当的方式泄压。气体二氧化氯遇紫外线会分解成氯气和氧气，因此在消毒过程中需要将实验室遮光处理。二氧化氯消毒灭菌发展历程如图4-3-3所示。

2.2.3 甲醛气体消毒设备消毒原理

采用甲醛对实验室进行消毒时，一般采用30%～40%的甲醛溶液，在特殊发生器中加热挥发。一般地，在 $10g/m^3$ 的质量浓度下，熏蒸4h即可达到灭菌效果。消毒时，需要实验室内相对湿度在70%左右。按实验室体积计算，以比例计算出甲醛溶液的用量，将定量的甲醛溶液和中和剂氨水分别加入甲醛发生器内。按照 WHO《实验室生物安全手册》（第四版）要求，将实验室室内温度调节高于25℃，

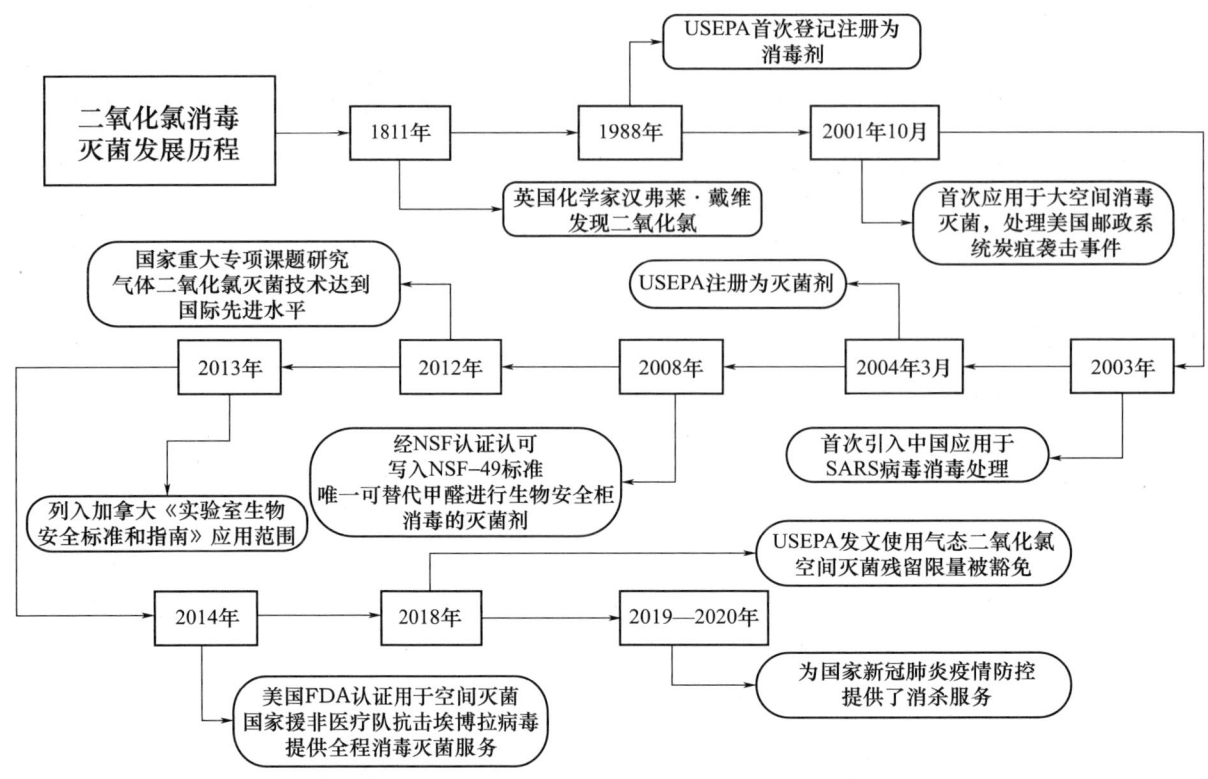

图 4-3-3 二氧化氯消毒灭菌发展历程

相对湿度在 70% 左右。确认实验室内无工作人员后，关闭消毒区域与外界相通的门和传递窗，以及中央送风系统，遥控启动甲醛发生器进行熏蒸。达到熏蒸时间后不立即通风，房间密闭 24 h 后，打开通风系统置换新鲜空气，直至甲醛浓度检测仪检测浓度降至安全标准。

因甲醛熏蒸消毒所需时间较长，这一过程中消毒的房间相对相邻房间、吊顶等周围环境可能会出现正压，未被彻底消除的病原微生物存在外泄风险。

主要消毒剂种类性能及参数对比见表 4-3-1。

表 4-3-1 主要消毒剂种类性能及参数对比

消毒剂种类	消毒原理	消毒参数	优势特点
二氧化氯	氧化作用	室温下，1mg/L 熏蒸 2h 可杀灭所有细菌繁殖体、肝炎病毒、噬菌体和细菌芽孢	广谱、高效、安全、环保
过氧化氢	氧化作用	使用 30%～35% 的过氧化氢溶液以 $7mL/m^3$ 的用量喷雾至空气中，作用 0.5～1h，降解 4～12h	强氧化剂，效果好；残留低，分解为水＋氧；无致癌作用
甲醛	氧化作用	使用 35%～40% 的甲醛溶液加入催化剂将产生的甲醛送入目标区域，作用 7～24h	分布好；穿透力强；适用空间范围广

3. 气（汽）体消毒的国内外标准

气（汽）体消毒剂和消毒设备标准归属于消毒灭菌标准体系，对消毒剂的规范较多，设备的规范相对少一些。1990 年，国际标准化组织（ISO）成立了医疗保健产品灭菌技术委员会 ISO/TC 198，相继颁布了 ISO 11134 和 ISO 13683 以及 ISO 11135 等蒸汽灭菌的标准以及一些生物化学灭菌指示剂的辅助标准，形成了系统的标准体系。欧盟标准化组织（CEN）1998 年与 ISO 接轨，成立了医用灭菌器技术委员会 CEN/TC 216，致力于灭菌器相关装置的标准化工作。我国消毒技术与设备标准化技术委员会由国家标准化管理委员会批准，成立于 1992 年，制定了包括消毒与灭菌所有模式的标准：化学消毒与灭菌、热力消毒与灭菌、辐射灭菌等以及工业和医疗卫生两个方面的应用。其中 NA 063-04-01 AA 主要负责制定蒸汽灭菌标准，NA 063-04-03 AA 主要负责制定消毒装置标准。GB 26371—2010《过氧化物类消毒剂卫生标准》、GB/T 32309—2015《过氧化氢低温等离子体灭菌器》规定了过氧化氢汽体的消毒要求。GB 26366—2010《二氧化氯消毒剂卫生标准》规定了二氧化氯消毒剂的理化指标，但仅限于溶液型。我国《消毒技术规范》（2002 版）、《医疗机构消毒技术规范》（2012 版）对气（汽）体消毒剂和评价方法也进行了详细的规定。相关的标准规范如表 4-3-2 所示。目前国内外尚无针对生物安全实验室的气（汽）体消毒剂和消毒设备的独立标准。

表 4-3-2 消毒相关国内外标准

标准名称/标准号	备注
GB 26371—2010《过氧化物类消毒剂卫生标准》	过氧化氢汽体的消毒要求
GB/T 32309—2015《过氧化氢低温等离子体灭菌器》	
GB 26366—2010《二氧化氯消毒剂卫生标准》	二氧化氯消毒剂的理化指标，但仅限于溶液型
《消毒技术规范》（2002 版）	气（汽）体消毒剂和评价方法
《医疗机构消毒技术规范》（2012 版）	
《中国药典》（2020 年版）1421 灭菌法—汽相灭菌法；9207 灭菌用生物指示剂指导原则；9208 生物指示剂耐受性检测法指导原则	
WS/T 648—2019《空气消毒机通用卫生要求》	
GB/T 15981—2021《消毒器械灭菌效果评价方法》	
《病原微生物实验室生物安全管理条例》	
GB 19489—2008《实验室 生物安全通用要求》	
WHO 实验室生物安全手册	
美国国家医学工程科学院（The National Academies of Sciences Engineering Medicine）《Acute exposure guideline levels for selectde airborne chemicals 特殊化学品空气急性暴露水平指南》	
《药品生产质量管理规范》（GMP）	
GB 16297—1996《大气污染物综合排放标准》	给出了甲醛消毒装置的相关规定
GBZ 2.1—2019《工作场所有害因素职业接触限值 第 1 部分：化学有害因素》	

4. 结构、性能与选型指南

4.1 过氧化氢消毒装置

4.1.1 结构

目前过氧化氢工艺在市场上宣传的概念很多，大致可以分为两种实现方式：一种为湿法工艺，称为干雾的、喷雾的，或者称为微冷凝的，都属于这种湿法工艺，其实原理上来说都是通过某种方式来切小过氧化氢液滴，然后再将其喷出，实际原理上类似家用的空气加湿器；另外一种是干法工艺，即通过加热的方式来实现将过氧化氢液体汽化为过氧化氢气体，干法工艺有一个液相到气相的转换过程，这个过程产生具有高活性的羟氧自由基，是过氧化氢汽化灭菌的关键。

在干法工艺中，又可以分为滴落闪蒸式的设备实现方式和低温喷射式的设备实现方式：闪蒸在原理上是通过将过氧化氢溶液滴落到高温闪蒸板上，从而实现汽化过程，这样的实现方式有一个问题，即是容易在高温闪蒸板上产生一些杂质的结垢，从而导致危险性事故；而低温喷射式汽化工艺可以避免这个问题，因为低温喷射式汽化工艺的基础原理是将过氧化氢溶液通过空压机压进喷头进行液体喷散，然后整个腔体对已经喷散的液体进行加热，再由循环风机进行循环至扩散到整个灭菌空间中，这样就完全避免了像滴落式闪蒸工艺的一个杂质结垢的问题。滴落闪蒸式工艺如图4-3-4所示。低温喷射式汽化工艺如图4-3-5所示。

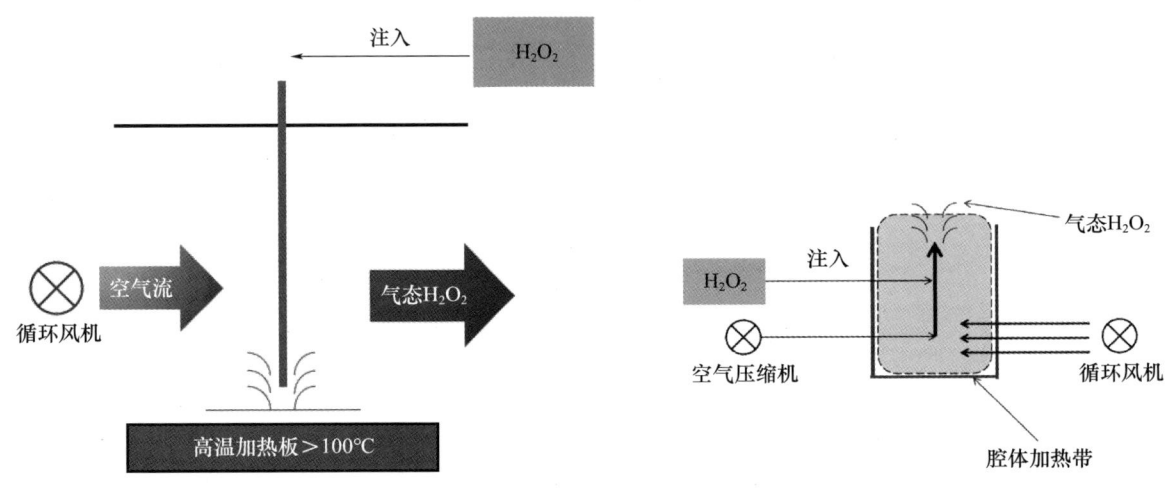

图 4-3-4　滴落闪蒸式工艺　　　　　　图 4-3-5　低温喷射式汽化工艺

4.1.2　主要性能指标及评价

（1）装置参数

① 外观。空气消毒机外观应光滑平整，各部件连接牢固，在正常使用中能安全工作，不会引起对人员和周围环境的危害。设备表面及所有部件应便于清洁，不能有清洁死角，外表面均抛光光滑，符合卫生要求。

② 材料。设备所用材料均不应被所使用消毒剂腐蚀。

③ 移动。装置应配备移动脚轮，可实现装置在一定范围内的移动。

④ 有效寿命。空气消毒器应符合相应标准的要求，没有相应标准的应达到产品质量标准的要求。

⑤ 工作噪声。空气消毒机整机运行时应平稳可靠、无振动，噪声不大于60dB。

⑥ 循环风量。依靠循环风量来实现消毒目的的空气消毒机，循环风量应大于适用体积的2倍以上。

⑦ 适用体积。体积不得小于30m³。

⑧ 电气安全性。应符合GB 9706.1的要求。

⑨ 审计。装置数据导出功能，全部数据可打印记录，具备审计功能。

⑩ 远程控制。装置配置可远程控制系统，使灭菌过程实现无人值守、提高效率、方便实用、保证灭菌人员安全性。

⑪ 消毒指标。对嗜热脂肪芽孢杆菌孢子生物指示剂可达到6log的杀灭率，即下降6个对数单位。

⑫ 材料兼容性。提供灭菌气体的证明材料，对空间及设备的相容性说明应包括：金属（主要是不锈钢、铝合金、铜等）、工程塑料、橡胶、洁净室墙板顶板、PVC地面、环氧树脂自流平地面、高效送风口、回风口、有机玻璃、插座、开关、电话、现场显示仪表等。

⑬ 操作友好性。有良好的人机界面，操作安全可靠，可显示设备主要运行参数。

(2) 消毒参数

① 准备阶段。腔体加热带需对腔体进行预热，防止气体冷凝。

② 气化阶段。消毒剂汽化，喷射入消毒空间内，并到达预设浓度。

③ 维持阶段。不断有气化后的消毒剂被喷射入空间内，持续维持消毒剂浓度，以实现对消毒表面的持续覆盖和对微生物的持续杀灭；消毒装置持续监控并实时调节空间内的温度、湿度、消毒剂饱和度，确保对消毒空间不产生腐蚀。

④ 降解阶段。灭菌空间内的汽化消毒剂被降解为无毒无害的气体，也可采用辅助通风设备将蒸汽排出传递舱，直至监测到的消毒剂体积分数低于 1×10^{-6}。

4.1.3 安装与调试验证

（1）预留维护条件。装置应配备检修口，方便对装置的泵件、管路、电路及其他元器件进行日常检修及紧急处理。

（2）备品备件。装置厂商应具备备品备件库，保证装置泵件、管路、电路及其他元器件维修更换配件的时间。

（3）安全性。设备上易对操作人员造成伤害的运动部位应有安全罩；设备任何部位不能有锋利的边缘和尖角；易于接近人体的区域安装紧急停止按钮，以减少人机工程伤害。

（4）通断电。断电时，机器逐渐停稳，以保护操作人员、设备和产品的安全；恢复供电后机器不能自动开机，必须人工启动。

4.1.4 选型指南

（1）大场景消毒机。大场景装置单台消毒体积应大于等于 600m³，且可实现多台联用，以适应不同的消毒场景，选择合适的风机，可一年四季对大场景全空间完成 6log 以上的芽孢灭杀率。整个消毒过程不需要除湿，消毒机应能在上述工况正常工作，不存在超出消毒机灭菌条件而无法进行灭菌的情况。消毒机宽度不应超过 60cm，以适应不同宽度的门口。

（2）小场景消毒机：小场景装置要求其可推进或者拿进实验室，消毒机尺寸小巧为宜，消毒机可为体积 30～80m³ 空间进行终末消毒。所有消毒过程，选择合适的风机，可一年四季对上述所有灭菌空间完成 6log 以上的芽孢灭杀率。整个消毒过程不需要消毒机除湿，消毒机应能在上述工况正常工作，不存在超出消毒机灭菌条件而无法进行灭菌的情况。消毒机宽度不应超过 60cm，以适应不同宽度的门口。

（3）大型正负压管道消毒机。正负压管道式消毒机通过消毒机的连接软管与实验室消毒接口连接，为双层高效过滤单元进行终末消毒，选择合适的风机，可一年四季对上述所有灭菌空间完成 6log 以上的芽孢灭杀率。整个消毒过程不需要除湿，消毒机应能在上述工况正常工作，不存在超出消毒机灭菌条件而无法进行灭菌的情况。消毒机宽度不应超过 60cm，以适应不同宽度的门口。

（4）小型正负压管道式消毒机。小型密闭空间正负压管道式消毒机应用场景为空间狭小的设施设备（袋进袋出装置、手套箱隔离器、移动采样车等）进行彻底灭菌，可灭菌体积 0.5～10m³，可实现 6log 灭菌，需配备高压头的循环风机（压头不小于 20kPa），需要穿透双级 H14 高效过滤器。可方便携带至设备夹层，也可方便车载使用。

4.1.5 技术发展

目前的过氧化氢灭菌器，可以实现灭菌全程无人值守，通过设备内置的三合一（温度、湿度、过氧化氢浓度）监测装置和外置的远端三合一监测装置的远程监控、自动控制，可以实时监测灭菌状态，也可以实现远程控制。未来的发展方向为智能化、智慧化，与整体实验室设施设备实现联动，从而实现实验室的动态微生物监测和动态灭菌。

4.2 气体二氧化氯消毒设备

二氧化氯是国际上公认的含氯消毒剂中唯一的高效消毒灭菌剂，它可以杀灭绝大多数已知微生物，包括细菌繁殖体、细菌芽孢、真菌、分枝杆菌和病毒等，并且这些细菌不会产生抗药性。二氧化氯对微生物细胞壁有较强的吸附穿透能力，可有效地氧化细胞内含巯基的酶，还可以快速地抑制微生物蛋白质的合成来破坏微生物。

2014年美国FDA发放许可报告，允许二氧化氯用于制药、医疗、食品的空间和产品的消毒灭菌；国际注射剂协会（PDA）TR70技术报告推荐二氧化氯作为灭菌剂用于大空间灭菌处理，是甲醛最好的替代产品；国际制药工程协会（ISPE）《无菌隔离器设计标准与指南》推荐二氧化氯作为无菌空间的灭菌剂使用。美国EPA（美国环保署）颁发的《特殊化学品空气急性暴露水平指南》中对二氧化氯的空气残留有明确的规定，3×10^{-6}以下对人体是安全的，无血液类、遗传类、畸变等致病因素。因此二氧化氯是新一代安全环保的绿色灭菌剂。

4.2.1 分类及结构

设备主要分为：应用于小型空间（较小型空间）和大型空间消毒专用的消毒灭菌装置。前者的二氧化氯气体发生方式为：原料定量加注，在反应罐内化学反应发生二氧化氯气体；后者的二氧化氯气体发生方式为：原料试剂定量加注，通过固体原料试剂罐受控化学反应发生二氧化氯气体。设备图片如图4-3-6所示。

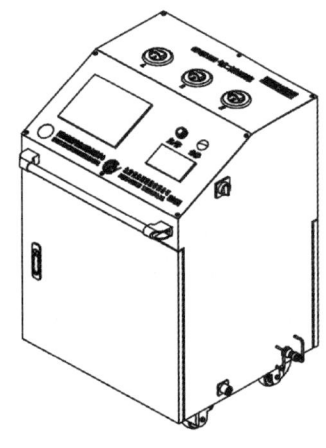
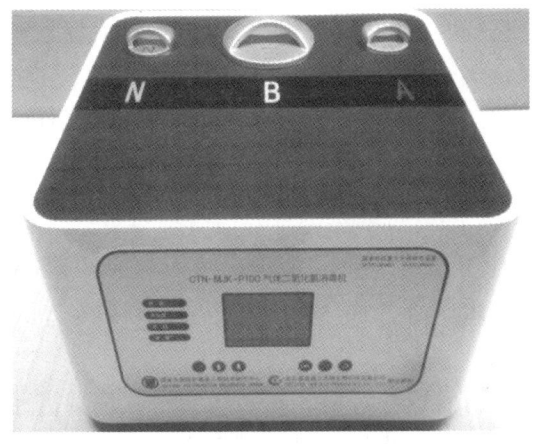

图4-3-6 设备图片

4.2.2 选型及应用场景

空间（较小型空间）适用场景：消毒适用空间小于等于$40m^3$（较小型空间）和小于等于$65m^3$（小型空间）；无人封闭空间内的空气消毒；工作温度16~40℃。控制装置与反应试剂配合使用，现场制备低浓度二氧化氯气体，对特定封闭空间内的空气和物品表面进行彻底的消毒，对微生物的杀灭指数可以达到6log的灭菌级别。适用于实验室、生物制药企业、实验动物中心、医疗卫生等领域。

大型空间消毒专用的消毒灭菌装置适用场景：消毒适用空间小于等于$4000m^3$；无人的封闭空间内的空气消毒；工作温度16~40℃。控制装置与2%氯气混合瓶和反应罐料剂配合使用，持续产生低浓度二氧化氯气体，对特定封闭空间内的空气和物品表面进行彻底的消毒，对微生物杀灭指数可以达到

6log 的灭菌级别。适用于实验室、生物制药企业、实验动物中心、医疗卫生、食品及家居等领域的大空间范围的消毒灭菌。

4.2.3 风险控制

（1）在消毒设备运行期间，严禁进入消毒空间内部。

（2）配置试剂及排放废液时佩戴专业防护用具。

（3）消毒结束后，按规定时间吸附或排放消毒气体后，再进入消毒空间。

4.2.4 技术发展

（1）便携式消毒设备。正在研发使用手机通过蓝牙与设备连接从而控制设备参数及启停，也可通过手机调取消毒过程中的数据等功能。

（2）移动式消毒设备。正在研发通过微电脑设备远程控制让设备的联动性、安全性进一步提高，同时数据记录空间和保存周期进一步加强，为后期大数据分析做充足准备。

（3）多功能式消毒设备。研究更高效的试剂配方使得二氧化氯产量更上一层楼、性价比进一步提高，为加强用户体验感后期会植入语音识别交流系统和 APP 联动软件。

4.3 甲醛灭菌器

4.3.1 分类与结构

甲醛溶液灭菌器主要分为甲醛溶液灭菌器、带氨水中和甲醛溶液灭菌器。如图 4-3-7、图 4-3-8 所示。

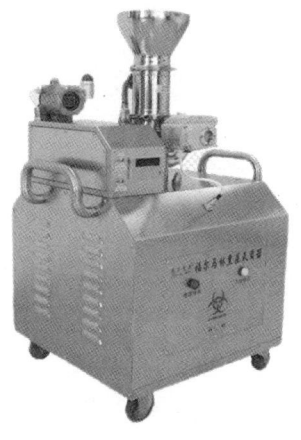
图 4-3-7 甲醛溶液灭菌器

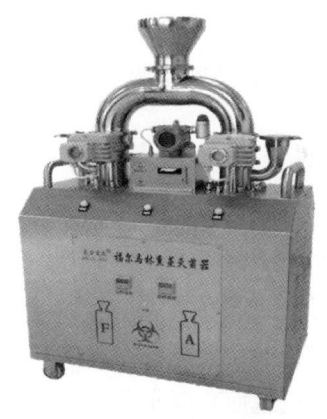
图 4-3-8 带氨水中和甲醛溶液灭菌器

甲醛溶液灭菌器主要由机壳、甲醛溶液蒸发罐、连接管道、泄压旁路、甲醛浓度检测、电气控制等部分组成。带氨水中和甲醛溶液灭菌器主要由机壳、甲醛溶液蒸发罐、氨水蒸发罐、连接管道、泄压旁路、甲醛浓度检测、电气控制等部分组成。

4.3.2 工作原理

甲醛溶液灭菌器工作原理：设备控制器根据控制程序工作，控制甲醛溶液蒸发罐加热，蒸发事先注入罐内的甲醛溶液，产生的气体送入需要消毒灭菌的空间，杀灭病毒细菌。罐内溶液蒸干后，设备停止加热。灭菌延时计时结束，设备工作完成。灭菌过程中可实时检测空间的甲醛浓度值，记录打印数据。

带氨水中和甲醛溶液灭菌器工作原理：设备控制器根据控制程序工作，控制甲醛溶液蒸发罐加热，蒸发事先注入罐内的甲醛溶液，产生的气体送入需要消毒的空间，杀灭病毒细菌。甲醛溶液蒸干后，设备停止甲醛溶液罐的加热，设备进入灭菌延时阶段，灭菌延时计时开始。灭菌延时计时结束，设备控制氨水蒸发罐加热，蒸发事先注入罐内的氨水溶夜，产生的气体送入消毒空间，中和消毒剩余的甲醛气体。氨水溶液蒸干后，氨水罐停止加热，设备工作完成。灭菌过程中可实时检测空间的甲醛浓度值，记录打印数据。

4.3.3 主要性能指标及评价

4.3.3.1 技术难点

甲醛溶液灭菌器、带氨水中和甲醛溶液灭菌器的技术难点，是在大空间消毒灭菌作业中，使消毒气体分布均匀，消毒效果一致性；而且，还需要消除灭菌空间剩余的甲醛气体，浓度降至安全要求。

4.3.3.2 主要性能指标

（1）材质。设备外壳、罐体、管道及连接件都采用304不锈钢材料制造，防止腐蚀。

（2）外观。设备表面应无明显划伤、锈斑、压痕，表面应光洁，外形平整规矩。

（3）结构。灭菌器的焊接件焊缝均匀、平滑整齐，焊接牢固，焊瘤、焊渣清除干净，不应有烧穿、裂纹、弧坑、漏焊、虚焊、夹渣、咬边等缺陷；壳体强度足够，加入足量液体不会弯曲变形；脚轮移动灵活，制动可靠。

（4）罐体。焊缝均匀，焊接牢固，没有夹渣、沙眼等缺陷，必须通过0.1MPa气压测漏检验无渗漏。

（5）管件。螺栓、阀门、接头、管道等标准件的型号、规格、尺寸必须符合设计要求，安装牢固，密封可靠，不能泄漏。泄压旁路正常，有效保证安全。

（6）控制器件。PLC控制器程序运行稳定，电器件工作可靠，浓度检测仪器准确。加热器件安全，保护功能有效。

（7）安装技术要求。

① 被消毒的空间应具备良好气密性。

② 被消毒的空间墙壁或表面应平滑，对于粗糙表面面积较大的空间，需要加大甲醛溶液的用量。

③ 室内温度要求20℃或更高，湿度大于65%。

④ 熏蒸灭菌器长时间加热外壳温度升高，应远离怕热物体。

⑤ 放置平台（或地面）要水平。

（8）电源要求，根据设备型号的电源功率要求，预备匹配的电源接口。

（9）连接管路要求，管路连接需加密封件，密封可靠无泄漏。管道耐温120℃，并需做保温处理。

4.3.4 选型指南

根据需要消毒灭菌场所环境具体情况与要求进行选择。进行消毒后能直接排风换气的选择甲醛溶液灭菌器；进行消毒后需要经中和反应再排风换气的选择带氨水中和甲醛溶液灭菌器。

根据需要消毒灭菌的空间体积大小，选择适应不同空间体积的设备规格。

4.3.5 建设和使用过程中的风险控制

（1）规避甲醛毒害性对人员的影响：操作者穿戴防护设备操作；消毒完成后的空间需要消除甲醛残留，达到工作场所有害气体接触限值标准后才可进入工作。

（2）控制甲醛聚合反应的方法：保持消毒环境温度24℃以上，相对湿度不低于65%。

4.3.6 技术发展

目前的甲醛溶液灭菌器和带氨水中和的甲醛溶液灭菌器，性能指标满足对不同体积空间消毒灭菌的需要，实现了在线浓度检测和远程控制。未来的发展方向为智能化、智慧化。消毒设备在作业时配合分布式的浓度检测仪自动检测各个空间的消毒气体浓度情况，并根据需要调整各个房间的消毒气体浓度，确保灭菌的效果和药剂使用量的控制。利用大数据和人工智能技术，消毒设备能够学习用户的使用习惯，预测消毒需求，自动进行消毒。

5. 气（汽）体消毒方法

5.1 生物安全实验室空间消毒

生物安全实验室空间一般采取密闭气体熏蒸消毒的方式。密闭熏蒸消毒是目前国内高等级生物安全实验室最常用的消毒模式，该消毒模式以房间为消毒单元，操作灵活、简单。密闭熏蒸消毒模式如图 4-3-9 所示，其工作原理为：以实验室房间为单元，关闭送排风机组、风管密闭阀和实验室门，使实验室处于密闭状态，在房间内发生消毒剂气体［见图 4-3-9（a）］，或在房间外发生消毒剂气体，通过专用消毒管道注入实验室［见图 4-3-9（b）］。实验室空间消毒对象不仅是空间内空气，还包括实验室内设备设施表面。一般认为，对实验室空间消毒后，整个实验室即处于生物洁净状态。

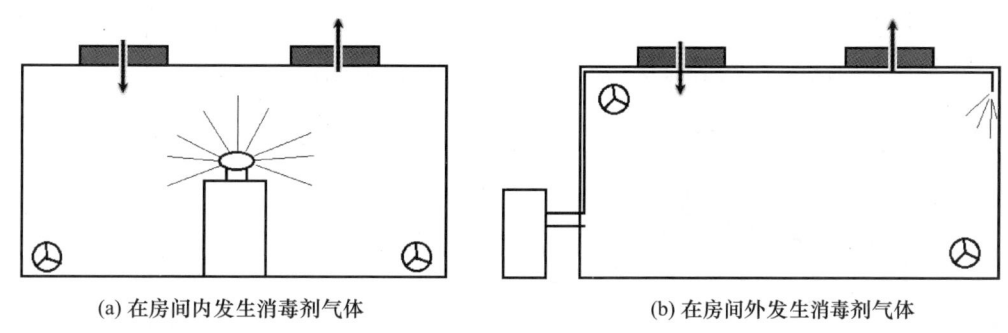

图 4-3-9 密闭熏蒸消毒示意图

图 4-3-9（a）的工作原理为：将消毒设备即消毒气体发生器放在待消毒的实验室内，如需实时监控消毒过程，则需消毒设备带有附属遥控系统，放置在待消毒实验室外部，如附属控制系统非遥控形式，数据线需经墙体预留的孔洞穿管接出或通过传递窗接出，传递窗等可能泄漏区域周边缝隙用无残留胶布密封。消毒较大空间的实验室时，需要在远离消毒设备气体发生口的位置放置可旋转的混匀风扇。

图 4-3-9（b）的工作原理为：消毒设备主机放置于实验室外，将消毒剂气体注入口和气流返回口与墙体上的固有消毒口连接。为保证实验室内消毒气体分布均匀及充分交换，实验室内应预先安装消毒气体引导管，消毒气体进气口和出气口至少应隔出 2.5m 的距离，也可采用塑料管连接墙体上的消毒剂气体注入口，将塑料管另一端伸入实验室对角或顶部中心位置，实验室内其他角落应安放可旋转的混匀风扇。

对比分析可以看出，图 4-3-9（a）在消毒时需要将消毒设备主机推入房间，多个实验室同时消毒需要多台消毒设备，当更换消毒房间时，需要人员进出实验室防护区。图 4-3-9（b）的方式需要实验室预留消毒接口和内部管道，条件允许时可以将消毒设备放在专用位置，在多个实验室之间安装消毒管道，做到多个实验室房间共用 1 台消毒设备。

5.2 生物安全实验室通风系统消毒

通风系统包括送排风高效空气过滤单元、通风管道等。生物安全实验室排风高效空气过滤单元一般设置有原位消毒接口，可以通过连接气体（蒸汽）熏蒸消毒设备进行彻底消毒。但这种方法无法消毒高效空气过滤单元连接实验室的管道。

实验室通风系统另一种消毒方式是与实验室一起进行整体消毒，也称为通风大系统消毒。通风大系统消毒模式在欧洲高等级生物安全实验室中应用较多，在我国高等级生物安全实验室中应用不是很多，但在我国兽用生物制品生产车间中应用较多。我国首个四级生物安全实验室（中国科学院武汉病毒研究所四级生物安全实验室）采用了这种消毒模式。

模式如图 4-3-10 所示，其工作原理为：在实验室消毒区域的送风总管和排风总管之间安装一消毒旁路，同时在送、排风管道的关键位置安装生物型密闭阀（消毒区域送风总管、排风总管、消毒旁路等位置）。实验室气体整体循环消毒时，关闭消毒区域送风总管、排风总管的生物型密闭阀，打开消毒旁路的生物型密闭阀，在实验室消毒区域内通过消毒剂发生器释放气体消毒剂，气体消毒剂在消毒风机的作用下，穿透送、排风 HEPA 过滤器，在实验室消毒区域内往复循环，从而实现对送、排风 HEPA 过滤器及通风管道的彻底消毒。待气体消毒剂在室内的暴露时间达到消毒要求后，关闭气体消毒装置，打开过滤装置出风口的生物型密闭阀，启动实验室通风空调系统，排放符合环保要求的残余气体消毒剂。

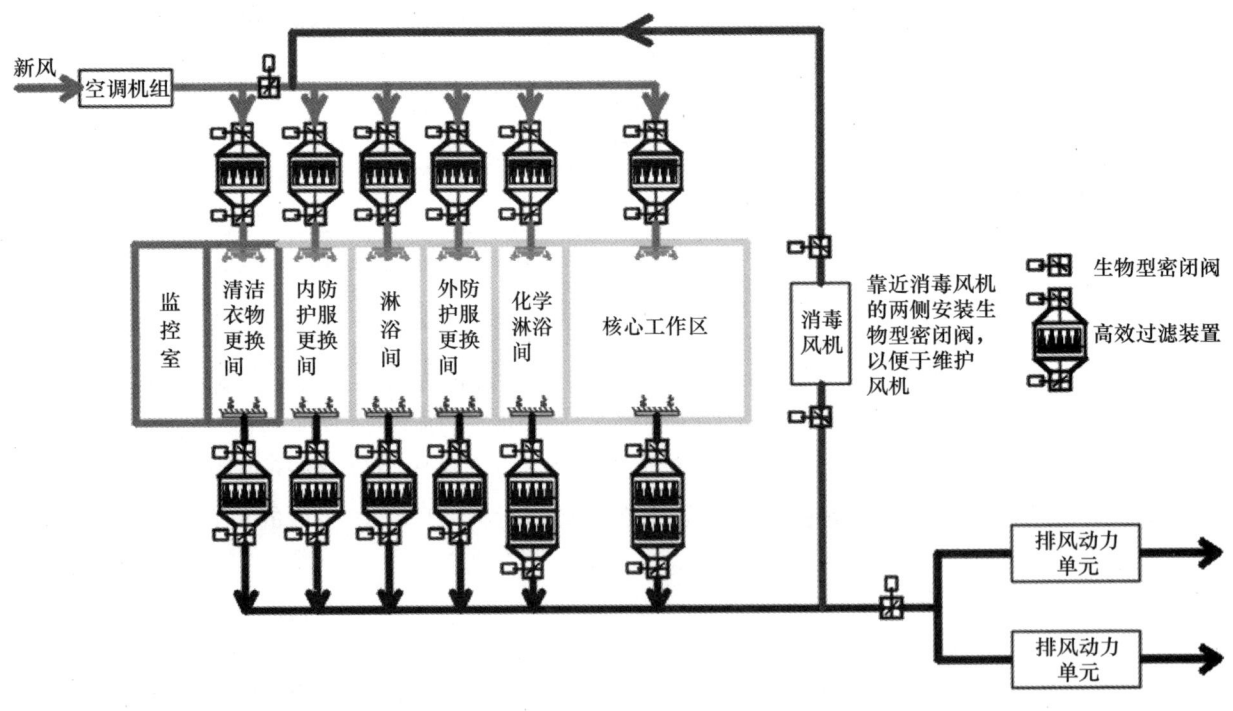

图 4-3-10 实验室气（汽）体整体循环消毒法

通风大系统消毒模式可以对众多房间同时进行消毒，操作简单、方便，整个消毒过程无须人员进出实验室移动消毒设备，大大简化了消毒流程，但该消毒模式对消毒设备发生消毒气体的能力（包括发生浓度、发生速率等）要求较高，应用中受到一定限制。

5.3 生物安全实验室防护设备消毒

5.3.1 生物安全柜消毒

生物安全实验室的生物安全柜应每次使用后消毒,根据在生物安全柜内所操作的病原体的风险评估结果,来确定生物安全柜气体熏蒸消毒的方法。NSF/ANSI 49-2008 开始推荐两种空气消毒方法——多聚甲醛法和二氧化氯法。最近汽化过氧化氢在生物安全柜的消毒中得到越来越广泛的应用。不管采用什么样的消毒方法,必须确立各种型号和大小的生物安全柜所采用的循环参数并验证这些参数。

5.3.2 实验室内排风生物安全柜消毒

实验室内排风生物安全柜主要是ⅡA2 型,一般采用气体熏蒸消毒的方式。气体熏蒸ⅡA2 型生物安全柜可采用独立熏蒸和实验室内消毒气体循环熏蒸两种方式。

ⅡA2 型生物安全柜独立熏蒸消毒时,可以在安全柜内发生消毒气体或蒸汽[图 4-3-11(a)],也可在安全柜外部发生消毒气体或蒸汽,通过转接板上的消毒气体注入口将消毒剂注入到安全柜内[图 4-3-11(b)]。采用图 4-3-11(a)方式时,密封排风口,用耐消毒剂的柔性高分子塑料膜材料密封安全柜,留出残余消毒剂吸收排放口,将熏蒸消毒发生器放在生物安全柜内,密封后即可发生消毒气体,达到熏蒸时间后,利用残余消毒剂吸收器将生物安全柜内的消毒气体排除干净。采用图 4-3-11(b)方式时,同样需要密封排风口,用耐消毒剂的柔性高分子塑料膜材料密封安全柜,将消毒剂发生器连接在生物安全柜上,发生消毒气体,达到熏蒸时间后,利用消毒剂发生器自带的吸收器将生物安全柜内的消毒气体排除干净。在生物安全柜首次消毒、消毒微生物发生改变、消毒条件变更时需要进行消毒效果验证,一般在安全柜排风高效空气过滤器被风位置和安全柜工作区放置消毒效果验证菌片。

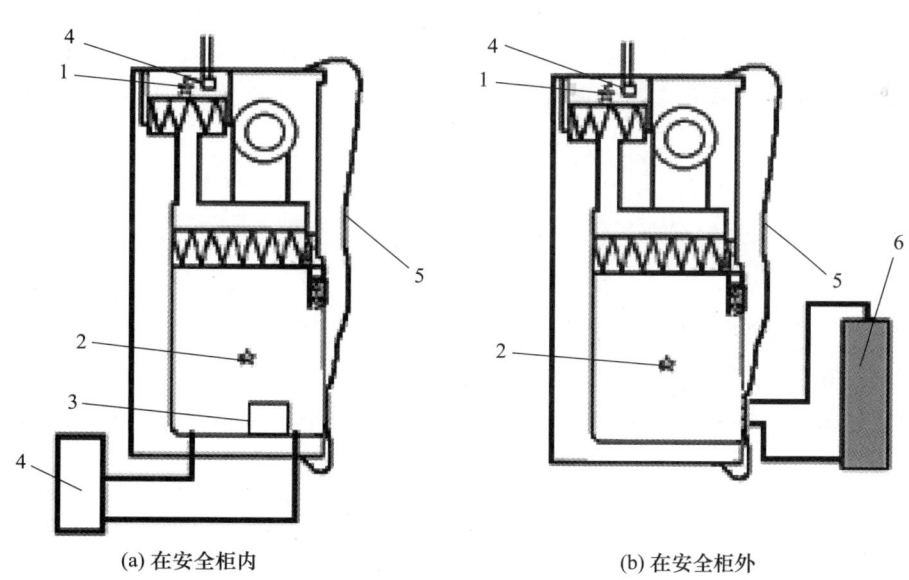

(a) 在安全柜内　　　　　　　　(b) 在安全柜外

1—排风过滤器消毒验证点;2—生物安全柜工作区消毒验证点;3—便携式气体二氧化氯消毒机,用于 AB 剂反应释放气体二氧化氯;4—残余消毒剂吸收器;5—高分子密封膜;6—消毒剂发生器。

图 4-3-11　ⅡA2 型生物安全柜独立消毒示意图

气体熏蒸ⅡA2 型生物安全柜采用实验室内消毒气体循环熏蒸消毒时,以图 4-3-11(b)实验室消毒方式为例,如图 4-3-12 所示,在对实验室消毒时,开启生物安全柜,当房间内充满消毒剂气体或蒸汽时,由于生物安全柜自身的气体流动,将房间内的消毒剂吸入安全柜内,经过高效空气过滤器后再循环至实验室内,从而达到与实验室同时消毒的目的。

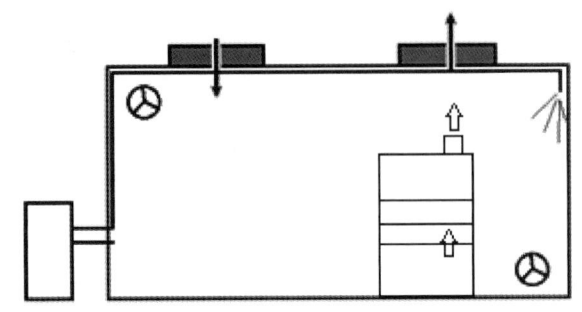

图 4-3-12　ⅡA2 型生物安全柜与实验室合并消毒示意图

5.3.3　实验室外排风生物安全柜消毒

实验室外排风生物安全柜包括ⅡB型生物安全柜、三级生物安全柜等,均需要独立熏蒸消毒。ⅡB型生物安全柜消毒可按照图 4-3-11(b)的方法进行。消毒前关闭排风阀门,消毒结束后开启生物安全柜和排风阀门,主动将残余消毒剂排出。三级生物安全柜属于全气密系统,一般设置有熏蒸消毒接口,消毒时关闭送排风阀门,连接熏蒸消毒机即可开始消毒,达到熏蒸时间后开启送排风阀门,启动安全柜排风,直至内部残余消毒剂排除干净。需要注意的是,向三级生物安全柜内注入消毒气体/(蒸汽)时,会导致安全柜内形成相对于实验室的正压,存在污染物泄漏风险,因此消毒时应采取泄压措施。

6. 检测评价

采用气(汽)体消毒设备对生物安全实验室及相关设备设施进行熏蒸消毒时,需要对熏蒸的有效性进行检测和验证。这包括:气(汽)体发生器、消毒剂、生物指示剂和化学指示剂的适用性、消毒场所环境条件、消毒过程检测仪器和消毒人员的资格,在完成这些要素确认后,需要进行现场消毒效果的验证。

6.1　消毒剂发生器确认

新采购的设备,应核查设备厂商对该消毒产品的生产资质,设备上测量仪表(如温度传感器、湿度传感器、浓度传感器)的校准证书、各类设备消毒专用的辅助装置、连接组件及密封垫圈,内置过滤器证书、危害警示与安全操作注意事项说明等,并确认设备操作功能是否正常。对已投入使用的设备,每年需要对测量仪表进行校准,并进行功能有效性测试,对确认结果记录留档。

6.2　消毒剂

需要对所用的消毒剂来源进行确认,如确认过氧化氢溶液、甲醛溶液、发生二氧化氯的亚氯酸、氯气、有机酸等来源进行确认,必要时,供应商须具有危险化学品生产经营资格。对标签含量、失效日期信息进行核对;对有效消毒成分含量进行测定,测试方法参照相关技术规范。

6.3　生物指示剂适用性

不同的气(汽)体消毒设备由于采用了不同的消毒剂,因此需选用与之适应的生物指示剂。需要进行灭菌水平的消毒时,采用嗜热脂肪芽孢杆菌(ATCC 7953/12980)或枯草杆菌黑色变种芽孢

（ATCC 9372）作为生物指示剂。此外，如果实验室对采用其他微生物的生物指示剂感兴趣或者做新型微生物实验，也可能被用于验证消毒效力。生物指示剂的载体选择应包括待消毒实验室或设备设施大部分材质，如不锈钢、高效空气过滤材料等。在使用前，应核对生物指示剂的相关信息，包括来源、失效期限、芽孢标示含量和可参考的 D 值（微生物耐热性的衡量参数）。

6.4　消毒场所环境条件

为保证消毒效果的一致性，气（汽）体消毒设备熏蒸消毒时，生物安全实验室房间或设备温度应保持在 18℃ 以上，相对湿度要求根据所选消毒剂而有所不同，如过氧化氢"干法"消毒时，60% 以下是可接受的，二氧化氯消毒时则要求相对湿度大于 70%，因此应保持每次消毒时相对湿度的一致性并做详细记录。生物安全实验室通风系统保持关闭状态，并需要保持房间的密闭性。房间内是否需要均流设备，如放置风扇，取决于房间的结构布局。某些位置可能无法充分暴露于足量的过氧化氢浓度中，需要操作者考虑增加均流装置，并通过灭菌循环过程来进行确认。

6.5　消毒效果检测

6.5.1　化学和生物指示剂的分布

当需要进行消毒效果验证时，需要布置多个点的化学和生物指示剂进行监测。化学和生物指示剂通常是按几何分布，但也应该考虑被分布到消毒气（汽）体最难到达的位置。布置的位置和布置理由应该通过文件记录。验证时使用的化学和生物指示剂数量，取决于实验室所需消毒空间的大小和布局复杂性。应用于实验室空间整体消毒时，建议的化学和生物指示剂的最小使用数量：布置点数量＝消毒空间内每 $10m^2$ 地板放置 3 个点生物指示剂，可采用上、中、下各 1 个点，立体布置方式，以悬挂、粘贴等方式固定于墙壁、天花板、地板和设备表面。而应用于生物安全柜等设备消毒时，根据设备的尺寸大小，放置 6～10 个化学和生物指示剂是可接受的，放置的位置应在文件中标记并注明理由。

6.5.2　过程参数

气（汽）体消毒设备熏蒸过程中，不同阶段的温度、相对湿度和消毒剂浓度应被记录，这些参数并不能代替生物指示剂的使用，用以直接证明杀灭效果，但还是可以根据经验数据来进行判断。

6.5.3　残留

在操作人员重新进入房间之前，采用通风、催化、吸收等方式快速降低消毒气（汽）体浓度，直到一个可接受的水平。各类气（汽）体消毒剂的安全浓度存在差异，如汽化过氧化氢和气体二氧化氯的安全体积分数为 1×10^{-6}，而甲醛的安全体积分数则为 0.06×10^{-6}。在达到安全残留浓度 1h 之后，人员方可进入。

6.6　检测/验证周期

气（汽）体消毒设备投入使用后，BSL-3/BSL-4 生物安全实验室消毒人员应定期对设备性能进行检测和验证，间隔周期以不超过一年为宜。基于电化学测量原理的浓度传感器，应遵循制造厂商的建议，每间隔 6 个月进行一次校准，并按使用寿命规定更换检测模块，以获得准确检测结果。

除上述周期性检验之外，下述情况发生时，应进行消毒设备的检验：①消毒剂、消毒设备首次使用时。②实验室内待消毒微生物种类发生变化时。③实验室内设备设施发生较大改变时。④实验室较长时间未进行消毒灭菌时。⑤更换新的批次的消毒剂时。⑥消毒设备维护维修后。

6.7 消毒效果验证

进行消毒效果验证时，一般采用代表性生物指示剂。若消毒剂特指对某微生物有效时，则需进行相应微生物的杀灭试验。由于附着在不同材质载体上的微生物对消毒剂抗性不同，进行消毒效果验证时，则需要同时验证附着在实验室内代表性材质上的生物指示剂杀菌效率。对于生物安全四级实验室，一般应包括（但不限于）不锈钢、玻璃、空气滤纸等。消毒效果验证生物指示剂安放位置由消毒剂特性和实验室结构决定，一般原则是将生物指示剂安放在消毒剂不易达到的区域，如实验室死角等。

7. 安装维护

目前市场上销售的气（汽）体消毒设备一般不需要特别的安装要求，内置散射式设备，直接放置到待消毒区域，管道连接型消毒设备只需连接实验室或设备预留的消毒接口即可。

气（汽）体消毒设备的安装和维护，需要咨询设备制造商。日常操作、维护保养工作由经过培训的人员承担。设备使用的消毒试剂，其操作与防护应遵循该试剂的化学品安全技术说明书（MSDS）要求。

合理定期的维护对任何设备的正常工作都是至关重要的。气（汽）体消毒设备作为生物安全四级实验室污染物去除设备，如果使用不当，将会带来人员感染、环境污染等严重生物安全问题。气（汽）体消毒设备的现场维护应由专业人员进行，像定期检测等工作则应由具有资质的专业人员或者制造商负责。

（1）日维护项目

开始工作前：

① 检查气（汽）体消毒设备电气安全性、开机、自检异常等。

② 检查气（汽）体消毒设备所使用的消毒剂、吸收剂（器）的有效期、存放记录等。

③ 如果是管道循环消毒模式，检查气（汽）体消毒设备连接管道的通畅性、气密性、循环风机是否正常运转等。如果是遥控操作模式，应检查遥控操作的灵敏性。

④ 检查气（汽）体消毒设备内置传感器是否正常工作。

⑤ 做好记录。

日维护项目由经过培训的消毒设备使用人员负责进行。

（2）定期维护项目

在进行日维护工作的基础上，根据气（汽）体消毒设备使用情况，经评估后确定每周或每月的维护项目，除日常维护项目外，重点做好如下项目的检查：

① 气（汽）体消毒设备发生器的残留、去污。

② 内置散射式气（汽）体消毒设备应重点检查设备重点部位的腐蚀。

③ 温度、湿度、消毒剂浓度等传感器的有效性。

定期维护项目由经过培训的指定人员负责进行。

（3）年度维护项目

在进行定期维护工作的基础上，每半年或每年的维护项目：

① 确定是否应该更换发生器。

② 确定是否需要更换内部空气过滤器、传感器、消毒气体吸收器。

③ 关键阀门、接头、管道是否需要更换。

④ 具备资格的技术人员或生产企业专业技术人员对气（汽）体消毒设备进行年度维护检验。

⑤ 做好记录。

年维护项目由经过培训的指定人员负责进行，其中年度维护检验应由有资质或生产商指定的人员进行。

8. 风险管理

8.1 消毒不彻底风险

无论采用何种气（汽）体消毒设备，受消毒环境、待消微生物数量与分布等因素的影响，每次消毒效果之间可能存在较大差异，致使生物安全四级实验室存在消毒不彻底的风险。因此在下列情况下需要进行消毒效果验证，以确保消毒彻底性：①消毒剂、消毒设备首次使用时。②实验室内待消毒微生物种类发生变化时。③实验室内设备设施发生较大改变时。④实验室较长时间未进行消毒灭菌时。⑤更换新的批次的消毒剂时。⑥消毒设备维护维修后。

8.2 实验室污染物外泄风险

生物安全四级实验室气密性高，在密闭熏蒸消毒模式下，随着消毒剂的注入或实验室温度升高，将会导致实验室相对于外环境或相邻实验室形成正压差，消毒中的实验室及未消毒的实验室均存在污染物外泄的风险，因此应根据实际情况进行风险评估分析，当风险较大时，应采取相应措施降低风险。

对于国内数量众多的常规生物安全三级实验室（GB 19489—2008《实验室 生物安全通用要求》中的 4.4.1、4.4.2 类实验室），在没有意外事故发生时，正常情况下室内被污染的概率较小；实验室密闭熏蒸消毒时从围护结构缝隙泄漏出来的空气量较少，而且大部分实验室在进行密闭熏蒸消毒时，一般都会用胶带密封实验室门缝等可见缝隙来降低泄漏概率。根据国内很多生物安全三级实验室的多年实践，一般情况下密闭熏蒸消毒时上述一些潜在的生物安全风险在可接受范围内。

生物安全四级实验室消毒前应对围护结构气密性进行恒压法、压力衰减法气密性验证。如果发现有明显泄漏的位置，消毒时应进行密封处理。为防止待消毒实验室产生正压差，可以采取开启排风管道上的密闭阀，使房间内的空气可以通过排风管道（经排风高效过滤器过滤）有组织地泄漏出去，房间不会处于正压，病原微生物污染外泄的风险会大幅降低。若采用图 4-3-11（b）所示的消毒方式，消毒设备应带有调节室内压差的功能，通过该功能实现泄压，确保实验室不会出现正压。

当采用实验室整体消毒即通风大系统消毒模式时，设备间内的消毒旁通风管、送风主管及技术夹层内的送风支管均为正压风管，若风管气密性较差，会存在循环空气外泄至设备间及技术夹层的风险，因此消毒前应检查管道气密性，并在消毒循环管道上安装泄压口。

对于密闭熏蒸消毒模式，为进一步降低污染物外泄风险，可考虑在消毒过程中采取保持实验室负压运行的技术措施，即排风机（或设置小风量的专用消毒风机）低频运行，维持核心工作间 $-40 \sim -20\text{Pa}$ 的静压差，压力梯度可根据生物污染风险由高到低设置，即未消毒房间负压最大，消毒中房间负压次之，消毒后房间和辅助区房间负压最小，这种工况可称为消毒负压工况。可以在自控系统设计调试时预先设置好控制策略，实验室消毒时启用消毒程序。

8.3 消毒剂外泄风险

如前所述，生物安全四级实验室气体熏蒸消毒时可能会导致实验室正压，从而出现化学消毒剂通过排风管道、缝隙泄漏到外部环境或邻近实验室。这种情况下，化学消毒剂引起周围环境的化学危害风险应引起重视，可采用如下具体措施：①在排风机箱内预留活性炭过滤器功能段，平时运行时不安装活性炭过滤器，每次消毒前加装能吸收所使用消毒剂的活性炭过滤器，消毒后再撤掉，也可采用可启闭式过滤段组件（根据消毒与否，控制活性炭过滤段组件关闭或开启）。如不考虑节能、经济运行等问题，活性炭过滤器可一直在线使用，但要加装活性炭过滤器失效监测预警装置，如在活性炭过滤器后加装化学消毒剂气体浓度探测装置，当浓度超过设定限值时，应对活性炭过滤器进行更换。②消毒设备本身安装泄压模块时，应加装活性炭过滤器等消毒气体去除器。

4.4 活毒污水处理装置

1. 概述

活毒污水处理装置是一种专门用于处理含有活性病毒或生物污染物的污水的设备。这种装置的主要目标是通过一系列的处理步骤，有效地去除污水中的病毒、细菌等生物污染物，达到减少环境污染、保护人类健康的目的。活毒污水处理装置的应用范围广泛，包括医院、实验室、生物制品生产厂等可能产生含有活性病毒或生物污染物的场所。这些装置能够有效地防止病毒和生物污染物的扩散，保护环境和人类健康。此外，活毒污水处理装置还具有一些优点，如高效性、灵活性、易操作性和节能性等。这些优点使得活毒污水处理装置在实际应用中具有广泛的前景。活毒污水处理装置自2005年中数图开始设计制造到如今，整体技术已经成熟，使得制造成本较低，而且拥有较高的性价比。

2. 分类、结构及工作原理

2.1 分类

活毒废水处理装置分可以分三大类，分别为序批式活毒污水处理装置、连续式活毒污水处理装置和化学方式活毒污水处理装置。

2.2 结构组成及工作原理

（1）序批式活毒污水处理装置由灭活单元、自清洗和消毒单元、呼吸过滤器、消毒验证单元、冷却系统、控制系统等组成。灭活单元主要由灭活罐、仪表阀门和污水过滤装置等组成，宜设置备用灭活罐；自清洗和消毒单元主要由药液罐和加药泵等组成，如果设置冷却系统通常包括热交换单元。见图4-4-1。

（2）连续式活毒污水处理装置一般由灭活单元、自清洗和消毒单元、呼吸过滤器、消毒验证单元、冷却系统、控制系统等组成。灭活单元主要由收集罐、加热器（分为蒸汽加热和电加热）、灭菌管道、循环泵、仪表阀门和污水过滤装置等组成，需要时设置热回收装置；自清洗和消毒单元主要由药液罐、加药泵、仪表阀门组成，需要时设置软水罐；如果设置冷却系统通常包括热交换单元，见图4-4-2。

工作原理：序批式活毒污水处理装置、连续式活毒污水处理装置基本原理相同。采用物理方式活毒污水处理，通过高温高压、加热、微波等物理方式处理活毒污水。

（3）化学方式活毒污水处理装置一般由灭活单元、自清洗单元、呼吸过滤器、消毒验证口、控制系统等组成。灭活单元由灭活罐、加药泵、仪表阀门、搅拌装置和污水过滤装置等组成，宜设置药液储存罐。

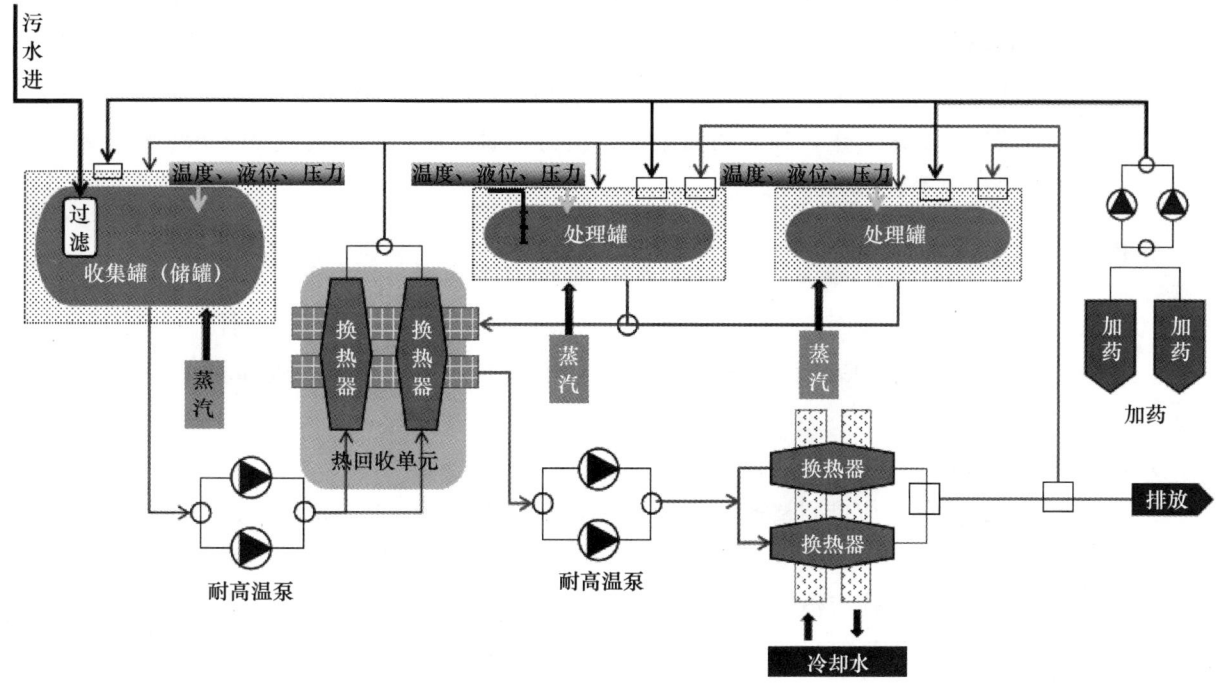

图 4-4-1 示意图 1

工作原理：化学方式活毒污水处理装置通过化学加药等化学方式处理活毒污水。

3. 标准规范依据

GB 18466—2005《医疗机构水污染物排放标准》；EN 12255《废水处理—13 化学处理、14 消毒、16 物理过滤》；HJ/T 264—2006《环境保护产品技术要求 臭氧发生器》；GB 8978—1996《污水综合排放标准》；GB 50346—2011《生物安全实验室建筑技术规范》；《病原微生物实验室生物安全管理条例》（国务院令第 424 号）；RB/T 086—2022《生物安全实验室运行维护评价指南》；GB 150—2011《压力容器》；GB/T 5226.1—2019《机械电气安全 机械电气设备 第 1 部分：通用技术条件》；GB 7231—2003《工业管道的基本识别色、识别符号和安全标识》；GB/T 9969《工业产品使用说明书 总则》；GB/T 13384《机电产品包装通用技术条件》；GB/T 13554—2020《高效空气过滤器》；GB/T 16273.1《设备用图形符号 第 1 部分：通用符号》；GB/T 20801.5《压力管道规范 工业管道 第 5 部分：检验与试验》；TSG 21《固定式压力容器安全技术监察规程》；TSG R7001《压力容器定期检验规则》；《消毒技术规范》（2002）。

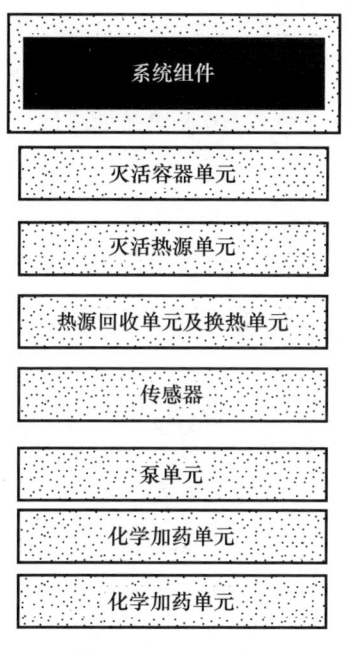

图 4-4-2 示意图 2

4. 主要性能指标及评价

4.1 材料

（1）活毒污水处理装置中与污水接触的材料应光滑、耐磨损、耐酸碱及消毒剂腐蚀。

（2）物理方式活毒污水处理装置材料应耐高温耐高压。装置中受压元器件的材料应符合GB 150.2的有关规定，并附有钢材生产单位的质量证明书。

（3）化学方式活毒污水处理装置与污水所接触到的部件宜采用聚乙烯、不锈钢等材料。

（4）呼吸过滤器应能满足工作状态下的温湿度、压力、耐腐蚀和机械强度的要求。滤材不应释放对人员、环境和设备产生不利影响的物质。

4.2 外观

（1）活毒污水处理装置外表面应光洁、平整、无毛刺，无锈斑、压痕和明显划伤。

（2）与活毒污水直接接触的表面应光洁、平整，所有转角应圆滑过渡，表面粗糙度值应R_a不大于$0.8\mu m$。

（3）焊接应牢固，紧固件应无松动。

（4）灭活装置管道及阀件应排列整齐，并有管道内介质名称和流向的标识，标识应符合GB 7231—2003中5.1和5.2的规定。

（5）装置仪表和操作部件应有清晰的标识。

（6）说明功能的文字和图形符号标志应正确、清晰、端正、牢固。

4.3 性能

（1）灭菌效果应符合《消毒技术规范》（2002）的相应条款。

（2）污水处理装置应无消毒灭菌盲点。

（3）与污水接触的罐体、管道、阀门部件等应无泄漏，其中罐体严密性应满足TSG 21中的有关要求。其他管道、阀门等部件的严密性应满足GB/T 20801.5中的有关要求。

（4）根据装置使用场景及安全要求，应设置工作异常状态报警装置。

（5）排水管道应设有防倒流装置。

4.4 灭活单元

（1）序批式活毒污水处理装置灭活单元应符合下列规定：①罐体为压力容器，承压范围：-100kPa至最高灭活温度对应的压力值的1.1倍；②压力容器应符合TSG 21的规定；③罐体应外设保温层，封头部分宜做隔热保温处理；④罐体内温度保证均匀避免温度分层，无加热死角；⑤罐体内设置污水过滤装置时，过滤装置应便于清理和安全更换；⑥罐体应设置温度、压力和液位的监测和控制部件。

（2）连续式活毒污水处理装置灭活单元应符合下列规定：①根据需要应按有压和常压设置收集罐；②加热器将灭菌管道内污水加热至设定温度，可保证对流动污水均匀加热，无加热死角；③采用长管单向灭菌管道，应按设定温度对污水进行足够时间灭菌，灭菌管道长度应满足设计流速下液体流经管道的灭菌时间；④收集罐、加热器、灭菌管道、热回收装置应设置温度监测和控制部件，收集罐应设置压力、液位监测和控制部件；⑤应设置备用循环泵。

（3）化学方式活毒污水处理装置灭活单元应符合下列规定：①灭活罐根据需要确定罐体压力；②宜设置备用加药泵；③灭活罐应设置液位监测装置，具备加热功能时还应设置温度和压力监测装置；④灭活单元应设置药液流量计量装置；⑤混匀装置应将活毒污水与药液混匀，并能防止活毒污水和气溶胶外溢；⑥罐体内设置污水过滤装置时，过滤装置应设置于液面以下，并便于清理和安全更换。

4.5 自清洗和消毒单元

（1）物理方式活毒污水处理装置自清洗和消毒单元应符合下列规定：①药液罐材料应耐酸碱；②加药泵材料应耐酸碱，并设置备用；③药液罐应设置液位监测装置。

（2）化学方式活毒污水处理装置应配置自清洗单元，具备对灭活罐、管道、阀门等进行清洗功能。

4.6 呼吸过滤器

（1）在运行过程中，当罐内排出气体时，应经呼吸过滤器过滤后排出。

（2）呼吸过滤器应至少采用 GB/T 13554—2020 所规定 40J 级别高效过滤。

（3）呼吸过滤器及部件应便于安装，并设置过滤器防积水措施。

（4）滤芯应采用防潮防水措施。

（5）根据实验活动的风险评估，确定是否选用具备原位灭菌和检漏功能的呼吸过滤器、确定是否采用两级高效过滤器。

4.7 消毒效果验证单元

（1）序批式活毒污水处理装置效果验证装置应设置验证口及相关部件，实现温度验证和生物验证功能。

① 温度验证：灭活罐设置温度验证口，验证口位置和数量应能保证探头均匀分布，确保温度验证效果。

② 生物验证：生物验证分为接触式和非接触式两种：接触式生物验证是将生物指示剂固定在支架上放入罐内，运行标准灭菌程序，取出后进行培养分析；非接触式生物验证是将生物指示剂放入罐壁验证盲端内，运行标准灭菌程序后取出培养分析。

（2）连续式活毒污水处理装置和化学方式活毒污水处理装置应设置污水采样口。

4.8 冷却系统

（1）物理方式活毒污水处理装置冷却系统应符合下列规定：①热交换单元应能够在线清洗，应有措施避免堵塞；②热交换单元材料应耐冷却介质腐蚀。

（2）如设置热回收装置应采用无交叉污染的方式。

4.9 控制系统

（1）应具备手动和自动操作方式，紧急情况下手动优先。

（2）宜具备远程监控功能。

（3）应具备液位、压力、温度、流量等超限报警功能。

（4）宜具备分级管理权限功能。

（5）应具有运行数据、操作、报警等记录和储存功能。

（6）连续式活毒污水处理装置污水出水温度未达到设定值时，应能自动回流至收集罐。

4.10 安全要求

（1）装置应设置总接地连结端子，保护连结电路连续性应符合 GB/T 5226.1—2019 中 8.2.3 的规定。

(2) 电气系统的绝缘电阻应符合 GB/T 5226.1—2019 中 18.3 的规定。

(3) 电气系统的耐压应符合 GB/T 5226.1—2019 中 18.4 的规定。

(4) 电气系统的按钮应符合 GB/T 5226.1—2019 中 10.2 的规定。

(5) 电气系统的指示灯和显示器应符合 GB/T 5226.1—2019 中 10.3 的规定。

(6) 电气系统的配线应符合 GB/T 5226.1—2019 中 13.1.1、13.2.1、13.2.2、13.3、13.4.1 的规定。

(7) 电气系统的标记、警告标志和参照代号应符合 GB/T 5226.1—2019 中第 16 章的规定。

(8) 灭活单元应有便于操作的急停按钮，并应符合 GB/T 5226.1—2019 中 10.7 的规定。

(9) 电气系统的电动机应符合 GB/T 5226.1—2019 中 7.3 的规定。

4.11 仪表要求

(1) 高温高压灭活单元温度指示仪表应符合下列规定：①在 50～150℃数值范围内，温度最大允许误差为±2℃；②当用于控制功能时，具有传感器故障保护功能；③在不拆分仪表的情况下，使用辅助工具可进行现场调节；④检测水温时响应时间不大于 5s。

(2) 高温高压灭活单元压力指示仪表应符合下列规定：①压力表符合 TSG 21 的规定；②在数值范围内，压力最大允许误差为±10kPa；③压力仪表数值范围为 100 kPa 到 1.3 倍的最大允许工作压力或 0kPa 到 1.3 倍的最大允许工作压力，所给的值为绝对压力值。

(3) 污水流量指示仪表应符合下列规定：①最大允许体积流量测量误差为±0.5%；②允许介质温度范围 0～150℃；③最大过程压力≥1600kPa。

4.12 标签和标志、包装、运输与贮存

(1) 标签

应置于活毒污水处理装置显著位置，并应包括以下信息：①制造商名称和地址；②产品型号、规格与名称；③设备编号；④出厂日期；⑤产品标准编号；⑥电动机的功率、电压和频率；⑦设备净质量；⑧空气过滤器的规格和数量；⑨设备单日最大污水处理量。

(2) 标志

在活毒污水处理装置前部显著位置应印有国际通用的生物危险标志。生物危险标志应符合 GB/T 16273.1，示意图见图 4-4-3。

(3) 包装

活毒污水处理装置的包装应符合 GB/T 13384 的规定，并符合以下要求：①活毒污水处理装置应有牢固的包装，包装应无明显破损与变形；②活毒污水处理装置包装应有防湿、防尘和防震等措施，保证产品在正常运输、装卸和储存条件下，不受损伤；③装箱单应与实物相符，包装储运图示标志应符合 GB/T 191 的规定。

图 4-4-3　生物危险标志示意图

(4) 运输

包装完备的活毒污水处理装置，运输中应防止受到剧烈冲击、雨淋和暴晒。

(5) 贮存

产品应存放在通风、干燥的仓库内，否则应采取防晒、防潮、防雨、防腐蚀等措施。存放产品的

仓库相对湿度不超过 80%，温度不高于 40℃，周围环境应无酸、碱等腐蚀性气体，无强烈机械振动、冲击及强磁场作用。活毒污水处理装置的贮存周期不得超过一年，超过贮存期的活毒污水处理装置应进行开箱检查，开箱检查合格的产品可进入流通领域。

4.13　安装和维护

（1）安装

安装前设备安装负责人向现场所有施工人员及质检员进行工程项目交底，并移交图纸、技术性档案和现场施工方案、记录表格、安装标准、规范要求等。

安装施工负责人质检员组织全体施工人员熟悉图纸数据、安装工艺流程、施工方案等。

安装前施工负责人应组织现场施工人员对使用单位提供的设备进行全面清点，质检员参加监督检查，如发现缺陷应做好现场记录并及时报告，并与有关单位商讨处理方法，确保安装工作的质量。

质检员对基础设施的验收、安装工作的步骤、安装工作的技术参数及时认真地做好现场记录，填写有关的登记表，有些应有用户及有关单位代表签名认可的表格，必须由用户及有关单位代表签名认可。

（2）运行维护

定期对用于监测的计量仪表（如压力表、温度计等）、传感器（压力传感器、温度传感器等）进行校准，关注点包括但不限于以下方面：宜定期对零点进行校准；每年对运行示值进行比对，保证中控室显示值与实际一致；宜每 3 个月对监控设备（如摄像机、显示器、录像机等）进行 1 次清理，确保设备正常运行；实验室根据实际情况定期对监控系统软件进行升级。

① 罐体维护

罐体为主要灭菌设备，建议每 4 个月清洗 1 次；罐体内过滤框建议 3 个月清理 1 次，若含杂质较多则 2 个月清理 1 次。打开人孔时要按照对角线旋开螺栓，慢慢开启。关闭时要按照对角方向上紧螺丝，不得过于用力，一般为手动扭紧，然后使用专用工具扭动 2 圈即可。活毒废水处理设备工作过程中禁止非操作人员靠近罐体，发现问题及时与维护人员沟通。建议定期对设备外观进行清洗，保持罐体整洁。

② 排水泵

排水泵采用一用一备，建议两个泵 1~2 个月轮换 1 次，防止设备老化。

禁止泵空转，没有介质经过不得开启。保持室内空气干燥，保证泵的运行环境，不得将液体或其他介质放于泵上。

③ 阀门

每年进行至少 2 次线路检测，保证阀门可以正常运行。避免阀门频繁开关影响使用寿命。调整阀门开启到位或关闭到位，观察反馈信号是否准确。

每 6 个月对阀门进行清洗 1 次（罐体清洗即可清洗阀门）。定期对阀门进行擦拭，保证阀门的标签清洁可清晰辨认。

④ 管道

建议每 6 个月对管道进行 1 次清洗。每 3 个月对管道进行 1 次目测检查，检查管道是否固定牢固，有无跑冒滴漏现象。每 3 个月检查管道指示标签是否完好。确保非操作人员远离管道，避免发生危险。远离高温排水管道，避免人员烫伤。

⑤ 呼吸器及电加热器外套

建议每 3 个月检查 1 次温控箱工作情况，确保电加热外套的温度设置上下限准确。温差设置

10℃。滤芯根据使用情况及时更换，建议至少半年更换1次。滤芯安装时，保证滤芯安装到位，无泄漏。

⑥ 控制柜

非工作人员避免接近控制柜，以免误操作。禁止非专业电气人员带电打开控制箱。禁止有任何液体、金属粉尘等进入控制箱。禁止系统运行过程中对设备进行维护。定期对控制柜内线路进行检查，查看有无线路、端子脱落。建议每3个月进行例行检查。系统正常运行时为自动运行，在一次参数设置好之后，启动运行即可。最好不要在运行过程中进行参数设置修改。

定期对控制柜外观擦拭，保持触摸屏光亮、干净。

5. 质量控制

活毒废水处理设备属于实验室专用设备，具有专业性强、批量小、使用率高等特点。大多数实验室的情况不同，因此设备均为定制产品，为了保证多配置小批量生产条件下产品质量的稳步提高，需要严格按照企业标准、团标执行，而且还需要引入先进的管理理念，提高管理水平。建立活毒废水处理设备的企业标准，企业标准包括设备的选型、安装、调试、验证、包装等相关要求。生产人员严格按照标准进行生产。

检测要求如下：采用目测的方法对污水处理装置外表面进行现场检查。目测检查与活毒污水直接接触的表面的光洁度，使用表面粗糙度测量仪进行检验。目测检查焊缝牢固程度及紧固件情况。目测检查灭活装置管道及阀件排列情况，并检查管道内介质名称和流向的标识。采用目测的方法，依据工艺图纸对装置仪表和操作部件标识进行现场检查。采用目测的方法，对说明功能的文字和图形进行现场检查。

消毒灭菌效果评价方法按照RB/T 199的有关规定执行。

目测检查污水处理装置各个阀门、管件及盲端的消毒灭菌情况。严密性测试方面依据TSG 21中的相关要求；与污水接触的罐体、管道、阀门部件等严密性测试依据GB/T 20801.5中的相关要求。依据产品设计要求，现场手动修改报警参数触发不同种类报警，确定报警功能有效。目测检查排水管理是否设置了防倒流装置。承压罐体、安全阀、压力表、传感器的检定或校准应按照GB 150.2和TSG R7001等相关规定进行。罐体气密性按照TSG 21中的相关要求进行检验。其他管道、阀门等部件的严密性按照GB/T 20801.5中的相关要求进行检验。采用目测方法，按照产品质量文件进行现场检查各种部件数量、设计位置合理性及功能正常情况。

对设置消毒功能的产品，按产品操作文件对原位消毒功能进行测试。采用目测的方法，按照产品质量文件进行现场检查。现场模拟自动操作系统失灵，验证手动操作功能是否正常。现场目测方法，检测装置是否具备远程监控功能。现场模拟液位、压力、温度、流量等超过限值，报警系统是否有响应，并且自控系统是否自动生成描述清楚的报警记录。

6. 选型指南

活毒污水处理设备选型是一个复杂而重要的过程，需要考虑多个因素以确保所选设备能够满足特定应用场景的需求。以下是一个活毒污水处理设备选型需要考虑的参数：

（1）应用场所

活毒污水处理设备主要应用于ABSL-3、ABSL-4高等级生物安全实验室。

（2）动力源

可采用电加热或者蒸汽加热两种方式。

（3）废水处理量

灭活罐数量可以根据每天水处理量以及每小时峰值进水量进行定制。

电加热优势：解决现场无蒸汽的问题，无须蒸汽发生器，可直接罐内加热。

（4）灭活方式

采用物理方式，通过高温高压、加热、微波等物理方式处理活毒污水；采用化学方式，通过化学加药等化学方式处理活毒污水。

（5）环境因素

重点关注温度、相对湿度、噪声、照度等室内环境参数，设备所在房间宜设置微负压。

（6）远程数据

可选择配备上位机或者信号远传，将现场数据传输到中控室。

7. 主要问题、风险和解决方案

活毒废水施工现场实际情况不一样，需要根据现场实际情况进行定制化，确认相关工程条件，做出最优化的方案。

系统为防止泄漏风险，出厂前以及安装前会进行严格的质量检测，并采用快装，法兰或者焊接的安装方式。

系统反馈的压力、液位、温度等数据会进行监测和相关测试，来保证数据的准确性。相关的重要性仪表会配备多个，防止偏差。

运营风险：设备故障、管理不善等原因可能导致污水处理设施运行中出现问题。

（1）防止交叉污染、防止污水倒流的控制措施技术

解决方案：实验室或者药厂等来水非单一管口，按照不同现场要求大致分为有压水、无压水、强淋水。进水管路需要根据实际情况调整管口，且管路需做好管道高效隔离器，避免废水反流现象。

（2）污水处理过程中产生废气排放前的消毒灭菌技术

解决方案：采用管道高效或呼吸器连接到容器上，根据使用要求需要定期进行消毒处理。

（3）灭活效果保证及验证

解决方案：根据罐体的大小以及使用形式在不同位置配置温度传感器，实时监测罐内温度，且保证其中一个测定点为温度最低点。根据不同需求，保证温度均匀有两种方式：罐底配有磁力搅拌器，不间断对废水进行搅拌；通过蒸汽直喷形成涡流，保证罐内废水受热均匀。处于保温阶段时，如果温度低于设定值，系统停止计时并重新升温。

多种取样方式根据现场情况而定。

自主研发取样探杆，可分高中低或者高中中低等模式进行罐内灭活取样（性能验证）。罐体设置快装取样，在蒸汽灭菌取样阀之后进行取样，取样完毕再次蒸汽消毒或者酒精等喷洒消毒。排水末端亦可取样。

（4）固体异物处理

解决方案：废水异物包含生产过程中的载体，实验室粪便、毛发等。罐体内设置了过滤框，框内异物随废水一起灭活处理，定期取出过滤框进行处理。过滤框为双层，独特的专利技术，拆卸方便、过滤效果好。也可设置带过滤器及蒸汽消毒接口的前置过滤器，但灭菌需要过滤框更换前持续通入蒸汽。

8. 发展方向

针对实验室、药厂、医院以及科研机构，活毒废水处理系统未来主要发展方向包括：系统的整体占用空间进一步缩小，提高处理效率和降低成本，节能减排，更加智能化、自动化。可以进行远程监控、实时监测。注重可持续发展。

（1）环保标准提高：随着全球对环境保护意识的提高，活毒污水处理的环保标准也将不断提高。这意味着未来的污水处理设施需要采用更加环保、高效的技术和设备，以确保出水水质达到更高的标准。

（2）资源化利用：活毒污水处理不仅仅是去除污染物，还可以将处理后的污水进行资源化利用。例如，将处理后的水用于农田灌溉、城市绿化等，或者提取其中的有用物质进行再利用。这不仅可以减少水资源的浪费，还可以为企业创造额外的经济价值。

总之，活毒污水处理未来发展将呈现技术创新、环保标准提高、资源化利用等趋势。

4.5 管线穿墙密封系统

1. 概述

科学实验室尤其是负压实验室都有着严格的气密性要求，以防止有害物质泄漏，从实验室的壁材、门窗以及通风系统等各个方面都得到了大家普遍的重视，并且也有很多好的产品和方案可供选择，但是管线的穿隔密封问题并没有引起足够的重视，或者没有找到合适的产品或方案来保证，在大量的管道和线缆穿墙的地方出现泄漏，从而影响了实验室的整体气密性，因此管线穿越墙体时选用什么样的密封结构，选用什么样的密封产品非常重要，密封安全可靠、安装简单方便，应是考量此类密封产品的重要因素。

穿隔密封系统（穿墙密闭器）是电缆和管道穿过墙体的密封装置（图4-5-1），主要由密封框架、密封模块、压紧装置等组成，通过挤压橡胶密封模块变形，产生压力，压紧密封，可以做到气密、水密、防火、降噪的密封装置。

2. 分类、结构、工作原理

（1）为了达到最好的密封要求，管线的穿隔密封一般会安装在套管中，根据实验室墙体的材质及结构，套管分为预埋套管（图4-5-2）及后期安装套管（图4-5-3）。

图4-5-1 穿墙密闭器

图4-5-2 预埋套管模型

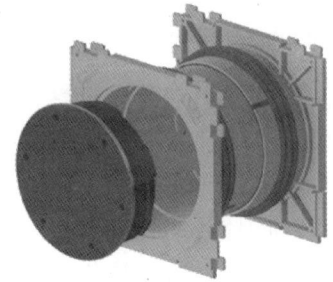
图4-5-3 后期安装套管模型

卡扣式预埋套管（图4-5-4），用于混凝土墙体上，该套管的特点是套管可以按照需要的数量采用套管四周的卡扣方便地连接在一起，然后预制到混凝土墙体内，套管上都设有止水环，确保完工后的气密和水密，端部设有密封堵盖，确保2.5bar的水密性能，需要穿越管道或线缆时，打开端部的密封盖即可，暂时不使用的就不用打开盖子，方便以后的扩容需要。

不锈钢中间法兰预埋套管（图4-5-5）及纤维水泥预埋套管（图4-5-6），这两种套管同样用于混凝土墙体上，纤维水泥套管采用环保型无石棉纤维水泥制成，特殊设计的表面凹槽提高了套管与混凝土的预埋连接强度，不锈钢套管中间焊有止水板，确保预埋后墙体不漏水。这两种套管不方便多个套管的排列组合使用，但是套管位置的摆放更加灵活方便，可以根据实验室内部设备的位置来决定摆放位置。

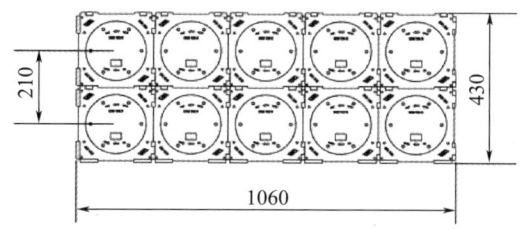
图4-5-4 卡扣式预埋套管排布模型

图4-5-5 不锈钢中间法兰预埋套管模型

图4-5-6 纤维水泥预埋套管

不锈钢螺纹连接套管（图4-5-7），适用于不锈钢及彩钢板的墙壁，在墙体上打孔，穿入套管，另一端采用套管螺母紧固，在套管和墙体间有密封垫，对于彩钢板的墙体，螺母上配有拉铆钉，防止螺母松动，对于不锈钢墙体，套管紧固后也可以点焊确保套管不松动。

（2）密封件，如下图所示（图4-5-8），用于实验室的密封件工作原理非常简单，就是通过拧紧压紧板上的螺母，两个压紧板压紧中间的密封橡胶，迫使橡胶产生形变并充满密封空间从而达到密封的目的，但是要想达到理想的密封效果，必须解决好三个问题：

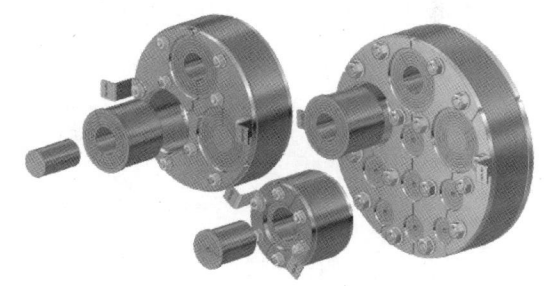

图4-5-7 不锈钢螺纹连接套管　　　　　图4-5-8 穿墙密闭器密封件

① 密封件的结构是圆形还是方形，一般密封件均为圆形，因为只有圆形结构，橡胶压紧变形后依然是圆形，不会出现方形密封件变形后四角位置密封不严的问题。

② 压紧受力的方向问题，是径向还是轴向压紧，径向压紧会出现橡胶流动不均匀，密封不稳定的问题，所以密封件均采用轴向压紧的方式，没有单独的压紧块，直接拧紧压紧板上的螺母即可，这样做不仅仅解决了受力问题，更重要的是使得密封件的安装变得简单、方便。

③ 密封橡胶的性能，要想获得好的密封性能，密封的橡胶必须具备良好的回弹及流动性，不能太硬也不能太软，密封件应该可以达到很高的密封性能。

3. 标准规范依据

本产品符合 ISO 18533 的规定,同时满足 GB/T 3836.1 和 GB/T 3836.3 的防爆测试,取得防爆合格证。

4. 主要性能指标

(1) 普通单孔密封件水密性能 10bar,测试持续时间大于 90h 不渗漏。

(2) 普通单孔密封件气密性能 8bar,测试持续时间大于 90h 不泄漏。

(3) 洋葱圈变径式三孔密封件水密测试 4.5bar,测试持续时间大于 90h 不渗漏。

(4) GB 23864—2009,CCCF 消防产品认证。

(5) 还通过了耐双氧水测试、隔音测试、老化及无卤测试、耐腐蚀测试、大鼠啃咬及白蚁蛀蚀测试等等。

5. 质量控制

密封产品公司通过 ISO 9001 质量体系认证,有严格的质量保证体系和流程,从产品的研发、采购、生产、检验、销售乃至售后服务都有一整套的规范及流程,确保产品质量。

6. 选型指南

(1) 根据墙体的结构形式选取套管的类型,如果是混凝土墙体推荐选用预埋套管,如果是彩钢板或不锈钢墙体选用不锈钢螺纹连接套管,如前面所述。

(2) 选取了套管的类型后,预估密封件的型号,密封件有很多型号可以选择,根据经验,实验室管道和线缆的密封一般选择 100 和 150 两种型号就够用了,特殊情况下,可能用到其他规格,可以参看厂家样本。

结合图 4-5-9,根据需要密封的管道和电缆的数量和外径尺寸,初选密封件的型号,选择时可以适当预留部分线缆。

单根电缆22~54mm
GPD100/E/ZS/1X(22-54)

单根电缆20~65m
GPD100/E/ZS/1X(20-65)

三根电缆4~32m
GPD100/E/ZS/3X(4-32)

四根电缆
2×(4-32)+2×(4-25)mm
GPD100/E/ZS/1X(22-54)

五根电缆
2×(4-32)+2(4-25)mm
GPD100/E/ZS/2X
(4-32)+3×(4-20)

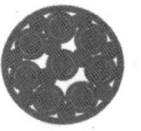
八根电缆4~20m
GPD100/E/ZS/8X(4-20)

安装在内径100mm的混凝土钻孔或套管中

单根电缆75~110mm
GPD150/E/ZS/1X(75-110)

单根电缆22~75mm
GPD150/E/ZS/1X(22-75)

三根电缆22~54mm
GPD150/E/ZS/3X(22-54)

六根电缆4~32mm
GPD150/E/ZS/6X(4-32)

九根电缆4~25ml
GPD150/E/ZS/9X(4-25)

十根电缆
4×(4-32)+6×(4-20)
GPD150/E/ZS/4X
(4-32)+6×(4-20)

安装在内径100mm的混凝土钻孔或套管中

图 4-5-9 密封件型号

(3) 确定套管的尺寸，根据上面的初选确定套管的尺寸，是 100 还是 150。

(4) 密封件的确认，订货前重新确认密封件的具体型号，有可能会做适当的调整。

(5) 补充说明，上面所列密封件的型号都是常用和标准的，如果同时穿越的线缆数量很多，而且线缆的外径又不大，如通信、弱电等线缆，可以考虑选用非标的产品（见图 4-5-10），选择一个密封件可以穿很多线缆的产品，并且如有方案更改，只需替换里面的橡胶件即可。

图 4-5-10　非标密封件

7. 可能存在的问题及解决方案

7.1　安装问题：稳定性和安全性的保证

(1) 开口的测量需要将尺寸的公差标准控制在一定的范围内。

(2) 保证整体框架的干净、整洁，采用润滑的方式进行内部的整理，做好润滑工作后及时铺入相应的电缆，需要注意的是，应将最大的电缆放置在底部。

(3) 封装过程中需要将在各层的填充模板之间放入垫板，在最后一排模板的框架内插入相应的压紧板。

(4) 当插入模板后需要及时拧紧螺栓，保持压紧板和框架内侧的缝隙在 28~32mm 之间。

(5) 将紧固件插入后进行压紧密封，保证螺栓的螺纹处于外露的状态下。完成穿墙密闭器的安装后，在 48h 内不得进行密封和加压，保证温度稳定后再进行后续的密封加压工作。通常情况下的压力测试值在 0.5MPa 左右。

7.2　密闭性失效

(1) 长期使用、材料老化、安装不当或外力冲击等。表现：出现漏气、漏水或漏声等现象，影响使用效果。

(2) 定期检查和维护密闭器，及时更换老化或损坏的部件。

(3) 严格按照操作规程进行安装和使用，确保密闭器处于最佳状态。

(4) 在特殊环境下（如潮湿、含氯离子多的地区），选择耐腐蚀、防锈性能好的材料。

7.3　其他

产品选用时如有特殊情况，比如说高温管道、低温环境、实验室中有特殊介质存在等等，应提前告知经销商，以便产品选型时予以考虑。

有环境保护需求时可以选择不含卤素的橡胶材料，模块配方不含氟、氯、溴和碘等卤素，遇火时无有害气体释放。

高温管道可选择硅橡胶和全氟烷基三嗪橡胶等，可以在高温下长期工作。

8. 未来技术发展方向

紧跟科技发展的步伐，顺应时代发展的潮流，满足实验室建设的密封需要，未来的密封产品有可能会融入密封情况实时监测、软件实时监测密封状态，以确保实验室的安全运行。

4.6 生物安全型排风高效过滤装置

4.6.1 袋进袋出高效过滤装置

1. 概述

袋进袋出高效空气过滤装置主要应用于高等级生物安全实验室排风处置系统，是生物安全实验室关键的防护设备。有效地防止实验室以及生产车间有毒有害的微生物、致病细菌等排放到大气中，采用袋进袋出方式更换过滤器降低工作人员的暴露风险。

高等级生物安全实验室的操作对象为高致性病原微生物，其许多常规的实验操作都会产生生物气溶胶。如果实验室内被病原微生物污染的空气排放到大气中，可能会导致周围人群和动物受到感染以及周围环境受到污染，甚至引起流行病暴发，严重威胁人类生命健康，引发重大公共卫生事件。因此，高等级生物安全实验室污染空气的安全排放处置是确保实验室生物安全的关键。袋进袋出高效过滤装置作为生物安全实验室最重要的二级防护屏障之一，可有效防止实验室内生物气溶胶释放到室外环境。生物安全型高效空气过滤装置（简称高效空气过滤装置）是一种专门用于生物安全领域的通风过滤装置，内部安装有 HEPA 过滤器，并融入了符合生物安全理念的设计。

2. 结构和工作原理

袋进袋出高效空气过滤装置由箱体、HEPA 过滤器、密闭门、生物型气密隔离阀、支架和各个接口、阀门组成。如图 4-6-1 所示。

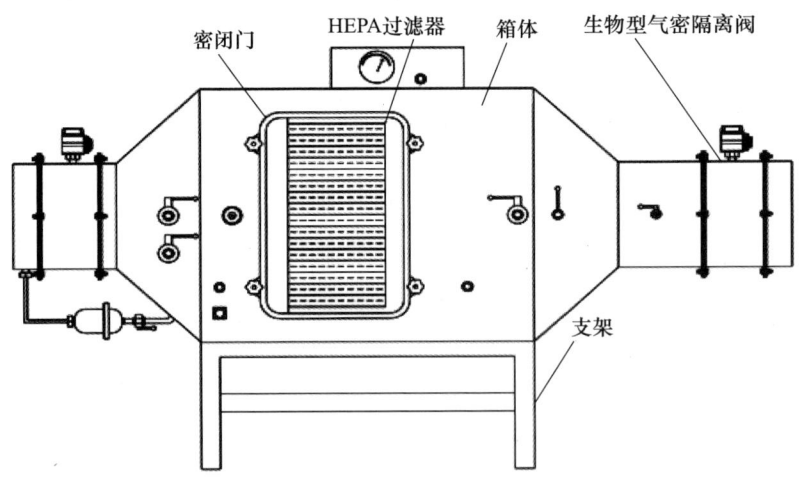

图 4-6-1　高效空气过滤单元结构图

该装置箱体内安装 HEPA 过滤器，HEPA 过滤器上游设置（气溶胶）混匀装置，下游设置线扫描检漏机构。箱体设置扫描驱动机构、过滤器压紧机构、生物安全防护袋、过滤器阻力监测表、电气接口、气体消毒口（进、出）、消毒验证口、消毒泄压口、气溶胶发生口、上游采样口和扫描采样口，箱体后部设置上游气溶胶混匀检测口。如图 4-6-2 所示。

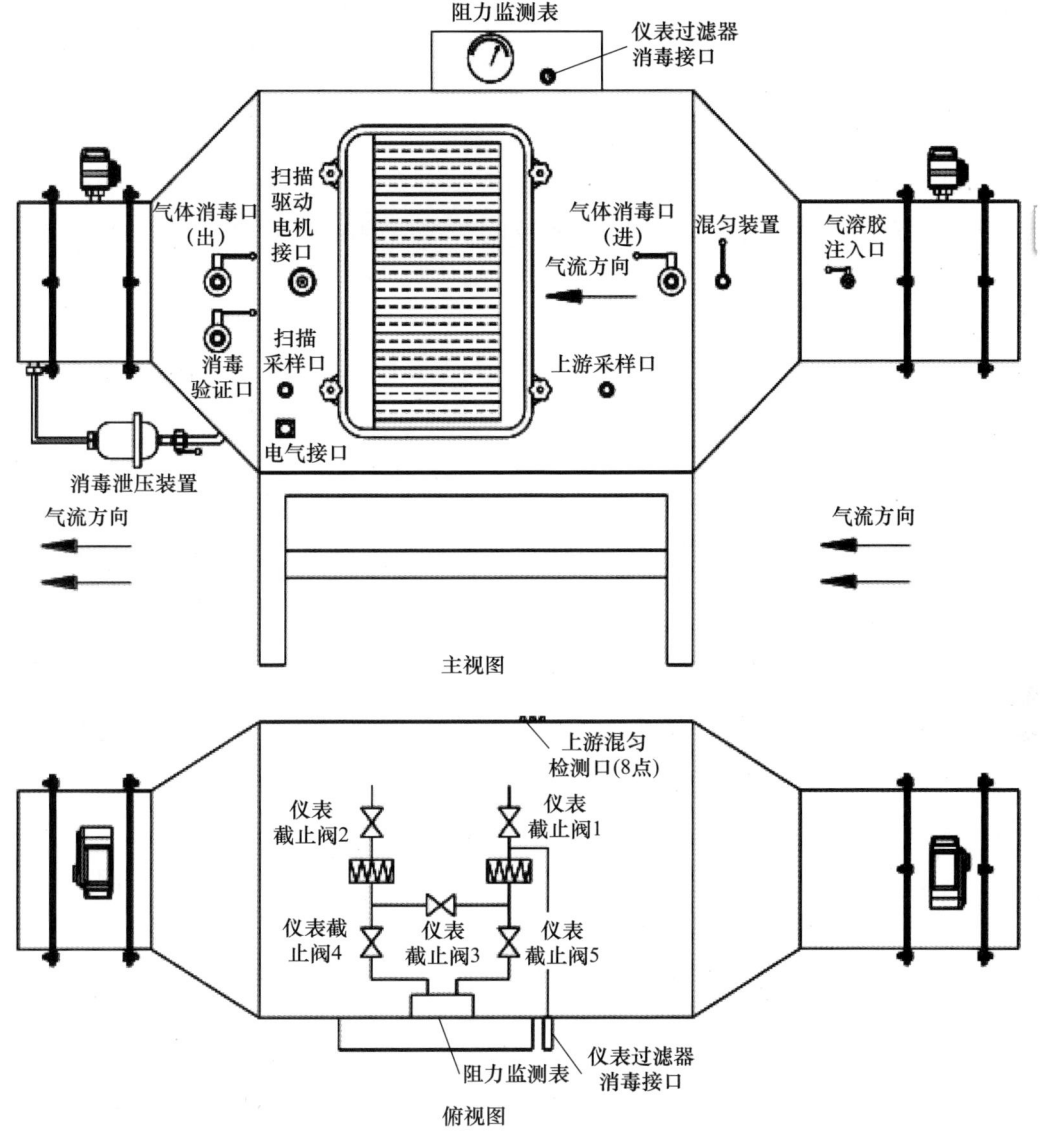

图 4-6-2 高效空气过滤单元各接口示意图

袋进袋出高效空气过滤装置依据 GB 19489—2008《实验室 生物安全通用要求》中"应可以在原位对排风高效过滤器进行消毒灭菌和检漏"的规定要求设计,由检测气溶胶发生段、混合段、上游采样段、扫描段等功能部分组成。该设备采用线扫描检漏技术,对高效过滤器进行原位检漏,并实现单独对 HEPA 过滤器进行消毒灭菌,采用偏心压紧方式对过滤器进行装卸和袋进袋出方式更换,安全、方便;并可实时显示高效过滤器阻力,满足生物安全标准要求,便于操作维护。

3. 标准规范依据

世界卫生组织(WHO)颁布的《实验室生物安全手册》(第 3 版)第 4 章防护实验室三级生物安全水平实验室的设计和设施第 8 条"当实验室空气(来自生物安全柜的除外)排出到建筑物以外时,必须在远离该建筑及进气口的地方扩散。根据所操作的微生物因子不同,空气可以经 HEPA 过滤器过滤后排放",第 9 条"所有的 HEPA 过滤器必须安装成可以进行气体消毒和检测的方式"。对于三级生物安全实验室,GB 19489—2008 第 6.3.3.8 条规定:"应可以在原位对排风 HEPA 过滤器进行消毒灭菌和检漏"。对于四级生物安全实验室，GB 19489—2008 第 6.4.15 条规定："实验室的排风应经过两级 HEPA 过滤器处理后排放"，第 6.4.16 条规定："应可以在原位对送风 HEPA 过滤器进行消毒灭菌和检漏"。

GB 50346—2011 第 5.3.2 条以强制性条文规定："三级和四级生物安全实验室防护区的排风必须经过高效过滤器过滤后排放"，第 5.1.9 条规定："三级和四级生物安全实验室防护区应能对排风高效空气过滤器进行原位消毒和检漏。四级生物安全实验室防护区应能对送风高效空气过滤器进行原位消毒和检漏。"

4. 关键性能指标及安装技术要求

4.1 关键性能指标

（1）过滤效率。对 $0.3\mu m$ 粒子滤除率不低于 99.995%，满足国家标准。

（2）高效过滤器。高效过滤器采用板式有隔板，隔板和外框材料为铝合金。规格根据设备情况进行选择。

（3）气密性。压力为 2500Pa 时，腔室内每 min 泄漏的空气量不超过腔室净容积的 0.2%。

（4）箱体抗压力不小于 2500Pa。

（5）过滤器检漏方式：自动扫描检漏。

（6）过滤器上游检测气溶胶均匀性：上游紧靠过滤器的断面上，均匀分布 9 个测点，其中任一点的气溶胶浓度不偏离平均值的 20%。

（7）消毒方式。高效空气过滤单元箱体在过滤器上、下游设置有消毒接口，可配合气体消毒剂发生装置和气体循环消毒装置使用，可实现对高效空气过滤器的原位消毒。

（8）过滤器密封及更换方式。过滤器与箱体的密封方式为机械压紧密封。更换时对箱体内部进行原位气体熏蒸消毒后，对过滤器采用偏心压紧方式进行装卸和袋进袋出形式更换，安全、方便。

（9）抗腐蚀性。采用优质 304 不锈钢制作，耐消毒剂、清洁剂及酸、碱等化学试剂。

4.2 安装说明

（1）安装前准备

安装前打开包装，仔细阅读设备说明书，检查表面是否有挤压、破损，如有问题与供应单位联系。

（2）高效空气过滤单元安装

① 设备摆放到位。

② 设备固定。高效单元可安装于设备支架上，实现落地安装；也可采用顶部吊装的方式，将设备系吊至承重梁上。

③ 管道连接。可采用软连接套管将高效单元进风口、排风口分别与实验室管道相连接，采用卡箍固定。

5. 质量控制

（1）在设备选型和采购阶段，需要根据产品的要求和技术规范选择并进行严格的质量评估和审核。

（2）设备安装和调试是确保设备正常运行的重要环节。在安装和调试过程中，需要按照设备厂家提供的安装和调试方案进行操作，并进行严格的检查和测试。

（3）设备的操作和维护是保证设备长期稳定运行的关键。操作人员需要按照设备操作规程进行操作，定期进行设备的维护和保养。

（4）设备的检测和监控是及时发现设备故障和隐患的重要手段。通过使用各种检测设备和监控系统，对设备进行全面的监测和检测。

（5）设备质量评估和改进是持续提高设备质量的重要环节，通过对设备的质量进行评估，找出存在的问题，并采取相应的改进措施。

6. 发展历程及应用现状

我国生物安全实验室的建设起步较晚。SARS疫情发生前后建设的高等级生物安全实验室在实验室污染空气排放处置方面，普遍采用了在围护结构侧墙下方安装高效排风口的方式。受当时技术手段的限制，这种方式存在的问题是：难以或不能对高效空气过滤器进行原位检漏，同样也不具备对HEPA过滤器原位气体消毒的条件，不能满足WHO《实验室生物安全手册》（第3版）关于"所有的HEPA过滤器必须安装成可以进行气体消毒和检测方式"的规定。2007年3月，中国合格评定国家认可委员会启动了GB 19489—2004的修订工作，以适应不断增长的实验室建设、使用、管理和认可工作的需要。在实验室设施和设备要求方面，GB 19489—2008重点修订了关于排风HEPA过滤器、实验室围护结构气密性方面的内容，要求"应可以在原位对排风HEPA过滤器进行消毒和检漏"，并对高效空气过滤单元的技术指标提出了具体要求。当时，我国尚未实现实验室高效空气过滤单元的国产化，而国外同类产品价格昂贵，只有少数重大实验室建设项目有经济实力采购。新建实验室的建设需求，已建及一些在建的实验室的改造迫切需要研制符合GB 19489—2008要求的高效空气过滤单元。因此我国近100个高等级病原微生物实验室的建设迫切需要经济、实用的国产化产品，可显著降低建设成本，更重要的是，能够真正做到将实验室的生物安全防护技术和产品掌握在自己手里。

2009年，在"十一五"国家科技支撑计划项目（2008BAI62B01）与国家传染病防治科技重大专项课题（2009ZX10004-709）的资助下，国家生物防护装备工程技术研究中心成功攻克高效过滤器原位扫描法检漏、效率法检漏及原位消毒等关键技术，并以此为基础研发了多种具备原位检漏和消毒功能的高效空气过滤装置，成功在我国高等级生物安全实验室大范围推广应用。

通过调研发现，在我国现有高等级生物安全实验室中，国产高效空气过滤装置使用率稳步上升，说明国产装置的质量已经得到广泛认可。在空气过滤装置的类型方面，综合来看，采用最多的为风口式，其次为箱式；具体到实验室类型，在BSL-3实验室中，采用最多的为风口式，其次为箱式，而在ABSL-3实验室中，采用最多的是箱式，其次为风口式。空气过滤装置使用中存在的问题主要有以下几方面：①消毒时未匹配变频循环风机，无法调节所需风压、风量。②冬季室外温度较低时，消毒时箱体易结露（这个问题应该是安装问题，有的直接安装在户外，有的所在设备间没有空调系统）。③进口产品配备的消毒/扫描检漏罩沉重，不方便操作。

4.6.2 风口型扫描检漏高效空气过滤装置

1. 概述

风口型扫描检漏高效空气过滤装置（即扫描检漏高效排风口，以下简称扫描风口）主要应用于高等级生物安全实验室排风高效过滤系统，满足GB 19489—2008《实验室 生物安全通用要求》中"应可以在原位对排风高效空气过滤器进行消毒灭菌和检漏"要求的一种装置。

扫描风口采用自动扫描检漏技术，对高效空气过滤器及安装边框进行原位扫描检漏，采用气体消毒剂在实验室内循环往复穿透HEPA过滤器的方式对过滤器进行原位气体消毒灭菌，可实时显示高效空气过滤器阻力，显示生物型气密隔离阀开或关状态，操作、维护简便。

从结构形式和排风方式上，扫描风口可分为侧排式和顶排式两种形式。我国现有的高等级生物安全实验室有的不具备能放置高效空气过滤单元的设备层，而该设备对实验室设备层空间要求较小，适用于需要改造排风处置设备或设备层空间较小的高等级生物安全实验室。

2. 结构和工作原理

扫描风口由孔板、风口箱体、扫描驱动机构、生物型气密隔离阀组成，如图4-6-3所示。

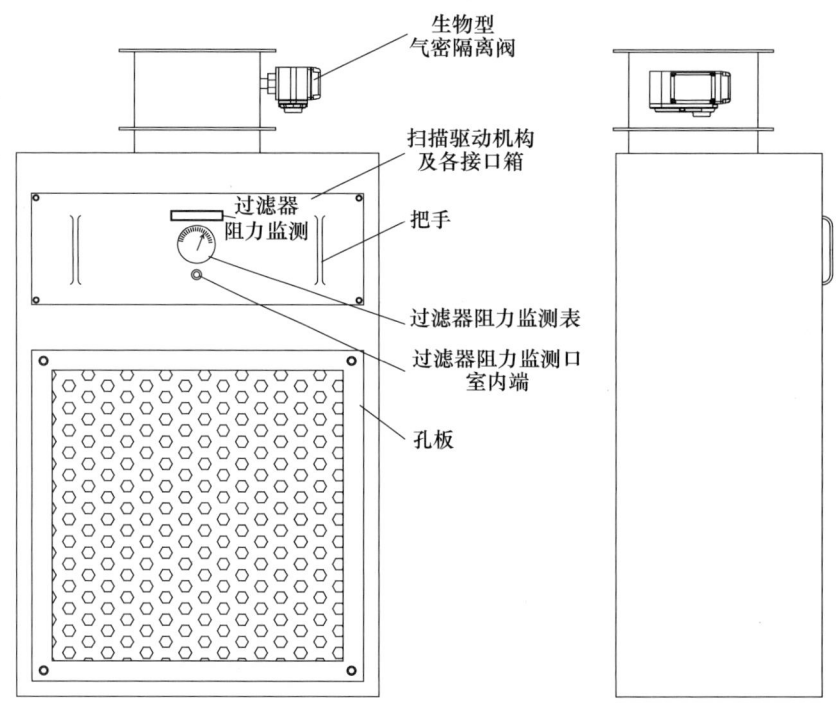

图4-6-3 扫描风口（侧排式）结构图

风口箱体内安装高效空气过滤器，高效过滤器下游设置线扫描机构。箱体设置扫描驱动机构及接口箱，设置过滤器阻力监测仪表、阻力监测压力开关、电气接口、生物型气密隔离阀状态指示、消毒验证口、气体消毒口和扫描采样口。如图4-6-4所示。

3. 标准规范依据（略，同4.6.1节）

4. 关键性能指标及安装技术要求

4.1 关键性能指标

（1）过滤效率大于99.97%（0.3μm）。

（2）过滤器检漏方式：室内自动扫描检漏。

（3）消毒方式：可实现对过滤器及箱体内部原位气体消毒，并可进行消毒效果验证。

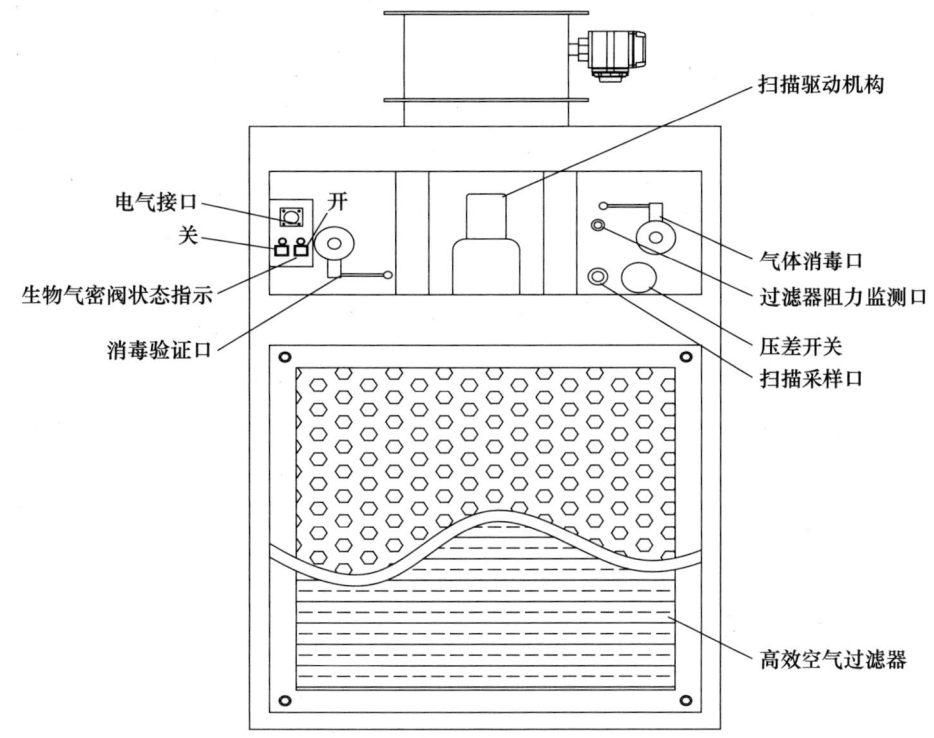

图 4-6-4　扫描风口（侧排式）各接口示意图

(4) 箱体抗压力不低于 2500Pa。

(5) 耐腐蚀性：箱体及扫描检漏采样装置采用 304 不锈钢制作，耐消毒剂、清洁剂及酸、碱等化学试剂。

4.2　安装前准备

(1) 安装前打开包装，仔细阅读设备说明书，检查表面是否有挤压、破损，如有问题与供应单位联系。

(2) 依据扫描风口安装开口尺寸，预先在安装壁板上开设安装口。

(3) 将地面清理干净，如地面不平，应使用相应填充材料将地面填平，保持地面光整。

注意：安装前应测量风口实际尺寸。开口时依据实际尺寸开设，开口尺寸应大于箱体各尺寸 10mm 为宜，应避免开口过大或过小。开口后需对壁板边侧毛刺及断面粗糙层进行修整，采用耐腐蚀型材包覆，尽量保持壁板平顺。

4.3　风口安装

(1) 安装到位。将扫描风口倾斜推入安装开孔，使得壁板超出风口正面 5mm 为宜（如图 4-6-5 所示）。如夹层空间较小风口无法进入，可将生物型气密隔离阀拆下。

(2) 调整间隙量。调整风口四面与壁板的间隙量，使得风口周边缝隙均匀。

(3) 对风口与壁板进行密封处理。风口箱体与壁板进行涂抹密封胶处理，保证无泄漏。如图 4-6-5 所示。

(4) 风口与地面进行密封处理。风口箱体与地面进行涂抹密封胶处理，保证安装无泄漏。

(5) 待密封胶硬化后，将风口顶部排风口与实验室系统排风连接。

(6) 将生物型气密隔离阀执行器与实验室系统线路连接。

(7) 连接生物气密阀开关状态指示灯连接线。两个指示灯用以指示与排风装置连接的生物气密阀

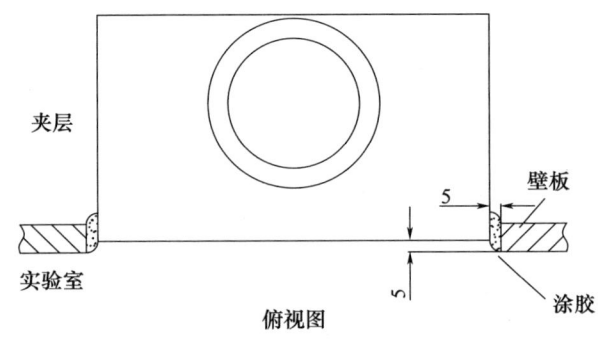

图 4-6-5 扫描风口（侧排式）安装图

的开关状态。指示灯为 AC220V 供电，对应电连接器的接触件序号 A 为开指示（绿灯，引出线为绿色）、B 为关指示（红灯，引出线为红色），C 为公共端（引出线为黑色）。用户可以通过控制箱引入，也可用图 4-6-6 所示回路直接由执行器引入。请注意：如果气密阀的开关控制中有延时断电设计，执行器中公共端"4"的电源应单独供给而不是由端子"1"跨接；交流的另一根线在执行器内为飞线的形式，请注意做好绝缘。见图 4-6-6。

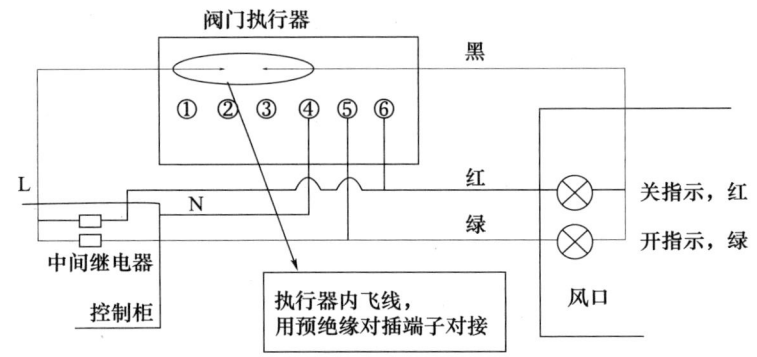

图 4-6-6 建议的反馈信号控制回路连接图

（8）连接过滤器压差开关连接线。如果过滤器配置了过滤器开关，出厂前默认为常开干接点，分别对应电连接器的 E 和 F 两个接触件。

（9）拆除风口孔板安装螺栓，取下风口孔板。

（10）对风口箱体内腔进行擦拭清洁处理和吹扫，坚决避免金属屑残存箱体内。

（11）安装高效空气过滤器和压板框，采用螺栓预紧压紧过滤器安装框，保证过滤器压紧程度和受力均匀性。

（12）按拆除方法安装风口孔板。

4.4 风口消毒

该设备采用与实验室同步消毒的方式对过滤器进行消毒。也可采用气体循环消毒装置对该设备进行消毒。消毒时根据实验室消毒具体情况与实验室一并进行消毒。

5. 质量控制（略，同 4.6.1 节）

6. 发展历程及应用现状（略，同 4.6.1 节）

4.7 生物安全型气密门

1. 概述

生物安全实验室围护结构气密性是实验室与外界环境隔离的物理基础，是生物安全可靠性的重要保证,而气密门是实验室围护结构中不可或缺的重要组成部分。在生物安全领域,气密门主要用于 BSL-4 与 ABSL-3/4 实验室的核心工作间、与核心工作间相邻的气锁间、化学淋浴消毒间等,以保证实验室围护结构的气密性。根据密封原理,气密门分为机械压紧式气密门及充气式气密门两种。其中充气式气密门利用橡胶条充压缩空气使其膨胀达到门框和门体间密封的目的,机械压紧式气密门是利用机械机构使门体和门框间胶条压紧变形达到密封的目的。气密门的设计制造历史可追溯到第二次世界大战甚至更早,用于防火工业、船舶制造业等场合,后来扩展应用到核生化防护设施、核电厂、舰艇、洁净室等场景,并由最初的机械压紧式气密门发展到充气式气密门。美国、加拿大、德国、法国等西方发达国家经过几十年的技术积累,已形成系统配套、性能稳定的气密门防护技术和设备。我国气密门的研究起源于船舶工业,于 1996 年颁布实施了船舶行业标准 CB/T 3722—1995《气密门》,规定了船用气密门的产品分类、技术要求、试验方法、检验规则等内容,适用于军用、民用舰船有气密要求的舱室界面壁上安装的气密门,为其他行业气密门的研制和应用奠定了基础。

2. 结构和工作原理

(1)机械压紧式气密门主要由门框、门体、铰链、密封胶条、可视观察窗、门锁控制机构、压紧机构及其传动机构等组成,门框和门板材质采用 304 不锈钢材质,闭合机构一般安装有三点锁紧机构,通过对门锁机构操作可实现对门体上中下三点联动锁紧。铰链采用多向调节铰链,由铰链支座、铰链片和铰链轴组成,可对门板上下、左右进行安装调整,以使压紧密封框与密封胶条紧密贴合,保证气密性。示意图见图 4-7-1 和图 4-7-2。

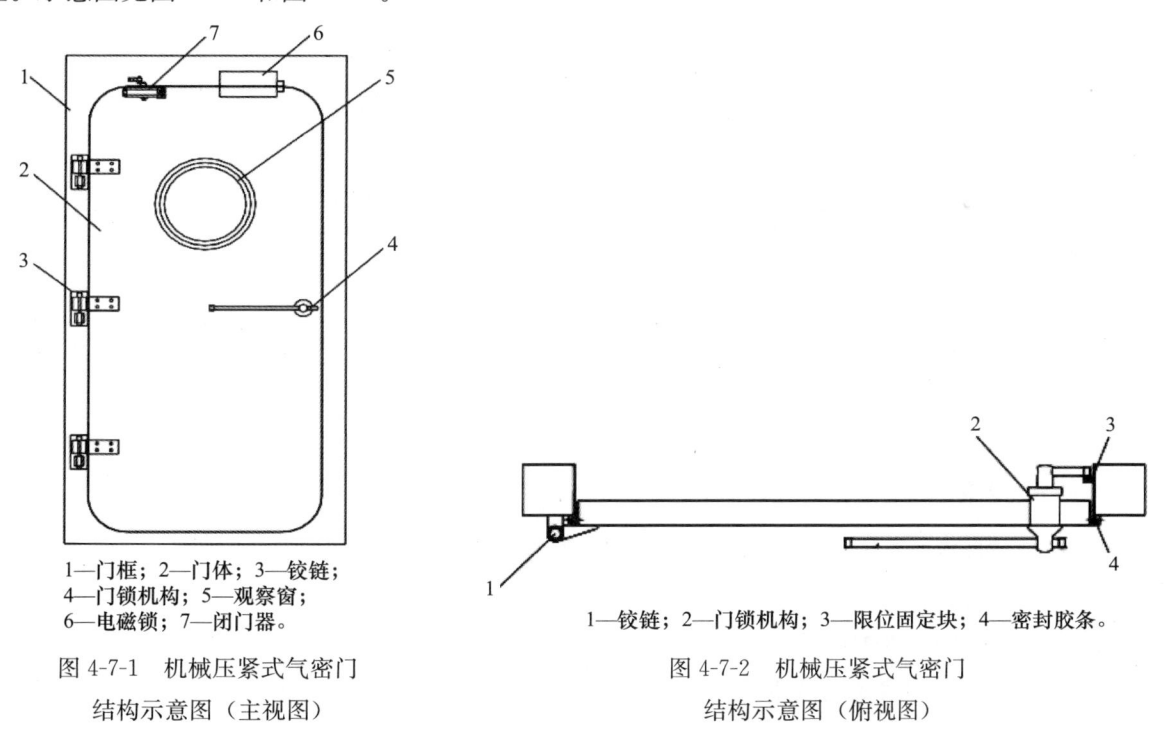

1—门框;2—门体;3—铰链;
4—门锁机构;5—观察窗;
6—电磁锁;7—闭门器。

图 4-7-1 机械压紧式气密门
结构示意图(主视图)

1—铰链;2—门锁机构;3—限位固定块;4—密封胶条。

图 4-7-2 机械压紧式气密门
结构示意图(俯视图)

(2)充气密封式气密门由门框、门板、充气密封胶条、门控制系统等组成,门框和门板采用 304 不锈钢材质,其中充气密封胶条镶嵌在门板骨架的凹槽内。门框上连接充气管路,设置紧急泄气阀、闭门器、电磁锁、急停开关和门框开关。其中充气管路和门控制连接线路由顶部与外部相连。门板与门框通过多向调节铰链连接。充气密封胶条宜选用抗腐蚀、不易老化、不易脱落的材质。配备自动充放气控制系统,合理控制气囊压力,以免产生爆破及漏气现象。闭合机构安装有闭门器和电磁锁,具有单路控制、多路互锁的特点。铰链为多向调节铰链，可对门板上下、左右进行安装调整，由铰链支座、铰链片和铰链轴组成。气路控制装置由气源通过气路控制模块为充气密封式气密门上的充气密封胶条提供气源。示意图见图4-7-3和图4-7-4。

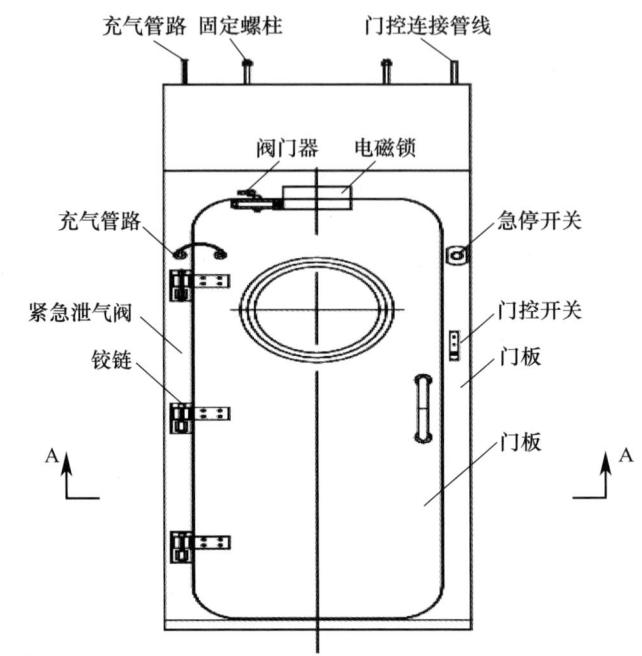

图4-7-3　充气密封式气密门结构示意图（主视图）

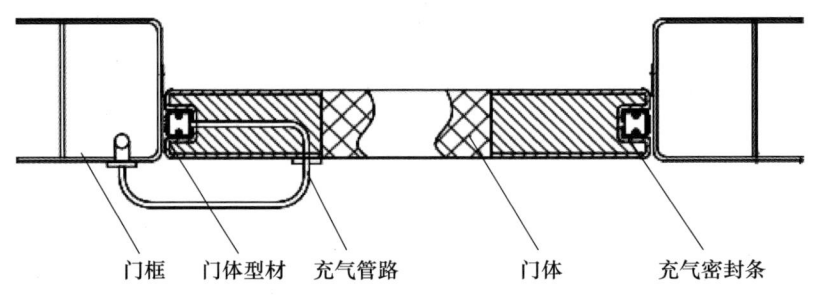

图4-7-4　充气密封式气密门结构示意图（俯视图）

3. 标准规范依据

应当满足国家标准GB 19489—2008《实验室　生物安全通用要求》、RB/T 199—2015《实验室设备生物安全性能评价技术规范》要求。

BSL-4实验室防护区围护结构的气密性应达到在关闭受测房间所有通路并维持房间内的温度在设计范围上限的条件下，当房间内的空气压力上升到500 Pa后，20min内自然衰减的气压小于250Pa气密性要求。

ABSL-4动物饲养间及其缓冲间的气密性应达到在关闭受测房间所有通路并维持房间内的温度在设计范围上限的条件下，当房间内的空气压力上升到500Pa后，20min内自然衰减的气压小于250Pa气密性要求。

ABSL-3适用于GB 19489—2008第4.4.3条规定的动物饲养间及其缓冲间的气密性应达到在关闭受测房间所有通路并维持房间内的温度在设计范围上限的条件下，若使空气压力维持在250Pa时，房间内每小时泄漏的空气量应不超过受测房间净容积的 10% 的气密性要求。

4. 关键性能指标及安装技术要求

4.1 机械压紧式门性能指标

（1）机械装置和橡胶组件温度环境适应性：-40～50℃。
（2）抗腐蚀性：采用优质 304 不锈钢制作，耐消毒剂、清洁剂及酸、碱等化学试剂。
（3）门体不锈钢板厚度不小于 2mm，结构牢固，结构抗压力不小于 2500Pa，维持 10min，外形无明显变形。
（4）产品自身气密性：门单体采用压力衰减法测试，对安装气密门的箱体进行负压工况检测，测试结果符合实验室规范中相对负压值达到-500Pa，经 20min 自然衰减后，相对负压值不高于-250Pa。
（5）采用机械多点压紧方式，且压紧机构可调，有效保证门体气密性。
（6）配备液压闭门器，具备双段关门速度可调功能。
（7）设置电磁锁，可实现双门互锁功能。
（8）可根据要求设置门禁密码装置。

4.2 充气密封式门性能指标

（1）结构抗压力不小于 2500Pa。
（2）充气密封胶条的充、放气时间不大于 5s。
（3）充气密封胶条的充、放气次数不小于 5000 次。
（4）气密性：门单体采用压力衰减法测试，对气密箱体进行负压工况检测，测试结果符合实验室规范中相对负压值达到-500Pa，经 20min 自然衰减后，相对负压值不高于-250Pa。
（5）安全冗余：气密门两侧均配置有急停按钮和手动泄气阀，可有效避免因电气或气路故障致使气密门无法打开。
（6）门体不锈钢板厚度不小于 2mm，结构牢固，结构抗压力不小于 2500Pa，维持 10min，外形无明显变形。
（7）抗腐蚀性：采用优质 304 不锈钢制作，耐消毒剂、清洁剂及酸、碱等化学试剂。
（8）设置电磁锁，可实现双门互锁功能。
（9）可根据要求设置门禁密码装置。

4.3 气密门安装技术要求

气密门可安装在不锈钢焊接的高等级生物安全实验室和混凝土浇筑的高等级生物安全实验室，不锈钢焊接的实验室采用直接焊接即可，在混凝土墙体上的安装包含两种形式，一是墙体预留孔洞采用灌胶工艺安装，二是安装不锈钢预埋件采用焊接工艺安装。安装前打开包装，仔细阅读说明书，检查表面是否有挤压、破损，如有问题与供应单位联系。

4.3.1 不锈钢焊接实验室安装工艺步骤

（1）在围护结构施工时根据门的尺寸和安装位置提前预留门洞，门洞周围的围护结构须有方管加固，围护结构的水平和竖直误差在±2mm 以内。
（2）门安装前对门周围的围护结构进行表面清理，去除污物和毛刺。

（3）将门的主体以关闭状态推入门洞，校准好水平和垂直度，断焊固定，然后进行满焊连接，焊接后进行钝化。

4.3.2 混凝土实验室灌胶工艺安装步骤

（1）测量门洞尺寸长、宽、对角线尺寸，核实门体是否可安装在门洞中。如果不满足要求，需要基建施工方对洞口进行修正。

（2）安装前将门洞底部清扫干净，将密闭门框的下部放置在预留凹槽的土建地面上或埋于水泥地面中，并保证门体与地面垂直。

（3）门框在墙体上的固定可采用两种方式：①在两侧侧墙中部各安装不少于3个的固定片（固定块长度不小于106mm），固定片与侧墙采用胀管固定，使用水平仪、激光尺调整门框的水平、垂直，然后将固定片与门框焊接固定；②根据密闭门门框上的打孔尺寸在墙体上用冲击电钻打孔，用吸尘器或吹气泵将孔内粉尘清扫干净，把对应的门框放置到洞口内，利用水平尺、激光尺把门框的水平方向及竖直方向找正，然后采用胀管固定相应点位。

（4）将装饰板固定于门框与土建墙上，装饰板与门框、土建墙连接处使用硅胶装饰、密封，待固化后，向装饰板与门框缝隙中灌环氧树脂，灌胶应从门框上部开始直至灌满。

4.3.3 混凝土实验室预埋件焊接工艺安装步骤

（1）预埋件的加工：按照设计的尺寸加工不锈钢预埋件。预埋件的厚度须采用不锈钢304材质，厚度不宜低于5mm，马槽形式，马槽宽度与墙体厚度一致，底边马槽预留透气孔。

（2）预埋件的安装：其底边需略高于找平层地面2~5mm，马槽与主体结构的钢筋做好连接固定，水平和竖直误差在±2mm以内。

（3）门的安装：安装前去除模板及预埋件支撑物，将预埋件上的污渍清理干净。将门的主体以关闭状态推入门洞，校准好水平和竖直度，点焊固定，然后使用L型不锈钢条进行焊接，焊接后进行钝化。

（4）门的密封性通过打压检测后方可采用不锈钢装饰板对门主体内容进行包口处理，包口断面采用硅胶装饰即可。

5. 质量控制

由于生物安全型气密门是具有气密性要求的用于高等级实验室围护结构不可或缺的重要设备，为了确保气密门的正常工作和质量稳定，需要制定一些相关的质量措施。

5.1 材料选择

气密门的制作材料应符合相关标准，如钢材、铝合金、不锈钢等。这些材料应具有良好的气密性能、机械性能和耐腐蚀性。同时，材料的质量也应符合标准要求，无气孔、裂纹、变形等缺陷。

5.2 结构设计

气密门的结构设计应考虑到门扇与门框的密封性和稳定性。门扇应采用框架结构和中空设计，以增强其强度和刚度。同时，应加强门扇与门框的固定和密封，采用高质量的密封材料，如橡胶密封条或气密胶条，以确保门的密封性。

5.3 制造工艺

气密门的制造过程应严格遵守相关标准和规定，确保每一步工艺都达到质量要求。制造过程中应严格控制尺寸精度、表面质量和装配质量等关键指标，以确保气密门的整体性能。

5.4 性能检测

在气密门制造完成后，应进行严格的性能检测，包括气密性能、水密性能、风压防水性能等。这些检测应按照国家或行业标准进行，以确保气密门满足相关性能要求。

5.5 安全性要求

气密门应具备防火等安全性能。门锁应符合相关安全标准，门材料应具有一定的防火性能。此外，气密门还应具备可靠的紧急开启装置，以确保在紧急情况下能够迅速打开。

5.6 安装要求

安装前需要检查设备的外观、零件、气路等完整性，确保设备符合相关文件的要求。

5.7 日常维护

定期维护和清洁是确保其质量的重要措施之一，可以使用无尘或蒸馏水将门内外侧清洗，包括门缝、把手等，保持清洁干燥。定期检修气密门，并在必要时更换磨损部件，确保其长期的运行安全。

5.8 定期检测

定期检查气密门的气密性情况，一般每月进行一次。

5.9 人员培训

对于实验室内部人员，需要经过培训，了解气密门操作说明和安全注意事项。避免由于操作不当引起设备损坏及人员安全隐患。

通过以上几个方面的质量控制，可以确保气密门具有良好的密封性、稳定性和安全性，满足各种使用场景的需求。

6. 选型指南

气密门在选型上主要需要考虑以下几个方面的因素。

6.1 应用场景

实验室的建设类型是混凝土形式还是不锈钢焊接形式决定了气密门的安装方式。

6.2 尺寸

根据实验室的需求，对气密门的通过尺寸提出要求，然后根据通过尺寸确认门的主体尺寸和预埋件尺寸。

6.3 类型

气密门分为机械压紧式和充气密封式。

6.4 电源

气密门的电源分为12V和24V。

7. 建设和使用过程中的风险控制

气密门在建设和使用过程中，需要关注多个方面的风险控制，以确保其正常运行并满足预定的气密性要求。以下是气密门建设和使用过程中可能面临的风险及控制措施。

7.1 建设过程中的风险控制

（1）材料选择风险：气密门的材料选择直接影响其气密性能。如果材料质量不合格或不符合要求，可能导致气密门无法满足预期的气密性要求。

（2）控制措施：在选择材料时，应确保供应商具有可靠的信誉和质量保证体系。同时，对材料进行严格的检测和验收，确保其符合相关标准和要求。

（3）安装质量风险：安装过程中，如果操作不当或安装精度不达标，可能导致气密门出现缝隙或变形，从而影响其气密性能。

（4）控制措施：在安装过程中，应严格按照安装规范和操作流程进行，确保安装精度和质量。同时，对安装过程进行监督和检查，及时发现并纠正问题。

（5）环境影响风险：建设过程中的环境因素，如温度、湿度、灰尘等，也可能对气密门的性能产生影响。

（6）控制措施：在建设过程中，应采取措施控制环境因素，如保持施工现场整洁、控制温度和湿度等。同时，对气密门进行定期保养和维护，以保持其良好的性能。

7.2 使用过程中的风险控制

（1）误操作风险：使用人员可能对气密门的操作不熟悉或疏忽大意，导致误操作，从而影响气密门的性能。

（2）控制措施：在使用前，应对使用人员进行培训，使其了解气密门的操作方法和注意事项。同时，设置明显的操作标识和警示标志，提醒使用人员注意操作安全。

（3）损坏风险：气密门在使用过程中可能受到撞击、刮擦等损坏，从而影响其气密性能。

（4）控制措施：在使用过程中，应避免对气密门进行撞击或刮擦。同时，定期对气密门进行检查和保养，及时发现并修复损坏部位。

（5）维护不当风险：如果维护不当或保养不及时，可能导致气密门的性能下降或出现故障。

（6）控制措施：应制定详细的维护和保养计划，并定期对气密门进行清洁、润滑、紧固等操作。同时，建立维护和保养记录档案，以便跟踪和追溯气密门的使用情况。

总之，在气密门的建设和使用过程中，需要关注多个方面的风险控制。通过严格的质量控制、正确的安装操作、合理的使用和维护保养等措施，可以降低风险并确保气密门的正常运行和良好性能。

8. 技术发展

8.1 密封技术的提升

气密门的密封原理是防止气体泄漏的关键。随着技术的进步，密封胶条的材料和制作工艺得到了优化，使得气密门的密封性能得到显著提升。这些改进不仅提高了气密门的密封性能，还延长了其使用寿命。

8.2 智能化程度的提高

智能化技术的应用使得气密门能够自动感知门的开关状态，确保气密性，并通过人脸识别和指纹识别技术提高安全性。

8.3 高耐用性和低维护成本的要求

为了满足长时间使用的需求，气密门需要具备高耐用性和低维护成本的特点。未来的气密门将采用更加耐磨、耐腐蚀的材料，以延长其使用寿命。同时，通过简化维护流程和采用低成本材料来降低维护成本，提高气密门的经济效益。

8.4 环保和节能的设计

随着环保意识的提高，未来的气密门将更加注重环保设计。例如，采用可再生材料和低能耗设计，以降低对环境的影响。

8.5 安全性的提升

安全性是气密门技术发展的重要方向之一。未来的气密门将采用新的传感器技术来提高门体的实时监测精度，减少因故障导致的安全风险。同时，通过加强安全保护措施和采用先进的控制系统，确保气密门在使用过程中的安全性。

综上所述，气密门技术的发展将不断推动其性能的提升和功能的完善，满足市场的多样化需求。同时，随着技术的不断进步和应用领域的拓展，气密门将在更多领域发挥重要作用。

4.8 正压生物防护头罩熏蒸消毒舱

1. 概述

正压生物防护头罩等关键防护装备彻底消毒的难点在于结构复杂，通常采用喷洒消毒，但消毒剂很难均匀接触装备所有内外表面，作业时间较短且受人员操作影响较大，存在一定安全风险；另外，部分实验室采用消毒液浸泡消毒方式以解决消毒不彻底的问题，但随之带来了清洗、晾晒等后续处理工作量大的难题。

正压防护头罩熏蒸消毒舱（以下简称"头罩消毒舱"）是我国首创的一种熏蒸消毒设备，且并未在国际上检索到同类产品，该设备主要用于对正压生物防护头罩等防护器材进行熏蒸消毒灭菌，以便于后续安全复用。头罩消毒舱（如图4-8-1所示）是军事科学院系统工程研究院卫勤保障技术所在国家重点研发计划项目（项目编号：2016YFC1201400）支持下研发的，并已在我国多家高等级生物安全实验室和高生物安全风险疫苗生产车间推广应用，有效解决了正压防护头罩等防护器材消毒的难题。

2. 分类、结构、工作原理

2.1 分类

按舱体结构进行分类，头罩消毒舱可以分为硬质头罩消毒舱和柔性头罩消毒舱（如图4-8-2所示）。

硬质头罩消毒舱适用于固定建筑式生物安全防护设施安装使用，柔性头罩消毒舱则适用于生物危害现场应急防控。

图 4-8-1　正压防护头罩熏蒸消毒舱

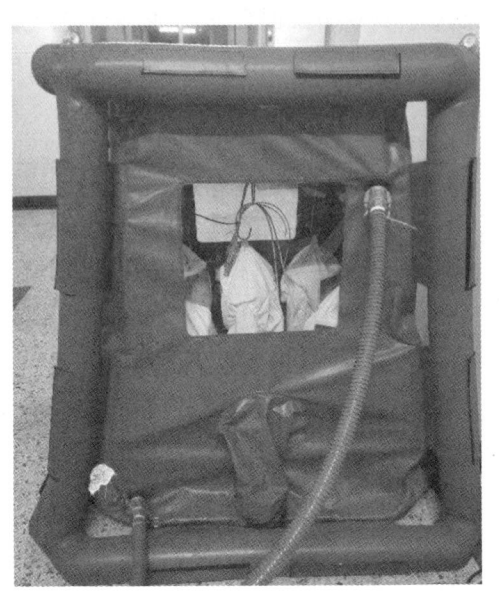

图 4-8-2　柔性头罩消毒舱

按系统集成进行分类，头罩消毒舱可以分为集成式头罩消毒舱（如图 4-8-1 所示）和分体式头罩消毒舱（如图 4-8-3 所示）。集成式头罩消毒舱将过氧化氢消毒机集成在消毒舱内，可实现一键启动，方便人员使用；分体式头罩消毒舱则是与消毒机采用分体设计，通过管路连接进行消毒，一台消毒机可以搭配多台消毒舱使用，具有体积小、成本低的特点，适用于应用消毒舱数量较多的设施。

按门体设置数量分类，头罩消毒舱可以分为单开门式头罩消毒舱和双侧开门式头罩消毒舱。单开门式头罩消毒舱只在舱体一侧设置开关门，适用于整体放置在一个房间内，不涉及双侧拿取正压防护头罩的操作；双侧开门式头罩消毒舱又称为头罩消毒传递舱，其舱体两侧均设置开关门，消毒舱安装于两个相邻房间之间，例如人员进入通道与退出通道之间，具有类似传递窗功能。

2.2　结构

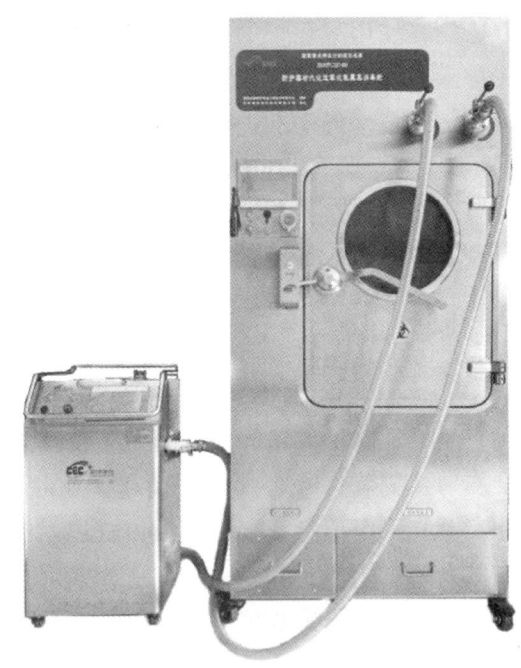

图 4-8-3　分体式头罩消毒舱

以硬质集成式头罩消毒舱为例，其主要由舱体、过氧化氢发生系统、电气控制系统、送风过滤装置、排风过滤装置和循环消毒系统组成，如图 4-8-4 所示。过氧化氢发生系统、电气控制系统、送风过滤装置均集成在舱体一侧，排风过滤系统和循环消毒系统集成在舱体顶部。舱体内部采用不锈钢材料整体焊接制作，采用充气式气密门实现门体密封，所有接口均进行密闭设计，以保证整个箱体的气密性。内部设置用于头罩悬挂展开的支架，可以根据实验室工作人员数量情况设计 4～10 个挂架。

过氧化氢发生系统由闪蒸器、注入泵、循环注入风机、过氧化氢储存罐、过氧化氢除残罐和电动密闭阀等组成。循环消毒系统主要由顶部循环管路、循环风机、电动密闭阀和舱内主管道、分管路、头罩内消毒注入管路组成。同时，头罩消毒舱内部设置有温湿度传感器、过氧化氢浓度传感器、风速传感器、压差传感器等数据监测传感器，可实时监测消毒舱内状态参数，为消毒流程控制提供数据支撑。

2.3 工作原理

头罩消毒舱采用汽化过氧化氢作为消毒剂，消毒时，将正压生物防护头罩罩体和动力送风过滤装置放置在消毒舱内，在消毒剂注入泵的动力作用下，液态过氧化氢输送至闪蒸器中瞬间汽化成过氧化氢蒸汽，在循环注入风机的作用下将汽化过氧化氢吹入舱室内，并通过消毒剂分配和循

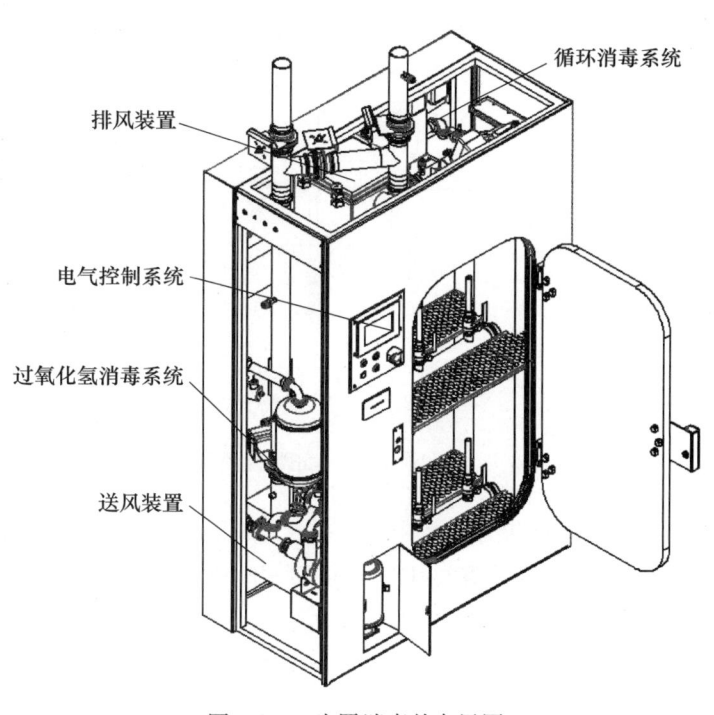

图 4-8-4　头罩消毒舱布局图

环系统使消毒剂在消毒舱内均匀分布，并扩散至头罩罩体内部，可实现头罩内外表面的消毒达到灭菌水平。消毒结束后，通过消毒剂除残、通风稀释可快速将消毒剂降至安全水平，以便进行安全复用。同时，内部设置动力送风系统充电接口，在消毒过程中可以为正压防护头罩进行充电。

整个消毒流程共分为四个阶段，依次分别为：除湿预热、注入消毒、除残降解以及通风。①除湿预热阶段，通过除湿将舱内空气相对湿度降到30%以下，并通过加热装置对舱体和舱内空间加热至35℃以上，以减少汽化过氧化氢冷凝。②注入消毒阶段，通过过氧化氢闪蒸发生系统将舱内汽化过氧化氢体积分数快速升至 300×10^{-6} 以上，并通过持续注入将消毒剂浓度维持一定时间，以完成消毒。③除残降解阶段，停止注入消毒剂，打开催化系统，对残余消毒剂进行催化分解，当消毒剂体积分数降至一定水平后，进入下一阶段。④通风阶段，打开送、排风过滤系统，引入环境内的空气并经过高效过滤后送入消毒舱内，排风经过高效过滤后排入所在环境或排风系统，以通过通风进行空气置换，将消毒舱内消毒剂体积分数降至 1×10^{-6} 以下，达到人体安全水平。

为了提升消毒效果，该装备综合采用头罩内射流增强、熏蒸舱内动态循环等技术，如图 4-8-5 所示。整个循环系统共设计两套系统：通风消毒循环系统与消毒注入循环系统。通风消毒循环系统工作原理：当舱内注入一定浓度汽态过氧化氢后启动循环消毒程序，气流从舱内抽取过氧化氢途经循环风机、电动密闭阀、舱内主管路、舱内分管路，最终从头罩内消毒注入管道排出，使头罩内部汽化过氧化氢浓度快速提升，同时，舱内主管路上分布有射流孔，可使部分消毒气体高速喷至消毒舱内；消毒注入循环系统工作原理：舱内含有汽化过氧化氢的空气在循环风机作用下抽吸至过氧化氢发生器，并混合闪蒸出的汽化过氧化氢重新注入至消毒舱内；两套循环系统共同作用有效解决了 VHP 消毒时浓度分布不均匀的难题，促进 VHP 快速均匀扩散至复杂结构内外表面，实现了防护器材内外表面的彻底消毒。

3. 标准规范依据

正压防护头罩熏蒸消毒舱是一种消毒设备，并具有通风过滤系统，同时可以起到消毒物品传递功

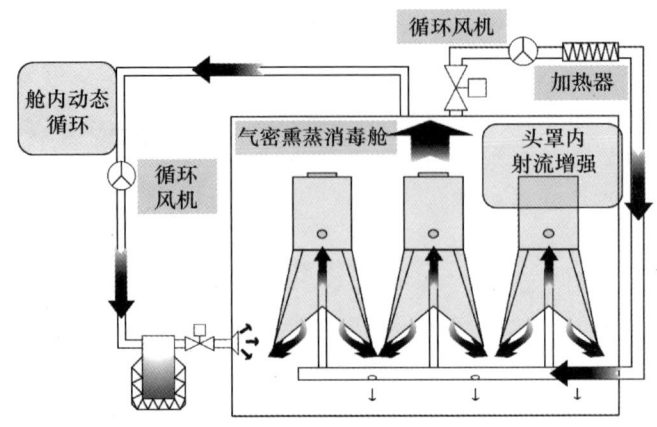

图 4-8-5 正压生物防护头罩熏蒸消毒舱消毒循环系统原理图

能，因此其所依据的主要标准包括：RB/T 199—2015《实验室设备生物安全性能评价技术规范》、JG/T 382—2012《传递窗》、RB/T 009—2019《高效空气过滤装置评价通用要求》以及 JG/T 497—2016《排风高效过滤装置》。具体要求如下：

（1）消毒效果评价，主要参考 RB/T 199—2015《实验室设备生物安全性能评价技术规范》中 4.5 气（汽）体消毒设备评价的要求，即模拟现场消毒按照《消毒技术规范》（2002）规定的方法进行判定，应达到灭菌要求。

（2）舱体气密性评价，主要参考 JG/T 382—2012《传递窗》中的 E2 气密型传递窗的要求，具体包括：①气密性要求，500Pa 下，20min 内压力自然衰减小于 250Pa；②若消毒舱两端设置有密闭门，两门应有互锁功能。

（3）高效过滤性能评价，主要参考 RB/T 009—2019《高效空气过滤装置评价通用要求》与 JG/T 497—2016《排风高效过滤装置》中的高效过滤器原位检漏和消毒要求，具体包括：①排风高效过滤器应具备原位检漏的技术措施；②排风高效过滤器过滤效率应满足标准要求，当用于高生物安全风险车间时，其排风需要安装两级高效空气过滤器；③高效过滤器原位消毒应达到灭菌要求。

4. 主要性能指标及评价

4.1 技术难点

（1）正压生物防护头罩、正压呼吸器等关键防护装备彻底消毒的难点在于结构复杂，消毒过程中，需要保证消毒剂能够均匀接触被消毒装备所有内外表面，并能持续稳定作用较长时间。

（2）使用汽化过氧化氢进行熏蒸消毒时，需要有效控制消毒舱内相对湿度，避免因相对湿度过大产生结露，一旦造成结露其会增加对被消毒装备材料的腐蚀性。由于头罩消毒舱内空间较小，有效控制相对湿度具有较大难度。

（3）由于正压生物防护头罩的罩体通常会采用高分子材料、无纺布、海绵等材料制造，此类材料对过氧化氢具有不同程度的吸附性。消毒结束后，为保障使用人员身体健康，佩戴前头罩罩体内的过氧化氢浓度必须降到安全线以下。为此，头罩消毒舱必须具备对被消毒设备进行残留消毒剂高效除残的能力。

4.2 技术参数

物理防护指标：①舱体气密性：相对负压值达到 -500Pa，经 20min 自然衰减后，其相对负压值不应高于 -250Pa；②送、排风高效过滤器：具备原位检漏条件，送风高效过滤器过滤效率 ≥99.99%@

0.3μm，排风根据安装设施要求采用单级或两级过滤，均可采用效率法进行检测，过滤效率≥99.99%@0.3μm。③若采用双侧开门，应具有互锁功能。

消毒指标：采用枯草杆菌黑色变种芽孢（ATCC 9372）或嗜热脂肪杆菌（ATCC 7953）芽孢作为消毒灭菌指示剂，杀灭对数值≥6.00；消毒周期<120min。

4.3 安装与调试验证

（1）安装方式

对于单开门式头罩消毒舱，安装时，只需将消毒舱摆放至相应位置，连接220V交流电，将其排风管道连接至所在设施的排风口，同时将实验室的压缩空气系统接入到头罩消毒舱。

对于双侧开门式头罩消毒舱，消毒舱需要进行嵌入式安装于人员进出通道之间（如图4-8-6所示），并采用密封措施使消毒舱与墙体进行有效密封。同时，连接电源、排风管路以及压缩空气管路。

（2）调试验证

根据《消毒技术规范》（2002）规定，正压防护头罩熏蒸消毒舱模拟现场消毒需要进行空载试验和满载试验，并对排风高效过滤器进行消毒试验，试验均重复3次。

消毒效果评价采用枯草杆菌黑色变种芽孢（ATCC 9372）或嗜热脂肪杆菌（ATCC 7953）芽孢作为消毒灭菌指示剂，其布点如图4-8-7所示。消毒效果评价指标如下。①正压防护头罩汽体熏蒸消毒传递舱（空载）消毒效果验证：在消毒舱内设置5个生物指示剂布置

图4-8-6　头罩消毒舱嵌入式安装图

点，分别位于边角和中心位置，内部不放置正压生物防护头罩，按照消毒流程自动执行消毒，经3次重复验证，所测正压防护头罩汽体熏蒸消毒传递舱（空载）内所有布点位置生物指示剂菌体应全部杀灭。②正压防护头罩汽体熏蒸消毒传递舱（满载）消毒效果验证：在消毒舱内挂满正压防护头罩，在头罩内外、消毒舱边角及中心共设置27个生物指示剂布置点，按照消毒流程自动执行消毒，经3次重复验证，所测正压防护头罩汽体熏蒸消毒传递舱（满载）内所有布点位置生物指示剂菌体应全部杀灭。③正压防护头罩汽体熏蒸消毒传递舱排风高效过滤装置消毒效果验证：在排风高效过滤器上下游及管道中共设置5个生物指示剂布置点，执行高效过滤器消毒程序，经3次重复验证，所测正压防护头罩汽体熏蒸消毒传递舱排风高效过滤装置内所有布点位置生物指示剂菌体应全部杀灭。

（3）通用备品备件

消毒舱耗材主要为消毒剂，即35%食品级过氧化氢溶液。

需要的备品备件主要包括送风高效过滤器、排风高效过滤器、过氧化氢浓度传感器、压差传感器、风速传感器、气密门充气胶条等。

5. 选型指南

5.1 选型要素

正压防护头罩熏蒸消毒舱主要应用于高等级生物安全实验室、高生物安全风险疫苗生产车间等生

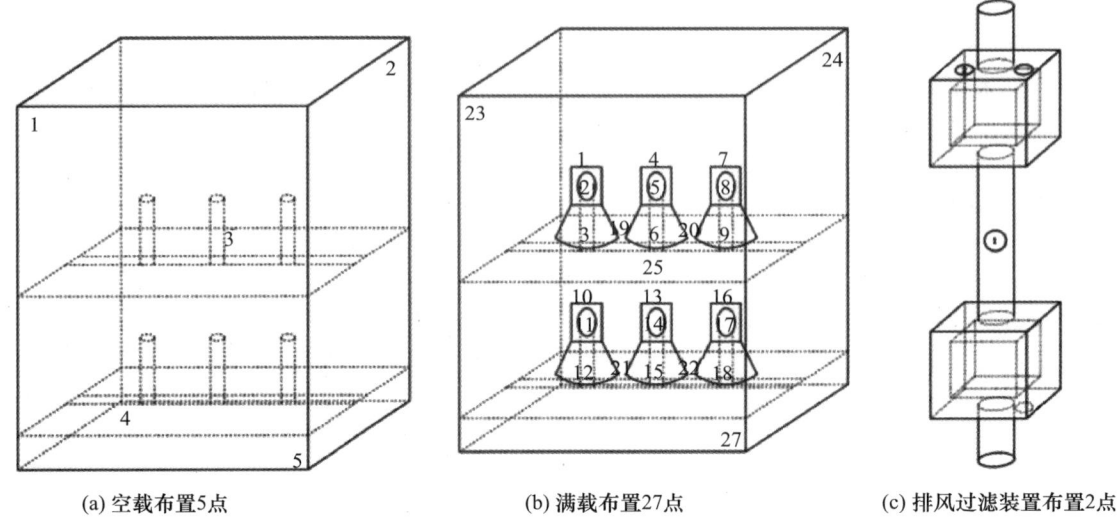

(a) 空载布置5点　　　　　(b) 满载布置27点　　　　(c) 排风过滤装置布置2点

图 4-8-7　消毒效果评价指示剂布点图

物安全防护设施内。其选型因素主要包括：单次可消毒头罩的数量、头罩罩体的大小、气密门数量（单侧开门或双侧开门）、消毒舱排风高效过滤器串联数量（单级或两级），需要根据所安装设施的要求进行定制。

5.2　注意事项及常见问题

（1）消毒前，应查看消毒剂剩余量，并及时进行补充；若消毒剂长时间未用，应及时更换消毒剂，确保消毒剂浓度达到使用要求。

（2）送、排风高效过滤器应定期进行完整性检测，可一年检测一次。由于消毒剂可能会对高效过滤器滤材及密封胶造成不良影响，若消毒频繁，可适当缩短检测周期。经过实验室应用评价，完整消毒 60 次，高效过滤器依然可满足标准要求，该数据可供使用方参考。

（3）当高效过滤器阻力值达到其初阻力的两倍时，系统显示报警以提醒更换高效过滤器。更换过滤器前，须进行高效过滤器消毒程序，消毒结束后方可更换高效过滤器。

（4）当出现系统故障，需要中断消毒程序并打开消毒舱气密门时，操作人员应做好个人防护措施再进行操作，避免吸入过量过氧化氢汽体。

6. 主要问题与风险

（1）头罩消毒舱属于半定制化产品，通常需要根据使用方的实际情况进行定制，虽该设备研发于 2018 年，但却是在新冠肺炎疫情后才逐渐推广应用，应用周期较短，数据积累较少，成熟度还有待进一步提高。

（2）该设备暂无专用产品标准，导致目前市场上出现多种由消毒传递窗直接改造而成的头罩消毒舱，产品质量良莠不齐，实验室人员使用部分品牌产品后普遍反映存在刺鼻、流泪等影响人员健康的问题，在设备选型采购时仍需要使用方仔细甄别。

7. 技术发展

当前，集成式头罩消毒舱已实现一键启动、消毒过程参数全记录、远程控制等功能。该设备作为一种消毒设备，在已满足消毒要求的前提下，将继续在人员安全性、材料兼容性方面提升技术水平。

4.9 化学淋浴消毒装置

1. 概述

化学淋浴技术的发展起源于核电、制药和精细化工领域，在这些高风险环境中，一旦发现人员受到污染，迅速有效的洗消措施至关重要。后来，这一技术逐渐被引入到生物安全领域，尤其是在四级生物安全实验室（BSL-4）的建设和运行中，化学淋浴成为了不可或缺的一部分。它通过使用化学消毒剂对身着防护服的人员进行表面消毒，以确保从高污染区域到低污染区域的安全过渡。这种装置提供一种快速、高效的洗消手段，不仅作为实验室工作人员退出高污染区的第一道防线，更是防止病原体外泄、保障人员安全的关键设备。

20世纪中叶，随着微生物学研究的深入，特别是对于高致病性病原体的研究，科研人员开始设计各类防护装备和设施来避免实验室感染事件发生，化学淋浴消毒装置也是在这一时期被设计出来。随着高等级生物安全实验室的建设和实际需求，淋浴去污技术的应用逐渐普及。特别是在处理极具危险性病原体的四级生物安全实验室中，这一技术变得尤为关键。根据世界卫生组织（WHO）发布的《实验室生物安全手册》（第3版），所有防护服型四级生物安全实验室都必须装备有专用的化学淋浴室，以确保人员在离开实验室前能够有效清除防护服上的污染。这一措施对于维护实验室内外环境的安全至关重要，它已被世界各国认可并广泛应用于高等级生物安全实验室建设中。

西方国家在高等级生物安全实验室防护设备的研究和应用方面起步较早，技术较为成熟。最初的化学淋浴消毒装置设计较为简单，主要用于基本的消毒需求，其设计和技术较为原始。随着研究的深入，高效过滤器也加入到化学淋浴系统设计中，有效提升了空气质量和安全性；箱体结构设计也不断优化，以控制箱体内外压差和提升气密性。现今化学淋浴消毒装置逐步发展为集成了自动控制系统、精确药剂分配、高效喷淋技术和紧急应对措施的复杂系统。

我国高等级生物安全实验室的建设起步较晚，在生物安全领域的硬件设施，包括化学淋浴消毒装置等方面，很长一段时间依赖从国外进口。但得益于国家生物安全政策以及科研项目的支撑，我国在化学淋浴消毒装置自主保障方面获得快速突破。2016年，依托国家高技术研究发展计划（863计划）的专项课题，成功攻克化学淋浴消毒关键技术，研发出第一代实验样机。此后，科研团队在方案设计、气密箱体、化学加药系统、喷雾系统、控制系统和关键部件研制以及标准化生产流程等多个关键技术领域进行了深入的优化与创新。目前已成功投产具备全流程自动化控制、操作安全性高、节能环保等特性的化学淋浴消毒装置。该装置集成了自动化配药、全方位无死角的雾化消毒技术，实现了完全自主的生产能力。目前国产化学淋浴消毒装置已在我国多家高等级生物安全实验室中应用并稳定运行，标志着中国在该领域的技术已经成熟并具备国际竞争力。

这些装置的设计不断优化，以满足国际标准和规范，如RB/T 199—2015，确保了消毒效果的可靠性和操作过程的安全性。同时，国内外研究机构和企业通过自主研发和技术创新，推动了化学淋浴消毒装置向多功能一体化、信息化远程监控以及高度自动化的方向发展，显著提升了设备的安全性、效率和适应性，以适应不断增长的生物安全防护需求。法国Plasteurop和德国HT公司等开发的一体化化学淋浴系统，代表了当前技术发展的趋势。这些系统不仅提高了消毒效率，也优化了用户体验。中国的高等级生物安全实验室建设起步较晚，但在过去十余年中取得了显著进展。目前，中国的 BSL-4 实验室主要采用正压防护服型实验室，其中多数硬件产品，包括化学淋浴消毒装置，仍然依赖进口。这种情况不仅增加了成本，也带来了维护和配件更新的挑战。

化学淋浴消毒装置作为生物安全实验室的关键设备，其技术的发展对保障实验室工作人员的安全和防止病原体外泄具有重要意义。随着技术的不断进步和创新，未来的化学淋浴消毒装置将更加高效、智能和环保，将在全球生物安全领域发挥更大的作用。

2. 分类、结构、工作原理

2.1 分类

化学淋浴消毒装置，作为生物安全实验室中不可或缺的安全设施，依据其设计的应用场景、消毒剂喷出方式，可以划分为四种类型：固定式、移动式、喷雾式、喷淋式。固定式化学淋浴消毒装置是为固定实验室或设施定制的，通常在实验室设计和建造阶段就已经被安装进去。固定式化学淋浴消毒装置是固定实验室结构的一部分，适用于长期和稳定的工作环境。移动式化学淋浴消毒装置设计轻巧、空间占有率低，通常安装在车载平台或可吊装的集装箱式移动实验室中，抗颠簸摇晃，可在高寒高热、高海拔等特定环境下稳定运行。喷雾式化学淋浴消毒装置为在加压泵和压缩空气的作用下，将消毒剂以喷雾方式进行消毒，所喷出的雾滴粒径小、扩散性好。喷淋式化学淋浴消毒装置为在加压泵的作用下，将消毒剂以喷淋方式进行消毒。喷雾式相较于喷淋式消毒剂使用量更少，消毒更彻底。这四种类型的化学淋浴消毒装置各有其独特的优势和应用场景，它们共同构成了生物安全实验室中多样化的消毒解决方案，以确保实验室人员和环境的安全。

2.2 结构

尽管不同国家依据各自的规范和标准进行开发，但化学淋浴消毒装置的核心设计原则和功能性需求是普遍一致的，其结构组成上也大体相似，主要包含气密箱体、化学加药系统、喷雾（喷淋）系统、应急消毒装置和控制系统几部分，并且预留通风系统、给排水系统、生命支持供气系统、压缩空气等接口。

（1）气密箱体

化学淋浴消毒装置的气密箱体是其核心组成部分，由化学淋浴封闭箱体和互锁式气密门组成，箱体内布置有喷嘴、正压防护服供气接头、气体和液体管道及进排风口。气密箱体设计必须确保在消毒过程中不会有污染物泄漏到外部环境。通常，箱体采用耐腐蚀、耐化学品的材料，如 316L 不锈钢，以抵抗消毒剂的侵蚀。气密性是通过特殊的密封技术和充气密封门来实现的，确保在消毒过程中不会有污染物泄漏到外部环境。

（2）化学加药系统

化学加药系统包括储液罐（含搅拌器）、输送系统（加压泵、管道、流量计及阀门等）和液位报警装置。这一系统负责存储和输送消毒剂，并确保消毒剂的准确计量和输送。储液罐的设计要考虑到消毒剂的化学性质，确保其稳定性和有效性，同时搅拌器保证消毒剂的均匀混合。具有自动配液功能的装置还装有配液系统，负责按照预定比例混合消毒剂和水，确保消毒液的浓度和比例符合消毒要求。配液系统通常包括原液罐、计量泵、管道和自动控制系统。这一系统的设计要精确控制消毒剂的投放量，确保消毒效果。

(3) 喷雾 (喷淋) 系统

喷雾 (喷淋) 系统是化学淋浴消毒装置的核心部件,由喷嘴、气体和液体管道阀门等组成,负责将消毒液以喷雾 (喷淋) 的方式均匀喷洒到防护服表面,实现有效的消毒。喷嘴的设计必须确保液滴的均匀性和覆盖范围,以实现全方位的消毒。管道和阀门的材质选择和布局设计要考虑到化学兼容性和耐压性能。

喷雾式化学淋浴消毒装置采用双流体喷嘴,使用高压气体作为动力,辅助液体微雾化。通过调整液体和压缩气体的压力,能够产生微细的液滴,平均喷雾粒径较细,最细可达 $10\sim20\mu m$,可以无死角对防护服表面进行洗消,能更有效地接触并杀灭病原微生物。并且雾化药液对防护服表面具有较好的冲力,增强洗消效果。雾化系统消毒剂用量少,每人次约消耗工作液 8L,节约消毒液成本,减少资源消耗,也减小对实验室污水处理系统规模的影响。但是喷雾时短时间内会有大量压缩空气进入淋浴室,引起气压上升,但通过适当的排风系统设计,可以有效调节。

喷淋式化学淋浴消毒装置采用单流体喷嘴,使用高压泵将液体加压喷出液滴,平均喷液滴粒径大,细粒径约为 $50\mu m$。喷淋式化学淋浴消毒装置对工艺管路及配液系统复杂程度要求较低,喷淋式消毒液流量较大,导致消毒剂和水资源消耗增加,也增加了实验室污水处理系统的压力。

(4) 应急消毒装置

手动应急消毒装置作为备用系统,在自动控制系统出现故障时,能够手动启动消毒过程,确保人员安全。这一装置的设计要求简单直观、稳定性高,确保在紧急情况下快速有效地使用。

(5) 控制系统

化学淋浴消毒装置的自动控制系统由操作界面、传感器、控制器和执行器构成,能够自动执行消毒液的配制、雾化、喷洒、清洗以及污水收集等步骤。国内外先进的化学淋浴消毒装置的自控系统已经实现全自动控制功能。包括自动加药、化学药剂喷淋、清水清洗等,控制系统能自动配置消毒药剂,并实时监测液位和浓度值,还能完成整个淋浴洗消流程,也能自动完成气密门的开闭、门体互锁控制、送排风系统的自动调节,以及防止内部正压和压差逆转的控制。此外,整个控制系统采用 PLC 控制,人机界面易于操作,并集成了故障自诊断和报警功能,确保了操作的精确性和流程的自动化,从而提高了化学淋浴消毒装置的效率和安全性。

2.3 工作原理

化学淋浴消毒装置的工作是一个连续的过程,涉及多个步骤。装置启动后,自控系统控制配液系统完成消毒液的配置,在工作人员退出实验室通过化学淋浴间时自动完成消毒过程。

(1) 消毒液的配制

工作前,启动化学淋浴消毒装置,控制系统根据预设的配方,通过配液系统将消毒剂和水按比例混合,形成具有一定浓度的消毒液,配置好的工作液保存在储液罐和应急消毒装置的水箱中。

(2) 气门互锁

工作人员穿戴正压防护服从核心间通过控制面板打开气密门,进入化淋间,关闭打开的气密门。整个消毒流程完成后对侧气密门才能打开。两侧气密门通过互锁机制,确保一旦一侧门打开,另一侧门保持关闭状态,防止污染物泄漏。

(3) 喷雾 (喷淋) 消毒

高压泵将配比好的消毒液输送至雾化喷嘴,通过高压作用将液体雾化 (喷淋) 成细小的液滴,通过喷嘴均匀喷洒到防护服表面,高速液滴也有一定的冲击力,通过化学反应和物理作用去除或灭活病原体。这个过程持续一定的时间来确保消毒效果。

（4）清洗阶段

喷雾（喷淋）消毒完毕，控制系统切换至清洗模式，用清水冲洗掉残留的消毒液。工作人员打开气密门安全地离开淋浴消毒间。

（5）污水排放

清洗完成人员退出化学淋浴间后，控制系统自动打开气密地漏，将淋浴消毒过程中产生的污水输送至污水处理系统，完成整个消毒流程。

（6）系统自检与报警

在整个过程中，控制系统实时监测各环节的状态，包括液位、压力和流量等。一旦检测到异常，系统会立即发出警报并采取相应的安全措施。在化学淋浴消毒装置的设计中，每一个组成部分都是相互关联的，共同构成了一个高效、可靠的消毒系统，以确保化学淋浴消毒装置在生物安全实验室安全稳定的运行。

3. 标准规范依据

在全球化的背景下，国际标准规范对于确保化学淋浴消毒装置的安全性、有效性和互操作性至关重要。国内外已经制定了一系列指导原则和标准，以规范这类装置的应用场景、设计、制造、测试和使用。

针对高等级生物安全实验室的建设和对防护要求的提高，特别是高度危险性病原体的最高等级防护设施——四级生物安全实验室（BSL-4），化学淋浴消毒技术的应用极为重要。世界卫生组织（WHO）在其《实验室生物安全手册》（第三版）中明确指出，BSL-4 实验室必须配备专用的化学淋浴室，以供人员在离开实验室时清除防护服上的污染。并强调了所用消毒剂必须有效，且要根据特定病原体的特性进行适当的稀释，以确保人员和环境的安全。美国疾病控制与预防中心（CDC）在其发布的《微生物和生物医学实验室生物安全》手册中，强调了淋浴去污的重要性和必要性，也阐述了 BSL-4 实验室中化学淋浴消毒装置的设计标准和操作程序。英国健康安全局的英国 HSE 标准以及加拿大政府的《加拿大生物安全标准》等，都对化学淋浴系统的设计、操作和性能提出了明确的要求，以确保生物安全实验室工作人员的健康和实验室外部环境的安全。

我国在化学淋浴消毒装置方面标准规范更加系统规范。GB 19489《实验室 生物安全通用要求》、GB 50346《生物安全实验室建筑技术规范》、WS 233《病原微生物实验室生物安全通用准则》等标准规定了实验室的分级、分类、设施、设备和安全管理的基本要求，也提出四级生物安全实验室化学淋浴消毒装置配备要求，并对设备的设计和安全性能评价方面提出了规范。RB/T 199《实验室设备生物安全性能评价技术规范》规定了实验室中与生物安全相关的设备生物安全性能评价要求，适用于生物安全实验室所涉及的设备生物安全性能评价，涵盖了化学淋浴装置的生物安全性能评价。T/CECS 10361—2024《化学淋浴消毒装置》是专门针对化学淋浴消毒装置的标准，由中国工程建设标准化协会发布，涉及到化学淋浴消毒装置的设计和选用标准。WS 589—2018《病原微生物实验室生物安全标识》规定了易造成滑跌伤害的地面的安全标识，包括高等级生物安全实验室化学淋浴间等。CNAS-CL05《实验室生物安全认可准则》和 CNAS-CL05-A002《实验室生物安全认可准则对关键防护设备评价的应用说明》提到了化学淋浴消毒装置的评价要求，具体包括箱体内外压差、换气次数、给排水防回流措施、水位报警装置、箱体气密性、送风高效过滤器检漏、排风高效过滤器检漏及消毒效果验证等。

这些标准和要求确保了化学淋浴消毒装置的安全性、有效性和可靠性，对于保护实验室工作人员和防止病原体传播至关重要。生产企业和实验室管理者应密切关注这些标准的最新动态，以确保其设备生产和操作符合最新的安全要求。

4. 主要性能指标及评价

4.1 气密型淋浴室

气密型淋浴室是化学淋浴消毒装置中的一个关键组件，它为实验室人员提供一个安全的消毒环境。淋浴室的设计必须确保在消毒过程中能够完全隔离污染物，防止其扩散到外部环境。目前淋浴室主要有两种类型：一种类型的淋浴室是在混凝土房间内安装气密门、水气管路、雾化喷嘴、进排风系统；另一类型是在工厂生产的不锈钢满焊的箱体内安装完整的喷雾系统、气密门和其他配件，成为一个完整的淋浴室箱体，检测合格后再安装到实验室内。国外主要生产厂家法国 Plasteurop 公司和我国企业生产的化学淋浴室都采用这种不锈钢材质的整体式淋浴室。气密型淋浴室的结构完整性、密封性和耐腐性是其最关键的性能指标，它们确保了淋浴室的高效和安全运行。

淋浴室箱体的结构设计应确保压力分布均匀，避免应力集中，适当添加加强筋或支撑框架。材料则应选用强度高、耐压性能好的材料。由于接触消毒剂，淋浴室材料还必须具有高耐蚀性，通常采用 316L 不锈钢或其他材料。化学淋浴室箱体要求在 ±1000Pa 的压力条件下，箱体在 20min 内应保持稳定，不会发生变形。这确保了箱体在压力变化下仍能维持其功能和性能。

淋浴室箱体的密封件必须能够承受良好的密封性，防止气体或液体的泄漏。要求在特定温度条件下，密封化学淋浴消毒装置的门、给水（气）及排水口和送排风口后，箱体在 −500Pa 压力下，20min 内自然衰减的压力小于 250 Pa。气密门是淋浴室最主要的密封装置，分为机械式或充气式，一般采用充气式气密门，其气密性能更好。淋浴室一般使用两樘气密门，一樘在正压防护服更换间侧，另一樘在核心实验室侧。如果实验室正压防护服更换间按男女分有两间，则可在淋浴室增加一樘气密门。在我国，已有这种三门式淋浴室的应用案例。

气密型淋浴室的安装需确保空间规划合理，以便于人员操作和设备维护；电气和水连接合理，接头间及与箱体外壁间的密封性好，以保证淋浴室的正常运行；此外，还需要设计适当的通风和排气系统，以有效处理淋浴过程中可能产生的气体。在设计和安装淋浴室时，需要克服的难点包括确保气密性与选择合适的耐腐蚀材料，这要求材料不仅要有高强度以承受预定压力，还要能抵抗消毒剂的侵蚀；维持淋浴室内部环境的稳定性十分重要，如差压、温度和通风，以适应不同消毒剂的需求和操作条件。最后，对于频繁使用下的耐久性至关重要，也是一个技术挑战。

4.2 喷雾（喷淋）技术

精细雾化技术是一种高效且环保的喷雾技术，它通过精心设计的喷嘴将液体转化为细微的雾滴，广泛应用于工业、农业、环保和医疗等多个领域。在化学淋浴消毒装置中，这种技术发挥着至关重要的作用，通过雾化喷嘴将消毒液均匀喷洒到防护服表面，实现高效消毒。与传统的喷淋式相比，喷雾式装置采用的精细雾化技术能够产生更细小的雾滴，不仅提高了消毒效率，而且减少了消毒剂和水的使用量，降低了污水处理的负担。

喷雾式化学淋浴消毒装置采用的这种精细雾化技术更具优势。法国 Plasteurop 公司的淋浴雾化技术便是一个典型案例，它采用双流体空气雾化喷嘴，通过精确控制液体压力和气流速度，将液体分散成直径仅为几微米的雾滴。这种设计不仅提升了消毒效果，还通过提高液体与空气或其他物质的接触效率，增强了对正压防护服的覆盖速度和消毒效果。喷嘴的设计参数，包括孔径大小、喷雾角度和流道形状，对雾化效果有着决定性的影响，而液体压力、气流速度、环境温度和湿度等操作条件的精确控制也同样关键。

精细雾化技术的优势在于其节能和高效性。细小的雾滴减少了消毒剂的使用，节约了资源，降低了成本。此外，该技术还具备良好的环境适应性，无论是在高温高湿还是低温干燥的环境中，均能保持稳定的消毒效果。尽管喷嘴的磨损和堵塞是实施过程中可能遇到的问题，但通过优化消毒剂的选择和精确控制气流水流压力，可以有效减小这些问题的影响。未来，喷嘴设计的进步和材料的创新将进一步提升其耐用性和适应性。随着智能化控制系统的发展，精细雾化技术的操作将变得更加简便和精准，为高等级生物安全实验室带来更加高效、环保的消毒技术方案。

4.3 化学加药系统

化学加药系统是专门设计用于混合、存储和输送消毒剂至淋浴消毒装置的综合性设备，其主要功能包括准确计量和配比消毒剂与水，以及确保消毒液的均匀混合和稳定输送。该系统可以分为自动和手动两种操作模式：手动加药系统则依赖操作人员的经验和技能，虽然设备成本较低，但准确性和安全性相对较差；而自动加药系统利用高精度的机械设备和自动化控制系统实现消毒剂与水的精确配比，减少人为误差，提高操作安全性和重复性。化学加药系统的工作原理涉及计量、混合和输送三个步骤，首先准确计量所需的消毒剂原液和水的体积，然后将它们充分混合形成均匀的消毒液，最后通过输送系统将配好的消毒液传输至雾化系统。

化学加药技术是化学淋浴消毒装置中的关键环节，其性能直接影响消毒效果。手动配药系统成本相对较低，但操作烦琐、自动化程度低。国内实验室主要采用自动配药技术，其配药精度高、重复性好，虽然初期投资较高，但在后期使用中具有明显优势。技术难点则集中在实现消毒剂与水的精确计量，保证混合均匀性，以及开发高可靠性的自动化控制系统，这些都需要综合考虑设备的稳定性、操作的安全性和系统的长期维护成本。在产品包装和运输过程中，企业同样需要遵循严格的质控要求，确保装置在运输过程中不受损害。包装材料应具备防水、防潮、防震功能，且包装箱上应有清晰的产品信息和储运指示标志。运输工具和环境条件也应符合规定的标准，避免高温、潮湿和腐蚀性气体的影响。

4.4 消毒剂技术

消毒剂是一类能够灭活病原体的化学品，它们对微生物的杀灭效果各异。在化学淋浴消毒过程中，我们需要关注消毒剂的杀菌能力和腐蚀性。一般来说适合实验室化学淋浴系统的消毒剂主要有戊二醛、过氧化氢、84消毒液、混合季铵盐等。我国有的高等级生物安全实验室使用医用戊二醛作为化学淋浴系统的消毒剂，但在加药时会释放出刺激性气味，会对眼睛和皮肤造成强烈刺激，因此戊二醛并不是好的选择。目前我国也有很多实验室采用过氧化氢溶液作为消毒剂。过氧化氢是一种高效广谱消毒剂，具备快速杀灭包括细菌、病毒、真菌和芽孢在内的多种微生物的能力，且杀菌效果显著。同时，它作用时间短，能够迅速发挥消毒作用，使用过程简便快捷。此外，过氧化氢在分解后仅生成氧气和水，更加环保和安全。然而过氧化氢用于化学淋浴消毒也存在一定的劣势，例如其化学稳定性较差，易于分解，可能导致消毒效果降低。同时，它还具有较强的腐蚀性，易对金属、橡胶和塑料等材料造成侵蚀。

一类复合消毒剂在化学淋浴消毒装置使用更具有优势。国外已经在高等级生物安全实验室广泛使用 5% MicroChem-PlusTM 这类复合消毒剂，在我国实验室也已证实其使用效果理想。也有文献报道了选用 3% Desintex 或 2% Virkon®s 等复合消毒剂，这些消毒剂通常由多种成分复合而成，如季铵盐、过硫酸氢钾三盐复合物等，它们通过表面活性剂迅速破坏生物膜，直接快速杀灭病原微生物，具有更好的相容性、储存安全性和环境友好性。然而，我国在这方面缺少研究，这类广谱性复合消毒剂在我国目前还主要依赖进口。开发具有广谱性、高效、低毒和环境友好的复合消毒剂，将是提升我国生物安全实验室淋浴消毒技术的关键。

5. 质量控制

5.1 企业内部质控

企业在生产化学淋浴消毒装置时，内部质量控制要求是确保产品安全性、有效性和合规性的关键环节。首先，企业需依据国家和行业的相关标准，建立一套完整的内部质量管理体系。该体系应涵盖从原材料采购、生产过程控制、产品检测到售后服务的每一个环节。

在原材料采购阶段，企业应选择符合标准材料，并确保所有原材料均通过严格的入厂检验。生产过程中，企业需对每个生产步骤实施实时监控，包括焊接、装配、电气安装等，以确保所有工序符合设计规范和质量要求。此外，企业应定期对生产线进行维护和校准，确保生产设备处于最佳状态。

产品检测是内部质控的重要组成部分，企业应对每台装置进行全面的性能测试，包括气密性、消毒效果、电气安全等关键指标。遵循相关标准提供的气密性检测方法和消毒效果评价方法，确保测试结果的准确性和可靠性。此外，企业还应建立一套完善的产品档案系统，记录每台装置的检测数据和性能报告，以便于产品追踪和质量回顾分析。

在产品包装和运输过程中，企业同样需要遵循严格的质控要求，确保装置在运输过程中不受损害。包装材料应具备防水、防潮、防震功能，且包装箱上应有清晰的产品信息和储运指示标志。运输工具和环境条件也应符合规定的标准，避免高温、潮湿和腐蚀性气体的影响。

企业还应建立客户反馈机制，通过售后服务获取产品使用情况的反馈信息，及时了解产品在实际应用中的表现，快速响应并解决客户的问题。通过持续改进，企业能够不断提升产品质量，满足市场和法规的新要求。

最后，企业内部质控要求还应包括对员工的专业培训和质量意识教育，确保每位员工都能理解质量的重要性，并在日常工作中严格执行质量标准。通过这些综合性的内部质量控制措施，企业能够生产出符合国家标准、安全可靠、性能稳定的化学淋浴消毒装置，为用户提供高质量的产品和服务。

5.2 国内质控要求

化学淋浴消毒装置是生物安全实验室中用于消毒正压防护服的关键设备，其质量控制要求严格，以确保设备的性能和消毒效果。根据国家和行业等标准要求，该装置应包含气密箱体、加药系统、喷雾（喷淋）系统、控制系统、通风系统、给排水系统、供气系统和手动应急消毒装置等基本组成部分。在材料选择上，需使用无毒、无味、耐腐蚀的材料，并确保电气安全，具备防触电保护措施，以及适应 0~50℃ 的工作环境温度。

技术要求方面，装置外观应无损伤，焊接牢固，标志清晰，且所有消毒效果验证样本的杀灭对数值需达到 3 以上。检测方法涵盖外观检查、整体性能验证、气密性测试、加药系统、喷雾（喷淋）系统、控制系统、通风系统、给排水系统、供气系统以及手动应急消毒装置的验证。检测规则包括出厂检验、型式检验和验收评价，每种检验都有其特定的检验项目和要求。

在标志、包装、运输与贮存方面，装置的铭牌应包含制造商信息、产品型号、规格、编号、生产日期、标准号、尺寸和质量等。包装需内部使用塑料材料，并采取保护措施，外部包装应有防雨、防潮、防震措施，并符合设计文件规定。运输过程中要避免直接日晒、雨淋和强烈振动，且环境温度和湿度需控制在一定范围内。贮存时，装置应放置在湿度和温度适宜、通风良好且无腐蚀性气体的环境中，贮存期限一般不超过一年。

此外，附录部分提供了气密性检测方法和消毒效果评价方法的详细指导，确保了检测的准确性和标准化。评价结果需满足一系列具体指标，如箱体内外压差、换气次数、给排水防回流措施、液位报警装置、箱体气密性、过滤器检漏及消毒效果验证等，均须达到规定的标准。这些综合的质量控制要求，保障了化学淋浴消毒装置能够在生物安全实验室中发挥其关键作用，有效预防和控制生物风险，保护实验室工作人员和环境的安全。

5.3 国际质控要求

在国际层面上，化学淋浴消毒装置的质控要求遵循更为全球化和统一的标准，以确保跨国界的安全和卫生要求得到满足。企业在设计和生产化学淋浴消毒装置时，必须遵循ISO相关标准，如ISO 9001质量管理体系标准，确保产品设计、开发、生产和售后服务的每个环节都达到国际质量要求。此外，装置需符合ISO 14644关于洁净室和受控环境的标准，确保消毒过程的环境控制满足国际卫生安全要求。

在材料选择上，国际标准通常要求使用国际认可的材料，这些材料需通过国际材料安全数据表（MSDS）的评估，确保其对人体和环境的安全性。产品检测方面，国际标准要求装置必须通过一系列严格的性能测试，包括消毒效果、气密性、电气安全等，这些测试需按照ISO标准或国际电工委员会（IEC）标准进行。测试结果应由独立的第三方实验室验证，以确保公正性和准确性。

包装和运输过程中，装置应符合国际包装集团（IPI）的指导原则，确保包装材料对环境友好，并能在国际运输中保护产品免受损害。此外，企业还需遵守国际海运危险货物规则（IMDG Code）和国际航空运输协会（IATA）的危险品运输规定，确保装置的国际运输安全。

在国际市场上，企业还需关注目标市场的特定法规和标准，如欧盟的CE认证、美国的FDA批准等，这些认证表明产品符合特定市场的安全和卫生要求。此外，企业应建立国际客户服务和支持网络，提供多语言的产品使用说明和技术支持，确保全球用户能够安全有效地使用化学淋浴消毒装置。通过这些综合性的国际质控措施，企业能够生产出符合国际标准、安全可靠、性能卓越的化学淋浴消毒装置，为全球客户提供高质量的产品和服务。

6. 选型指南

6.1 选型依据

依据GB 19489—2008《实验室 生物安全通用要求》、GB 50346—2011《生物安全实验室建筑技术规范》、RB/T 199—2015《实验室设备生物安全性能评价技术规范》等标准进行选型。

6.2 技术选型参数

（1）消毒剂喷出方式

有喷雾方式、喷淋方式两种，通过加压泵或压缩空气喷出微滴粒径大小不同，消毒效果有一定差异。

(2) 最大同时使用人数

选择 1 人、2 人或多人使用的型号，不同型号的空间大小、功率大小、储液罐容量、喷头设置及气密门安装数量会有不同。

(3) 气密门的选择

箱体上安装的气密门有两种选择。一为机械压紧式气密门，通过机械装置压紧密封胶条实现密封。二为充气式气密门，使用充气胶条实现与门槛间的密封，密封效果优于机械压紧式。一般安装数量为 2 樘，如果男女更衣间分开则安装 3 樘。门之间能实现互锁控制。

(4) 气密箱体技术要求

内部空间尺寸：长度和宽度不小于 1m，方便人员活动；高度不小于 2m，防止人员磕碰顶部紧急喷淋装置和其他管路。内部空间尺寸主要根据使用人数和场地来确定。

材质：接触消毒液部位采用 316L 不锈钢或其他耐腐蚀材料，其他部位可采用 304 不锈钢或其他耐腐蚀材料。

气密性：在 −500Pa 压力下，20min 内压力衰减小于 250 Pa。

(5) 加药系统

加药泵和储液罐宜一用一备，确保连续运行。

(6) 供气管接口

连接生命支持系统的接口数量满足使用人数要求，不能少于 2 个，并预留 1～2 个备用。

(7) 通风系统

送、排风口尺寸规格应满足通风系统正常运行时的换气次数、箱体内外负压差要求。排风管道风速不宜过高，避免消毒液被吸入排风管道影响排风过滤器过滤效率。

6.3　安装条件

(1) 确保安装位置地面平整坚固，能承受箱体质量。
(2) 编制吊装方案，避免箱体翻转造成损坏。
(3) 预留通风、排水接口及加药泵站位置。
(4) 配套电源、软水、压缩空气等设施准备就位。

6.4　运行保障

(1) 确保实验室通风、给排水、压缩空气和电力系统正常运行。
(2) 化学淋浴消毒装置应在 0～50℃、30%～70% 相对湿度、56～106kPa 压力下运行。

7. 建设和使用过程中的风险控制

7.1　建设过程的风险控制

(1) 制定详细的安装方案：在设备安装前，需制定一个详尽的安装方案，包括但不限于设备定位、吊装方法、时间安排及安全预防措施等，以避免设备在安装过程中遭受损坏。

(2) 协调吊装班组：与吊装班组进行密切协调，确保吊装操作符合安全规程，特别注意吊装过程中可能出现的摆动和冲击，防止对设备造成损伤。

（3）检查连接和焊接质量：对于预埋式安装，重点检查箱体与墙体预埋钢筋的连接情况，确保混凝土浇筑过程中箱体不发生变形。对于直连式安装，检查箱体与不锈钢围护结构的焊接情况，确保焊接牢固，无裂缝和气孔。

（4）气密性测试：安装完成后，对箱体进行气密性测试，确保在设计压力下无泄漏现象。所有管道连接后，再次进行气密性测试，确保整个系统密封性良好，无变形。

（5）保护性措施：在安装过程中，采取必要措施保护设备表面，避免在施工过程中造成磕碰、划伤等损害。

（6）电气安全：在进行电气连接和测试时，采取防触电措施，确保施工人员安全。

（7）喷淋测试：在进行喷淋测试时，确保有多名工作人员配合，并在箱外人员的指导下进行，避免单独操作造成风险。

7.2 使用过程的风险控制

（1）相关责任：确保操作人员充分理解化学淋浴消毒装置的工作原理和操作规程，并通过专业培训。操作人员必须遵守实验室管理规定，认识到自己工作的风险和责任。

（2）程序文件：制定严格的文件控制程序，确保所有操作人员使用的是最新且有效的操作手册和维护文档。对重要文件进行备份存档，并明确保存期限，确保文件的可追溯性。

（3）性能确认：在装置投入使用前，核查并确认其性能符合实验室的安全要求和相关标准。每次使用前或使用中，根据监控指标确认装置的性能处于正常工作状态，并做好记录。

（4）安全检查：实施定期的安全检查，根据管理体系要求对化学淋浴消毒装置进行巡查和全面检查。根据风险评估报告，对关键控制点增加检查频率，确保及时发现并解决潜在问题。

（5）设备管理：制定一套完整的设备管理政策和程序，包括设备的完好性监控、定期巡检、使用前核查、安全操作规程、使用限制、授权操作、消毒灭菌程序、禁止事项、定期校准或检定、维护保养、安全处置、运输和存放等。对化学淋浴消毒装置进行明确标示，指出存在危险的部位，并提供相应的安全警示。

（6）应急措施：制定详尽的应急预案，包括紧急撤离路线、紧急联系人信息、应急物资储备等。定期组织应急演练，确保实验室人员及参访人员熟悉应急预案和从化学淋浴消毒装置中紧急撤离方法。

（7）维护和修理：在维护和修理前，先对化学淋浴消毒装置进行去污染、清洁和消毒灭菌。维护人员应穿戴适当的个体防护装备，并在维护后进行彻底的检查，确保装置恢复正常工作状态。

（8）授权操作：确保化学淋浴消毒装置由经过授权和培训的人员操作和维护。将现行有效的使用和维护说明书放置于便于有关人员查阅的位置。

（9）标示和档案管理：在化学淋浴消毒装置的显著位置标示其唯一编号、校准或验证日期、下次校准或验证日期、准用或停用状态。维持装置的档案记录，包括使用日志、维护记录、校准证书等，以便于追踪和回顾。

8. 技术发展

8.1 智慧智能

未来智慧智能技术应用于化学淋浴消毒装置，有助于提升设备性能和用户体验。智慧智能系统可通过集成的传感器网络实时监测消毒过程的关键参数，如喷雾压力、温度、消毒剂浓度等，确保消毒效果始终处于最佳状态。在线监测系统实时监控设备的运行状态，可及时发现并解决运行中的问题。远程监控和操作功能将允许操作人员或维护工程师在任何地点通过安全的网络连接访问控制界面，进行实时监控和故障排除。此外，智慧智能系统还能够通过机器学习分析历史数据，预测设备故障和潜在的维护需求，从而实现预防性维护，减少意外停机概率，提高设备的可靠性和安全性。利用先进的控制算法和人工智能技术，系统能够自动调整操作模式，适应不同的消毒需求和环境变化。

8.2 环保耐腐材料

通过开发环保、耐用、抗消毒剂腐蚀的新型材料，用于制造设备的外壳和内部结构，提升化学淋浴消毒装置结构稳定性和使用寿命。设备的内外表面采用环保抗菌杀菌涂料，更加有效地杀灭病原，提升装置的安全性能。开发高效、低腐蚀、环保的消毒剂，减少对化学淋浴消毒装置、正压防护服的影响及对生态系统的潜在破坏。另外充分考虑对材料回收，确保在设备报废后，其材料能够被高效回收和再利用。通过这些新型材料的使用，化学淋浴消毒装置不仅提升了自身的环保性能，也为推动整个行业的绿色转型作出了示范。

8.3 模块化或组合式设计

采用模块化设计为化学淋浴消毒装置提供更大的灵活性和可扩展性，使其能够适应不同规模和需求的实验室。包括将设备设计成多个独立的模块，每个模块负责特定的功能，如化淋间、消毒剂配置、消毒剂存储、喷雾系统等。模块化设计的优势在于，它可根据具体的使用需求来选择所需的模块组合，也可以简单地更换模块来实现功效升级。此外，模块化设计也简化了设备的维护和修理工作，因为单个模块的故障不会影响到其他模块的运行。这种设计还提高了设备的可靠性和耐用性，因为各个模块可以在不影响整体系统的情况下进行单独的测试和维护。组合式设计为在模块化设计的基础上，一些核心的组成部分如淋浴箱体或加药系统，在使用现场可以快速地进行拼装和组合，以适应生物袭击现场或高致病性传染病暴发地的洗消需要。

4.10 生命支持系统

1. 概述

生物安全实验室生命支持系统是正压服型高等级生物安全实验室的关键设备之一，是采用集中供气式为实验室内人员穿戴的正压防护服提供呼吸防护用压缩空气的系统，一方面保障正压防护服内人员的呼吸需求，另一方面维持正压防护服的防护正压。通常采用空气压缩机作为主供气设备，经过空气压缩、干燥、有害组分过滤、温度调节、压力调节后向正压防护服供气。并设置紧急支援供气装置，在主供气设备无法正常工作时保障一定时间的不间断供气。

2. 结构、工作原理

2.1 结构

生命支持系统主要包括主供气系统、紧急支援供气装置和监控系统，如图 4-10-1 所示。其中，主供气系统主要包括空气压缩机，储气罐单元，干燥器，含过滤器、催化器的压缩空气净化处理单元及含加热装置、制冷装置的供气温度控制单元；紧急支援供气装置主要包括压缩空气储气瓶组、气体汇流排及紧急支援供气切换单元；监控系统主要包括气体质量监测的传感器、供气控制、人机交互界面。

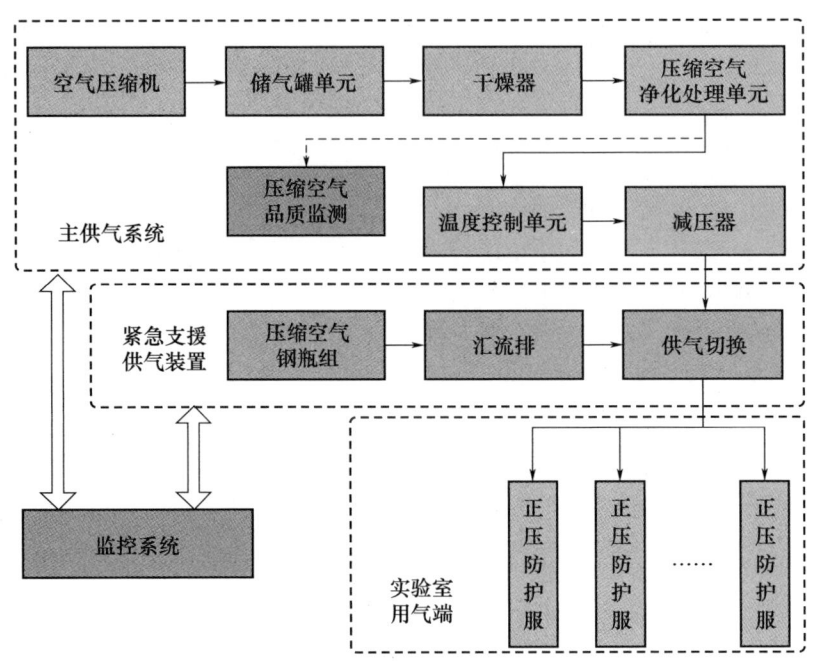

图 4-10-1　生命支持系统结构组成示意图

2.2　工作原理

为了保证气体的输送效率，生命支持系统一般采用空气压缩机作为主供气设备，并利用成熟的压缩空气处理技术设备对压缩空气进行净化，净化后主要有害物含量达到可呼吸压缩空气的指标要求。不同于普通的压缩空气处理系统，生命支持系统的用气端是在高危环境中作业的正压防护服，直接关系到作业人员的健康和生命安全，因此需要具备高等级的安全性和可靠性，包括设置不间断电源供电、设置备用空气压缩机且自动切换、设置紧急支援供气装置且自动投入、高等级压缩空气品质处理与监测报警等技术措施满足安全需求。

2.2.1　备用空气压缩机

生命支持系统以空气压缩机为主供气设备。空气压缩机实现空气压缩提升供气压力，其关键参数为供气压力和供气流量，同时应满足一定的噪声、节能、维护方便性等其他要求。为了提高可靠性，生命支持系统配置备用空气压缩机。

对于较小规模的实验室，生命支持系统通常采用一用一备两台空气压缩机。其中一台空气压缩机可以满足实验室内额定数量正压防护服正常工作时对供气压力和供气流量的需求，当空气压缩机发生故障时自动切换由另一台空气压缩机供气。对于较大规模的实验室，额定数量正压防护服全部工作时，往往需要多台空气压缩机并联供气，虽然可采用多套生命支持系统并联的方案，但因设置大量备用空气压缩机而造成资源浪费。针对上述情况，可以采用 M 用 N 备的方案（$M>N$）进行系统优化。不论是一用一备还是 M 用 N 备，通常采用某种策略自动轮换备用机，可用的策略包括奇偶日期、累积运行时间等。

2.2.2　压缩空气净化处理

经过空气压缩机机械压缩产生的压缩空气中往往存在多种污染物，包括颗粒物、水蒸气、油、有害气体（如一氧化碳、二氧化碳）等，需经过净化处理达到人体呼吸的要求。压缩空气净化处理单元通常采用如图4-10-2所示的系列过滤器串联组合，1μm粗过滤器去除较大粒径的固体颗粒物、油雾与液态水，0.01μm精密过滤器去除较小粒径的颗粒物、微生物、油雾与液态水，活性炭过滤器去除残余油雾、异味及二氧化硫等有害气体，一氧化碳催化器将一氧化碳催化转化为二氧化碳，二氧化碳吸附过滤器去除二氧化碳，最后一级0.01μm精密过滤器去除一氧化碳催化剂及二氧化碳吸附剂可能产生的颗粒物。

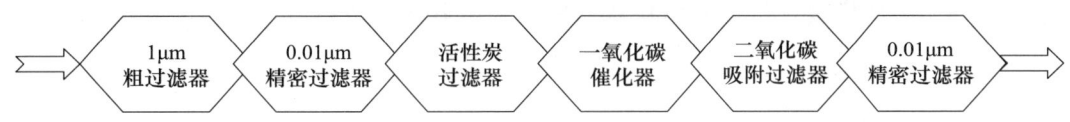

图4-10-2　空气品质处理过滤器组

应设置传感器实时检测压缩空气中的有害组分，特别是一氧化碳和二氧化碳的含量，且通常设置分级报警：超过一级报警阈值时，仅输出报警信号提醒用户可能有异常情况；超过二级报警阈值时，输出报警信号的同时，关断向下游供气的阀门且将该阀门上游的压缩空气排至系统外部环境。

2.2.3　温度调节

为了提高实验室人员的舒适性，标准要求供气温度应可调节。如图4-10-3所示为实现方案之一，采用定频预冷机和电加热型管道加热器串联的形式组成温度调节模块，在温度调节模块的进出气管道上分别设置温度传感器。如果调节前温度低于用户设定值，则停止预冷机，启动加热器，PLC通过调功器自动调节（PID）加热器功率，使调节后温度达到用户设定值。如果调节前温度高于用户设定值，则预冷机和加热器共同工作，由于预冷机制冷量较大会使压缩空气温度降至用户设定值以下，通过调节加热器功率使调节后温度达到用户设定值。为保证制冷和加热是在压缩空气流动的状态下进行的，系统供气出口处安装的一个0.01μm精密过滤器两端的差压信号为温度模块提供使能信号，即当实验室内终端有正压防护服接入生命支持系统时，过滤器两端差压值大于某一阈值，则判定为有气体流动，温度调节功能开始运行。

如果图4-10-3中的预冷机采用变频形式，可在调节前温度高于用户设定值时，仅启动预冷机工作，避免先制冷后加热的能耗损失。

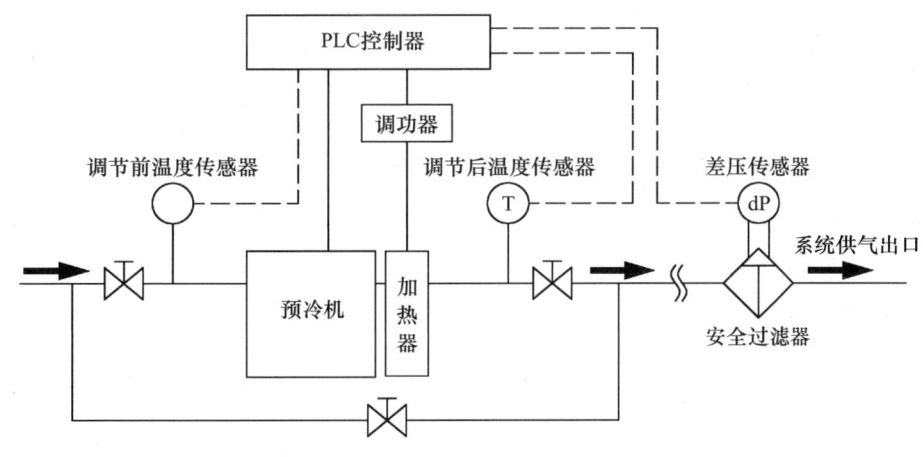

图4-10-3　温度调节模块

2.2.4　紧急支援供气装置

在主供气系统出现故障时，如空气压缩机故障停机、压缩空气有害组分超标、供电故障且不间断电源失效等情况发生时，生命支持系统应有紧急支援供气装置保证正压防护服仍可工作一段时间。通常采用压缩空气钢瓶组储存备用气体的形式，可实现无供电情况下的供气。同时，为了保证在没有供电情况下可以从主供气系统切换至紧急支援供气装置，通常采用如图4-10-4所示的切换方式，紧急支援气源的供气管道上设置气动常开阀，当主供气系统正常工作时，主供气管道上的压力开关动作接通气动常开阀的电磁阀从而关闭气动常开阀，正压防护服由主供气系统供气；当主供气系统故障时，主供气压力过低使压力开关恢复（机械动作）从而使气动常开阀恢复打开状态，正压防护服由紧急支援供气装置供气。

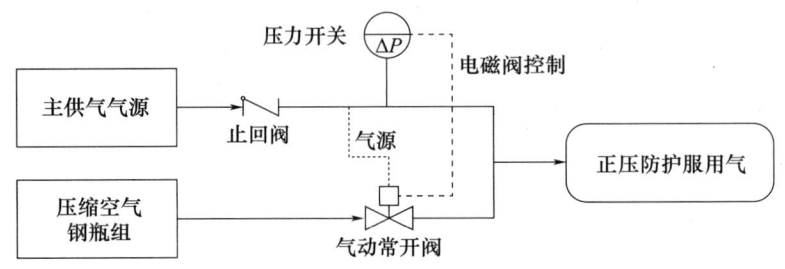

图4-10-4 紧急支援供气切换

3. 标准规范依据

T/CECS 10359—2024《生物安全实验室生命支持系统》由中国工程建设标准化协会洁净受控环境与实验室专业委员会归口管理，由军事科学院系统工程研究院卫勤保障技术研究所主编，已于2024年1月31日发布，2024年6月1日实施。该标准规定了生物安全实验室生命支持系统的术语和定义，标记，一般要求，技术要求，测试方法，检验规则，标志、包装、运输与贮存。

认证认可行业标准RB/T 199—2015《实验室设备生物安全性能评价技术规范》由国家认证认可监管管理委员会提出并归口，由中国合格评定国家认可中心主编，于2016年7月1日实施。该标准包含了生物安全实验室评价过程中生命支持系统评价的检测时机、项目、方法及结果要求等。

GB 19489—2008《实验室 生物安全通用要求》和GB 50346—2011《生物安全实验室建筑技术规范》中规定了在生物安全实验室中使用生命支持系统时，应满足的供气时间等部分要求。

GB/T 31975—2015《呼吸防护用压缩空气技术要求》由全国个体防护标准化技术委员会归口，由中国安全生产科学研究院主编，2016年10月1日实施。该标准规定了呼吸防护用压缩空气的质量指标和测试方法，适用于职业防护用和逃生用的自给开路式压缩空气呼吸器、压缩空气长管呼吸器。

国外没有生命支持系统的专用标准，针对生命支持系统供气出口的压缩空气品质，主要参考欧盟标准EN 12021：2014 Respiratory equipment — Compressed gases for breathing apparatus。该标准由欧盟CEN/TC 79技术委员会提出，规范了呼吸防护用具使用的压缩空气的质量指标，也是我国初期引入生命支持系统进口产品时的主要依据标准。

4. 主要性能指标及评价

4.1 主要指标要求

（1）由主供气系统供气或紧急支援供气装置供气时，供气压力和供气流量应不低于产品声称的额定供气压力和额定供气流量。

（2）供气出口处的压缩空气质量应符合表4-10-1中各项指标的要求。

表 4-10-1　生命支持系统供气出口处的压缩空气质量指标

质量指标	指标要求
氧气体积分数	20%～22%
一氧化碳体积分数	$\leqslant 15 mL/m^3$
二氧化碳体积分数	$\leqslant 500 mL/m^3$
油雾与颗粒物质量浓度	$\leqslant 5 mg/m^3$

注：各项指标要求均是在标准状态（20℃，101.3 kPa）下的数值。

（3）如果系统供气出口直至用气端所在环境可能出现的最低温度为 T，配置的干燥器应能使供气压力露点温度低于 $T-5$℃。

（4）由主供气系统供气时，供气出口处的温度应在 18～26℃范围内可调。

（5）运行中的空气压缩机故障停机时，监控系统应能使备用空气压缩机自动投入运行。

（6）在生命支持系统完全断电、供气出口压力过低等情况下，应可自动切换至由紧急支援供气装置供气。

（7）应具备异常报警功能，至少包括供气温度过高、供气温度过低、供气压力过高、供气压力过低、供气压力露点温度过高、一氧化碳含量过高、二氧化碳含量过高、储气罐压力过高等异常报警，报警方式应包括人机交互界面提示和声光报警。

（8）一氧化碳或二氧化碳的含量应设置分级报警，至少分为两级；超过一级报警阈值时，应输出报警信号；超过二级报警阈值时，应输出报警信号、关断向下游供气的阀门且将该阀门上游的压缩空气排至系统外部环境，同时应能切换至由紧急支援供气装置供气。

4.2　安装与调试验证

（1）生命支持系统需外部保障条件应至少包括下列内容：①实验室电力系统具备运行条件，包括不间断电源容量应符合要求；②空气压缩机所需的冷却散热设施设备具备运行条件；③生命支持系统机房具备排放带压力冷凝水的条件；④生命支持系统机房地面应能承受空气压缩机运行时的振动影响。

（2）生命支持系统的工作环境温度宜为 5～40℃，相对湿度不宜大于 95%。

（3）系统中的空气压缩机、干燥机等大型设备，应按产品要求预留足够的维护空间。

（4）系统中的表计、传感器显示屏及人机交互界面等显示区域应位于易观察位置。

（5）系统中设置的阀门应方便操作和维修。

（6）在系统安装完成后，应在不接正压防护服等用气设备的条件下进行系统吹扫，避免系统管道内残存大颗粒废弃物。

（7）系统安装调试完成后，应由具备资质的第三方机构进行现场检验。

5. 质量控制

生命支持系统是正压服型生物安全实验室的关键设备之一，其正常工作是实验室正常运行的前提之一，而且生命支持系统中集成了多种大型设备，具有专业性强和复杂度高等特点。另外，生命支持系统仅应用于高等级生物安全实验室，往往是根据实验室需求进行的深度定制。因此，在生产过程中，应建立详尽的作业指导书并严格按期进行零部件加工、设备采购验收、装配集成、联合调试，并按相关规范进行出厂检验。

6. 选型指南

（1）根据用气端的需求确定生命支持系统的供气压力和供气流量。供气流量应不小于单套用气设备（集中供气式正压防护服或正压防护头罩）用气量与设计同时工作套数的乘积，宜设置不小于 1.2 的安全裕量。供气压力应不小于用气设备供气压力与供气管道损失压力的和，宜设置不小于 1.2 的安全裕量。

（2）根据用气端的需求确定紧急支援供气装置内储存的压缩空气的量。储存的压缩空气的量应可持续供应最大设计防护服同时使用套数的 60min 用气需求。

（3）宜在供应商成熟产品中选型，如果需要定制，应进行产品型式检验。

（4）根据成本、性能需求确定选用空气压缩机类型，定频机型采购成本较低但运行成本较高，变频机型运行成本较低但采购成本较高；无油机型对后端过滤器要求较低但采购成本较高，有油机型采购成本较低但对后端过滤器要求较高。

（5）在海拔 1000m 以上使用时，选用的空气压缩机、干燥器及温度调节等机电设备应符合相应海拔要求。

7. 建设和使用过程中的风险控制

我国的实验室生命支持系统发展起步较晚，但得益于国家课题的支持、科研院所的研发及国内配套供应链的完整，国产化的生命支持系统已可支撑我国高等级生物安全实验室的建设需求，但在建设过程中仍然存在以下几个问题需要进一步解决。

（1）系统中的一氧化碳催化去除过滤器及二氧化碳吸收过滤器，与进口产品相比显得笨重，而且没有可在线监测进行失效判断的手段，需要进行系统性的实验获得寿命评估模型、缩小过滤器尺寸、集成失效判断措施。

（2）压缩空气品质在线监测传感器需要定期校准，且采用电化学技术的传感器因寿命较短而需要定期更换，有待技术迭代推出寿命更长、校准需求较低的在线监测传感器。

（3）预冷机等设备缺少变频控制机型，定频机型组成的温度调节模块功耗较大，定制变频机型成本较高。

（4）除应用固定式生物安全实验室的生命支持系统外，还需研制车载移动式、模块化压缩空气净化箱组等系统或模块，以满足移动式高等级生物安全实验室或野外正压防护服供气的需求。

8. 技术发展

生命支持系统已完成从无到有的发展，目前已能够支撑我国高等级生物安全实验室建设的需求。作为复杂系统中的重要设备，生命支持系统还应继续深入发展，方向包括低成本长寿命在线监测仪表、故障智能预警及故障智能诊断等，进一步增强系统运行状态的数据化监测效率，在发生故障前预警提示维保以避免发生严重故障，在发生故障时快速诊断定位故障点以缩短维保时间。

4.11 正压生物防护服

1. 概述

正压生物防护病原微生物对人体伤害、工作状态下内部压力高于外部环境压力的防护服，一般用于暴露或可能暴露于高致病性病原微生物环境的人员全身防护，是最高等级的个人生物防护装备。世界卫生组织出版的《实验室生物安全手册》中规定，对于正压防护服型四级生物安全实验室，人员进入必须穿着一体式的、可供给可呼吸空气的、内部为正压的防护服，且防护服供气系统应有独立的来源和至少双倍于需求量的供应能力。对一些有特殊要求的生物安全三级实验室等高防护等级的实验室或工作场所，如开放式大动物生物安全三级实验室、高致病性病原微生物也可配备正压生物防护服。

正压防护服最早用于核防护和化学防护领域，前者主要用于核电站人员进行设备更换和检修，称为"放射性颗粒物防护气衣"，后者主要用于高危害性化学气体暴露场所，称为"隔绝式化学防护服"，后经美国、德国、法国进行改造后用于生物安全四级实验室等领域。目前美国霍尼韦尔公司、德国HoV公司的正压防护服在国内外生物安全四级实验室应用较多。我国从"十三五"以来也自主研发了正压防护服，主要用于高等级生物安全实验室和烈性传染病防控领域，在国内市场占有一定份额。

正压生物防护服通常由头罩、连体服、拉链、手套与靴子、供气系统、控制与报警系统等部分组成。头罩通常由透明的高分子材料制成。连体服通常由具有较好阻隔性能、气密性能和力学性能的高分子材料，如PVC涂层复合材料，经高频热合而成。拉链为气密型，通常由头部延伸到胯部以方便人员穿脱。手套与靴子通常为橡胶材质，通过特殊的结构与防护服密封连接，一般可更换。供气系统为防护服提供洁净空气并保持防护服内的正压。

2. 分类、结构、工作原理

2.1 分类

（1）集中供气式正压生物防护服

集中供气式正压生物防护服通过实验室生命支持系统向防护服内输送洁净空气，主要用在生物安全四级实验室。由于集中供气式正压生物防护服内通入的可呼吸空气来源于实验室核心区之外，因此被认为安全性更高。

（2）电动送风供气式正压生物防护服

电动送风供气式正压生物防护服通过随身携带式电动送风装置向防护服内输送洁净空气，主要用于烈性传染病防控现场等需要较大活动范围的场所，国外也有将此类防护服用于生物安全四级实验室关键设备检修。

2.2 结构

（1）集中供气式正压生物防护服

包括防护服主体、送排气系统和必要零部件。其中，主体至少应包括头部、四肢、躯干、视窗、密封拉链；进排气系统至少应包括进气阀、内部气体分配系统、排气阀；必要零部件至少应包括防护手套、防护靴（如图4-11-1所示）。

（2）电动送风供气式正压生物防护服

包括防护服主体、送排气系统和零部件。其中，主体至少应包括视窗、密封拉链；进排气系统至少应包括电动送风系统、过滤器、内部气体分配系统、排气阀；必要零部件至少应包括防护手套、防护靴（如图4-11-2所示）。

2.3 工作原理

集中供气式正压生物防护服工作时，经生命支持系统净化压缩的洁净空气在减压阀的作用下形成

图 4-11-1　集中供气式正压生物防护服

图 4-11-2　电动送风供气式正压生物防护服

稳定气流，进入防护服内部，再经排气阀排出。电动送风供气式正压生物防护服工作时，将空气通过动力送风系统的高效空气过滤器过滤，去除有害微生物和颗粒物后由风机直接送入防护服内。当供给防护服的气体流量大于由单向排气阀排出的气体流量时，防护服内相对外环境为正压。防护服的内外压力差使之对外界的微生物污染物起到了很好的隔离作用，从而有效保护穿着人员。

3. 标准规范

国内外目前尚无专门针对正压生物防护服颁布的标准，但欧盟和国内某些标准可供参考。2022 年，中国工程建设标准化协会立项制订《正压生物防护服》团体标准，希望通过整合借鉴国内外正压防护类的化学防护服、放射性颗粒物防护服的相关技术要求，结合生物危害特点、实验室生物安全要求，制订适合生物安全实验室等场所使用的专用标准。2023 年 1 月，中国工程建设标准 T/CECS 10358—2024《正压生物防护服》，成为我国第一个正压生物防护服的专用标准。

与正压生物防护服相关的国内外其他标准还包括：

（1）GB 24539—2021《防护服装 化学防护服》：对正压防护服的材料、设计、泄漏率、气密性、液密性及其检测方法进行了规定。

（2）GB/T 41144—2021《放射性气溶胶的通风防护衣要求与测试方法》：对放射性颗粒物防护气衣的设计、材料、气密性、泄漏率、报警、供气流量及其检测方法进行了规定。

（3）EN 943-1-2015 Protective clothing against dangerous solid，liquid and gaseous chemicals，including liquid and solid aerosols－Part 1：Performance requirements for Type 1（gas-tight）chemical protective suits：对供气式化学防护服的分类、结构、设计、材料、气密性、压差、泄漏率、噪声、流量等参数及其检测方法进行了规定。

（4）EN 1073-1-2016 Protective clothing against solid airborne particles including radioactive contamination－Part 1：Requirements and test methods for compressed air line ventilated protective clothing，protecting the body and the respiratory tract：对供气式放射性颗粒物防护服的分类、结构、设计、材料、气密性、压差、泄漏率、噪声、流量等参数及其检测方法进行了规定。

4. 关键技术

4.1 技术难点

（1）防护服整体气密性

正压生物防护服整体气密性是实现高防护性能的关键，国内外相关标准均将其作为重要性能指标进行了严格规定。然而，正压生物防护服缝合缝隙长、结构复杂，连接件开口多、样式多，给加工和装配带来较大难度。另外，正压生物防护服为可重复使用，在外力、化学洗消等多次作用后，气密性将受到较大影响。

（2）防护服压差稳定

正压生物防护服要求内部压差尽可能稳定，确保外部有害物质在压差的作用下无法进入防护服内部，因此稳定的压差至关重要。压差稳定除了和防护服整体气密性高相关外，还和进气流量/压力稳定性、排气阀压差敏感性相关，设计时需要综合考虑送排风、防护服结构、进排气阀可靠性等多种因素。

（3）人因工程学

正压生物防护服是与人体密切关联的装备，要求有良好的人因工程学属性。防护服内部温度、湿度、气流形式、噪声等微环境及防护服设计结构、操作便利性、安全冗余性均应在防护服研制和加工过程中予以充分考虑。

（4）复合面料

面料的差异是防护服类装备性能差异的关键因素之一。正压生物防护服面料要求具有优良的理化性能，同时具备抗微生物穿透、耐常用洗消剂洗消能力和柔软、亲肤、轻量化特征。目前常用的面料多为PVC、TPU等与弹性织物复合而成的多层结构，然而在耐洗消性、耐磨性和抗刺穿性方面性能欠佳，亟须提升防护服面料的综合性能。

4.2 关键性能指标

4.2.1 设计

（1）正压生物防护服人体工效学设计、老化、尺寸、标识应符合GB/T 20097的规定。

（2）内外表面颜色应均匀，无污点、开裂、划痕，接缝应平整，无毛边、气泡、褶皱，零部件安装应牢固、平顺，边缘平滑、无锐角，充气状态下应保持形状完整，无明显塌陷、褶皱等，材料和零部件不应出现变形和开裂。

（3）结构应方便穿脱和操作。

（4）应使穿戴者具有良好视野，视窗宜采用防起雾、耐腐蚀材料，视窗不应影响视力矫正眼镜的佩戴。

（5）头部上方应在适当位置设置挂点，挂点数量和位置易于防护服悬挂放置。

（6）集中供气式正压生物防护服应安装进气阀，应可调节气体流量。进气阀位置应便于穿戴者操作，并易于通过触摸与其他部件区分，集中供气管道断开后进气口应可自动闭锁，应在进气管路适当位置安装空气过滤元件。

（7）应设置单向排气阀，排气阀应有效阻止外部空气逆向进入防护服内部，且应能有效保证短时间停止供气后防护服内保持一定正压。排气阀结构设计和安装位置应避免穿戴人员身体部位堵塞排气阀。

（8）正压生物防护服内部气流分配合理，避免空气气流分布不当引起穿戴者不适。

（9）电动送风供气式正压生物防护服电动送风装置应可靠固定，安装位置、负重、对动作影响等应能通过实用性评估。

（10）零部件及安装位置不应对穿戴者产生不良影响。

（11）应在易于操作位置设置满足气密性、压差、泄漏率、送风量等关键参数检测的接口，并应配备密封装置。

（12）手套应可更换，宜选用符合相关标准要求的化学或微生物防护手套；防护靴安装应牢固，宜选用符合相关标准要求的化学防护靴。

4.2.2 主体面料

（1）耐磨损性能：主体面料耐磨循环次数应大于 500 次。

（2）耐屈挠破坏性能：主体面料耐屈挠循环次数应大于 15000 次。

（3）撕破强力：主体面料撕破强力应大于 40N。

（4）断裂强力：主体面料断裂强力应大于 500N。

（5）抗刺穿性能：主体面料抗刺穿强力应大于 50N。

（6）耐静水压性能：主体面料耐静水压应满足 GB/T 4744 的 3 级要求。

（7）耐低温耐高温性能：主体面料经 70℃ 预处理 8h 后，断裂强力下降不应大于 30%；经 -30℃ 预处理 8h 后，断裂强力下降不应大于 30%。

（8）耐洗消性能：主体面料经常规消毒剂溶液浸泡处理 900min 后，应仍能满足要求。

（9）安全性能：可能与皮肤直接接触的面料，应满足 GB 18401 中的 B 类要求。

4.2.3 性能

（1）气密性

在防护服内部充气压力 1.02kPa 下试验，4min 后防护服内压差降低不应大于 20%。

（2）压差

人员穿着防护服处于静止状态，在最低送风量条件下试验，正压生物防护服与外界大气环境压差不应小于 100Pa；在最高送风量条件下试验时，正压生物防护服与外界大气环境最大压差不应大于 400Pa。在最高送风量下试验实用性能时，正压生物防护服与外界大气环境平均压差不应大于 1000Pa，峰值压差不应大于 2000Pa。在最低送风量下试验向内泄漏率时，正压生物防护服与外界大气环境应始终保持正压。

（3）送风量

集中供气式正压生物防护服的最低送风量不应小于 300L/min。电动送风供气式正压生物防护服在最低调节点最低送风量不应小于 170L/min。

（4）噪声

在设计最高送风量下试验，正压生物防护服头部 A 声级噪声不应大于 80dB。

（5）连接强度

正压生物防护服的手套与袖口、靴子与裤腿、排气阀与面料等可拆卸连接的部位，承受的横向拉力不应小于 100N。进气管、进气阀与防护服之间连接强度应能承受不小于 250N 的轴向拉力。

（6）排气阀逆向气密性

单个排气阀试验压差降低不应大于 100Pa/min。

（7）内泄漏率

集中供气式正压生物防护服在设计最低送风量下，正压生物防护服内泄漏率在单项试验活动下不应大于 0.004%；在所有试验活动下平均泄漏率不应大于 0.002%。电动送风供气式正压生物防护服在设计最低送风量下，正压生物防护服内泄漏率在单项试验活动下不应大于 0.01%；在所有试验活动下平均泄漏率不应大于 0.005%。

（8）二氧化碳含量

在最低风量下试验，正压生物防护服头罩内二氧化碳体积分数不应大于 1%。

（9）耐洗消性

正压生物防护服在制造商推荐的或用户要求的洗消剂、洗消方法和洗消次数下洗消后，性能应满足相关要求。

4.2.4 安装技术要求

（1）配套设施与部件

集中供气式正压生物防护服需与实验室生命支持系统和化学淋浴系统配套使用，使用前还应连接好螺旋供气管。电动送风供气式正压生物防护服需与化学淋浴系统配套使用，化学药剂应避免采用具有挥发性的消毒剂。使用单位还应配备气密性检测设备。

（2）安装调试

集中供气式正压生物防护服：打开生命支持系统，打开流量调节阀，利用外部高压软式气管将生命支持系统终端与防护服上的流量调节阀接口相连，新风通过软式气管进入防护服内。调节生命支持系统的供气压力为 0.5~0.55MPa，调节流量调节阀的流量大小，确保穿着舒适。检查正压生物防护服是否完好，反复拉动气密拉链 3 次以上，确认拉链开合正常，检查手套、各送气管连接是否正确和牢固，如有异常严禁使用。打开生命支持系统的供气系统，打开流量调节阀，拉紧气密拉链，待防护服内达到最大正压时，检查防护服接缝处是否有明显漏气，若发现明显漏气，必须分析与排除进行检查，如不能排除故障，则交由专业维修单位进行检修。没有明显漏气后，连接气密性检测设备，检查防护服气密性是否满足标准要求。

电动送风供气式正压生物防护服：正确安装拧紧电动送风系统，其他步骤按照集中供气式正压生物防护服进行。

5. 选型指南与运行维护

5.1 集中供气式正压生物防护服选型指南

（1）应用场所

适用于生物安全实验室及类似生物防护等级要求的固定室内场所，工作环境温度宜为 0~40℃，不适用于有害化学物质或放射性物质的环境使用。

（2）号型选择

应按照"一人一装"的原则选择合适号型的防护服，可向供应商提供尺码进行定制。

（3）配套设施匹配性

防护服选型应满足实验室生命支持系统的供气压力、供气流量及供气管接头的要求。

5.2 电动送风供气式正压生物防护服选型指南

（1）应用场所

适用于烈性传染病疫情防控现场等非固定场所或室外环境，工作环境温度宜为 -20~40℃，不适用于有害化学物质或放射性物质的环境使用。

（2）号型选择

应按照"一人一装"的原则选择合适号型的防护服，可向供应商提供尺码进行定制。

（3）配套设施匹配性

防护服选型应与现场人员洗消装备匹配。

（4）环境适配性

环境海拔高度不应大于设计最高值；还应考虑所选防护服是否适应工作环境的温度。

5.3 正压生物防护服运行维护

主要是日常检查和完整性测试，推荐步骤如下：

（1）选择合适型号的正压防护服，执行外观检查，查看是否有孔洞、破裂、刺破、接缝撕裂、不牢固的连结点等。由于手套是最易破损部位，尤其应对防护手套进行彻底检查。

（2）每 7 天或检查到有破损时需更换手套。

（3）至少每周在气密拉链上涂抹拉链润滑剂。

（4）用专用配件将排气阀封闭，拉紧气密拉链。

（5）向防护服内充气，直到四肢部分挺直坚硬后停止充气，将正压防护服垂直放置。

（6）防护服内压力过大会导致防护服结构强度的破坏，因此不应过度充气。彻底检查防护服任何可能的泄漏，持续约 5min，然后目视防护服是否缩小或变瘪明显。确认正压防护服没有因为超压导致结构破坏过。

（7）如果发现防护服压力明显下降，可采用重新充气的方法检查泄漏位置。检查确保排气阀被完全密封。通过听觉和触觉感觉泄漏部位。在必要时，涂刷肥皂水产生肥皂泡。通常容易泄漏的区域包括接缝、拉链、视窗材料与防护服连接处等，用肥皂泡法检查时应特别注意这些区域。

（8）用银色宽胶带（暖气和空调管道密封专用胶带）可暂时修复小的面料泄漏点。完全永久修复则需借用防护服修复专用工具。如果正压防护服很难被修复，用酒精类消毒剂消毒防护服后移出防护服更换间。如果正压防护服无法再修复，则将其退役并焚烧处理。

（9）正压防护服检查完全通过后，拉开气密拉链，取下排气阀密封装置。在正压防护服期间检查表上记录正压防护服检查和修复信息。

6. 质量控制

6.1 企业内部质控

正压生物防护服属于生物安全领域专用装备，具有专业性强、批量小等特点，且定制类产品占比高。企业应参照国内外相关标准，结合生物安全相关管理规定，制订适宜的企业产品标准，建立厂内自检平台。规范型式检验、批量检验和出场检验流程要求，建立详尽的生产、检验、维修作业指导书和标准作业程序，做好生产和检验记录，形成可追溯的"一装一个数据集"，提高产品质量一致性和稳定性。

6.2 国内质控

国内应建立正压生物防护服第三方检测实验室，向产品生产企业、实验室等用户提供符合相关标准的检测评价服务，对国内外产品的质量情况进行定期分析，向质量监督部门提供必要的数据和建议。

6.3 国际质控

对于进口产品，用户应要求供应商提供产品在国外的检测、认证情况，分析其采用的标准是否适合自身使用要求，尽可能要求进口产品在国内第三方检测实验室进行性能复检。

7. 风险控制

7.1 生产企业风险控制

我国正压生物防护服现已实现面料、风机、过滤器等关键零部件的国产化，对这些关键零部件的选型、采购要形成风险控制标准，进行批次复核检验，确保零部件质量满足要求。对于气密拉链、防护手套和防护靴等采用的进口产品，应关注供应周期、产品质量，适当时，联合国内优势单位，研发国产替代产品，降低产品自主保障风险。

7.2 用户风险控制

正压生物防护服是实验室关键防护设备，应建立完整的设备档案、操作流程、应急处置控制程序、设备维护保养指南等规范性文件。防护服正式投入使用前，应对人员进行专业培训，培训次数和时长要与人员素质和实验室作业性质匹配，通过考核后方能正式使用。

8. 技术发展

正压生物防护服是人装结合紧密的高等级生物安全实验室关键防护装备，人员穿着后行动不便、身体和心理压力大，未来发展应聚焦提高防护服人因工程学和状态智能监控方面。

（1）提高正压生物防护服人因工程学

研发或改进防护服面料，赋予面料轻量化、高强度、柔软舒适的性能，提升防护服穿着体验。优化防护服整体设计、进排气结构和气流组织，提升作业效能，降低噪声、气流干扰。

（2）提升正压生物防护服智能化水平

研发防护服微环境监测、报警和自适应调节系统，实时监控、显示防护服工作状态，开发穿戴式人体生命体征、心理状态监控系统，使穿戴者和实验室管理人员能够及时获取防护服运行数据和穿戴者生理心理信息，防范意外发生，降低使用风险。

4.12 动物残体处理系统

1. 概述

实验动物尸体无害化处理是动物实验中的一项关键环节，其目的在于消除实验动物尸体携带的病原体，防止可能的病原传播和环境污染。在20世纪初期，尽管实验动物的使用已相对普遍，但对实验动物尸体处理的规定并不严格。然而，随着对实验动物福利及生物安全认识的提高，全球范围内开始逐步建立和完善相关法律法规。在我国，这一过程可以追溯到1988年国家科学技术委员会发布的《实验动物管理条例》，该条例的出台标志着我国对实验动物管理工作的重视，旨在确保实验动物的质量和科研的可靠性，满足科学研究及经济社会发展的需求。随着时间的推移，为了适应新的科研挑战和伦理标准，《实验动物管理条例》经历了多次修订。2017年的修订版进一步明确了实验动物的饲育、检疫、传染病控制、应用以及人员管理等方面的规定，与此同时，我国科技部在推动实验动物废弃物处理方面发挥了重要作用，通过支持全国实验动物标准化技术委员会（SAC/TC281）的工作，制定了一系列技术标准，如GB 14925—2010《实验动物　环境及设施》，这些标准为实验动物废弃物的无害化处理提供了具体的技术指导和方法。目前国内生物安全实验室根据国家生物安全相关的法律法规，已开始实施具体措施，建立和完善实验动物尸体处理系统。这些措施和系统的建立旨在规范实验动物尸体的处理流程，减少环境污染风险，保障公共安全。

实验动物尸体是指已经死亡实验动物的完整或部分躯体，包括解剖后的脏器、血液、病理切片后废弃的组织、蜡块等。实验动物尸体及其废弃物的危害主要包括以下几个方面：

（1）传播疾病，危害人类及动物的健康。实验动物尸体，特别是进行感染性、毒性等实验研究后的动物尸体，如果不予处理或处理不当，就会造成疾病的扩散、传播，危害人类及动物的健康。目前全世界已证实的人兽共患病有250多种，如口蹄疫、猪瘟、禽流感、狂犬病、炭疽、布鲁菌病、弓形虫病、钩端螺旋体病等，几乎都可以经过动物尸体传播，动物疫病已成为影响公共安全的重大问题。

（2）危害食品安全。如果实验动物尸体作一般垃圾处理，很可能会被一些不法商贩加工成为熟食食品，从而造成严重的食品安全隐患。

（3）危害环境安全。未经处理的动物尸体腐烂变质，不仅污染空气，还会污染其接触的土壤和水源，再经农作物进入食物链，产生循环往复的生态危害，严重危害环境安全。

因此加强实验动物尸体的管理，是防止动物尸体危害发生的关键。对实验动物尸体进行无害化处置有利于生物安全和环境保护，也符合动物伦理的要求。

动物尸体无害化处理的方式方法一般有填埋、焚化、炼制、厌氧消化和碱水解等，其他如生物降解和曝气分解等病死及病害动物尸体处理方式亦有相关报道，而实验动物尸体处理一般应用于生物安全实验室，由于焚烧法和填埋法无害化处理方式的诸多缺点和应用限制，以及厌氧消化、生物降解、曝气分解等方式处理病死或病害动物尸体的周期过长（一般需要数周或数月的时间）以及实验室现场条件限制等原因，生物安全实验室动物尸体处理工艺一般采用加碱水解灭菌（碱水解法）或高温高压灭菌（炼制法）技术。加碱水解和高温高压灭菌工艺均具有生物安全性高、灭菌能力强、绿色环保等特点，是高等级生物安全实验室理想的实验动物尸体无害化处理方式。

我国生物安全实验室动物残体处理系统的历史发展包含以下几个阶段：

（1）起步和不规范发展阶段（20世纪80年代后期至2003年）

20世纪80年代后期，我国政府和专家开始认识到高等级生物安全实验室的重要性。生物安全实验室以细胞水平实验为主，没有相关的建设标准和专用设施，缺乏动物残体处理设备。

（2）规范化发展但产品严重依赖进口阶段（2004年—2009年）

我国相继颁布了标准GB 19489—2004《实验室 生物安全通用要求》、GB 50346—2004《生物安全实验室建筑技术规范》和国务院第424号令《病原微生物实验室生物安全管理条例》，动物残体处理设备进入规范化发展轨道。由于起步较晚，动物残体处理设备几乎完全依赖进口，存在价格高、后期维护依赖厂家等问题。

（3）科技创新发展和逐步自主保障阶段（2005年—2014年）

在国家重点研发计划等的支持下，采取研究、开发、推广合作的产学研创新模式，促进了生产企业的技术升级，极大缩短了动物残体处理设备从研究开发到应用的周期，将科研成果及时转化为实用产品和保障能力，取得了显著成效。

（4）国际化发展阶段（2014年至今）

2017年11月，国产大型染疫动物高温碱水解无害化处理设备出口古巴，应用于我国援建古巴LABIOFAM公司疫苗生产车间和生物安全实验室建设项目。为"一带一路"的生物安全保障和"传染病防控走出去"战略的实施提供了强有力的技术和装备支撑，标志着我国动物残体处理设备步入国际化发展阶段。

动物残体处理系统用于对实验室产生的动物组织样本进行消毒灭菌处理，可适用于动物生物安全实验室、医院、第三方废弃物处理机构等场所。炼制动物残体处理系统是利用高温高压安全处理实验动物残体的技术，可用于灭活包括细菌、病毒、原生动物与寄生物在内的微生物，设备通过加热、水分提取与脂肪分离方式达到减量化排放，是符合生物安全要求并节能减排的有效动物残体处理设备。碱水解动物残体处理系统能够以加热和化学反应的方法将液体和固体废物废弃材料进行消毒，并利用碱金属化合物（如KOH、$NaOH$等）将蛋白质、脂肪和核酸进行消解。该法虽然能够通过化学药剂浸泡和加热的方式将动物尸体有效地灭活，但是处理后产物的COD（chemical oxygen demand，化学需氧量）及BOD（biochemical oxygen demand，生化需氧量）非常高，即使大量水稀释也无法直接排入污水处理站，因此使用该技术的实验室一般利用皂化反应将处理产物进行放置凝固后再交固体危废物处理站进行处理，并且碱水解处理后的物质只能在高温下排放冲洗，温度低于60℃时容易结块，类似荤油状，不容易从容器内排出。基于以上问题，目前国内高等级生物安全实验室大多数选择采用炼制动物残体处理系统，此外，从处理病原能力的角度看，炼制法依旧可以满足大多数高等级生物安全实验室对病原处理的需求，经与行业内专家咨询沟通，目前国内生产碱水解动物残体处理系统的厂家仅有一家，其他厂家则为炼制处理设备，因此本书根据国内工程实例着重介绍炼制动物残体处理系统。

2. 标准规范

2.1 生物安全防护执行标准

动物残体处理系统须符合下列标准中关于该设备的具体要求：

（1）GB 19489《实验室 生物安全通用要求》

应有装置和技术对动物尸体和废物进行可靠消毒灭菌。

（2）GB 50346《生物安全实验室建筑技术规范》

ABSL-3、ABSL-4 产生大动物尸体或数量较多的小动物尸体时，宜设置动物尸体处理设备，并满足所在房间围护结构的严密性要求。

2.2 设备性能执行标准

（1）《消毒技术规范》（2002 版）

灭菌效果监测采用生物监测法，灭菌时，将生物指示物放在标准包中，再将标准包放置在灭菌器最难灭菌的部位；或将生物指示物放入待灭菌物品中间，经一个灭菌周期后，取出标准试验包或待灭菌物品中的生物指示物，按要求培养并判断灭菌效果。

（2）RB/T 199《实验室设备生物安全性能评价技术规范》

应满足动物残体处理系统（包括碱水解处理和炼制处理）评价结果。

（3）CNAS-CL05-A002：2020《实验室生物安全认可准则对关键防护设备评价的应用说明》

动物残体处理系统（包括碱水解处理和炼制处理）评价按照 RB/T 199—2015 的 4.12 执行。

3. 分类、结构、工作原理

3.1 分类

动物残体处理系统根据处理工艺的不同，主要分为炼制动物残体处理系统和碱水解动物残体处理系统，见图 4-12-1。

图 4-12-1 动物残体处理系统

3.2 结构（图4-12-2）

炼制动物残体处理系统主要由投料装置、主体处理单元、破碎装置、干燥及油水分离单元、生物密封及其他配件等组成。

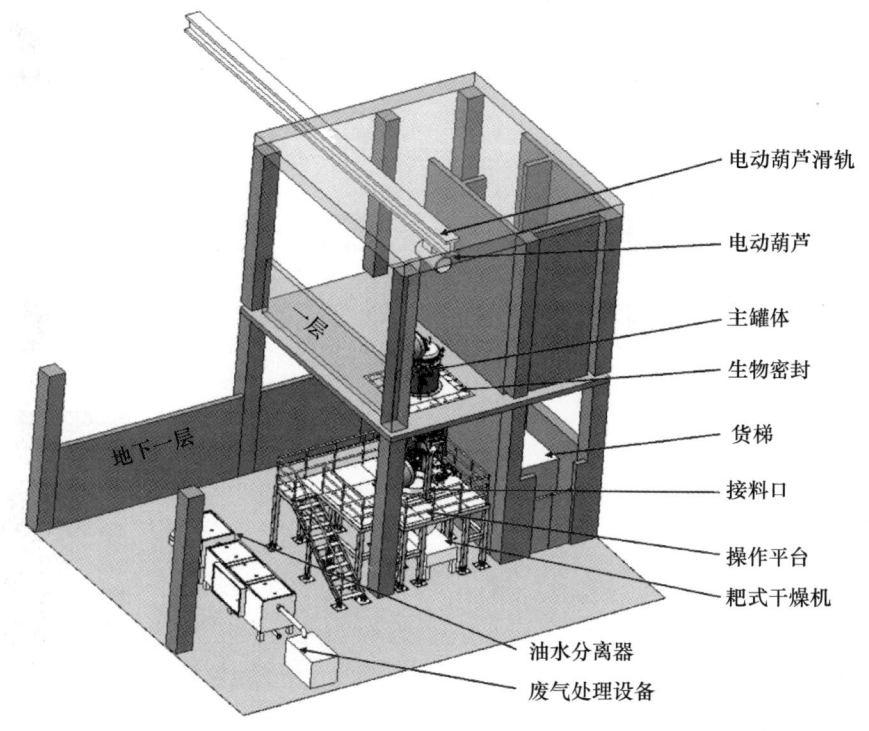

图 4-12-2 动物残体处理系统结构

碱水解动物残体处理系统主要由投料装置、主体处理单元、搅拌破碎装置、干燥处理单元、排气过滤单元、生物密封、化学处理单元及其他配件等组成。

3.3 工作原理

（1）炼制动物残体处理系统

炼制动物残体处理系统（破碎＋高温高压蒸汽灭菌）：采用破碎＋高温高压灭菌一体的技术，在高温高压蒸汽环境下，破碎罐内置破碎机将动物残体切割成小块，保持135℃/0.38MPa的环境，让饱和蒸汽不断渗透破碎物10～15min，达到6log以上的灭菌效果，工艺流程如图4-12-3所示。

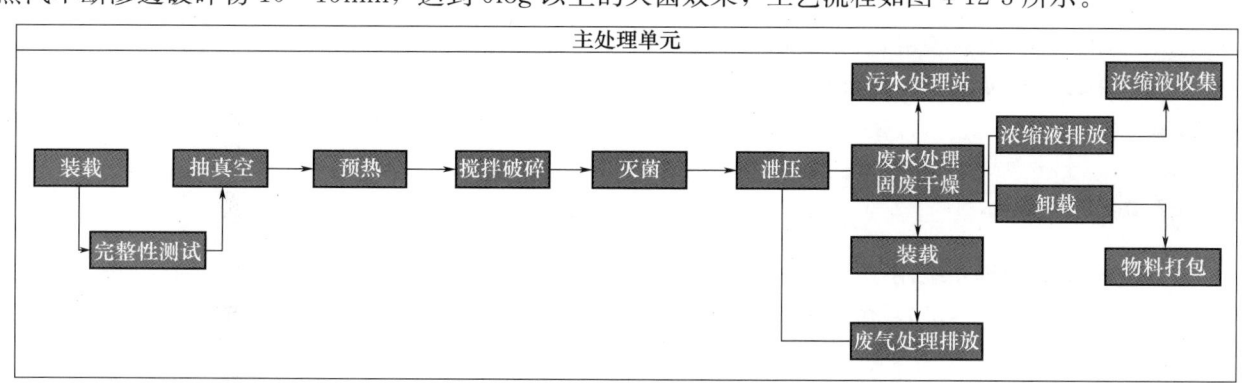

图 4-12-3 炼制动物残体处理系统工艺流程图

（2）碱水解动物残体处理系统

碱水解动物残体处理系统（碱水解处理工艺）：利用 NaOH、KOH 等碱性物质，在高温、高压下把动物组织里的蛋白质、脂类、核酸及碳水化合物等大分子物质水解成水溶性小分子片段，从而彻底灭活病原微生物。动物组织经处理后变为固体残渣、废液及少量有味无害气体，从而实现无害化处理，工艺流程如图 4-12-4 所示。

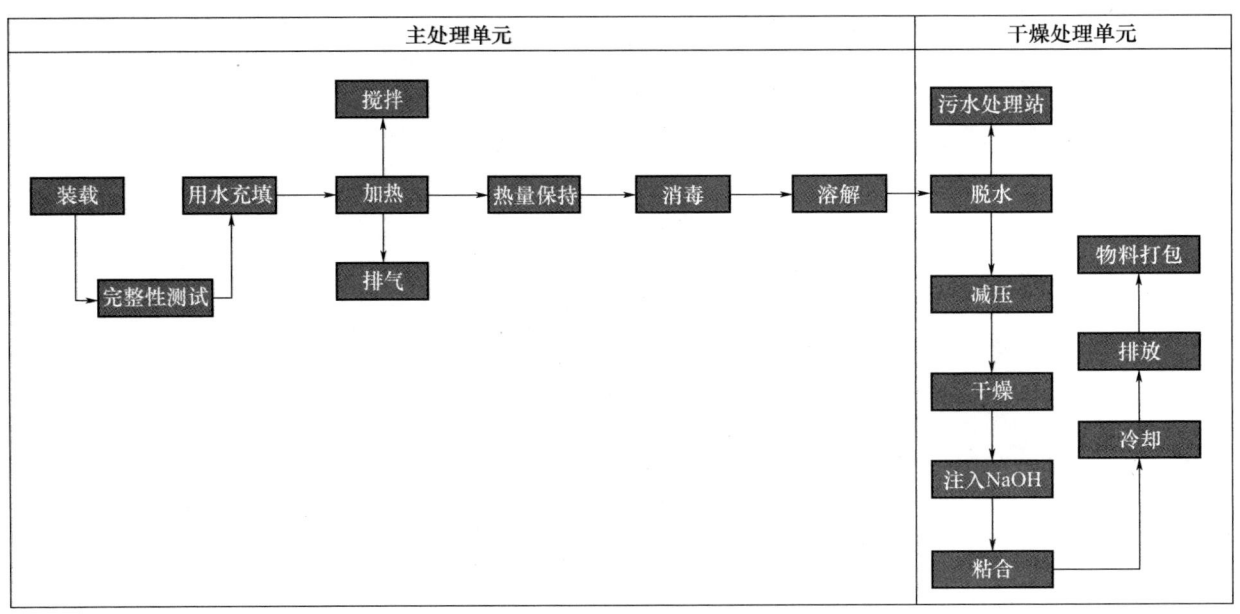

图 4-12-4　碱水解动物残体处理系统工艺流程图

4. 关键技术

4.1　技术难点

（1）设备采用破碎＋高温高压灭菌：在高温高压蒸汽进行罐内预热的同时，破碎机将动物残体切割成小块，保持在 135℃/0.38MPa 的蒸汽环境中灭菌处理。同时通过机械搅拌装置匀速搅拌物料，使得热传导效率更高，灭菌彻底。饱和蒸汽不断渗透破碎物 10～15min，达到 6log 以上的灭菌效果。

（2）设备采用全封闭式压力容器装置，符合 GB 150—1998《钢制压力容器》及 TSG 21—2016《固定式压力容器安全技术监察规程》要求，配置安全泄压装置，同时具备在线灭菌功能，确保无病原微生物泄漏。

（3）采用人机界面触摸屏进行自动化可视操作，可在触摸屏上观察设备运行情况，设备从装载、卸载、物料干燥、废水处理、废气处理、在线清洗功能具备一键启动模式，在设备操作过程中更加直观和便捷。

4.2　关键技术指标

（1）动物残体处理系统用于对实验室产生的组织样本和废弃物进行消毒灭菌和无害化处理。

（2）设备工作压力－0.1～0.4MPa；工作温度为 110～150℃范围内可调节；设备气密性可满足要求；灭菌罐在 35kPa 的压力下使内腔保持气密，5min 压差衰减小于 25％；经处理后的最终物料与处理前的原料比例小于等于 40％，且最终固体废弃物颗粒大小为小于等于 3cm（平均值）。

(3) 处理后排出的灭菌干物质（最终物料）含水率小于等于40%。

(4) 灭菌效果：对芽孢的杀灭率达到6log；系统运行完成后，需要保证有效的灭菌，且灭菌效果能够被验证，应附有灭菌验证报告。

(5) 系统能够满足直接处理"-20℃～室温"的动物尸体的工况。

(6) 系统可提供以下不同的操作模式：全自动模式/手动模式。

(7) 所有的工艺参数可以通过操作人员设定。操作人员启动程序，系统将自动执行生产程序，直至处理完成。

(8) 动物残体处理罐内置破碎及搅拌功能，可自动破碎动物残体。配置检测盲端，可验证高温高压灭菌处理功能，即物料核心达到高温高压处理。

(9) 灭菌罐体由相应符合国家/国际规范的压力容器钢制造，符合GB 150《压力容器标准》，灭菌罐体需提供压力容器许可证。

(10) 设备采用饱和蒸汽作为直接热源，使罐体内物料核心温度在10～30min内升高到大于等于138℃。

(11) 设备保温保压时间可在10～180min范围内进行调节。

(12) 设备灭菌罐卸料阀为自动阀门，并配置清洗功能。同时具备手动模式，泄压情况下可以手动操作卸料。

(13) 动物残体处理罐配备泄漏测试功能即完整性测试，泄漏测试可在升温之前自动进行，并在测试合格后才允许开始升温、灭菌。

(14) 在电源故障之后，系统将以安全的方式停止，并等待操作员手动输入以等待系统恢复。在此情况下，系统必须遵循保护以下范畴：人员、设备以及产品。

(15) 设备运行中所有关键工艺参数不因断电而丢失，自动控制系统遵循Profi-net、Ethernet Internet Protocol、Profibus Display port、Modbus或其他工业通讯协议。

(16) 工艺参数设定通过用户权限管理保护（密码）。控制系统具有操作员和维护员二级密码管理。操作员权限：对设备进行日常操作，如设备启停、调用相关配方用于生产、报警信息处理等，但不能修改配方中的关键工艺参数（如搅拌转速、温度、压力、时间等）。维护员权限：除操作员权限外，可修改配方中的关键工艺参数、运行手动模式等。

(17) 日志、历史数据和警报信息设有保护措施，以防止被更改或删除。存储时间内的所有记录不能被删除。数据备份/恢复系统支持自动备份/恢复，项目执行过程中应该制定系统备份和数据恢复的策略、方法和操作手册。

(18) 结构焊缝和所有未被夹套或绝热覆盖的焊缝均无裂纹和无缝隙。

(19) 系统每一个最低点设置一个低液位放尽。在具体配管设计中，最低位放尽点的数量应尽量减少。

(20) 管路的连接采用氩弧焊接，与设备对接处采用卡箍连接。

(21) 设备保温材料采用绝缘材料并且不能影响环境，保温材料具有阻燃性能。

(22) 设备通道和维修符合人体工程学，考虑房间的布局和操作安全；设备所有位置都能保证维修人员定期检查；所有部件、仪器、仪表、控制器在设计安装时考虑设备相互之间的连接、维修、巡检问题。

(23) 遇到突然断电时，PLC可自动关闭所有阀门，使罐体内处于密封状态，保护产品物料；重新通电后，需操作人员进行人工选择是否继续运行或重新开始。

(24) 设备预留根据需要设置一个或者多个设备监测数据输出的以太网接口，设备控制系统可以实时记录、查询生产过程中的各项数据。可在中控室设立上位机程序以便实时查看设备运行状态。

（25）设备灭菌后的胶塞表面无明显残留水、光滑平整、色泽一致、不变形，不应有结团和发黏、龟裂、老化、变形、破裂现象，应有良好的通针性。

（26）现场检测的项目至少应该包括灭菌效果、安全阀和压力表检定、温度传感器和压力传感器校准（必要时）、排放指标。

（27）排放指标应按照 GB 18466—2005 表 2 中的综合医疗机构和其他医疗机构水污染物排放限值。

4.3 安装技术要求

（1）电源。工作电源应符合中国电网规范；三相交流电源 380V±10%/50Hz±1；单相交流电源 220V±10%/50Hz±1。

（2）工业蒸汽压力 0.6～0.8MPa。

（3）压缩空气压力 0.7～0.8MPa。

（4）冷媒（冷却水）压力 0.2～0.6MPa。

（5）运输环境：—40～50℃，相对湿度小于等于 90%。

（6）工作环境：温度 0～50℃，相对湿度小于等于 90%。

（7）能够满足直接处理"—20℃～室温"的组织样本的工况。

（8）设备拟安装房间应具有足够的空间体积进行设备安装。

（9）安装方式：包含垂直和水平安装，即设备可根据实验室工艺处理的实际需求选择穿楼板或穿墙体进行安装，以有效分隔进料口与出料口、污染区与洁净区。

（10）安装位置。根据动物生物安全实验室的一般布局及实验工艺流程，选择在动物尸体解剖间或单独设置的尸体处理间进行安装。

5. 质量控制

5.1 严格控制原材料质量

在源头上对原材料进行把关，做好原材料的检查和验收的相关工作，避免出现原材料的错领以及错用的情况，切实做好原材料的标记标识工作，保障原材料的正确使用，在发料前、领料后以及下料前的环节中，要对已经标识的材料与原厂的标识保持相同，在下料前相关检验人员对下料的材料要进行验证，确认材料标识的准确性；严格检验压力容器制作材料的质量证明书，保障材料满足国家相关标准规定，检查材料质量证明书中的相关内容，要检查质量证明书中所显示的质量技术数据，设备生产制作时，所规定的质量技术的数据标准和指标保持统一；严格地审核材料质量文件是否和实物相符，审核其是否满足当地安全检查机构检测的相关标准；安排相应的工作人员对压力容器制作材料的外观以及尺寸进行相应的检查，确保所有材料的外观与尺寸不存在缺陷、误差；拒绝不合格的材料应用到压力容器的制作中，增加对压力容器材料的复检程序，结合相关标准以及压力容器的设计文件开展复检工作，对于复检不合格的材料要及时更换处理，禁止被应用到压力容器的制作中。

5.2 严格把控工艺流程

在控制动物残体处理设备制作质量期间，工艺流程起着重要的作用，与简单的产品相比，动物残体处理设备在制造的过程中，其制造的结构较为复杂，并且专业性较强以及有较高的安全性，针对动物残体设备的制造，基于正确的工艺流程前提下进行严格的执行，确保每道工序都准确无误后，相关的工作人员以及设计人员再进行签字。

5.3 严格控制焊接质量

动物残体处理设备在所有制作工序中，对压力容器的成型尺寸标准控制极其重要，压力容器不同于普通的容器，一旦压力容器尺寸出现偏差，便会影响到容器内部的可用空间，对容器内部中的压强大小带来影响，与此同时会影响到压力容器在实际使用过程中的内部压强和设计压强有所出入，使得压力容器内部的强度有所失效，因此要重视压力容器成型尺寸，避免出现质量问题。

5.4 严格控制无损检测质量

质量控制中，最为关键的环节便是无损检测，也被行业内部称为探伤，在压力容器的制造全过程中应用到探伤，其方法种类多样，可以借助超声波、磁粉、渗透等等，在进行无损检测时，要根据动物残体设备的真实情况，以及制作要求来科学地选择探伤方式，并且要选择实践经验较为丰富的工作人员，提升检测结果的正确率，避免选用不合理的无损检测方法，误判检测结果。

5.5 严格控制外观质量与尺寸

对动物残体设备外观质量的控制也是极其重要的，在加工时要避免引起外观出现问题，避免产生裂纹、孔洞以及缺损、凹陷等缺陷，确保在加工时的几何尺寸符合压力容器的制作规定标准，规避动物残体处理设备使用的安全隐患，所以要加强对外观质量的控制，确保尺寸误差在允许的范围之内，并对焊缝、母材表面进行检查，确保压力容器的质量达标，减少安全隐患。

5.6 国内质控要求

在国内销售的动物残体处理设备，其生产制造厂商需具备《中华人民共和国特种设备生产许可证》，所生产的产品需要经过特检院监督检验安全性能符合 TSG 21—2016《固定式压力容器安全技术监察规程》的要求，获取《特种设备制造监督检验证书》。

5.7 国外质控要求

生产单位质量管理按照 ISO 9001：2015 和 ISO 14001：2015 标准执行。生产的产品符合标准 NF X30-503-1。在美国销售、安装的动物残体处理设备需满足美国监管部门的相关要求，取得 AMSE 认证。在欧盟销售、安装的动物残体处理设备需满足欧盟监管部门的相关要求，取得 CE 认证。在日本销售、安装的动物残体处理设备需满足日本监管部门的相关要求，取得厚生劳动省认证。

6. 主要问题、风险和解决方案

建设和使用过程中的主要问题及风险控制如表 4-12-1 所示。

表 4-12-1 动物残体处理系统不同阶段的风险及控制措施

阶段	风险	控制措施
动物残体处理设备安装、调试阶段	设备调试过程中，有人员跌入罐内风险	悬挂安全绳，罐口距离地面应有安全高度，小心操作

续表

阶段	风险	控制措施
动物残体处理设备运行过程风险	设备运行过程中，工作人员在操作平台作业时存在坠落风险	安装平台护栏（1.2m高度），小心作业
	设备运行过程中，突发断电，导致设备短路，无法正常运行	设备PLC具有记忆功能，断电重启后可以重新作业循环/继续断电前的剩余作业
	1. 动物残体处理设备污水管道松动，导致废液泄漏 2. 排污软管存在破损的风险，造成废液泄漏	1. 每日点检管路接口的紧固装置 2. 定期更换排污软管
	设备运行过程中，罐体升温，会有人员烫伤风险	1. 设备主体设有保温层，表面温度<40℃ 2. 上下盖（封头）张贴高温警示标识，并进行人员培训 3. 可视窗加隔热防护装置
	设备运行过程中，搅拌或磨碎机故障，无法完成破碎和正常卸载，残体无法转运至下一处理罐体或掉落下方腔体中	1. 每天作业前，启动自检程序，对设备预热+各项功能点检 2. 破碎机减速机发生故障，启动设备安全模式（高温高压+足够时间完成灭菌），待破碎机修复后，继续正常作业程序破碎+灭菌+卸载；定期使用"生物指示剂"验证对芽孢杆菌的灭杀效果
动物残体处理设备卸料过程风险	动物残体在吊装转运过程中存在捆绑不严、残体掉落、血水滴落的情况，造成病原微生物污染环境的风险	1. 吊装前确认好残体捆绑效果，防止掉落 2. 用专用医废包装袋将残体进行简单包装，防止血水滴落 3. 防护区准备消毒液，若发生污染情况，及时处理
	设备清洗、灭菌过程异常时设备可能发生清洁灭菌不彻底，造成环境中的生物安全危害	1. 使用前检查系统传感器，确认正常或其他机械故障 2. 设备的正常工作程序、清洁程序均按标准灭菌程序作业
	1. 设备降温过程中，可能导致人员高温烫伤 2. 工作人员处理残渣过程中，残渣温度过高烫伤工作人员	1. 工作人员在设备运行过程中，远离设备，避免烫伤风险 2. 延长物料降温时间，避免残渣温度过高 3. 人员穿戴防烫手套且在运行结束1h后再处理固废的打包，保障人员安全，对包装袋进行打包运送，卸料前提前在卸料小车套好包装袋
	如同一防护区域设置活毒废水处理设备，活毒废水罐体发生泄漏，卸料存在被污染风险	卸料进行双层包装后，如设置双扉高压灭菌柜可经高压再次灭活后，交由第三方公司处理，无灭菌柜时，可选择对防护区域空间消毒后再进行卸料

7. 发展方向

目前的动物残体处理系统性能指标符合实验室生物安全标准的要求，实现了该设备的国产化，形成了配套体系，提高了生物安全实验室的整体性能，动物残体处理系统未来的发展方向应为尽可能地减少水/蒸汽等供给资源消耗量，真正有效降低排放废水的BOD/COD指标，简化操作步骤，降低人力需求；实现产品系列化，满足不同用户需求。

基于动物尸体处理炼制法的原理和实验室生物安全的特点，青岛丞拾实验室技术有限公司设计开发了商品化的炼制动物残体处理系统，以满足国内在高等级生物安全实验室中对实验动物无害化处理的需求。

根据未来发展方向及客户需求，青岛丞拾实验室技术有限公司设计研发的第一代动物残体处理设备为破碎＋高温高压蒸汽灭菌技术，是炼制设备。其在功能上仅能对动物残体进行灭菌处理，设备本体不能进行废水处理和固体废弃物干燥处理。当对排放物有较高要求时，需要设置后端处理设备进行废水脱脂处理及固废干燥。固废干燥工艺采用的是耙式干燥机干燥工艺，耙式干燥机体积较大、成本偏高，并且不适用于小型设备。水处理方案选用过多种处理方案，包含絮凝池、离心机、低温冷蒸发等各种工艺。

为了取消后端处理设备，降低用户采购、安装成本，简化处理工艺，丞拾公司对动物残体处理设备进行了迭代升级。升级后的设备内部增加了用于加热蒸发废水的盘管加热器，更新了罐内搅拌系统，并使用真空冷凝系统进行排汽。通过调节阀控制蒸汽流量，实现加热温度的精准控制。

迭代后的动物残体处理设备可在处理罐内进行低温蒸馏工艺用于废水处理及固废干燥。增加此项技术后，动物残体设备处理罐卸料前已实现油、水、固废的三相分离，真正意义上实现了"原位处理"，杜绝了二次污染出现的可能。工艺上后端无须设置任何处理设备。此次升级简化了处理工艺，极大地降低了用户的采购成本。

8. 选型指南

8.1 应用场所

动物残体处理处理系统主要应用于动物生物安全实验室、医院、第三方废弃物处理机构等场所。

8.2 设备处理能力

（1）炼制动物残体处理系统（破碎＋高温高压蒸汽灭菌）：单套单次循环最大有效处理量可达50～1000kg/批，1～2.5h可处理一个循环，按需求进行型号适配。单循环周期相对较短，处理量灵活。

（2）碱水解动物残体处理系统（碱水解设备）：单套单次循环最大有效处理量可达15～2000kg/批；湿输出：6～12h/循环；干输出：10～18h/循环；按需求进行型号选择，单次处理量大，但单循环周期较长。

8.3 围护结构严密性

动物残体处理系统在应用于高等级生物安全实验室时，应采用穿墙生物安全密封满足围护结构的严密性要求。

4.13 生物安全型口鼻暴露和传播感染系统

1. 概述

动物口鼻暴露感染设备的应用具有很长的历史，比较早的文献是1947年Barnes和1952年Henderson 的研究。目前使用的动物口鼻暴露的仪器设计大部分是基于 1973 年 Raabe 等人和 1983 年 Cannon 等人的研究。国内较早使用口鼻暴露系统进行动物感染方面的实验研究为 20 世纪 90 年代军事医学科学院的研究报道。目前动物口鼻暴露应用于环境、化学品、药品的吸入毒理研究,商业化的仪器品牌有几家供应商,应用于病原生物气溶胶吸入感染研究的口鼻吸入设备,由于涉及到病原微生物气溶胶与生物安全,国内外绝大部分研究设备为实验室自己搭建。2019 年新冠疫情后,北京慧荣和科技有限公司融合动物口鼻暴露、微生物气溶胶感染和实验室生物安全的特点,开发了商品化的生物安全型口鼻暴露和传播感染系统,以满足国内在高等级生物安全实验室中病原微生物气溶胶感染实验的需求。

生物安全型口鼻暴露系统用于动物口鼻气溶胶吸入暴露实验,适用于小鼠、大鼠、豚鼠、雪貂以及灵长类动物等,作为最常用的动物吸入暴露感染方式,在感染过程中避免了消化道、皮肤等其他暴露途径感染,符合呼吸道病原自然感染途径,为保证人员与环境的安全,在此基础上增加一套三级生物安全防护系统,可实现与口鼻暴露系统的整体联调联动互锁等功能,可以避免微生物、病毒等的泄漏风险。

生物安全型传播感染系统可以实现动物之间远距离(1.5m)、近距离(5cm)和直接接触的传播感染实验,验证病原体能否以气溶胶形式或飞沫形式在动物之间传播,为阐明病原体在动物之间的空气传播特性提供硬件支撑。

2. 分类、结构、工作原理

2.1 分类

生物安全型口鼻暴露系统分为生物安全型小动物口鼻暴露系统和生物安全型灵长类动物口鼻暴露系统,见图 4-13-1、图 4-13-2。

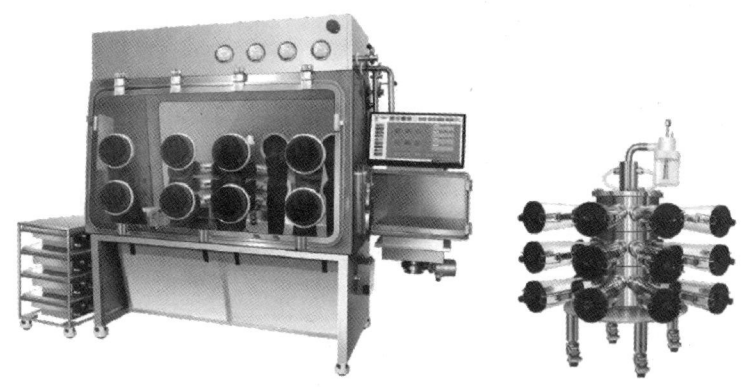

图 4-13-1 生物安全型小动物口鼻暴露系统

生物安全型传播感染系统分为生物安全型小动物传播感染系统和生物安全型灵长类动物传播感染系统,见图 4-13-3。

2.2 结构

生物安全型口鼻暴露系统主要由三级生物安全防护系统、气溶胶发生系统、暴露单元、环境监测系统、气溶胶采样系统、废气处理系统、上位机控制系统等组成。

生物安全型传播感染系统主要由三级生物安全防护系统、环境控制系统、环境监测系统、气溶胶采样系统、上位机控制系统等组成。

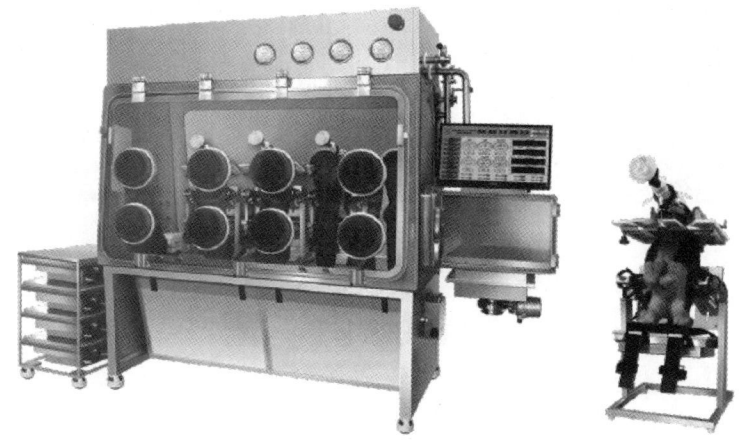

图 4-13-2　生物安全型灵长类动物口鼻暴露系统

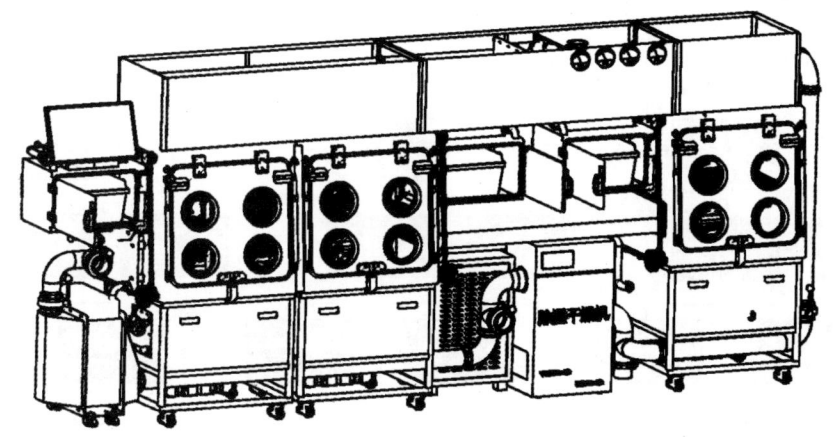

图 4-13-3　生物安全型传播感染系统

2.3　工作原理

2.3.1　生物安全型口鼻暴露系统

（1）生物安全型小动物口鼻暴露系统：压缩空气经过气溶胶发生系统产生气溶胶，气溶胶进入暴露单元进行稳定分散，暴露单元汇集多路小动物口鼻吸入接口，接口处接入所需实验数量的小动物固定桶，环境监测系统通过暴露单元接口对暴露环境进行监测，气溶胶采样系统通过暴露单元接口对暴露单元内的气溶胶进行采样分析，暴露单元内的气溶胶经过废气处理系统外排至实验室通风系统。整个过程在生物安全防护系统内进行，通过上位机控制系统精确控制与监测，保证生物安全型小动物口鼻暴露系统的正常运行。工作原理如图 4-13-4 所示。

（2）生物安全型灵长类动物口鼻暴露系统：工作原理同生物安全型小动物口鼻暴露系统，不同在于生物安全型灵长类动物口鼻暴露系统为气溶胶发生系统产生三路气溶胶，供三组灵长类动物进行口鼻暴露实验。工作原理如图 4-13-5 所示。

2.3.2　生物安全型传播感染系统

在三级生物安全系统防护下，满足实验动物饲养条件，保证动物福利，实现对定向气流流量控制，以及温湿度监测和控制。从实验室取风，依次经过除湿处理、降温处理，处理后的空气通过进风

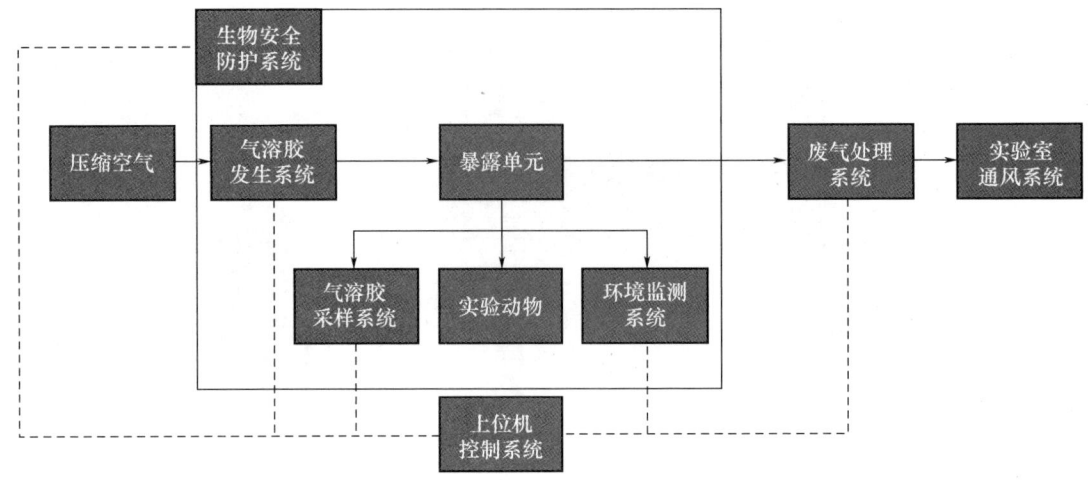

图 4-13-4　生物安全型小动物口鼻暴露系统工作原理图

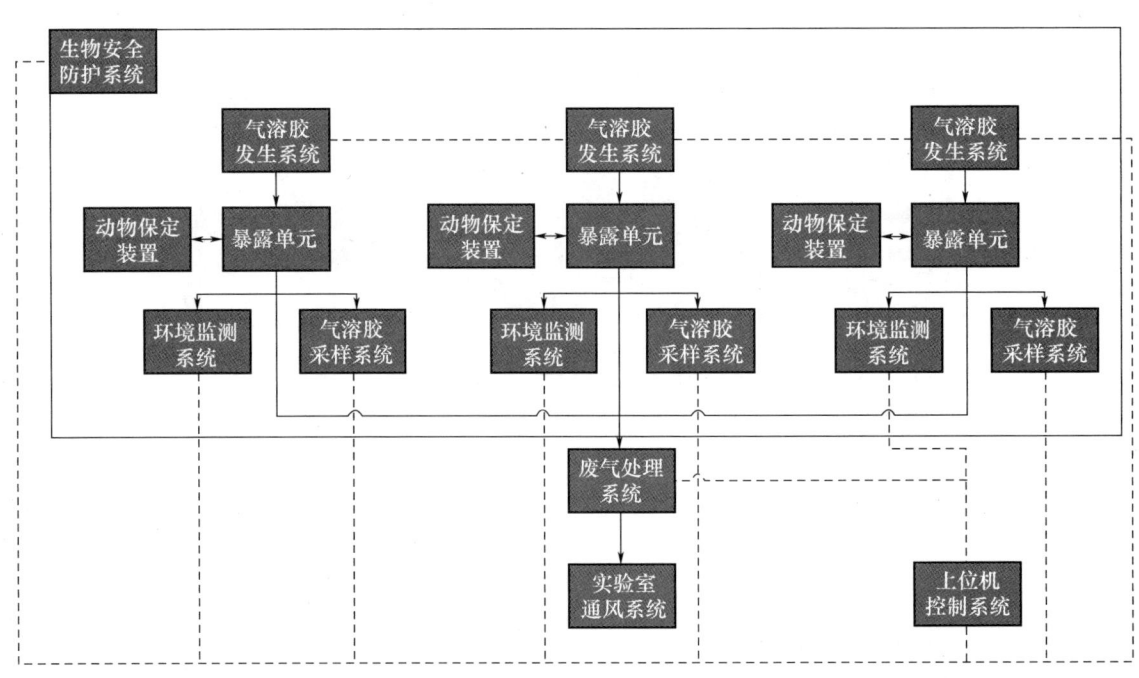

图 4-13-5　生物安全型灵长类动物口鼻暴露系统工作原理图

HEPA，从左向右依次经过 A 舱、B 舱、C 舱，最终通过排风一级 HEPA、排风二级 HEPA，外排至实验室通风系统中。小动物传播感染时，在舱内设置小动物饲养笼，小动物饲养笼之间设有定向气流管路，有利于传播感染实验的成功率。灵长类动物传播感染实验时，每个饲养舱内设置喂养机构、挤压机构、废物收集机构，便于长时间饲养进行传播感染实验。舱内风量通过排风阀控制，舱内负压通过进风阀控制，从而保证舱内负压环境。见图 4-13-6。

3. 标准规范

3.1 生物安全防护执行标准

（1）GB 19489—2008《实验室　生物安全通用要求》

具备气流控制及高效空气过滤装置的操作柜，可有效降低实验过程中气溶胶对操作者和环境的危害。

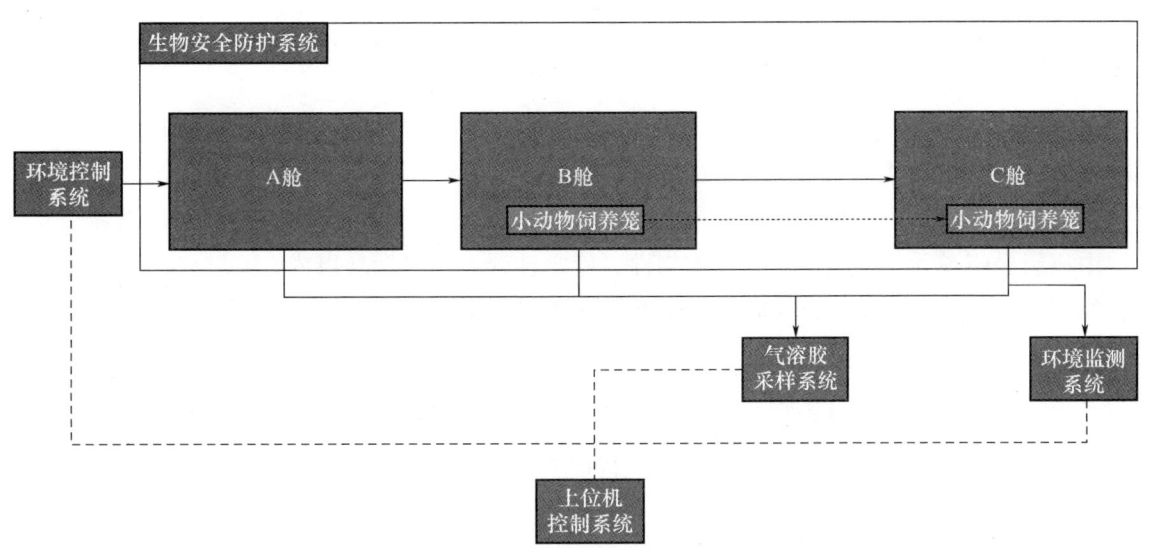

图 4-13-6 生物安全型传播感染系统工作原理图

(2) JG 170—2005《生物安全柜》

防止操作过程中含有危险性生物气溶胶散逸的负压空气净化排风柜。

(3) YY 0569—2011《Ⅱ级 生物安全柜》

负压过滤排风柜,防止操作者和环境暴露于实验过程中产生的生物气溶胶。

(4) 国际标准

主要参考:美国标准 NSF 49,欧洲标准 EN 12469:2000。

3.2 气溶胶吸入暴露执行标准

微生物口鼻暴露气溶胶吸入感染没有专门的标准,主要参考化学品吸入毒性试验标准,如以下条目:

(1) OECD 403 急性吸入毒性试验(2009);

(2) OECD 436 急性吸入毒性试验:急性毒性阶层法(2009);

(3) OECD 412 28d 亚急性吸入毒性试验(2017);

(4) OECD 413 90d 亚慢性吸入毒性试验(2017)。

综上所述,感染设备需要满足气溶胶浓度稳定性、均匀性偏差小于±20%,急性吸入暴露时气溶胶质量中值直径 MMAD1~3μm,GSD1.5~3。

3.3 气溶胶传播感染参考相关标准

GB 14925—2010《实验动物 环境及设施》;

DB32/T 1216—2008《实验动物笼器具 隔离器》。

4. 关键技术

4.1 技术难点

(1) 生物安全型口鼻暴露系统

口鼻暴露系统与生物安全防护系统联动控制,生物安全防护系统参照生物安全柜的标准,具有全封闭、不泄漏的结构特点，其柜内保持不低于 120Pa 的负压。送风经高效过滤器过滤后进入柜内，排风经两道高效过滤器过滤后排出。

小动物口鼻暴露单元为不锈钢双筒结构，内腔为正压，外腔为负压，此设计保证了动物呼出的废气不泄漏，实验过程中各暴露口气溶胶质量浓度均匀性、稳定性误差在±20%以内。

灵长类动物口鼻暴露单元采用透明材料制作，在实验中可观察气溶胶发生状态、动物呼吸状态。实验过程中三组暴露单元气溶胶质量浓度均匀性、稳定性误差在±20%以内。

符合经济合作与发展组织（OECD）吸入指导原则、农药和化学品毒性试验国家标准技术要求。

（2）生物安全型传播感染系统

生物安全型传播感染系统与生物安全防护系统联动控制，生物安全防护系统参照生物安全柜的标准，具有全封闭、不泄漏的结构特点，在满足生物安全的要求下，还应满足动物饲养条件，提供有效动物福利。

动物传播感染实验，对实验影响的因素有很多，比如研究目标微生物的存活性、实验动物的易感性、实验动物感染后的排毒周期、环境等因素。作为实验设备设施，根据动物饲养标准和南北方实验室环境差异，对温湿度需要有一定调节功能，进一步提高传播感染实验的成功率。

对于灵长类动物传播感染实验，由于通过袖套进行操作，在日常操作中存在较大困难，比如更换食水、更换废物、麻醉、采样等。需要设有多方位的挤压功能，保证日常操作有效实施。

生物安全型传播感染系统具有专业性强、复杂度高、集成度高等特点，为传播感染模型建立、传播感染机制研究等科学实验提供良好的平台。

4.2 关键性能指标

（1）外观要求

表面应无明显划伤、锈斑、压痕，表面应光洁，外形平整规矩，说明功能的文字和图形符号标志应正确、清晰、端正、牢固，焊接应牢固，焊接表面应光滑。

（2）结构要求

三级生物安全防护系统柜体内表面应光滑，柜体的焊接采用连续焊接，所有连接处应保证密封。工作区内所有的两平面交接处的内侧曲率半径不应小于 3mm，三平面交接处的内侧曲率半径不应小于 6mm。

小动物口鼻暴露单元采用组合式结构，零部件可拆卸便于清洗，能满足如小鼠、大鼠、豚鼠、雪貂、兔等动物实验需求，并提供相应动物固定装置。暴露单元具有 36 个气溶胶暴露口。

灵长类动物固定装置的固定方式为快插结构，动物固定后，其角度可调，调节范围±90°，头部固定和坐板具有 11 档位的上下调节功能，档位精度 10mm，可兼容灵长类动物头部暴露和口鼻暴露两种实验方式。

生物安全型传播感染系统的小动物饲养笼内部为格栅设计，可根据实验动物的类型、数量进行格挡，整体为不锈钢材质。灵长类动物具备相应挤压结构，便于日常操作。

（3）柜体密封性

生物安全防护系统的密封性应符合小时泄漏率不大于净容积的 0.25% 的要求。

（4）高效过滤器消毒与检漏

所有高效过滤器在安装后应进行检漏测试，并且具有原位检漏和原位消毒功能。过滤器过滤效果达到 H14 级或以上，透过率不超过 0.005%。

(5) 气溶胶发生要求

对于所发生气溶胶质量中值直径 MMAD：1~3μm，几何标准偏差 GSD：1.5~3。

(6) 采样要求

小流量撞击器：用于粒径采样监测，采样流量：0.2~0.5L/min，切割粒径范围 0.33~5.1μm。

冲击式生物气溶胶采样器：使用液体采样介质，采集生物气溶胶样本，便于实验分析，采样流量 12.5L/min，采样液量 20mL。

六级安德森生物气溶胶采样器：用于进行生物气溶胶浓度和粒径分析，粒径测试范围：0.65~10μm。

气溶胶质量浓度测量仪：用于气溶胶波动的实时监测，测量范围 0.1~10000mg/m^3，精度：0.01mg/m^3。

(7) 控制系统

控制软件具有方案管理、用户管理、参数设定、压力控制、流量控制、实时曲线、历史曲线、曲线详细查看、报表记录、报警记录、数据导出等功能，并且具有远程控制拓展接口，且设计有电子签名、审计追踪、用户分级管理、原始数据不可更改和不可删除等功能，符合 FDA 21 CFR Part 11 关于软件标准的要求。

(8) 安全

生物安全防护系统的负压不低于房间 120Pa。在正常工况下，去掉单只手套后，手套连接口中心风速不低于 0.7m/s。

当生物安全防护系统的内外压差产生异常后，系统要有声光报警提示。

(9) 换气次数

生物安全型传播感染系统应具有换气次数要求，换气次数不小于 20h^{-1}。

(10) 照度

生物安全型传播感染系统的照度应满足标准的动物照度要求和工作照度不低于 200lx。具有昼夜交替功能，满足昼夜交替时间 12/12 或 10/14 的要求。

4.3 安装技术要求

(1) 实验室需预留 220V、50Hz、16A 的电源插座，作为设备供电电源。

(2) 设备背面与墙间隔不小于 500mm，左右侧需预留不小于 500mm 空间，前面需预留不小于 1200mm 空间。

(3) 需提供洁净干燥的压缩空气（工作压力 3bar，流量 50L/min），房间预留管路上需包含密闭阀、调压阀和压力表，并做好密封。

(4) 实验室需预留不小于 300m^3/h 风量的排风口，位置在设备正上方。

(5) 实验过程中需要临时存放和装卸实验动物、放置检测仪器、实验仪器等，建议实验室内安装足够面积的实验台面，或预留相关空间。

5. 选型指南

5.1 生物安全型口鼻暴露系统

(1) 应用场所

生物安全型口鼻暴露系统主要应用于 ABSL-3、ABSL-4 高等级生物安全实验室。

(2) 适用实验动物与实验类型

可完成小鼠、大鼠、豚鼠、雪貂、兔子、猴等动物口鼻吸入暴露感染实验。

(3) 实验动物数量

① 完成最多 30 只小鼠、大鼠口鼻吸入暴露感染实验。② 完成最多 10 只豚鼠、雪貂、兔口鼻吸入暴露感染实验。③ 完成 3 只猴口鼻吸入暴露感染实验。适用于体重 3~6kg 的猴。

(4) 暴露单元稳定性

小动物口鼻暴露单元采用正交稀释专利技术，每个暴露口处微生物气溶胶质量浓度均一性误差为 ±20%，6h 稳定性偏差 ±20%。

3 只非人灵长类动物的暴露单元微生物气溶胶质量浓度的均一性与稳定性偏差为 ±20%。

(5) 压差

柜内负压不低于 120Pa；暴露单元负压不低于 50Pa。

(6) 安全防护

生物安全防护系统与小动物口鼻暴露感染系统为一体化设计，包括安全程序联动控制、消毒净化程序设置、两级 HEPA 过滤、智能压差控制、内外安全联动互锁、声光报警功能。

(7) 环境监测

可监测温度、湿度、氧气、二氧化碳等环境参数。

(8) 注意事项

确定实验场所、实验类型、实验动物类型、实验所需动物数量。

由于小动物和灵长类动物在体型、习性等方面存在较大差异，灵长类动物口鼻暴露实验与小动物口鼻暴露实验不能共用。

生物安全型口鼻暴露系统整体安装尺寸 3.1m×2.8m×2.3m，对实验室空间有一定要求。

5.2 生物安全型传播感染系统

(1) 应用场所

生物安全型小动物传播感染系统主要应用于 ABSL-3、ABSL-4 高等级生物安全实验室。

(2) 适用实验动物类型

可完成小鼠、大鼠、豚鼠、灵长类动物等传播感染实验。

(3) 开展实验类型

小动物可开展接触传播感染实验、飞沫传播感染实验、气溶胶传播感染实验。灵长类动物可开展飞沫传播感染实验、气溶胶传播感染实验。

(4) 安全防护

三级生物安全防护系统与动物传播感染系统为一体化设计，包括安全程序联动控制、消毒净化程序设置、两级 HEPA 过滤、智能压差控制、内外安全联动互锁、声光报警功能。

(5) 环境监测

具备环境调节功能，提高传播感染效率。可监测温度、湿度、氧气、二氧化碳等环境参数。

(6) 注意事项

确定实验场所、实验类型、实验动物类型、实验所需动物数量。由于灵长类动物的特殊习性，在传播感染实验中不适用接触传播感染实验。生物安全型传播感染系统整体安装尺寸 5.5m×1.2m×2.5m，对实验室空间有一定要求。

6. 质量控制

生物安全型口鼻暴露和传播感染系统属于实验室专用仪器，具有专业性强、批量小等特点。有些用户针对不同功能进行了增减，这样也就形成了非标准产品，为了保证多配置小批量生产条件下产品质量的稳步提高，需要建立详尽的作业指导书、标准作业程序，还需要引入先进的管理理念，提高管理水平。

（1）建立详尽的作业指导书

作业指导书应包括所需的零部件加工作业指导书、装配作业指导书、调试作业指导书。事先准备好作业指导书，可以充分考虑各种因素，通过编制和校对，结合多人的智慧和经验，提高准确率和可行性。

（2）建立标准作业程序

标准作业程序（SOP）根据实验要求所制定，结合实际操作人员的专业技术和产品的各项功能要求，制定一套极具专业的标准作业程序，有助于对产品的了解、实验人员的培训。

7. 主要问题、风险和解决方案

（1）生物安全型口鼻暴露和传播感染系统的基础材料和核心部件自主创新能力不足，比如高性能风机、高精度传感器等严重依赖进口。这种高度依赖进口产品的现象，存在被卡脖子的风险，需要国内行业相关厂家加大开发力度，早日研制出性能比肩国外的产品。

（2）使用袖套多为进口产品，每家袖套尺寸偏差较大，出现手套口配合松弛情况，导致密封性受到影响。

（3）系统的整体性能和长期运行稳定性还有进一步提升空间。需要更多用户使用并且长期使用，积累更多使用经验，只有不断经历市场检验，才能得到性能满足用户实际使用和性能长期稳定的专业产品。

8. 发展方向

目前的生物安全型口鼻暴露系统和传播感染系统，性能指标符合吸入毒性试验和实验室生物安全标准的要求，实现了计算机的自动控制，软件可以实时监控系统状态，也可以实现远程控制。未来的发展方向为机器人化、智能化、智慧化，整个实验过程人员不用进入实验现场，全部由智慧化机器人进行操作，从而避免实验室人员从事高风险的实验活动。

4.14 渡　　槽

1. 概述

渡槽是安装在房间隔墙上，用于物料经消毒液浸泡后的传递，并具有隔离墙体两侧空气的基本功能的一种密闭装置。

在中国实验室发展的起步阶段，没有对渡槽性能参数提出详细的要求，在对 GB 50346—2004《生物安全实验室建筑技术规范》的修订中，增加了相关具体描述，形成了 GB 50346—2011《生物安全实验室建筑技术规范》中 4.1.13 条款"三级和四级生物安全实验室相邻区域和相邻房间之间应根据需要设置传递窗，传递窗两门应互锁，并应设有消毒灭菌装置，其结构承压力及严密性应符合所在区域的要求；当传递不能灭活的样本出防护区时，应采用具有熏蒸消毒功能的传递窗或药液传递箱"，其中的药液传递箱就是现在的渡槽的旧称。随着时代的进步以及技术的发展，到了现阶段，我国生物安全领域的技术进步显著，对渡槽的要求也随之提高。

生物安全用渡槽，可以减少实验室的开门次数，还可以降低污染因子随所传递的物品从高风险区域向低风险区域泄漏的风险，更多是用来传递不能灭活的样本出防护区。

2. 结构、工作原理

2.1 结构

渡槽由箱体、两侧气密型门体、测试及消毒孔道、消毒液排放管道、互锁装置、传递装置等部分组成，一般为设置两面门体的箱式装置。

2.2 工作原理

渡槽一般为设置两面门体的箱式装置，首先开启一侧门体后，将所要传递的物品放入箱体内部且将物品浸没在渡槽内部的消毒剂中，经过一段时间的消毒后打开另一侧门体将箱体内部物品从另一区域取出，从而实现减少实验室的开门次数及降低污染因子随所传递的物品从高风险区域向低风险区域泄漏风险的目的。渡槽的外观见图 4-14-1。

3. 标准规范依据

国内涉及渡槽的规范有 CNAS-CL05-A002《实验室生物安全认可准则对关键防护设备评价的应用说明》、GB 50346—2011《生物安全实验室建筑技术规范》、GB 19489—2008《实验室 生物安全通用要求》。

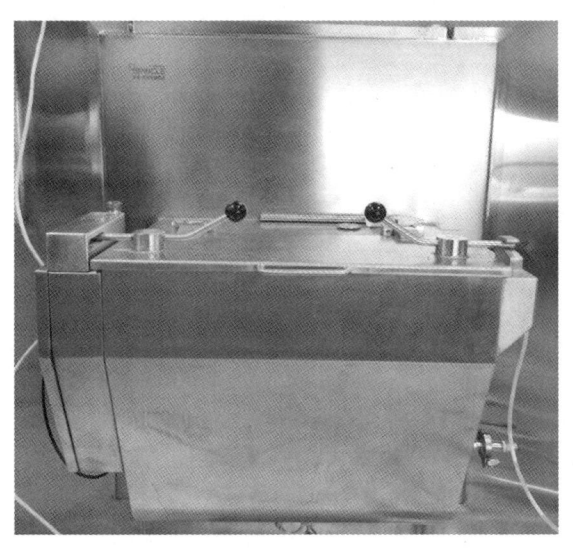

图 4-14-1 渡槽外观

4. 主要性能指标及评价

4.1 技术难点

渡槽难点在于渡槽内部腔体及设置的门体之间的有效密封，需要保证在箱体内部采用压力衰减法检测时，当箱体内部的压力达到 -500 Pa 后，20min 内负压的自然衰减小于 250 Pa；同时其选用的材料需要具有耐腐蚀性，确保选择的消毒剂在渡槽内部腔体长期浸泡，不会对所选用的材料造成腐蚀或者破坏。

4.2 规范中对关键性能指标要求

依据国内涉及渡槽的相关规范内容，对渡槽关键性能指标要求进行梳理，具体各规范中对渡槽技术参数要求见表4-14-1。

表4-14-1　规范中渡槽技术参数要求

项目	CNAS-CL05-A002《实验室生物安全认可准则对关键防护设备评价的应用说明》
外观及配置	外观及配置检查应满足外观平整光洁、无明显锈蚀，主要部件及功能齐全
门互锁功能（如配置）	门互锁功能应按照本文件5.14.3.2［门互锁功能检查应按照JG/T 382—2012 6.2.11a)条款执行——渡槽两端的门应有互锁功能，打开渡槽任意一端的门，则另一端门不能打开］进行检查，渡槽两端的门应有互锁功能
气密性（当设置于有气密性要求房间时）	气密性按照本文件5.14.3.3［气密性检测应按照RB/T199—2015 4.6.3.2.3条款执行——气密性检测：可通过检测实验室围护结构的气密性来间接评价气密门的气密性。如安装气密门实验室围护结构的气密性满足相关要求（压力衰减指标要求或空气泄漏率指标要求），则认为气密门的气密性满足要求。如安装气密门实验室围护结构的气密性不能满足相关要求，则应采用皂泡法进行验证］进行检测，检测结果应符合RB/T199—2015 4.6.4.3条款（a）如果实验室围护结构气密性满足相关要求，可以不进行该项目测试，直接判定合格；（b）如果实验室围护结构气密性不能满足相关要求，可采用皂泡法，即通过真空泵将气密门隔离的空间（实验室）抽气至低于−250Pa的负压，然后在门板和门框缝隙间刷肥皂水，如无明显鼓泡，则气密性完好。
消毒效果验证	消毒效果验证应按照本文件5.14.3.4［消毒效果验证参考《消毒技术规范》（2002年版）2.1.2.9"消毒剂对其他表面消毒模拟现场鉴定试验"或2.1.2.10"消毒剂对其他表面消毒现场鉴定试验"方法验证，生物指示剂类型根据实验室所操作病原类型确定］进行检测，按照《消毒技术规范》（2002年版）的方法进行判定

4.3　材料要求

渡槽的腔体或门扇应整体焊接成型，可以保证设备的严密性和使用的耐久性，且由于渡槽内表面经常要接触消毒剂，这些消毒剂会加快有机密封材料的老化，因此渡槽的内表面应使用强度符合要求的耐腐蚀性材料，密封处应尽量避免使用有机密封材料。

4.4　安装技术要求

对渡槽的安装要求主要是气密性，除了箱体外框与墙体的严密性、管道的气密性及门体的气密性，有些厂家的渡槽的电线或网线会进行穿墙，但由于需要打开检修门才能看到线体，因此这里的穿墙密封容易被忽略。

渡槽在生物安全实验室中安装时，应考虑消毒剂更换的操作空间的要求，尽量预留足够操作的空间。

5.　质量控制

5.1　国内质控要求

国内通过渡槽相关规范的施行，从渡槽的尺寸、结构、材料等方面对其质量控制建立了基本的要求。尺寸方面，主要是针对外形尺寸、通道尺寸、外壁及通道内各面壁板进行了约束；结构方面，主要是针对箱体、测试及消毒孔道等方面进行了约束；材料方面，主要是针对渡槽的腔体或门扇进行了约束；同时也对使用环境、电气元件、控制和显示等方面进行了相关约束。通过以上各方面的约束，很好地实现了国内的渡槽的质量控制。

5.2　企业内部质控

国内生产渡槽的企业，一般是在满足国内相关质控要求的前提下，结合自身优势，对尺寸、结构、材料中的一项或者某几项的要求提高，从而形成产品独有的竞争力，企业内部质量控制要求也在相应方面进行拔高，更好地实现了对其生产的渡槽的质量控制。

6. 选型指南

6.1 选型流程

首先需要确定渡槽所在生物安全实验室的等级及类型，然后根据不同级别生物安全实验室等级、类型及实验室操作流程选择渡槽不同的尺寸规格，最后根据不同尺寸规格的渡槽选择合适的组件。

6.2 适用的实验室级别

一般应用于 ABSL-3 中的 b2 类实验室、BSL-4 及 ABSL-4 实验室，主要依据双扉高压蒸汽灭菌器对所传递的物品是否具有灭活或破坏作用，如果有灭活和破坏作用，则只能选择使用渡槽来进行传递。

7. 建设和使用过程中的风险控制

7.1 建设过程中的风险控制

在实验室建设过程中，渡槽需要从生产厂家运往项目上，然后按照建设进度安排进行安装。整个过程中的风险点在于渡槽在运输途中的磕碰以及在安装过程中与实验室围护结构的有效连接。

为了避免渡槽运输途中的磕碰发生，可以建立渡槽运输的标准操作流程，其中包括运输过程中的防振动措施、防翻滚跌落措施等，从而防止渡槽在运输过程中由于强烈的振动、翻滚或跌落产生磕碰，造成结构上的损伤，影响其自身的气密性等。

为了在安装过程中实现渡槽与实验室围护结构的有效连接，从而确保箱体外框与墙体的严密性，可以建立渡槽安装的标准操作流程，并严格按照安装方案执行。在安装完成后，需要对围护结构的严密性以及渡槽两侧门体的气密性进行检测，以进一步确保渡槽安装的可靠性。

7.2 使用过程中的风险控制

在实验室使用过程中，需要通过渡槽进行物品传递，传递过程中的风险点在于两侧门体的气密性是否完好，否则会造成泄漏的风险；以及渡槽对放入内部的物品消毒效果的有效性，如果消毒效果不理想，同样会造成病毒泄漏风险。

为了确保渡槽两侧门体的气密性，可以定期采用压力衰减法进行测试，建立其合理的操作及运维 SOP，确保其两侧门体的气密性可靠。

为了确保渡槽对放入内部的物品消毒效果的有效性，可以建立合理的消毒操作的 SOP，并定期对其消毒效果进行验证。

8. 技术发展

目前，渡槽已达到国内相关规范的要求，确保在物品传递和消毒过程中的安全、可靠和高效。然而，随着科技的进步和实验室安全标准的提高，未来的发展方向不仅是优化当前性能指标，更注重机器人化、智能化和智慧化。这意味着渡槽将与实验室围护结构融为一体，成为自动化系统的一部分。所有操作将由智能机器人负责，具备高度智能化的控制系统和感知能力，可准确执行各种传递消毒任务。

智能化的渡槽系统将带来多重优势：首先，大幅降低实验室人员的风险暴露，避免直接接触危险物质或高风险实验环境；其次，提高运行效率和稳定性，减少人为操作导致的错误和故障；此外，实现对渡槽状态的实时监测和远程控制，及时发现并解决潜在问题，确保实验室安全运行。

在实现机器人化、智能化、智慧化的过程中，需充分考虑相关技术的发展和应用，创新完善机器人的设计、控制算法和感知技术，以确保系统的可靠性和稳定性。同时，与实验室环境的协调高效也是关键，需考虑实验室布局和工艺流程。

综上所述，未来智能化的渡槽系统将成为实验室安全和运行效率的重要保障，通过全面智能化管理，为科研人员提供更安全、更便利的实验环境。

4.15 深低温自动化生物样本存储系统

1. 概述

血液、尿液、组织、细胞等生物样本资源是生物医药产业发展的基石，也是国家生物安全战略的重要组成部分。越来越多的研究机构、高等级医院已经开始规划和建设自己的生物样本库或细胞库。安全、有效、长期地保存生物资源，提升存储设备及管理服务的重要性和必要性越发凸显。

近年来，随着各科学研究、临床医疗、公共卫生、生物科技、生物医药、农业及畜牧等领域的相关高等级生物样本存储需求不断激增，发展自动化、信息化、智能化的生物样本存储系统，已成为生物样本存储行业的必由之路。而且，立足面向未来创新生物技术、医疗和医药发展新需求的自动化、智能化和信息化生物样本存储系统，必将成为生物科技领域创新发展的重要基础性装备。然而现实中，由于我国的生物医学和创新药物等科技及产业的发展，与欧美日等发达国家存在一定程度的差距，因此，该领域原有的自动化装备的开发和应用，此前几乎被欧美等国的品牌产品所垄断。

2015年后，经过近十年的潜心研究和科技创新，国产设备不但完全可以替代原有的进口产品，而且已经在自动化技术、智能化管理以及产业化应用等多个维度获得了显著的领先优势，也使得此类装备和设备的购置和运行成本大大降低。除此之外，我国已经将单台设备的自动化技术，与信息化管理系统、智能化运维平台、5G-IoT物联网、智能机器人和大数据技术等新兴技术充分融合，实现了全场景、全流程的智能化解决方案和运维管理，将为我国创新的生物科技、医药卫生事业等产业的创新发展提供坚实的装备基础。

2. 分类、结构和工作原理

生物样本深低温自动化存储，通常采用液氮作为制冷介质，所以也称之为生物样本自动化液氮存储系统。按样本的存储方式来区分，可将其分为气相液氮和液相液氮两种存储形式，其分别对应于气相液氮自动化存储系统和液相液氮自动化存储系统。

按液氮存储罐内生物样本的具体存储结构形式的不同，自动化液氮存储系统又可以分为板架提篮式、盘片层叠式、管阵排列式、载杆阵列式、冻存袋式等。其中板架提篮式、盘片层叠式、管阵排列式主要用于气相液氮自动化存储系统，载杆阵列式主要用于胚胎、卵母细胞等生殖样本的液相液氮自动化存储系统，冻存袋式则主要用于细胞制剂等冻存袋包装样本的深低温自动化存储。

2.1 液相液氮自动化存储

液氮存储系统的存储罐体通常采用内外双层的金属腔体设计，且对夹层内采用抽真空、缠绕防辐射膜、隔热材料支撑等技术方法进行处理，借此将内外罐体间容易产生的热传导、热辐射、对流传热等各种传热因素尽可能地加以控制和抑制,以降低设备运行的液氮消耗量,并使罐体内存储区域的温度更低,也更加稳定。

液相液氮存储系统通常是指将存储罐内充满液氮,并将所需存储的生物样本(可为管式、袋式、载杆等多种样本包装形式)始终浸没在液氮之中进行保存的运行方式(如图 4-15-1 所示)。由于在标准大气压条件下,液氮的沸点温度约为 -196℃,因此在实践中,罐内的液氮温度,即样本的保存温度,通常也在 -196℃ 左右。液相液氮存储温度极低,远低于低温生物研究领域通常所认为的长期稳定存储温度 -150℃,且保存温度的波动极小,因而对样本保存过程中的样本活性的保障也是更佳的。然而,由于所有样本往往都是直接浸没在同一个可流动互通液氮环境中,一旦存储样本的冻存管、冻存袋等样本包装的密封性能(包括常温及深低温环境下)存在不足,很容易产生样本间相互交叉感染的情况,也容易污染存储系统的存储罐体及内置机构,造成长期的污染风险。因此,液相液氮的存储方式相对应用较少,但在辅助生殖领域,由于用于样本存储的载杆,通常是全封闭方式密封的,因此液相液氮存储一直是行业的主流方式。

2.2 气相液氮自动化存储

气相液氮存储系统是利用存储罐体内所储备的液氮蒸发上升的低温氮气氛围,将生物样本包裹,从而实现对生物样本的深低温存储环境的构建(如图 4-15-2 所示)。由于罐内的液氮温度通常为 -196℃ 左右,因此样本存储空间的最低温度区域(通常是罐内底部接近液氮的液面位置),其存储温度也通常为接近 -196℃,但随着存储位置的升高,其样本存储温度也会相应升高。但一个合格的气相液氮存储系统,其罐体内的最高存储温度(通常是罐内的顶部或者接近顶部的位置),仍能保持在 -150℃ 以下,以确保样本的实际存储温度能够达到行业通行的安全温度范围内(低于 -150℃),从而有效保障各类活性生物样本的长期稳定冻存。气相液氮的存储方式,使得生物样本不直接接触液氮,从而大大降低了样本间相互感染影响的概率,提升了生物样本存储的安全性。也能有效避免由于样本存储管的密封性不完备而引发液氮渗入管内,进而在样本管回温过程中发生炸管、裂管等损伤后果的技术风险。因此,气相液氮的存储方式是深低温存储的主要形式,几乎除生殖样本之外的所有生物样本,均采用各种规格的螺纹密封冻存管的形式进行存储,因此,气相液氮也是当前实际中最为主要的样本深低温存储方式。

图 4-15-1　液相液氮存储罐内结构示意图

图 4-15-2　气相液氮存储罐内结构示意图

2.3 深低温自动化液氮存储系统的基本结构

自动化液氮存储系统通常由五大组件构成（见图4-15-3），分别为液氮存储罐组件、自动化工作舱组件、电气控制组件、机箱钣金组件和人机交互组件。

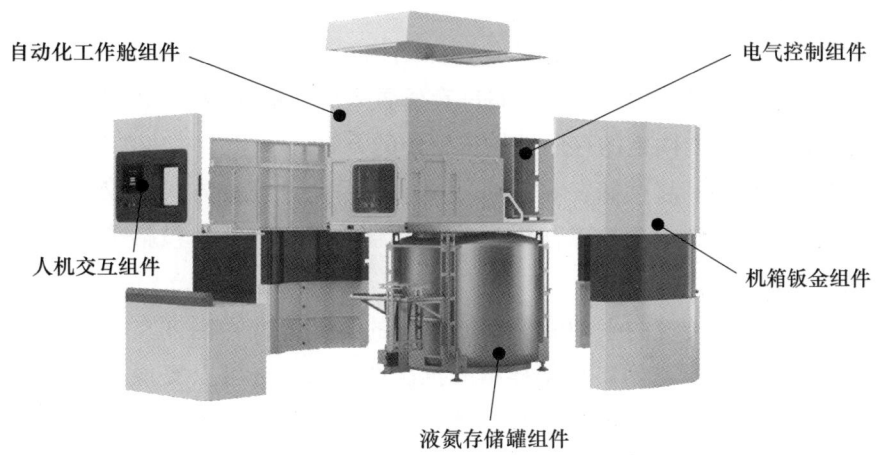

图4-15-3 深低温自动化液氮存储系统基本结构示意图

图4-15-4为气相液氮存储系统的内部结构示意图。其中，外部接口组件是设备连接外部电源、网络、液氮以及气体（用于动力或者干燥）等供应的操作面。样本转运罐是自动化液氮存储系统在样本出入库过程中实现样本冷链转移必不可少的配套设备，通常与主设备相同，采用相应的气相液氮或者液相液氮深低温形式，要有足够的低温运行续航时间，以满足样本冷链出入库过程的时长所需。

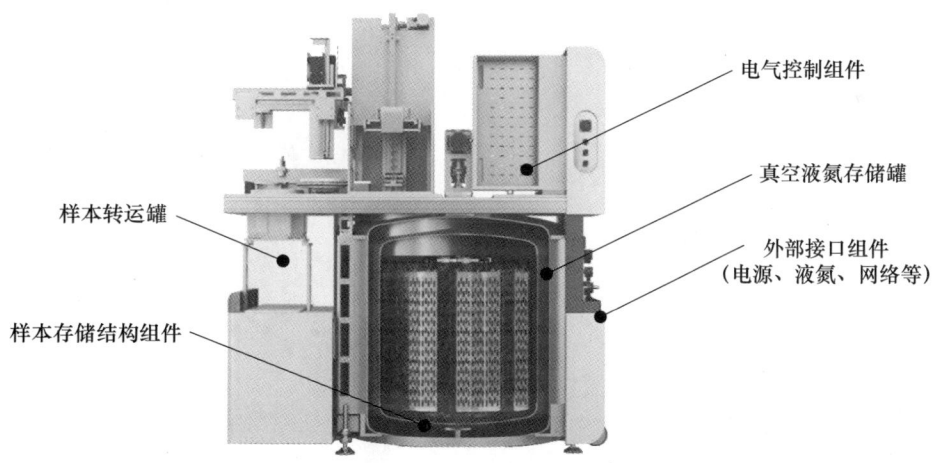

图4-15-4 深低温自动化液氮存储系统内部结构示意图

自动化操作组件因设备的存储结构类型和自动化程度不同而有所不同，通常对于样本自动化操作最直接相关的有样本板架抓取机构，以及冻存管取管机构。其中，板架抓取机构往往采用机械抓取方式，并具有对不同规格的SBS冻存管板架的兼容操作能力，以实现设备对多规格冻存管的存储兼容性。而冻存管的取管机构，往往采用机械抓取和负压吸取两种形式。这两种机构具有不同的使用特点，机械抓取方式相对较为传统，其优点是对不同规格和品牌冻存管的兼容性更好，但此种方式也存在抓取力难以精准控制、发生掉管时难以及时反馈，以及管身与板架出现霜冻粘连时容易发生板架倾覆等运行风险。采用负压吸取冻存管时，虽然可以较好避免机械抓取的不足之处，但对冻存管的结构精度及统一性有较高要求，因此对不同品牌规格的冻存管的兼容性相对较弱，而且对取管机构的自动化运行精度要求也相对较高。此外，冻存袋自动化存储也需要专用的冻存袋盒抓取机构，而且需要根据不同容量的冻存袋选择冻存袋专用盒的尺寸。

2.4 板架提篮式液氮自动化存储系统

板架提篮式是指设备的液氮存储罐内自动化存储结构采用板架提篮的方式。具体而言，是指冻存管不是直接存储到设备的存储结构内，而是先将冻存管置入冻存板架内（通常为 SBS 标准板架），再将含有冻存管的板架存储到设备内固定的存储结构位置中的方式。

由于冻存板架要与冻存管一起存储在深低温环境中，因此，该种方式不仅要考虑冻存管的深低温存储的适用性，也必须要考虑到配套的冻存板架的深低温适用性，其中包括冻存板架材料的深低温环境下的结构强度和结构稳定性。

板架提篮式深低温存储是传统的手动液氮存储系统的存储方式，因此在自动化深低温存储中也相对应用较多。该种形式既可以实现 SBS 板架样本的批次性存取，也可以实现在 SBS 板架上单支样本冻存管的挑管功能。但从实践中来看，采用板架提篮式深低温自动化存储时，SBS 板架存取操作较为容易实现，且稳定可靠；但是，若要进一步实现单支样本的挑管功能，则技术难度提升不少，对于其操作稳定性的风险因素也随之增加，因此对设备的设计和生产要求也较高。

该种存储形式的最大优点是对于冻存管的兼容能力最强，但也由于有效的存储空间利用效率较低，导致相同存储容量的设备的外形尺寸相对较大，或者相同的设备安装空间内的样本存储量相对较少。另外，进行单支挑管操作时，要预先对冻存板架进行操作，因此单支挑管较为频繁时的操作效率会受到较大影响。板架提篮式存储结构如图 4-15-5 所示。

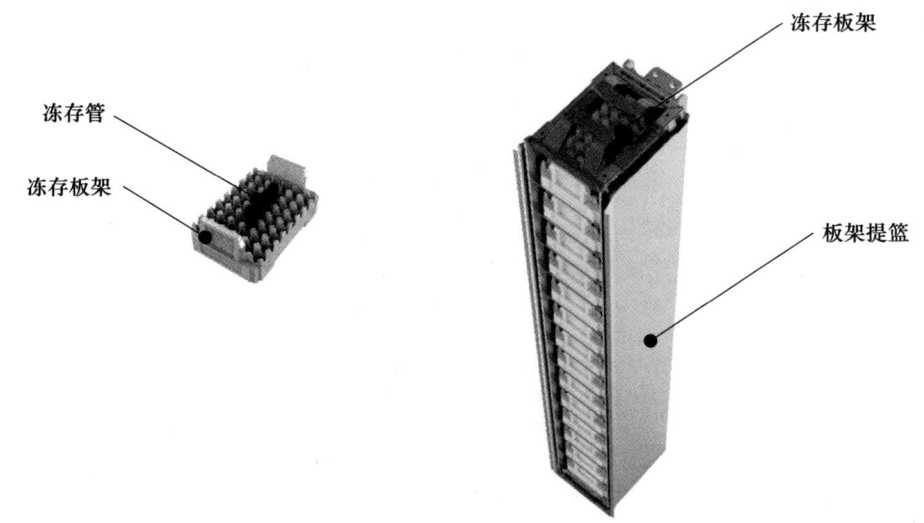

图 4-15-5　板架提篮式存储结构示意图

2.5 盘片层叠式液氮自动化存储系统

盘片层叠式是指设备的液氮存储罐内自动化存储结构采用盘片层叠的方式。具体而言，是指冻存管既可以直接存储到设备的盘片存储结构内，也可以先将冻存管置入冻存板架内（通常为 SBS 标准板架），再将含有冻存管的板架存储到盘片存储结构内，最后再将各个盘片置入到特殊的层叠式提篮结构中。

该种存储结构的独特形式，使得单支样本的直接存储能够连续快速地实现，而且还可以实现盘片内部分或者存储罐内局部区域的 SBS 板架存储形式，并且，无论是不同盘片之间，还是同一个盘片内，都可以实现对不同规格冻存管的兼容存储。从而使得设备使用方式和对使用场景的多元化变得可行且灵活多样，也提升了液氮存储罐内的样本总存储容量。

由于各个样本盘片均需要对其外形尺寸，特别是内部结构孔有较高的精度要求，且这些盘片必须作为设备的配套附件进行配置，因此该部分的成本增加比较明显，从而导致设备的总制造成本往往会高于同规格的板架提篮式设备。盘片层叠式存储结构如图 4-15-6 所示。

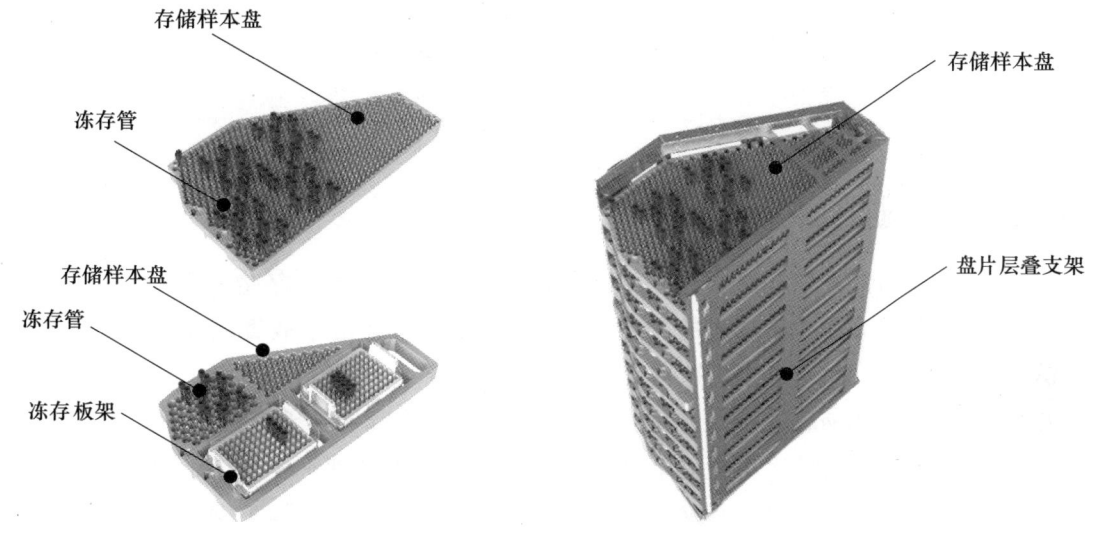

图 4-15-6　盘片层叠式存储结构示意图

2.6　管阵排列式液氮自动化存储系统

管阵排列式是指设备的液氮存储罐内自动化存储结构采用管阵排列的金属存储管进行冻存管存储。具体而言，是指液氮存储罐内按特定的坐标位置，垂直且密集地放置着许多金属存储管，而每一根金属存储管内又可采用垂直叠加的方式，存储多支同规格的冻存管。通常，金属存储管为可适用深低温环境的铝合金或者不锈钢材质，每一根存储管内最多可容纳十几到几十支冻存管。

采用该种存储结构形式时，液氮存储罐内密集装载着金属存储管，存储管内又可密集存储冻存管，因此设备存储罐的有效存储空间利用率较高，存储密度远高于传统的板架提篮式存储系统，也高于盘片层叠式。

管阵排列式存储结构具有多个独特使用优势。比如，各金属存储管之间具有相互物理隔离的结构特征，能有效降低不同组别样本间交叉感染风险。此外，由于大量金属管固定安装在存储罐内，不仅使得罐内的温度梯度更加稳定均衡，而且可形成较为稳定的上升流低温氮气场景，使得罐内出现霜冻和氧气的不利影响显著降低。而且，由于该型设备往往采用广口结构的液氮存储罐，使得样本在应急情况下快速整体转移变得可行。但是，由于采用金属管内叠加存储的形式，其对冻存管的一致性（包括外形尺寸、管身精度等）要求较高，若在每日的出入库通量要求较高的需求场景下，因单支取管时往往需要进行冻存管倒管操作，取管时长会相对增加（但通过设备的预约取管功能可相当程度地解决该问题）。管阵排列式存储结构见图 4-15-7。

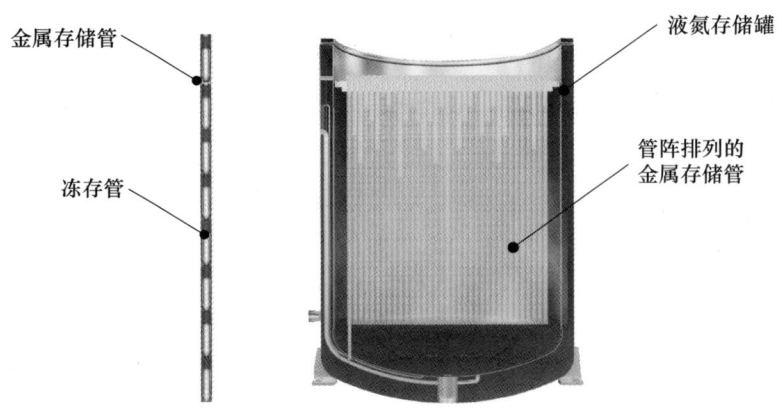

图 4-15-7　管阵排列式存储结构示意图

2.7　载杆阵列式液氮自动化存储系统

载杆阵列式是指设备的液氮存储罐内自动化存储结构采用载杆方式存储。具体而言，是指将装载着胚胎或者卵母细胞等重要的生殖样本的密封载杆，单支或者多支分组放置入一个迷你的真空套管之中，再按特定的坐标位置，垂直且密集地将其放置到套管存储结构中的方式。

通常，载杆式存储选用液相液氮存储的方式，而且迷你真空套管内也会在设备运行期间注满液氮。因此，该类型设备的推广使用将大大提升辅助生殖等领域的样本管理水平和工艺可靠性。从而，该系列产品也显著地提升了辅助生殖样本存储的自动化和信息化水平，防止和减少对样本及信息的安全保障。载杆阵列式存储结构如图 4-15-8 所示。

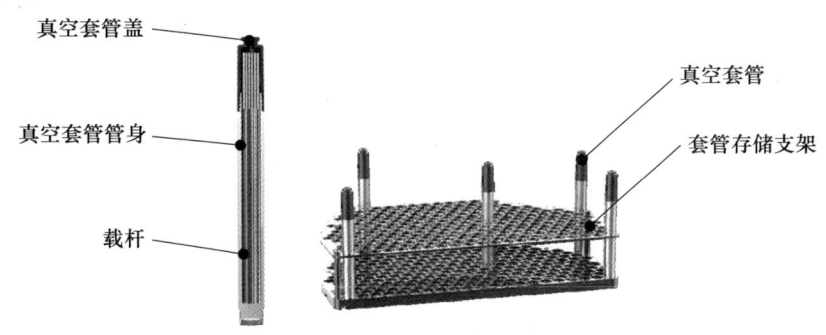

图 4-15-8　载杆阵列式存储结构示意图

2.8　冻存袋式液氮自动化存储系统

冻存袋式是指设备的液氮存储罐内的自动化存储结构采用冻存袋存储的方式。具体而言，是指将装载着血液或者生物制剂样本的制剂袋置入配套的具有深低温稳定存储能力的冻存袋盒内，再以冻存袋盒的形式密集存储于具备相应存储结构的气相液氮存储罐内各个提篮支架上的存储方式。

采用自动化、信息化、智能化的冻存袋式液氮自动化存储系统，可极大提升活性生物制剂深低温存储的可靠性和安全性，并实现全过程的可追溯性。冻存袋式存储结构如图 4-15-9 所示。

3. 标准规范

国内对于深低温生物样本存储设备相关标准规范如以下条目：

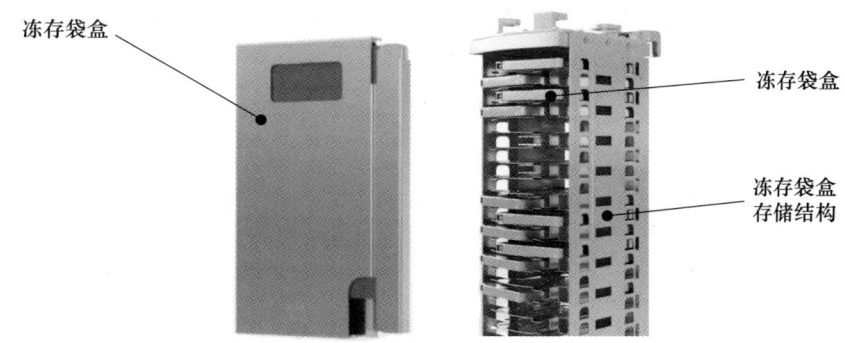

图 4-15-9　冻存袋式存储结构示意图

(1) GB 4793.1—2007《测量、控制和实验室用电气设备的安全要求 第1部分：通用要求》

确保在使用这些电气设备时，操作人员不会面临触电、火灾、爆炸等电气相关的危险，减少潜在的人身伤害风险。有助于保证设备在正常和异常情况下都能稳定运行，降低故障发生的概率，延长设备使用寿命。

(2) GB/T 18268.1—2010《测量、控制和实验室用的电设备　电磁兼容性要求 第1部分：通用要求》

防止电磁干扰对设备自身性能产生不良影响，保障其测量、控制等功能的准确性和稳定性。比如避免电磁干扰导致测量数据偏差。

(3) GB/T 14174—2012《大口径液氮容器》

明确了生产过程中的各项技术指标和要求，有助于保证大口径液氮容器在材料、结构、性能等方面达到规定标准，提升产品质量的稳定性和可靠性。

(4) GB/T 37864—2019《生物样本库质量和能力通用要求》

明确了样本采集、处理、存储等各个环节的规范化，保证生物样本的质量和完整性，为后续的研究和应用提供可靠的基础。

4. 关键技术

4.1 技术难点

(1) 设备有效存储容量和密度

现有的自动化液氮制冷存储设备，由于设备有效存储空间内的存储密度相对较小，导致在实际应用中，具有较高性价比的设备的尺寸往往普遍较大，而该设备的实际使用场所，大多均为场地空间非常受限的高等级科研实验室、研究型三甲医院、公共卫生、高端制药等场所，所以往往导致安装、使用及维护均存在众多困难，设备的应用受限。

(2) 液氮制冷方式实现－80℃存储能力

现有技术的低温存储设备主要采用液氮制冷、压缩机电制冷，通常，－150℃以下温区采用液氮制冷，－80℃以上温区采用压缩机电制冷，不但无法实现一机多能，而且会带来用电负荷高、设备运行导致环境升温显著，还有噪声、振动等明显影响，不但需要进一步增加环境制冷系统能耗，而且由于产生的振动和噪声，还会对一些邻近区域的精密仪器带来不良的使用影响。

(3) 自动化操作过程的全程深低温保护功能

现有技术中提取样本管过程以人工操作为主，操作过程中容易造成样本间的交叉污染和将生物样本多次暴露在有氧环境中，生物样本在整个存取操作过程中无法保证全程冷链，面临反复冻融的风险，也导致设备运行的稳定性大大下降，运行故障率较高。

（4）自动化工作舱及存储区域的免霜冻技术

由于生物样本存储低温环境的特殊性，现有设计的产品操作区容易结霜冻，对操作区的操作电气元件易造成损伤，特别是长期使用或者较高强度的运行之后，设备普遍会出现由于霜冻问题带来的运行故障升高、样本识别困难的问题，而且严重时还会影响到设备运行及存储样本的安全性。

4.2　关键性能指标

（1）大容量高密度样本存储

高密度存储可极大提升存储量，满足实验室、公共卫生机构等特殊场合在样本存储场地有限前提下实现样本存储量大的需求；分组隔离主要针对细胞株和病毒株等其他特殊样本，可按样本源分组实现独立存储功能，能有效避免对其他样本的不利影响，提高生物安全性；独立存储铝管独特的底部弹簧设计，降低存储样本过程中管的损坏概率，同时提高存储样本效率。

（2）液氮全温区精准控制系统

利用液氮精准控温技术，无须压缩机电制冷的配置，也可实现－80℃以上的液氮低温存储功能（满足特定生物样本或生物制药原料及产品的低温存储），满足客户对产品温度的个性化需求。

（3）深低温冷链取管机构

采用负压式气动取管方式，可在液氮环境下精准控制取管，冻存管吸取转移机构可实现在低温环境下存取冻存管，样本存取过程的全程冷链。

（4）智能化样本分类存储方法的控制及管理软件

可提供一种既能够提高存储空间利用率，又能降低不同类型、不同批次生物样本之间交叉污染风险的多单元管阵式超低温存储设备的样本分类存储方法；其次，操作管理软件不仅可以管理单台、批次甚至异地的设备管理控制，而且可以实现对样本源信息及样本全流程的操作过程信息记录，并可与ERP、CRM、MES等产业化管理系统的对接协作，易于操作人员操作和掌握。

（5）高效除湿温控系统

设备内部设有压力平衡系统及干燥循环系统，实现高效除湿功能，极大降低了传统设备在深低温环境下样本存取过程中产生的霜冻风险，减少人工频繁维护带来的安全隐患，保证操作区的露点温度满足合理要求，降低操作区的设备损坏的概率，保障设备可靠稳定运行。

4.3　安装技术要求

（1）环境要求：设备安装空间温度应在15～28℃，相对湿度30%～50%。建议安装恒温恒湿空调，没有恒温恒湿空调情况下，普通空调匹配除湿机也可以基本满足需求。

（2）空间要求：设备四周预留大于等于1000mm检修空间，顶部预留大于等于600mm检修空间。

（3）安装现场地面承重需大于等于450kg/m^2。

（4）库区地面坡度应小于3°。

（5）电源要求：AC220V/50Hz、16A插座、接地电源，设备供电侧需配32A单相2P交流断路器，推荐每台设备单独电源线路。电源插头要求：根据不同地区的标准使用正确的电源插头，国内出厂标配三孔插头。

（6）设备所处空间应当有氧浓度和温湿度预警或报警装置。需加装氧浓度和温湿度报警装置以监控液氮泄漏情况和空气温湿度情况，氧浓度仪根据空间大小安装2个及以上，温湿度仪根据空间安装2个及以上，氧浓度探头传感器需装在离地30~40cm高度的位置，温湿度探头传感器需安装在离地1.35~1.80m高度的位置，氧浓度仪表和温湿度仪表需配备24V电源及预置485信号线，建议分别预埋4芯线缆汇总到机房以实现氧浓度温湿度的实时监控（2芯供电，2芯为485信号线）

（7）网络要求：设备侧预留两个网络接口，一个用于内网数据传输，另一个预留外网使用（主要用于设备远程运维，也可以插无线的方式实现）。

（8）液氮要求：设备的制冷介质采用液态液氮，需配置液氮供给装置。液氮压力要求：0.09~0.3MPa。进液接口：3/4-16UNF（设备侧留为外丝），可使用液氮补给罐或液氮塔补充液氮。

5. 选型指南

5.1 样本包装形式及规格

应根据所需存储的生物样本的包装形式（如冻存管、冻存袋、冷冻载杆等）选择具有相应存储功能的设备（分别为冻存管存储设备、冻存袋存储设备、载杆存储设备等），并根据所需存储样本的规格型号，再细化设备选型与之适用，如2mL冻存管、0.5mL冻存管、50mL冻存袋、200mL冻存袋、玻璃化冷冻载杆等。

5.2 存储容量

设备选型需要确定设备所需的最大存储容量。由于设备的存储容量与其外形尺寸关系密切，所以在选型时需要同时考虑到设备安装场地的空间条件，以及相应的安装技术要求。主流的设备单机的最大存储容量的可选范围通常为10000~100000支（以2mL冻存管计）。依据自动化设备的制造和维护成本的构成特点，如果条件满足，通常是单机存储容量越大，单位存储容量所需的设备购置和运维成本越低。

5.3 运行方式

根据各生物样本库建设规划的自动化运行方式的不同，可选择单机运行、多机联网运行、无人化运行（需配套的设备和软件系统）等方式。还需根据使用单位或部门的业务流程特点，确定样本库信息的接口方式和管理流程。

5.4 业务通量

由于自动化设备样本存取过程需要一定的操作时间，因此针对生物样本库的不同营运方式或用途，需考虑整个自动化样本库的运行业务通量是否能与业务需求匹配，以确保生物样本的存取操作能够及时完成、业务流程的顺畅，并保障生物样本的安全。如果样本库的使用部门为第三方运行平台、服务于多部门的中心式样本库等情况时，需要尽量考虑多台存储设备组网的分布式形式，以增加样本存取的操作通道，提升整个自动化样本库的业务通量。

6. 质量控制

深低温生物样本存储设备属于实验室关键设备，具有专业性高、需求多样化等特点。由于不同用户对存储条件、容量等有不同要求，常常会出现根据具体需求进行调整和定制的情况，这就导致了众多非标准产品的产生。为确保在多配置小批量生产模式下产品质量能够持续提升，必须构建细致全面的作业指导书以及标准作业程序，同时有必要引入前沿的管理理念，不断增强管理水平。

6.1 建立详尽的作业指导书

作业指导书应涵盖生物样本存储设备所需的零部件制造作业指导书、组装作业指导书以及测试作业指导书。提前准备好作业指导书，能够全面考虑各类要素，通过精心编制和仔细校对，融合多人的智慧与经验，进而提升准确性和可操作性。例如，对于零部件制造作业指导书，要明确各种材料的加工参数和工艺要求；组装作业指导书要详细说明各个部件的安装顺序和注意事项；测试作业指导书要规定具体的测试项目和合格标准等。

6.2 建立标准作业程序

标准作业程序（SOP）依据生物样本存储的特殊要求来制定。结合实际操作人员的专业技能和生物样本存储设备的各项功能特点，制定出一套高度专业的标准作业程序，这将有助于操作人员对设备的深入理解以及对实验人员的高效培训。比如，对于样本存储温度的设定与监控程序、设备日常维护的流程等都要在标准作业程序中明确规定，确保操作的规范性和一致性。

7. 主要问题及风险

7.1 严谨细致的安装调试及运行管理和维护要求

深低温自动化生物样本存储设备属于精密自动化设备，而且设备内外具有巨大的环境温差，所以无论从设备的生产安装，还是日常的管理和维护，以及环境条件的保障，均需要有专业的服务技术团队和严格的日常管理维护保障。若在某一个环节出现纰漏，都可能会影响到设备运行稳定性，甚至造成对设备或者所存储样本的损害。因此，在整个过程中，设备的制造方、服务方以及使用方均需认真负责并密切配合，而这也是自动化、智能化设备能否充分发挥作用的关键。由于此细分领域属于创新应用，所以各方都需要不断地学习提升自身的专业能力和管理能力。

7.2 高品质耗材的配套供应问题

自动化生物样本存储设备的运行状态还与所使用耗材的品质密切相关。随着操作方式从传统的人工手工操作发展到自动化取放、信息化识别、智能化存取，对配套使用的耗材品质也提出了更高的要求。虽然国外知名品牌的耗材（特别是二维码冻存管）能够很好满足设备配套使用要求，但由于成本偏高而影响到用户的使用成本。而国内的替代产品则普遍存在着使用性能（如耐温性、密封性等）及产品精度（如外形尺寸的偏差及飞边问题等）不佳，从而影响到设备运行稳定性的问题。所以，亟待国内的相关耗材生产企业提升产品的技术标准和运行管理能力，确保其产品稳定可靠。

8. 发展方向

自动化、智能化生物样本库系统是未来行业发展的必然趋势，也越来越被临床医疗、公共卫生、生物科技、创新制药等领域广泛认可。

该领域的技术和产品发展方向，一方面，正在向专业化、细分化的应用领域进一步深入，以适用于科研、生产、临床、制药等不同应用场景。另一方面，也从单机使用发展成为系统化使用的方式，并在此过程中，与上下游的自动化设备、配套设备及相关数据库和信息化系统不断整合。

第 5 章 结语与展望

本书基于在业内技术实力雄厚的设备制造单位提供详实的生产及应用资料，这些资料涵盖 3 类实验室（化学实验室、实验动物设施、生物安全实验室）、30 类设备、63 家产品制造商、110 个产品品牌。

在此基础上，来自使用单位、设计单位、总包单位、设备制造单位的各位专家，结合项目建设的丰富经验，寻找共性，提炼特点，提炼总结形成系统的装（设）备知识体系。实验室项目对于设备材料采购有质量标准高、运行可靠性好、设备种类多等要求，因此实验室装（设）备应相应具备安全性高、防腐性能好、定制产品多、耗材配件泛用性强等技术特点，这对装（设）备制造商的技术研发能力和生产制造质量管理提出了高标准要求。

本书中的每种产品，从概述，分类、结构、工作原理，标准规范依据，主要性能指标及评价，质量控制，选型指南，建设和使用过程中的风险控制，技术发展八个方面对实验室装（设）备知识进行全面总结和系统梳理，为实验室用户的技术规格书撰写和设备选择提供指导；为总包和设计建设单位提供技术支撑；对术语概念进行规范，厘清部分误区；对实验室设备的国内外规范、标准进行全面梳理，指出标准发展方向。其中的知识性内容代表了各类设备的平均发展水平，代表性产品则体现了部分设备的技术特点以及先进水平。实验室装（设）备不仅会随着本身技术的发展而发展进步，也会随着使用需求的变化而变化，更会随着"双碳"、智能化等大环境的技术要求而提高。

未来，本课题研究将以 2 年为周期进行滚动更新，包含实验室装（设）备的知识体系（以本书内容为主）、行业数据平台（包括行业市场规模数据、制造商的工程应用数据及研发投入及科研成果、装（设）备应用案例数据等）、工程工具［以软件为载体，辅助用户撰写装（设）备规格书，帮助设计师及总包单位进行装（设）备选型］等，为实验室建设及运维行业发展提供全方位的技术和数据支撑。

附　　录

附录1　科学实验室装备的参考规范

1. 实验室通用规范和标准

《实验动物　环境及设施》（GB 14925—2023）
《实验室　生物安全通用要求》（GB 19489—2008）
《科研实验室良好规范》（GB/T 27425—2020）
《植物生物安全实验室通用要求》（GB/T 27428—2022）
《大气环境监测移动实验室通用技术规范》（GB/T 37940—2019）
《检验检测实验室设计与建设技术要求》（GB/T 32146—2015）
《农药残留分析良好实验室操作指南》（SN/T 4040—2014）
《医学实验室　测量不确定度评定指南》（GB/Z 43280—2023）
《人工环境实验室建设技术规程》（T/CECS 1467—2023）
《法庭科学　毒物分析实验室质量控制规范》（GB/T 43449—2023）
《实验室危险化学品安全管理规范》（DB11/T 1191—2018）
《医学实验室质量与技术要求》（DB11/T 1240—2015）
《实验室危险废物污染防治技术规范》（DB11/T 1368—2016）
《农产品质量安全快速检测实验室基本要求》（DB11/T 1467—2017）
《动物实验管理与技术规范》（DB11/T 1717—2020）
《水生动物疫病检测实验室管理规范》（DB11/T 374—2021）
《疾控机构实验室质量管理规范》（DB12/T 796—2018）
《化学分析实验室标准物质管理指南》（DB12/T 930—2020）
《实验室化学分析滴定操作规程》（DB13/T 2104—2014）
《检测实验室化学分析方法确认规范》（DB14/T 2797—2023）
《中小学理科实验室装备规范》（DB15/T 1246—2017）
《动物疫病防控实验室建设和管理规范》（DB22/T 2940—2018）
《企业实验室危险化学品安全管理规范》（DB22/T 3037—2019）
《食品快速检测实验室建设指南》（DB50/T 1126—2021）
《植物检疫实验室管理规范》（DB51/T 489—2015）
《检测和校准实验室能力的通用要求》（GB/T 27025—2019）
《实验动物机构　质量和能力的通用要求》（GB/T 27416—2014）

2. 与实验室仪器相关的参考的规范和标准（部分统计）

《实验室仪器设备管理指南》（GB/Z 27427—2022）
《实验室仪器和设备质量检验规则》（GB/T 29252—2012）
《实验室仪器及设备 分类方法》（GB/T 40024—2021）
《实验室仪器及设备安全规范》（GB/T 3270（4～9）—2016）
《实验室仪器及设备环境意识设计》（GB/T 36937—2018）
《实验室仪器和设备常用文字符号》（GB/T 30096—2013）
《实验室服务和供应品采购管理指南》（DB51/T 2158—2016）
《实验室仪器设备期间核查管理规范》（SN/T 4095.1—2015）
《移动实验室仪器设备通用技术要求》（DB21/T 1989—2012）
《色散型高光谱遥感器实验室光谱定标》（GB/T 31010—2014E）
《实验室气相色谱仪》（GB/T 30431—2020）
《实验室离心机通用技术条件》（GB/T 30099—2013）
《实验动物 生物安全型小鼠、大鼠独立通风笼具通用技术要求》（DB23/T 2057.1—2017）
《实验动物笼器具 代谢笼》（DB32/T 1215—2008）
《实验动物笼器具 隔离器》（DB32/T 1216—2008）
《实验动物 鸭饲养隔离器通用技术要求》（DB23/T 2057.6—2017）
《实验动物 运输隔离器通用技术要求》（DB23/T 2057.8—2017）
《实验室 pH 计》（GB/T 11165—2005）
《实验室玻璃仪器瓶》（GB/T 11414—2007）
《实验室玻璃仪器 量杯》（GB/T 12803—2015）
《实验室玻璃仪器 量筒》（GB/T 12804—2011）
《测量、控制和实验室用的电设备 电磁兼容性要求》（GB/T 18268—2010）
《智能实验室 微生物质谱鉴定平台》（GB/T 42580—2023）
《传递窗》（JG/T 382—2012）
《压力蒸汽灭菌器 生物安全性能要求》（YY 1277—2023）

3. 实验室家具主要参考的规范和标准

《实验室家具通用技术条件》（GB 24820—2009）
《实验室家具用陶瓷台面技术要求与试验方法》（T/CIQA 10—2020）
《物理实验台》（DB5I/T 703—2007）
《教学实验室设备实验台（桌）的安全要求及试验方法》（GB/T 21747—2008）
《生物安全柜》（GB 41918—2022）
《生物安全柜性能快速测评方法》（DB44/T 833—2010）
《生物安全柜使用和管理规范》（SN/T 3901—2014）
《实验室通风柜使用指南》（DB51/T 2152—2016）
《实验室家具 通风柜》（QB/T 5589—2021）
《实验室变风量排风柜》（JG/T 222—2007）

《危险化学品储存柜安全技术要求及管理规范》（DB4403/T 79—2020）

4. 实验室建筑装饰材料和机电设备主要参考的通用规范和标准

《民用建筑供暖通风与空气调节设计规范》（GB 50019—2012）
《通风与空调工程施工质量验收规范》（GB 50243—2016）
《洁净厂房设计规范》（GB 50073—2013）
《洁净室施工及验收规范》（GB 50591—2010）
《实验动物设施建筑技术规范》（GB 50447—2008）
《生物安全实验室建筑技术规范》（GB 50346—2011）
《科学实验室建筑设计规范》（JGJ 91—2019）
《环境空气质量标准》（GB 3095—2012）
《城市区域环境噪声标准》（GB 3096—2008）
《民用建筑电气设计规范》（JGJ 16—2008）
《建筑给水排水设计规范》（GB 50015—2019）
《消防给水及消火栓系统技术规范》（GB 50974—2014）
《建筑设计防火规范》（GB 50016—2014（2018版））
《建筑内部装修设计防火规范》（GB 50222—2017）
《民用建筑设计通则》（GB 50352—2019）
《医用气体工程技术规范》（GB 50751—2012）
《实验室气体输送系统技术规范》（T/CIQA 33—2022）

5. 实验室建筑装饰材料和机电设备主要参考的产品规范和标准

《移动实验室内部装饰材料通用技术规范》（GB/T 29474—2012）
《建筑装饰用彩钢板》（JG/T 516—2017）
《玻镁平板》（GB/T 33544—2017）
《橡塑铺地材料 第1部分：橡胶地板》（HG/T 3747.1—2011）
《环氧磨石地面施工技术规程》（DB32/T 4282—2022）
《水性环氧地坪涂料》（HG/T 5057—2016）
《建筑用安全玻璃》（GB 15763—2005）
《环境试验设备温度、湿度校准规范》（JJF 1101—2019）
《机械设备安装工程施工及验收通用规范》（GB 50231—2009）
《压缩机、风机、泵安装工程施工及验收规范》（GB 50275—2010）
《电气装置安装工程电缆线路施工及验收规范》（GB 50168—2006）
《建筑通风风量调节阀》（JG/T 436—2014）
《高效空气过滤器》（GB/T 13554—2020）
《排风高效过滤装置》（JG/T 497—2016）
《组合式空调机组》（GB/T 14294—2008）
《热回收新风机组》（GB/T 21087—2020）
《热泵式热回收型溶液调湿新风机组》（GB/T 27943—2011）

《化学实验室废水处理装置技术规范》(GB/T 40378—2021)
《PLC控制系统及PLC控制器密码应用技术规范》(GM/T 0119—2022)
《不间断电源设备》(GB/T 7260—2008)

附录2 科学实验室良好装备体系申报单位

编号	公司名称	企业性质
1	天美仪拓实验室设备（上海）有限公司	民营企业
2	爱美克空气过滤器（苏州）有限公司	外资（含合资）
3	广东天赐湾实验室装备制造有限公司	民营企业
4	优及安国际贸易（上海）有限公司	外资（含合资）
5	上海傲仕实业发展有限公司	民营企业
6	广州丽丰机电设备工程有限公司	民营企业
7	上海富吉医疗器械有限公司	外资（含合资）
8	无锡零界净化设备股份有限公司	民营企业
9	张家港华菱医疗设备股份有限公司	民营企业
10	上海魁利生物技术有限公司	民营企业
11	沃特仕（北京）科技有限公司	民营企业
12	上海标工自动化科技有限公司	民营企业
13	苏州安泰空气技术有限公司	外资（含合资）
14	苏州易庆达生物科技有限公司	民营企业
15	青岛丞拾实验室技术有限公司	民营企业
16	上海智全控制设备有限公司	民营企业
17	康斐尔过滤设备（太仓）有限公司	外资（含合资）
18	广州奥斯曼自动化技术有限公司	民营企业
19	上海物图智能科技有限公司	民营企业
20	青岛沃柏斯智能实验科技有限公司	民营企业
21	青岛海尔生物医疗股份有限公司	其他
22	全思美特（北京）科技有限公司	民营企业
23	浙江泰林医学工程有限公司	民营企业
24	佛山市华世万科技有限公司	民营企业
25	杭州美卓生物科技有限公司	民营企业
26	天津昌特净化科技有限公司	民营企业
27	山东新华医疗器械股份有限公司	国有企业（含事业单位）
28	北京诚益通万杰朗生物科技有限公司	其他
29	北京中数图科技有限责任公司	民营企业
30	昆山开思拓空调技术有限公司	外资（含合资）
31	格林斯达（北京）环保科技股份有限公司	民营企业
32	上海埃松气流控制技术有限公司	民营企业
33	山东易安亚太生物科技有限公司	民营企业

续表

编号	公司名称	企业性质
34	泰尼百斯实验室设备贸易（上海）有限公司	外资（含合资）
35	妥思空调设备（苏州）有限公司	外资（含合资）
36	上海台雄科技发展集团有限公司	民营企业
37	乐普乐吉安全科技（上海）有限公司	民营企业
38	深圳柏安诺科技有限公司	民营企业
39	皇家动力（武汉）有限公司	外资（含合资）
40	北京慧荣和科技有限公司	民营企业
41	华夏富康环境科技有限公司	民营企业
42	北京成威实验室设备有限公司	民营企业
43	倚世节能科技（上海）有限公司	民营企业
44	双城风机（上海）有限公司	外资（含合资）
45	安瑞斯（上海）科技有限公司	民营企业
46	赛力通（广州）医疗科技有限公司	外资（含合资）
47	湖南沃恩环境工程有限公司	民营企业
48	上海同安智能科技有限公司	民营企业
49	诚创智能科技（江苏）有限公司	外资（含合资）
50	搏力谋自控设备（上海）有限公司	民营企业
51	Konvekta Energy Saving Technology（Shanghai）Co.，Ltd.	外资（含合资）
52	东莞市常古机电技术有限公司	民营企业
53	广东菱丰环保科技股份有限公司	民营企业
54	库祖（上海）科技有限公司	民营企业
55	武汉科贝科技股份有限公司	民营企业
56	上海原能细胞生物低温设备有限公司	民营企业
57	浙江科恩实验设备股份有限公司	民营企业
58	欧菲尔（北京）环境设备科技有限公司	民营企业
59	北京明康净化科技有限公司	民营企业
60	南京拓展科技有限公司	民营企业
61	博纳环境设备（太仓）有限公司	外资（含合资）
62	河北润旺达洁具制造有限公司	民营企业
63	雷博士智能科技（上海）有限公司	民营企业